Der große Ratgeber

Garten

Balkon- und Kübelpflanzen

Der große Ratgeber
Garten

Balkon- und Kübelpflanzen

Bassermann

AUTOREN:
Karin Greiner, Dr. Thomas Hagen, Dr. Angelika Weber,
unter Mitarbeit von Karin Heimberger

ZEICHNUNGEN:
Anina Westphalen

Dieses Buch entstand in Zusammenarbeit zwischen dem ADAC Verlag, München, und dem Verlagshaus Stuttgart

ISBN 3 8094 1707 6

Projektleitung: Michael Dultz, Rudolf Radler
Redaktionsleitung: Siegrid Kroeber, Mariele Radmacher-Martens
Textredaktion:
Annette Baldszuhn, Dr. Helga Hofmann, Ulrike Pichler
Redaktion für diese Ausgabe: Herta Winkler
Bildbeschaffung: Ingrid Both, Fotoservice Silvestris, Kastl
Korrektorat: René Rilz
Graphische Gestaltung: Günter Stahl
Layout: Dieter Lidl, Günter Stahl
Titelgestaltung: soldan advertising, München
Satz und Litho: Libro, Johannes Witt GmbH & Co. KG, Kriftel
Druck und Bindearbeiten: Mohndruck Graphische Betriebe GmbH, Gütersloh

Printed in Germany

Bildnachweis siehe Seite 240

817 2635 4453 6271

Die Daten und Fakten dieses Ratgebers wurden mit äußerster Sorgfalt recherchiert und geprüft. Da viele Informationen aber Veränderungen unterworfen sind, kann leider keine absolute Gewähr für die dauerhafte Richtigkeit übernommen werden.

Einige der beschriebenen Pflanzen sind mehr oder weniger stark giftig. Beim Umgang mit ihnen ist daher Vorsicht geboten, und es ist vor allem darauf zu achten, daß Kinder oder Haustiere keinesfalls Teile dieser Pflanzen essen.

Verletzungen bei der Gartenarbeit, insbesondere offene Wunden, bedürfen der fachkundigen Behandlung durch einen Arzt.

Bei der Verwendung von Düngern und Pflanzenschutzmitteln sind die Gebrauchsanweisungen streng zu befolgen.

Inhalt

Aus aller Herren Länder

Blumenpracht in Gefäßen

Sonnenkinder und Schattenkünstler

Gekonnte Handgriffe

Aus der Kinderstube

Hilfe für die Schützlinge

Prunkstücke für Balkon und Terrasse

Aus aller Herren Länder

Pflanzen in Kästen und Kübeln

Elfenspiegel und andere Pflanzen, die in üppiger Blütenpracht aus Töpfen und Kästen hervorquellen, sorgen für leuchtenden Blumenschmuck.

Die schöne Gewohnheit, um sich herum prachtvolle Gewächse in Kübeln, Ampeln und Kästen zu ziehen, zeugt sowohl von Naturverbundenheit und Begeisterung für das Ungewöhnliche wie von dem Wunsch, sich auch zu Hause mit lebendigem Grün zu umgeben. Üppig grünende und in herrlichen Farben blühende Pflanzen sorgen selbst an tristen Tagen für Urlaubsstimmung. Schon wenige Gewächse wie ein Oleander, eine Palme oder Petunien zaubern einen Hauch von Exotik auf Balkon oder Terrasse. Zugleich bedeuten sie ein Stück Lebensqualität, das den grauen Alltag aufwertet.

Zeugnisse der Gartengeschichte

Pflanzen in Töpfen und Kübeln zu ziehen ist keine Erfindung der modernen Zeit, sondern stellt seit mehreren tausend Jahren einen wichtigen Aspekt der menschlichen Kultur dar. Anfangs holte man sich bestimmte Gewächse aufgrund ihrer kultischen, mythischen oder medizinischen Bedeutung als Gefäßpflanzungen ins Haus oder in öffentliche Anlagen, bald jedoch mehr und mehr auch Arten, die allein wegen ihrer Schönheit und Anmut gezogen wurden. Die wechselvolle Rolle dieser Pflanzen im Lauf der Geschichte spiegelt die Lebensauffassung der verschiedenen Kulturen und ebenso die jeweiligen Zeitströmungen wider. Noch heute lassen sich aus den überlieferten Beispielen historischer Gefäßpflanzungen vielfältige Anregungen zur Nachahmung gewinnen.

Tip

Der alte Kunstgriff des Einsenkens wird auch heute noch gern angewandt. Gräbt man eine Kübelpflanze mitsamt Gefäß im Boden ein, erweckt es den Eindruck, als sei sie im Garten ausgepflanzt. Überdies trocknet der Wurzelballen nicht so rasch aus, und man kann die Pflanze ohne große Mühe im Herbst wieder ins Haus holen.

Gefäßkultur im Altertum und Mittelalter

Schon seit Beginn der Gartenkultur wurden Gewächse nicht nur direkt in den Boden gepflanzt, sondern auch in Gefäßen gehalten. Davon zeugen z. B. verschiedene Darstellungen aus dem alten Ägypten, die man bis etwa 2500 v. Chr. zurückdatieren kann. Man verwendete die Pflanzen zum einen als Dekoration, in der Hauptsache aber wohl eher zu kultischen Zwecken, wie frühe Abbildungen von Weihrauchbäumen (*Boswellia*- und *Commiphora*-Arten) in Tontöpfen zeigen. Solche Pflanzen waren begehrt, weil sie kostbare Harze für Räuchermittel und duftende Salben lieferten. Weihrauch ist in Ägypten nicht heimisch, d. h., schon damals wurden fremdländische Gewächse in Kübeln gezogen. Tontöpfe benutzten die Ägypter aber auch, um Baumschößlingen das Einwurzeln in dem kargen Wüstenboden zu erleichtern. Sie füllten die Gefäße dazu mit fruchtbarem Nilschlamm, setzten die jungen Pflanzen hinein und gruben die Töpfe dann in den Boden ein. So konnten sich die Bäumchen selbst unter den widrigen Wüstenbedingungen gut entwickeln.

Fuchsien, hier in verschwenderischer Fülle in Ampeln präsentiert, gehören zu den Klassikern unter den Gefäßpflanzen.

Das Relief am Totentempel der ägyptischen Königin Hatschepsut in Deir el-Bahari bei Luxor bezeugt die Kübelkultur von Weihrauch im 15. Jh. v. Chr.

Waren die Pflanzen erstarkt und an die Umgebung gewöhnt, sprengten sie durch ihr zunehmendes Wurzelwachstum die Gefäße und wuchsen frei im Boden weiter.

Viele Wandbilder und Ausgrabungsfunde belegen, daß der Pflanzenschmuck in Tongefäßen, die von Anfang an schön dekoriert waren und über Wasserabzugslöcher verfügten, um 1500 v. Chr. ein wichtiger Bestandteil der minoischen Kultur auf Kreta war. Auch die legendären Hängenden Gärten der assyrischen Königin Semiramis (um 800 v. Chr.) in Babylonien waren wohl reich mit Kübelpflanzen ausgestattete Terrassen- und Dachgärten.

Fortgesetzt wurde die Gefäßkultur im alten Griechenland, wo man geschützte Gartenhöfe

Die Hängenden Gärten der Semiramis, hier dargestellt auf einem Kupferstich (um 1700), waren wohl reich mit Kübelpflanzen geschmückt.

vorwiegend mit Blumen in Töpfen und Bleikästen schmückte. Die Römer bestückten die säulenumstandenen Innenhöfe der Häuser und die Gärten ihrer prunkvollen Landvillen mit den verschiedensten Kübelpflanzen, darunter bereits Zitrusgewächse *(Citrus*-Arten), Granatapfelbaum *(Punica granatum)* und andere Pflanzen mit schmackhaften Früchten sowie viele prächtige Blumen. Teils waren die Gefäße auch in den Gartenboden eingesenkt.

Auch in Asien hat die Kübelpflanzenkultur eine lange Tradition, insbesondere in China und Japan. Noch heute bilden Topfpflanzen mit Ziergehölzen in Hinterhofgärten chinesischer Privathäuser wesentliche Schmuckelemente, so wie es bereits auf 1000 Jahre alten Gemälden zu sehen ist. Als Gefäße kommen meist reich verzierte, mit Füßen versehene, glasierte Keramiken zur Verwendung, aber auch Holzkübel und flache Schalen.

Zu einer eigenen Philosophie entwickelten zuerst die Chinesen, in Vollendung jedoch dann die Japaner die Kultur der Bonsais. Sie gestalten mit den durch gärtnerische Kunst winzig gehaltenen Gehölzen, die bei guter Pflege über 100 Jahre alt werden können, ganze Landschaften in kleinem Maßstab.

In mitteleuropäischen Gärten, vornehmlich in Klostergärten, wurden vermutlich schon nach den Wirren der Völkerwanderung im frühen Mittelalter (etwa 6. bis 9. Jh.) südländische Pflanzen in Gefäßen kultiviert, und zwar vor allem zu Heilzwecken. Erst durch Bilder aus dem Spätmittelalter (13. bis 15. Jh.) läßt sich jedoch eindeutig nachweisen, daß Kübelgewächse auch in Mitteleuropa Verbreitung gefunden hatten. Als reine Schmuckelemente zuerst noch den prächtigen Höfen und Gärten des Adels vorbehalten, dienten sie alsbald auch dem allmählich erstarkenden Bürgertum

Auf dieser italienischen Buchmalerei aus dem sog. Hausbuch der Cerruti (Ende 14. Jh.) ist eine zu Heilzwecken genutzte Kübelpflanze zu sehen.

Tip

Aus dem Mittelmeerraum stammende Gewächse wirken meist in traditionellen Terrakottakübeln am schönsten. Diese sind sowohl mit einfachen Linienmustern als auch mit antiken Motiven erhältlich.

Tip

Gefäße im asiatischen Stil, etwa kunstvoll bemalte Porzellantöpfe oder geschnitzte Holzkübel, passen am besten zu Pflanzen aus dem Fernen Osten, etwa zu Kamelie, Aukube, Hibiskus, Palmfarn, Hanfpalme und Bambus. Die Gefäßfarbe sollte dabei stets auf die Tönung der Blüten und Blätter abgestimmt sein.

Das chinesische Schattenspiel (18. Jh.) zeigt eine Topfpflanze.

Tip

Wie es bei der Bonsai-Kultur in extremer Weise geschieht, kann man die Ausmaße einer Kübelpflanze in bestimmten Grenzen halten, indem man sie regelmäßig schneidet und vor allem ihren Wurzelraum beschränkt. Der jährliche Zuwachs fällt in einem kleinen Kübel stets geringer aus als in einem voluminösen Gefäß.

Tip

Streng in Form geschnittene Kübelgehölze, etwa ein kugeliger Buchsbaum oder kegelförmige Zypressen, wirken wie elegante Skulpturen. Man sollte sie stets an einer auffälligen Stelle plazieren, an der ihre Gestalt bestens zur Geltung kommt, z. B. beiderseits der Eingangstür.

Tip

Geländer, Brüstungen, Balustraden und Postamente bieten sich zur Anbringung von Pflanzenschmuck in Gefäßen geradezu an. Hier lassen sich zum einen die herrlichen Blüten aus neuer Perspektive, nämlich in Augenhöhe, bewundern, zum andern aber auch reizvolle Gegensätze zwischen unbelebtem Baumaterial und lebendigem Grün schaffen.

Tip

Unter den Zitrusgewächsen und deren Verwandten gibt es auch Arten, die weitaus weniger frostempfindlich sind als Orange und Zitrone. Hat man Schwierigkeiten mit der Überwinterung dieser schönen Pflanzen, sollte man es z. B. mit der robusten Bitterorange versuchen, die in geschützten Lagen sogar ausgepflanzt im Freien überwintern kann.

zur Verschönerung des Hauses. Meist standen die Gefäße auf Steinbänken, Säulen oder sog. Rasenbeeten, einer Art von Hochbeeten, die mit Gräsern, Kräutern und Blumen bepflanzt waren. Interessant ist, daß bereits damals kunstvoll geschnittene Formgehölze, etwa Kugel- oder Etagenbäumchen, weit verbreitet waren.

Die Neuzeit – Blütezeit der Kübelpflanzen

Den größten Aufschwung erlebte die Gefäßkultur von Zierpflanzen in der Zeit vom 16. bis zum 18. Jh., der Renaissance, dem Barock und den darauffolgenden Epochen. Es begann eine Ära des Sammelns und der Zurschaustellung immer exotischerer Pflanzen – eine Liebhaberei, die vor allem in Italien, später auch in Frankreich, England, Deutschland und den Niederlanden zahlreiche eifrige und leidenschaftliche Betreiber fand. Genährt wurden diese Strömungen einerseits durch die Entdeckung und Erforschung neuer Länder und Kontinente, andererseits durch die zunehmende Verfeinerung der Gartenarchitektur und -kultur, wovon die Entwicklung der Orangerien (siehe unten) wohl am besten Zeugnis ablegt.

Ein Grundgedanke der Renaissancegärten in Italien war, die Unterschiede zwischen Haus und Garten zu verwischen, Übergänge zwischen diesen gegensätzlichen architektonischen Elementen zu schaffen. Man wollte auch im Freien die Möglichkeit zu häuslichen Aktivitäten haben, etwa einem Plauderstündchen oder festlichen Bankett. Dazu wurden die Gärten mittels streng geschnittener Hekken in mehrere in sich geschlossene Räume unterteilt, die man wiederum in Flächen mit unterschiedlichem Niveau gliederte. Auf den Brüstungen dieser Terrassen und entlang der Wege fand sich reichlich Gelegenheit, kunstvoll geschnittene oder üppig blühende Kübelpflanzen aufzustellen und dem staunenden Besucher zu präsentieren.

Im Mittelpunkt des gärtnerischen Interesses standen Zitrusgewächse (*Citrus*-Arten), deren betörend duftende Blüten und schmackhafte Früchte so begehrt waren, daß man einzelne Gartenbereiche eigens als Zitronengärten anlegte. Andere damals sehr beliebte Kübelpflanzen waren z. B. Lorbeerbaum *(Laurus nobilis)*, Granatapfelbaum *(Punica granatum)*, Feigenbaum *(Ficus)*, Brautmyrte *(Myrtus communis)*, Mastixstrauch *(Pistacia lentiscus)* und Rosmarin *(Rosmarinus officinalis)*, die alle an die Tradition der Antike anknüpften, aber auch schon „neue" Arten wie der Oleander *(Nerium oleander)*.

Um diese frostempfindlichen Gewächse auch in rauheren Gebieten kultivieren zu können, bedeckte man sie zur Überwinterung zunächst einfach mit Reisig und geflochtenen Matten, brachte sie ins Haus oder überbaute ausgepflanzte Exemplare jeden Winter neu mit hölzernen Häuschen, die bei Bedarf sogar beheizt wurden. Anfang des 17. Jh. erfand man dann Winterhäuser, die auf Rollen über die wertvollen, empfindlichen Pflanzen geschoben werden konnten. Schließlich ging man dazu über, feste Überwinterungsgebäude zu errichten, die zumindest über drei massive Wände verfügten, während das Dach und die Südwand meist abnehmbar blieben – die ersten Orangerien waren entstanden. Schon bald dienten diese nicht mehr allein der Überwinterung der Pflanzen, sondern wurden auch als repräsentativer Rahmen bei festlichen Anlässen genutzt. Vor allem Adelige ließen sich immer prächtigere Orangerien bauen, in denen man selbst im Winter Bankette abhalten konnte. Als besondere Attraktion durften sich die Gäste bei solchen Festlichkeiten frisches Obst direkt von den Pflanzen pflücken.

Der Granatapfel, seit dem Altertum ein Symbol für Fruchtbarkeit, galt als besonders glückbringend.

P.-D. Martin (17./18. Jh.) malte die Orangerie zu Versailles, in der Pflanzen ausgestellt wurden.

Exoten aus fernen Ländern

Seit dem 16. Jh. richtete sich der Blick der Pflanzenliebhaber zunehmend auf ferne Kontinente, zunächst nach Amerika, später auch nach Afrika, Australien und Ostasien. Forscher sowie berufsmäßige Pflanzensammler, die manchmal von großen Gärtnereien eigens angestellt waren, brachten immer häufiger neue Pflanzen in ungeahnten Farben und Formen von ihren Reisen mit. Meist überlebten jedoch nur wenige Exemplare die langwierige Beförderung auf Schiffen und Karawanen. Entsprechend teuer wurden diese Gewächse dann gehandelt.

Heute allbekannte Pflanzen wie Fuchsien oder Pelargonien erreichten Europa erstmals gegen Ende des 17. Jh. Sie lieferten den Grundstock für ungezählte Kreuzungs- und Zuchtversuche, aus denen letztendlich die jetzige Sortenfülle hervorging. An den Jahreszahlen, die mit der Einführung der verschiedenen heute weitverbreiteten Balkon- und Kübelpflanzen in die mitteleuropäische Gartenkultur verbunden sind, läßt sich deutlich die fortschreitende Entdeckung der Welt und Erforschung ferner Kontinente ablesen:

- Aus dem Mittelmeergebiet wurden eingeführt 1548 Gartennelke *(Dianthus caryophyllus)*, 1548 Mittelmeer-Zypresse *(Cupressus sempervirens* var. *sempervirens)*, 1596 Oleander *(Nerium oleander)*;
- aus Nord- bzw. Mittelamerika 1561 Amerikanische Agave *(Agave americana)*, 1573 Studentenblume *(Tagetes patula)*;
- aus Südamerika 1686 Große Kapuzinerkresse *(Tropaeolum majus)*, 1784 Zitronenstrauch *(Aloysia triphylla)*, 1823 Scharlachfuchsie *(Fuchsia magellanica)*;
- aus Südafrika 1629 Schmucklilie *(Agapanthus africanus)*, 1690 Pelargonien (*Pelargonium*-Arten), 1752 Kapkörbchen (*Dimorphotheca*-Arten), 1818 Bleiwurz *(Plumbago auriculata)*;
- aus Ostafrika 1880 Fleißiges Lieschen *(Impatiens walleriana)*;
- aus Australien und Neuseeland 1788 Zylinderputzer *(Callistemon citrinus)*, 1789 Neuseeländer Flachs *(Phormium tenax)*, 1789 Klebsame *(Pittosporum tenuifolium)*, 1810 Blaugummibaum *(Eucalyptus globulus)*;
- aus Japan 1739 Kamelie *(Camellia japonica)*, 1783 Aukube *(Aucuba japonica)*;
- aus China 1844 Hanfpalme *(Trachycarpus fortunei)*, 1891 Jasmin *(Jasminum polyanthum)*.

Im 19. Jh. erfreuten sich Kübelpflanzen weiterhin großer Beliebtheit, doch das Zeitalter der prächtigen Orangerien neigte sich dem Ende zu. Es wurde durch den Glanz der aufkommenden Glashäuser, deren Nachfolger die

Tip

Ausgepflanzte oder sehr große Exoten, die man den Winter über nicht im Haus unterbringen kann, lassen sich durch ein schnell zu errichtendes Folienhaus schützen, wie man es auch für Tomaten verwendet. Mit speziellen Heizgeräten, die es in verschiedener Ausführung im Fachhandel gibt, sorgt man während sehr kalter Perioden für die nötige Wärme.

Der Oleander, Sinnbild für den Traum vom Süden, ist schon sehr lange als Kübelpflanze bekannt.

Tip

In verschiedenen Städten, z. B. in Potsdam, Hannover und Wien, sind prachtvolle historische Orangerien bis heute erhalten und wie zur Renaissancezeit mit eindrucksvollen Gefäßpflanzungen ausgestattet. Bei einem Besuch kann man sich so manche Anregung holen.

Ob städtische Fassaden oder bäuerliche Fenstersimse, alle Häuser gewinnen durch einen lebendigen Pflanzenschmuck.

Tip

Viele Balkon- und Kübelpflanzen eignen sich auch zur Verschönerung von Innenräumen, insbesondere jedoch zur Begrünung von Wintergärten. Einige Arten, z. B. Neu-Guinea-Impatiens, Edelpelargonien oder Jasmin, können im Sommer im Freien stehen und dann im Winter die Fensterbank schmücken.

heutigen Wintergärten sind, abgelöst. Grund dafür waren u. a. die neu entdeckten und zunehmend gefragten tropischen Pflanzen, darunter vor allem Palmen und Orchideen, die sich nur in ganzjährig warmen Häusern halten lassen.

Seit der Industrialisierung verlagerte sich die Gefäßgärtnerei dann mehr und mehr auf Kästen und Schalen, die sich jeder leisten konnte. Die dekorativen, durch Züchtung bereits um viele Nuancen bereicherten Gewächse erhielten im Rahmen der architektonischen Gestaltung von modernen, aber auch althergebrachten Bauwerken neue Standorte zugewiesen. Vor allem Balkone rückten in den Mittelpunkt, man denke beispielsweise an den überaus üppigen Pflanzenschmuck alpenländischer Bauernhäuser.

Städte und Ballungsräume mit ihren vielgeschossigen Häusern bieten nur noch wenig Raum für die Gartenleidenschaft, der jedoch nicht selten um so intensiver gefrönt wird, je weniger Platz zur Verfügung steht. Heute zieht man auf den Stadtbalkonen Pflanzen in allen erdenklichen Variationen, und wer eine eigene Terrasse besitzt, wird auch hier auf einen Kübelpflanzenschmuck im seltensten Fall verzichten wollen.

Herkunft der Balkon- und Kübelpflanzen

Als Balkon- und Kübelpflanzen werden überwiegend fremdländische Pflanzenarten gezogen; nur wenige heimische haben sich diesen exklusiven Lebensraum erobert, so etwa der Gewöhnliche Buchsbaum *(Buxus sempervirens* var. *sempervirens)* oder das Gewöhnliche Heidekraut *(Calluna vulgaris)*. Gerade das Ungewöhnliche, nämlich die prächtigen Blüten in leuchtenden oder zarten Farben, die bemerkenswerten Wuchsformen sowie das schöne Laub, aber auch das Flair und die Ausstrahlung der exotischen Gewächse machen den Reiz der Balkon- und Terrassenbepflanzung aus.

Die Lebensbedingungen der Pflanzen an ihren jeweiligen Heimatstandorten weichen meist erheblich von denen in Mitteleuropa ab. Ausschlaggebend für das Vorkommen bestimmter Gewächse ist vor allem das Klima, dabei insbesondere die Höhe und jahreszeitliche Schwankung bzw. Verteilung von Lufttemperatur und Niederschlägen. Weiterhin sind die Licht- und Bodenverhältnisse von entscheidender Bedeutung.

Heimische Gehölze wie die Hängende Kätzchenweide und der Buchsbaum zieren auch Terrassen.

Prinzipiell kann man vier Pflanzengruppen unterscheiden, zu denen die Mehrzahl der Balkon- und Kübelpflanzen gehört: Mittelmeervegetation, Steppen, Halbwüsten- und Wüstenvegetation sowie Gewächse der subtropischen, laubabwerfenden Trockenwälder und Savannen sowie der tropischen Regenwälder.

Gebiete mit Mittelmeerklima

Das Klima im Mittelmeerraum zeichnet sich durch kurze, milde, überwiegend frostfreie und feuchte Winter sowie lange, heiße und trockene Sommer aus. Ein derartiges Klima herrscht aber nicht nur im Gebiet rund um das Mittelmeer, sondern auch auf den Kanarischen Inseln, in Teilen Westasiens, im Süden von Kalifornien und den angrenzenden Staaten, in Mittelchile, Südafrika sowie Süd- und Südwestaustralien.

Die meisten Arten aus Gebieten mit Mittelmeerklima sind Bestandteil einer sog. Hartlaubvegetation, die regional unterschiedlich genannt wird, z. B. Macchie oder Chaparral. Sie setzt sich aus vielen verschiedenen, hauptsächlich immergrünen Strauch- und Baumarten zusammen, die harte, ledrige Blätter tragen. Eine solche Belaubung welkt selbst bei anhaltender Trockenheit nicht leicht.

Viele Pflanzen aus Gebieten mit Mittelmeerklima sind ideale Balkon- und Kübelpflanzen, so z. B. Strandstern *(Asteriscus maritimus)*, Blaue Mauritius *(Convolvulus sabatius)*, Kapaster *(Felicia amelloides)*, Immergrüner Schneeball *(Viburnum tinus)*, Brautmyrte *(Myrtus communis)*, Zylinderputzer *(Callistemon citrinus)* und Kapkörbchen *(Dimorphotheca)* sowie Blattschmuckpflanzen wie Lorbeerbaum *(Laurus nobilis)*, Ölbaum *(Olea europaea)*, Mittelmeer-Zypresse *(Cupressus sempervirens* var. *sempervirens)* und Eukalyptus *(Eucalyptus)*. Sie besitzen attraktives Laub und blühen oft wunderschön, sind recht leicht zu pflegen und vor allem gut zu überwintern, wozu meist nur ein kühler Raum benötigt wird. Während der Überwinterung hält man sie am besten relativ trocken, den Winterregen ersetzt man durch reichliches Gießen zum Austrieb im Frühjahr, nachdem die Pflanzen heller gestellt wurden. Den Sommer über können sie gar nicht genug Sonne haben, auch zeitweilige Trockenheit vertragen sie problemlos. Da die meisten dieser Arten auf flachem

Tip

Eine attraktive Variante zu Exoten auf Balkon und Terrasse bietet die schier unerschöpfliche Fülle heimischer Gewächse. Viele Arten lassen sich problemlos auch in Gefäßen ziehen und zu harmonischen Gemeinschaften arrangieren, z. B. Akeleien, Schafgarben, Zwergweiden oder Birken.

Die Blaue Mauritius stammt aus dem Mittelmeerraum und wächst am natürlichen Standort zwischen trockenen Kalkfelsen.

Tip

Nicht nur durch Hartlaubigkeit, sondern auch durch silbrige, graue Blattfärbung oder reduzierte Blattflächen vermögen sich Pflanzen vor übermäßiger Verdunstung zu schützen. Solche Gewächse, etwa Lavendel, Zistrose oder Hornklee, vertragen viel Sonne und halten selbst kurze Trockenzeiten ohne weiteres aus.

Kalkboden vorkommen, der naturgemäß sehr durchlässig ist, sollte man für eine gute Dränage sorgen, also unbedingt ein sandreiches Substrat verwenden.

Trockengebiete, Steppen und Wüsten

Zum Äquator hin schließen sich an die Gebiete mit Mittelmeerklima oder auch direkt an die gemäßigten Breiten Trockenareale an, die je nach Art und Anteil des Pflanzenbestands als Steppe, Halbwüste oder Wüste bezeichnet werden. Charakteristisch für diese Zone sind neben geringen, unregelmäßig fallenden Niederschlägen sehr hohe Tagestemperaturen, aufgrund der niedrigen Luftfeuchtigkeit und des daher klaren Nachthimmels aber auch starke nächtliche Abkühlungen, die teilweise sogar Minusgrade bringen können.

Balkon- und Kübelpflanzen aus solchen Gebieten, z. B. Mittagsblume *(Dorotheanthus bellidiformis)*, Portulakröschen *(Portulaca grandiflora)*, Echte Dattelpalme *(Phoenix dactylifera)*, Palmlilien *(Yucca)* und Agaven *(Agave)*, zeichnen sich besonders dadurch aus, daß sie sehr hitzeverträglich sind und Dürreperioden gut überstehen. Einige Arten aus Trockengebieten und Wüsten schützen sich vor zu starkem Wasserverlust durch eine filzige Blattbehaarung, die die Verdunstung herabsetzt, oder durch verdickte, sog. sukkulente Blätter oder Sproßteile, die Wasser speichern können.

Subtropische Wälder und Savannen

Angrenzend an die Trockengebiete und Wüsten der Nord- und Südhalbkugel liegen in Richtung auf den Äquator hin mehr oder

Tip

Nicht alle Mittelmeergewächse kommen mit wenig Wasser aus, auch wenn ihre ledrigen Blätter dies vermuten lassen. Ein Beispiel dafür ist der Oleander, der sich trotz seiner derben Belaubung als überaus durstig erweist. Verständlich wird dies bei einem Blick auf seinen Heimatstandort: Die Art stammt nämlich aus Augebieten mit ganzjährig reichlicher Wasserversorgung.

Die Baumaloe ist eine bizarre Schönheit für trockene Plätze.

Echeverien bestechen durch ihre ebenmäßigen Blattrosetten.

Beliebte sukkulente Pflanzen für Balkonkästen und Kübel

Pflanzenart	Standort	Höhe in cm	Blütenfarbe	Blütezeit/ Monate	Bemerkungen
Aeonium arboreum Rosettendickblatt	s	50–100	gelb	II–IV	stammbildend; eine schöne Sorte ist 'Atropurpureum' mit braunroten Blättern
Aloë arborescens Baumaloe	s–hs	100–400	rot	I–IV	blaugrüne Blattrosetten auf verzweigten Stämmen; Pflanze fest eintopfen, damit sie nicht umfällt
Echeveria-Arten Echeverie	s	10–30	gelb, orange, rot, auch zweifarbig	je nach Art I–VII	reiche Auswahl an Arten und Sorten; auch zur Unterpflanzung geeignet
Opuntia ficus-indica Feigenkaktus, Feigenopuntie	s	100–200, selten auch höher	gelb	IV–VI	selten blühend, dann zuweilen rötlichgelbe, eßbare Früchte
Sedum cauticolum Fetthenne und *Sedum kamtschaticum* Kamtschatka-Sedum	s	10–25	*S. cauticolum* rot *S. kamtschaticum* gelb	VIII–IX	auch andere niedrige, rasenbildende Arten sind geeignet
Sedum spectabile Fetthenne und *Sedum telephium* Purpurfetthenne	s	30–50	rosa, karminrot	VIII–IX	auch rotblättrige Sorten; sehr robust und pflegeleicht
Sempervivum arachnoideum Spinnweb-Hauswurz und *Sempervivum tectorum* Echte Hauswurz	s	5–15	rosa, rot, auch weiß	VI–VII	Unterarten und Sorten mit verschieden gefärbten Blattrosetten; gut zur Unterpflanzung

s sonnig **hs** halbschattig

Hinweise zur Pflege: Alle Sukkulenten benötigen nur mäßig Wasser und eine sehr gute Dränage; sie überstehen kürzere Trockenperioden auch ohne Gießen problemlos. Gedüngt werden sie während der Wachstumszeit etwa alle 3–4 Wochen. Der Standort muß regengeschützt sein, sonst kann es, ebenso wie bei Staunässe, leicht zu Fäulnis kommen. Als Substrat eignet sich mit Sand vermischte Einheitserde oder Kakteenerde. Die Pflanzen werden vor den ersten Frösten in ein kühles, helles und luftiges Winterquartier mit etwa 5–10 °C gebracht und während der Überwinterung nur sehr sparsam gegossen.

weniger breite subtropische Zonen. Hier bestimmen einesteils laubabwerfende Wälder, hauptsächlich jedoch Savannen das Landschaftsbild. In letzteren dominieren verschiedene hochwüchsige Gräser; Gehölze kommen nur inselartig oder entlang von Flüssen vor. Klimatisch stellen diese Vegetationsgürtel mit regelmäßigem Wechsel von Trocken- und Feuchtperioden einen gewissen Übergangsbereich dar. Meist gibt es eine sommerliche Regen- und eine winterliche Trockenzeit, doch es können je nach Gebiet auch jährlich zwei Regenperioden auftreten, eine im Frühjahr und eine im Herbst. Während der Regenzeit liegen die Temperaturen hoch, zur Trockenzeit sind aber durchaus Fröste zu erwarten. Die reichlichen Niederschläge ermöglichen einen deutlich üppigeren Pflanzenwuchs als in den angrenzenden Trockengebieten, zu denen jedoch viele Übergänge bestehen.

Auch hier haben zahlreiche schöne Balkon- und Kübelpflanzen ihre Heimat, etwa Vanilleblume *(Heliotropium arborescens)*, Freiland-Pantoffelblume *(Calceolaria integrifolia)*, Studentenblumen *(Tagetes)*, Korallenstrauch *(Erythrina crista-galli)*, Hammersträucher *(Cestrum)* oder Schönmalven *(Abutilon)*. Ausdauernde Arten müssen meist temperiert oder kühl überwintert und dabei recht trocken gehalten werden; während der Wachstumszeit benötigen sie dagegen relativ viel Feuchtigkeit.

Tropische Regionen

Optimale Entfaltungsmöglichkeiten für viele Pflanzen, die vor allem durch ihre phantastischen Blüten, nicht selten jedoch auch durch überaus dekoratives Laub begeistern, bieten die immergrünen, tropischen Regenwälder, die sich entlang des Äquators erstrecken. Für sie sind geringe Schwankungen der Lebensbedingungen charakteristisch, die ganzjähriges Pflanzenwachstum erlauben. Es regnet fast täglich, die jährlichen Niederschläge summieren sich auf etwa die vierfache Menge derer, die in Mitteleuropa fallen, die Temperaturen liegen beständig bei 25–35 °C.

Lediglich ein kleiner Teil der überaus reichhaltigen tropischen Flora eignet sich allerdings für den mitteleuropäischen Sommer, so z. B. Prinzessinnenblume *(Tibouchina urvilleana)*, Engelstrompeten *(Datura)*, Wandelröschen *(Lantana)* und Hibiskus *(Hibiscus)*. Die weitaus größere Anzahl kann nur in einem Gewächshaus gezogen werden, in dem die Temperaturen das ganze Jahr über niemals unter 18 °C fallen.

Schon mit wenigen Kübel- und Topfpflanzen kann man sich in tropische Gefilde versetzt fühlen.

Regenwälder gibt es sowohl im Tiefland als auch an Berghängen, wo die Niederschlagsmengen aufgrund von Steigungsregen und Nebelbildung sogar noch höher sind. Die Pflanzen des Regenwalds haben nicht mit Trockenheit, sondern eher mit zu hoher Luftfeuchtigkeit zu kämpfen. Überdies gilt es, sich auf dem Weg zum Licht gegen die von allen Seiten bedrängenden Nachbarn durchzusetzen. Dementsprechend kommen hier besonders viele Lianen und Kletterpflanzen vor, z. B. Nachtschatten *(Solanum)*, Mandeville *(Mandevilla)* und Prunkwinde *(Ipomoea)*.

Für tropische Zonen sind weiterhin saure, kalkfreie Böden typisch. Tropische Pflanzen sind daher bis auf wenige Ausnahmen in eher saurem, kalkfreien Substrat zu ziehen. Die oft mit weichen, sehr großflächigen Blättern ausgestatteten Pflanzen, etwa die Zierbanane *(Ensete)*, sind überaus empfindlich gegen Kälte und tragen sogar bei einigen Graden über dem Gefrierpunkt bereits Schäden davon. Die meisten dieser Gewächse müssen deshalb warm überwintert werden.

Tip

Gewächse aus Trockengebieten vertragen Dauerregen nur sehr schlecht und leiden dann häufig unter Wurzelfäulnis. Vorbeugend sollten solche Pflanzen an einer regengeschützten Stelle, z. B. unter einem Dachvorsprung, aufgestellt werden. Bei anhaltenden Regenfällen empfiehlt es sich, das Pflanzgefäß regendicht abzudecken.

Tip

In vielen Fällen verrät ein genauer Blick auf Blätter und Triebe bereits einiges über die Standortansprüche einer Art. Pflanzen mit derben, ledrigen, etwas dicklichen Blättern vertragen kräftige Sonneneinstrahlung und kurzzeitige Trockenheit. Arten mit weichen, sehr dünnen oder auch flauschig behaarten Blättern bevorzugen dagegen einen vor ganz direkter Sonne geschützten Standort und müssen reichlich gegossen werden.

Tip

Empfindliche Arten wie z. B. das Fleißige Lieschen nehmen selbst Temperaturen um 5 °C schon übel. Sie dürfen deshalb nicht zu früh ins Freie gesetzt werden, eventuell muß man sie in kalten Nächten abdecken oder sogar noch einmal ins Haus holen.

Tip

Viele der tropischen Arten tragen Blüten in ungewöhnlichen Formen und meist überaus leuchtenden Farben. Damit die Blüten gut zur Geltung kommen, sollte man sie vorwiegend untereinander kombinieren oder zu Blattschmuckarten gesellen.

Vielfältige Wuchs- und Lebensformen

Tip

Von den Wurzeln hängt das Leben einer Pflanze entscheidend ab. Daher sollte man die unscheinbaren, unter der Erde verborgenen Organe sehr sorgsam hüten, indem man ein angemessen großes Gefäß mit hochwertigem Substrat wählt, es entsprechend dem Zuwachs rechtzeitig durch ein größeres ersetzt und den Wurzelraum den Bedürfnissen der Pflanze gemäß gießt und düngt.

Tip

An der Sproßachse einer Pflanze befinden sich Triebknospen, aus denen sich Seitentriebe entwikkeln. Viele davon verharren als schlafende Augen in einem Ruhezustand. Durch einen Rückschnitt kann man sie jedoch „wecken" und so einen vielfach verzweigten, buschigen Wuchs anregen.

Tip

Blattschmuckpflanzen wie Cinerarie, Buntnessel, Lorbeerbaum oder der Buchsbaum, die sich weniger durch auffällige Blüten als durch besonders attraktives Laub auszeichnen, gelten in Arrangements gleichsam als Diplomaten. Man setzt sie als beruhigende und vermittelnde Elemente zwischen Arten mit leuchtenden Blütenfarben.

Tip

Laubabwerfende Pflanzen können hell oder dunkel überwintert werden. Stets sollte man aber das herabgefallene Laub sorgfältig entfernen, da sich sonst leicht Pilzkrankheiten ausbreiten.

Der Auswahl an Gewächsen, die in Gefäßen gezogen werden können, sind kaum Grenzen gesetzt. Die Palette umfaßt die ganze Vielfalt pflanzlicher Wuchsformen und reicht von Pflanzen, die nur einen einzigen Sommer lang blühen, bis hin zu langlebigen Gehölzen. Mit einigen Grundkenntnissen über den Aufbau, die Lebensweise und die Benennung der Pflanzen erleichtert man sich die Auswahl passender Arten und Sorten sowie auch deren spätere Pflege.

Wurzeln, Triebe und Blätter

Betrachtet man den Aufbau einer Pflanze, so lassen sich mehrere unterschiedlich gestaltete Teile erkennen, die jeweils bestimmte Funktionen übernehmen. Für die Verankerung im Boden sorgen Wurzeln, die gewöhnlich in eine dicke Haupt- und mehrere dünnere Seiten- oder Nebenwurzeln gegliedert sind. An diesen wiederum sitzen unzählige sehr feine Faserwurzeln mit laufend neu entstehenden Wurzelhärchen, über die die Pflanze Wasser mit den darin gelösten Nährstoffen aufnimmt.

Über der Erde erhebt sich eine mehr oder minder verzweigte Sproßachse, deren Aufbau und Ausmaß das Erscheinungsbild einer Pflanze ganz wesentlich bestimmt. Sie trägt nicht nur die Blätter, sondern in ihr verlaufen auch Leitungsbahnen, durch die Wasser sowie Nähr- und Speicherstoffe in alle Pflanzenteile transportiert werden. Bei langlebigen Pflanzen verholzen Sproßachse und Seitentriebe mit der Zeit und bilden so ein dauerhaftes, stabiles Sproßgerüst.

Die Blätter stellen gewissermaßen die Solarkraftwerke der Pflanzen dar, denn in ihnen läuft die Photosynthese ab, bei der Lichtenergie mit Hilfe des grünen Farbstoffs Chlorophyll in pflanzeneigene Energie zum Aufbau von Substanz umgewandelt wird. Für den Gärtner ist das Laub jedoch in erster Linie Schmuck und Hintergrund für die Blüten, weshalb er sein Augenmerk vor allem auf dessen Gestalt und die Färbung richtet. Das Spektrum der Formen reicht von einfachen, ganzrandigen Blättern wie bei Lorbeerbaum *(Laurus nobilis)* und Klebsame *(Pittosporum)* hin zu tief zerteilten oder gefiederten Formen, wie sie Kassien *(Cassia)*, Wunderbaum *(Ricinus communis)* oder Palmen zeigen. Teilweise sind die Blattstiele geflügelt, also leistenartig verbreitert, so bei vielen Zitrusgewächsen *(Citrus)*, bei manchen Arten wie der Duftwicke *(Lathyrus odoratus)* haben sich die Blattspitzen zu Ranken umgebildet. Unterschiede in Farbe, Behaarung, Dicke, Ausgestaltung des Blattrands und der Nerven sorgen für Abwechslung, so daß es keine zwei Pflanzenarten mit wirklich gleichen Blättern gibt.

Die tief zerteilten Blätter des Wunderbaums wirken wie schwarzrote Sterne unter den Blüten.

Auch die Lebensdauer der Blätter ist unterschiedlich. Sommergrüne oder laubabwerfende Pflanzen wie etwa Strauchmargerite *(Argyranthemum frutescens)*, Kassien, Engelstrompete *(Datura)* oder Fuchsie treiben jedes Frühjahr neue Blätter, die dann im Herbst wieder absterben. Der rhythmische Wechsel im Aussehen macht einen nicht unerheblichen Teil ihres Reizes aus.

Immergrüne Gewächse, etwa die Aukube *(Aucuba japonica)*, der Lorbeerbaum, Efeu *(Hedera)* oder Klebsame *(Pittosporum)*, behalten ihr Laub dagegen länger als eine Wachstumsperiode. Doch auch sie stoßen die Blätter nach gewisser Zeit ab, was man allerdings kaum bemerkt, weil niemals alle gleichzeitig abgeworfen werden. Solche Pflanzen bestechen deshalb durch ihr gleichmäßiges Grün.

Wird unter bestimmten Umständen, etwa bei Kälte oder Trockenheit, nur ein Teil des Laubwerks abgestoßen, während der andere Teil frisch an den Trieben verbleibt, bezeichnet man die Pflanze als halbimmergrün. Die Bleiwurz *(Plumbago auriculata)* z. B. verhält sich

Das ledrige, am Rand gewellte und sehr glänzende Laub des Klebsamens bleibt ganzjährig grün.

so. Je nach Bedingungen im Winterquartier können aber auch eigentlich immergrüne Arten wie beispielsweise der Flanellstrauch *(Fremontodendron)* viele Blätter verlieren, sich also wie Halbimmergrüne verhalten.

Vielfalt der Blüten

Äußerst vielgestaltig sind die Blüten, die von den Pflanzen hervorgebracht werden. Sie dienen ihnen zur geschlechtlichen Fortpflanzung und sind überwiegend zwittrig, d. h., sie besitzen sowohl männliche wie auch weibliche Geschlechtsorgane: die Staub- und die Fruchtblätter. Umgeben werden diese meist von auffällig gefärbten Kronblättern, die vorwiegend einfach Blütenblätter genannt werden. Sie haben Signalwirkung und locken Insekten, Vögel oder andere Tiere an, die ihrerseits für die Bestäubung sorgen. Nach außen hin ist die Blüte von Kelchblättern umhüllt, die in der Regel deutlich kleiner als die Kronblätter und unauffällig grün gefärbt sind. Sie stellen für die noch jungen Blüten einen sicheren Knospenschutz dar.

Seltener sind die Blüten eingeschlechtig, also entweder rein männlich oder rein weiblich. In solchen Fällen können die beiden Blütentypen auf zwei verschiedenen Pflanzen zu finden sein wie beim Lorbeerbaum *(Laurus nobilis)*, den man daher als zweihäusig bezeichnet, oder aber vereint auf ein und derselben Pflanze, die man dann einhäusig nennt. Letzteres ist z. B. bei der Aukube *(Aucuba japonica)* der Fall. Zuchtformen wie z. B. viele Kamelien *(Camellia)* weisen häufig mehr oder weniger dicht gefüllte Blüten auf, die dadurch entstehen, daß ein Teil der Staubblätter zu Blütenblättern umgewandelt ist. Je nach Anteil dieser zusätzlichen Blütenblätter spricht man von halb- oder dichtgefüllten Blüten.

Die immergrüne Aukube zeigt ihre unscheinbaren rötlichen Blüten nur selten.

Der Korallenstrauch entfaltet seine ungewöhnlich geformten Blüten in reicher Zahl.

Tip

Immergrüne Pflanzen dürfen im Winter nicht zu dunkel, aber auch nicht zu sonnig aufgestellt werden. Werfen sie ungewöhnlich viele Blätter ab, dann ist dies meist ein Zeichen für ungünstige Überwinterungsbedingungen.

Tip

Pflanzen mit großen, in reicher Zahl erscheinenden Blüten wie Petunien, Ranunkeln, Begonien und Pelargonien fallen schon aus der Ferne auf. Mit ihnen läßt sich ein Haus repräsentativ schmücken. Die kleinen, zierlichen und verspielten Blüten von Blauen Gänseblümchen, Fuchsien, Trompetenzunge und anderen zeigen ihre Reize dagegen eher bei der Betrachtung aus der Nähe.

Tip

Stark gefüllte Blüten wirken meist recht pompös, während einfache durch ihre eher schlichte Eleganz überzeugen. Eine besonders harmonische Wirkung ergibt sich, wenn man Pflanzen beider Blütenformen miteinander kombiniert.

Tip

Früchte können fast ebenso zierend wirken wie die Blüten selbst, aus denen sie sich entwickeln. Legt man bei Zitrusgewächsen, Granatapfelbaum, Wollmispel, Melonenstrauch, Ballonwein und anderen auf den Fruchtschmuck Wert, darf man die abgewelkten Blüten nicht entfernen – was bei nicht fruchtenden Arten als regelmäßige Pflegemaßnahme gewöhnlich angebracht ist.

Balkon- und Kübelpflanzen gibt es in den unterschiedlichsten Lebens- und Wuchsformen: (von links unten im Uhrzeigersinn) Halbsträucher wie der blauviolette Lavendel, kleine Bäume wie die Orange, Schopfbäume wie die bizarre Priesterpalme, Kletterpflanzen wie die rosafarbene Mandeville, Ampelpflanzen wie die Blaue Fächerblume, einjährig kultivierte Gewächse wie der gelbe Sterntaler, Gräser wie das zierliche Australische Lampenputzergras, Sträucher wie den violetten Nachtschatten und Stauden wie die orange-gelbe Gazanie.

Verschiedene Lebensformen bei Pflanzen

Je nachdem, welche Pflanzenteile im Lauf des Wachstums einer Pflanze welche Abänderungen erfahren, können trotz des grundlegend gleichen Aufbaus (siehe dazu Seite 18f.) völlig unterschiedliche Pflanzengestalten entstehen, die man sog. Lebens- oder Wuchsformen zuordnet.

Sehr übersichtlich, weil nur in engem Zeitrahmen, verläuft das Leben der einjährigen Gewächse oder Sommerblumen, zu denen der Duftsteinrich *(Lobularia maritima)* ebenso gehört wie z. B. der Gartenziertabak *(Nicotiana* x *sanderae)*. Aus dem Samenkorn wächst im Frühjahr rasch eine Pflanze heran, die schon bald blüht und spätestens bis zum Herbst Früchte ausbildet. Danach ist ihr Lebenszyklus abgeschlossen, den Winter über harrt die nächste Generation in Form der Samen aus.

Zweijährige Pflanzen wie Goldlack *(Cheiranthus cheiri)*, Nelken *(Dianthus)* oder Vergißmeinnicht *(Myosotis)* treiben im ersten Lebensjahr nur Wurzeln und Blätter. Erst im zweiten Jahr bilden sie Blüten aus, um anschließend ebenso wie die Sommerblumen ihren Wachstumszyklus abzuschließen bzw. als Samenkorn neu zu beginnen. Damit man sich schneller an den Blüten erfreuen kann, bemühen sich die Züchter um Sorten, die schon innerhalb eines Jahres zur Blüte kommen, was ihnen etwa bei der Gebirgshängenelke *(Dianthus caryophyllus)* auch gelungen ist.

Viel länger währt dagegen das Leben der Stauden, zu denen z. B. die Glockenblume *(Campanula)* und auch die hierzulande aber nur einjährig kultivierten Eisbegonien *(Begonia-Semperflorens*-Hybriden) gehören. Diese Pflanzen bilden ein dauerhaftes Wurzelsystem aus, bauen ihr zeitlebens krautig bleibendes, oberirdisches Sproßgerüst meist jedoch jährlich neu auf. Ihre jungen Triebspitzen überwintern in schützenden Knospen dicht unter oder an der Erdoberfläche.

Aus botanischer Sicht sind auch Zwiebel- und Knollengewächse wie Krokus *(Crocus)* oder Knollenbegonien *(Begonia*-Knollenbegonien-Hybriden) zu den Stauden zu rechnen. Sie verfügen im Gegensatz zu den übrigen Stauden allerdings grundsätzlich über verdickte, unterirdische Speicherorgane, die aus verschiedenen Pflanzenteilen hervorgehen können und dem Gewächs ein sicheres Überdauern lebensfeindlicher Perioden, etwa mit Kälte oder Trockenheit, ermöglichen.

Gräser mit ihrer eleganten Gestalt dürfen in Kübeln und Kästen nicht fehlen. Sie zählen ebenfalls überwiegend zu den Stauden, es gibt jedoch ebenso einige einjährige Arten. Nur selten verholzen sie wie im Fall der Bambusse, die als besonders prächtige Blattschmuckpflanzen stilbildend für ein asiatisch anmutendes Arrangement sind.

Noch weit langlebiger als Stauden sind Gehölze, deren Triebe verholzen und die daher auch wesentlich höher werden können. Man unterscheidet Bäume, die, wie z. B. der Ölbaum *(Olea europaea)*, ihre vielfach verzweigte Krone auf nur einem dominanten Hauptstamm erheben, und Sträucher, bei denen die Krone aus mehreren gleichwertigen Haupttrieben aufgebaut ist. Die Übergänge, die es zwischen diesen beiden Wuchsformen nicht selten gibt, hängen oft von den Lebensbedingungen des einzelnen Gehölzes ab. Zu den Sträuchern zählen die meisten Kübelpflanzen, etwa Hibiskus *(Hibiscus)*, Oleander *(Nerium oleander)* oder Hortensien *(Hydrangea)*. Als Zwischenform zu den Stauden sind Halbsträucher wie Lavendel *(Lavandula)*, Vanilleblume *(Heliotropium arborescens)*, Pelargonien *(Pelargonium)* oder Salbei *(Salvia)* anzusehen, deren Triebe nur am Grund verholzen.

Einen ganz speziellen Baumtypus stellen die sog. Schopfbäume dar, zu denen die Palmlilien *(Yucca)* sowie die Palmen gehören. Sie tragen auf einem durchgehenden, unbeblätterten Stamm all ihre Blätter in einer einzigen, schopfförmigen Kronenrosette vereinigt. Palmen lassen sich nach der Form ihrer Blattwedel außerdem in zwei Gruppen einteilen: in Fächerpalmen mit runden, am Rand mehr oder weniger tief eingeschnittenen Blättern und in Fiederpalmen mit Wedeln, deren zahlreiche schmale Blattabschnitte beiderseits einer Mittelachse aufgereiht sind.

Eine Besonderheit unter den Wuchsformen ist schließlich noch der unverholzte Scheinstamm der Zierbanane *(Ensete)*, der sich allein aus den stabilen, stengelumfassenden Scheiden ihrer Blätter aufbaut.

Einige Petunien und Pelargonien entwickeln lange Hängetriebe und eignen sich daher für Ampeln.

Tip

Staudenartige oder halbstrauchige Pflanzen wie Kaskadenblume, Hängepelargonie, Hornklee oder Nierembergie, die sehr lange, elastische Sproßachsen ausbilden, eignen sich ganz vorzüglich zur Bepflanzung von Ampeln. Aus diesen Gefäßen können die Triebe malerisch herabhängen und werden in ihrer Entwicklung nicht gestört.

Tip

In der gärtnerischen Praxis werden auch die Farne zu den Stauden gezählt. Diese vielgestaltigen Grünpflanzen wirken vor allem durch ihre Formen und Strukturen. Robuste Arten wie Schwertfarn *(Nephrolepis exaltata)* oder Nestfarn *(Asplenium nidus)* kann man durchaus an nicht zu sonnigen Stellen in Gefäßen im Freien halten.

Palmenarten für Kübel

Pflanzenart	Standort	Höhe in m	Blattform	Bemerkungen
Butia capitata Geleepalme	s	1–3	Fie	elegant überhängende Blätter
Caryota mitis Fischschwanzpalme	s	1–4	Fie	markante Blätter, in schief dreieckige Blättchen zerteilt
Howeia forsteriana Kentiapalme	s–hs	1–3	Fie	schön geringelter Stamm
Jubaea chilensis Honigpalme	s	1–4	Fie	ziemlich frosthart; blüht im Kübel nicht
Rhapis excelsa Steckenpalme	hs	1–3	Fä	wächst vielstämmig
Sabal minor Sabalpalme	s	1–2	Fä	Blütenstände überragen oft die Blätter
Sabal palmetto Palmettopalme	s	1–3	Fä	tief eingeschnittene Blätter, die sehr graphisch wirken
Washingtonia filifera Priesterpalme, Washingtonie	s	1–3	Fä	Ränder der Blattsegmente in feine Fasern aufspaltend
Washingtonia robusta Petticoatpalme, Washingtonie	s	1–3	Fä	am Grund verdickter Stamm von zahlreichen bleibenden Blattfasern umgeben; ziemlich frosthart

s sonnig **hs** halbschattig **Fä** Fächerblätter **Fie** Fiederblätter
Höhe: Die Angaben sind durchschnittliche Höhen, alte Exemplare in entsprechend großen Kübeln können auch höher werden.
Hinweise zur Pflege: Alle genannten Palmen werden während der Wachstumszeit ähnlich wie Zwergpalme *(Chamaerops humilis)* und Dattelpalmen *(Phoenix)* behandelt und kühl, frostfrei, hell und trocken bei etwa 5–10 °C überwintert.

Drachenbaum, Priesterpalme und Oleander verbreiten eine südliche Urlaubsstimmung.

Die Strauchmargerite, früher als Chrysanthemum bekannt, wird nach neuesten Erkenntnissen der Gattung Argyranthemum zugerechnet.

Tip

Kletterpflanzen benötigen je nach ihrer Klettertechnik verschiedene Unterlagen: Schlingpflanzen eine hauptsächlich aus senkrechten Streben bestehende Kletterhilfe, Spreizklimmer ein Rankgerüst mit vielen Querlatten und Ranker ein Gerüst aus Längs- und Querstreben. Wurzelkletterer halten sich dagegen ohne Hilfe an Wänden fest, sofern die Mauern nicht zu glatt sind.

Tip

Da sich die einzelnen Arten einer Gattung vom Aussehen und von den Ansprüchen her stark unterscheiden können, sollte man sich bei Auswahl und Erwerb einer Pflanze statt auf den häufig verallgemeinerten deutschen Namen besser nur auf die exakte botanische Bezeichnung verlassen.

Wie viele andere Kletterer überzieht die Clematis kahle Wände mit Laub- und Blütentapeten.

Kletterpflanzen, die es sowohl unter den Einjährigen wie unter den Stauden und Gehölzen gibt (siehe Tabelle Seite 41), haben verschiedene Techniken entwickelt, sich zum lebensnotwendigen Sonnenlicht emporzuarbeiten. Manche Arten sind Schlinger wie *Jasminum polyanthum* oder die Prunkwinde *(Ipomoea)*, sie winden sich mit ihren biegsamen Trieben um eine Stütze. Spreizklimmer wie Bougainvilleen *(Bougainvillea)* oder Nachtschatten *(Solanum)* klettern dagegen, indem sie sich mit ihren starren oder mit Widerhaken versehenen, seitlich abstehenden Trieben an Nachbarpflanzen oder Gerüsten abstützen. Wieder andere Arten erobern sich die Höhe mit eigens zu Haftorganen umgebildeten Wurzeln, etwa der Efeu *(Hedera)*, weitere halten sich mit Hilfe rankender Pflanzenteile an der Unterlage fest, z. B. die Maurandie *(Asarina barclaiana)* mit Blatt- und Blütenstielen, die Glockenrebe *(Cobaea)* mit Blattranken.

Der richtige Name

Jedes Ding will einen Namen tragen, so auch die Kübel- und Balkonpflanzen. Namen in der jeweiligen Landessprache können jedoch für Unklarheiten sorgen, denn oftmals werden verschiedene, einander nur auf den ersten Blick ähnliche Pflanzen mit demselben Namen belegt. Ein Beispiel dafür sind die Margeriten, mit denen Vertreter der Gattungen *Argyranthemum, Coleostephus* oder *Tanacetum* gemeint sein können. Viele deutsche Namen gelten außerdem für eine ganze Pflanzengattung und unterscheiden nicht deren einzelne Arten.

Schließlich gibt es für zahlreiche schöne und häufig verwendete Arten überhaupt keinen deutschen Namen. Meist behilft man sich in diesen Fällen mit einer Eindeutschung der botanischen Bezeichnung, z. B. Aukube für *Aucuba* oder Mandeville für *Mandevilla*, oder mit einer Übersetzung des botanischen Namens, wobei etwa aus *Callistemon* Schönfaden (wörtlich: schönes Staubblatt) oder aus *Rhodochiton* Rosenkleid wird. Doch sind solche „Kunstnamen" keineswegs überall gebräuchlich.

Eindeutig ist allein der botanische Name, auch wenn er dem Laien oft nur schwer von der Zunge gehen mag. Die Benennung der vielen Vertreter der Pflanzenwelt folgt strikten, international gültigen Regeln und beruht auf den verwandtschaftlichen Verhältnissen der Gewächse. Der erste Name, immer groß geschrieben, bezeichnet die Gattung, z. B. *Citrus* für die Zitrusgewächse, der zweite, stets klein geschrieben, die Art innerhalb dieser Gattung, also etwa *Citrus limon* für die Zitrone. Bei manchen Arten trennt man zur weiteren Unterscheidung noch Unterarten (botanisch *subspecies*, abgekürzt ssp.) oder Varietäten (botanisch *varietas*, abgekürzt var.) ab, z. B. *Cupressus sempervirens* var. *sempervirens*, die Mittelmeer-Zypresse.

Der Sortenname bezeichnet stets eine nicht natürlich vorkommende, sondern in Kultur entstandene Form einer Art, Unterart oder Varietät und wird deren botanischem Namen nachgestellt, z. B. *Citrus limon* 'Meyer'. Der Sortenname wird zwischen einfache Anführungszeichen gesetzt und, im Unterschied zum Artnamen, immer groß geschrieben.

Etwas komplizierter ist die Benennung bei Pflanzen, die aus Kreuzungen von Eltern zweier verschiedener Arten, mitunter sogar unterschiedlicher Gattungen, hervorgegangen sind, sog. Art- oder Gattungshybriden, meist kurz nur Hybriden genannt. In solchen Fällen gibt man gewöhnlich die Namen beider Elternteile an und setzt ein x dazwischen, das Zeichen für Kreuzung. Teilweise tragen schon länger eingeführte Kreuzungen auch eigene Namen, die aber ebenfalls durch ein x vor dem (neuen) Artnamen gekennzeichnet sein müssen, etwa *Camellia* x *williamsii* für *Camellia japonica* x *Camellia saluenensis*.

Als F_1-Hybriden bezeichnet man Pflanzen, die in erster Generation aus der Kreuzung zweier einheitlicher Elternlinien hervorgegangen sind. Sie zeichnen sich durch besonders gute Eigenschaften, z. B. eine ganz bestimmte Blütenfarbe, aus. Diese Merkmale bleiben nur erhalten, wenn man neue Pflanzen daraus auf vegetativem Weg, etwa durch Stecklinge, gewinnt.

Wenn zwei verschiedene Gattungen an der Entstehung einer Hybride beteiligt sind, wird ein eigener Gattungsname eingeführt, dem nun ein x vorangestellt wird und der aus den Namen beider Elternteile zusammengesetzt ist. Ein Beispiel dafür ist die Calamondin-Orange, x *Citrofortunella microcarpa*, die aus der Kreuzung einer *Citrus*- mit einer *Fortunella*-Art hervorgegangen ist.

Für Gärtner und Blumenliebhaber manchmal verwirrend sind die gelegentlich notwendigen Umbenennungen einzelner Pflanzen oder ganzer Pflanzengruppen. Anlaß dafür sind stets neue wissenschaftliche Erkenntnisse, aufgrund derer z. B. eine Art nunmehr einer anderen Gattung zugerechnet werden muß oder der bisherige Name als ungültig erkannt wird. Obwohl es auf den ersten Blick mühsam erscheint, diesen Neuerungen zu folgen, ist es durchaus sinnvoll, da nur auf diese Weise die internationale Übereinstimmung auch weiterhin gesichert bleibt. Zur Erleichterung wird nach einer Umbenennung vielfach noch der bisherige Name als Synonym zum gültigen Namen mit angegeben.

Tip

Bei manchen Arten, so etwa bei Oleander, Hibiskus oder Kissenprimeln, verzichten die Anbieter bisweilen auf die Angabe genauer Sorten und führen die Pflanzen statt dessen vereinfachend nur unter Farbbezeichnungen, z. B. Oleander, rosa, gefüllt.

Tip

Die verschiedenen Chrysanthemen bzw. Margeriten, die früher allesamt zur Gattung *Chrysanthemum* gezählt wurden, ordnet man heute jeweils anderen Gattungen zu. Daher findet man sie nun unter so ganz unterschiedlichen Namen wie *Argyranthemum*, *Coleostephus*, *Euryops*, *Hymenostemma* und *Tanacetum*.

Bei manchen Arten wie z. B. der Scharlachfuchsie gibt es viele Sorten in sehr variabler Gestalt und Färbung.

Blumenpracht in Gefäßen

Mit Balkon- und Kübelpflanzen gestalten

Umspielt von Pflanzen wird ein unscheinbares Fenster zum Blickfang: Pelargonien sorgen für Feuer, Glockenblumen für Glanz.

Balkone und Terrassen bilden den Übergang vom geschlossenen Wohn- zum offenen Lebensraum. Wer sich dort aufhält, ist einerseits noch von Wänden geschützt, andererseits schon an der frischen Luft. Und durch eine phantasievolle Bepflanzung läßt sich vollends der Eindruck vermitteln, man säße bereits mitten in der Natur. Nichts liegt also näher, als der Gestaltung dieser Wohnbereiche besondere Aufmerksamkeit zu schenken, sie über alle Jahreszeiten hinweg in Oasen zu verwandeln. Mit der bunten Vielfalt der zahllosen Balkon- und Kübelpflanzen gelingt dies ohne große Mühe.

Lebendiges Dekor

Mobile Pflanzenpracht bringt Leben in alle Winkel.

Jedes Jahr präsentieren unzählige Balkone, Fenstersimse und Terrassen üppigen Blumenschmuck, dessen bunte Farbenpracht aus Kästen, Kübeln und Töpfen hervorquillt. Von der wohltuenden Wirkung der lebhaften Bepflanzung auf Auge und Gemüt profitieren indes nicht nur die Hausbewohner, sondern auch Besucher und Passanten, die sich am Anblick der Blütenranken und des wallenden Grüns erfreuen. Für viele Menschen, vor allem in den städtischen Ballungsgebieten, bedeutet überdies ein Balkon, und sei er noch so klein, die einzige Möglichkeit, den Zauber des Pflanzenwachstums unmittelbar zu erleben und den Duft von Blüten zu genießen.

Harmonische Kombinationen

Wie bei der Anlage des Gartens sind auch bei der Gestaltung der Balkon- und Terrassenbepflanzung bestimmte Prinzipien zu berücksichtigen, damit der Blumenschmuck einen harmonischen Eindruck vermittelt. In Farbgebung und Aufbau sollte er sowohl dem Geschmack der Bewohner entsprechen als auch zur Umgebung passen. Andererseits darf er nicht allzu ausladend werden, damit noch genügend Wohnraum bleibt.

Blumen in kräftigen Kontrastfarben lassen eine dunkle Holzwand aufleuchten.

Wer von einem Blumenmeer umgeben sein möchte, kann im Grund jeden verfügbaren Platz zum Aufstellen von Gefäßen nutzen, insbesondere entlang von Wänden, Brüstungen, Geländern und in den Ecken. Stets sollte man dabei jedoch bedenken, daß die Kästen, Schalen und Kübel nicht im Weg stehen oder gar Stolperfallen bilden dürfen und daß noch aus-

Tip

Eine Ecke läßt sich besonders vielseitig zur Bepflanzung nutzen, wenn man eine Etagere aufstellt, etwa ein im Fachhandel erhältliches Regal in der Form eines Viertelkreises oder auch eine umfunktionierte Bockleiter. Hier können Kästen und Töpfe dann in mehreren Ebenen übereinander stehen, ohne allzuviel Bodenfläche zu beanspruchen.

Zauberhafte Bilder ergeben sich, wenn Gefäßschmuck ganz gezielt auf dauerhafte Pflanzungen abgestimmt wird, wie hier die Pelargonien auf die Rosen am Treppengeländer.

reichend Stellfläche für Tisch und Stühle vorhanden sein muß. Außerdem ist es störend und tut auch den Pflanzen nicht gut, wenn man ständig an den Zweigen entlangstreift. Mobil auf rollbare Untersetzer plazierte Kübel können schnell umgestellt werden.

Nicht nur optisch attraktiv, sondern auch raumsparend ist ein Pflanzenarrangement, bei dem man Arten der verschiedensten Wuchsformen, aufstrebende, buschige, hängende und kletternde, miteinander kombiniert. Je größer und raumgreifender der Wuchs, je üppiger und eindrucksvoller der Blütenschmuck einer Pflanze, desto dominanter wirkt sie. Daher sollte ein derartiges Prachtstück eine besondere Stellung erhalten: als Kübelpflanze einzeln stehen oder eine Gruppe schlichterer Pflanzen beherrschen, als Balkonblume krönend über den anderen thronen. So wird beispielsweise eine Engelstrompete *(Datura)*, umringt von Töpfen mit niedrigen Begleitern wie Vanilleblume *(Heliotropium arborescens)*, Blauen Gänseblümchen *(Brachycome)* oder Doppelsporn *(Diascia barberae)*,

Ton in Ton und doch sehr spannungsreich wirkt ein Arrangement aus Vanilleblumen und Petunien.

zur Königin der Terrasse, eine Vanilleblume ihrerseits zum Mittelpunkt einer Schale oder eines Kastens, wenn sie in einem Tuff von Duftsteinrich *(Lobularia maritima)* oder Männertreu *(Lobelia erinus)* steht.

Ein Ensemble aus grazilen, kleinblütigen Arten in Pastelltönen, ergänzt durch attraktives Blattwerk, verbreitet überall ein romantisches Flair.

Entscheidend für die Wirkung einer jeden Pflanzengruppierung sind die Farben, die deshalb mit entsprechender Sorgfalt gewählt werden sollten. Hierbei gilt es gleich mehrere Aspekte zu beachten. Die Blütenfarben müssen zueinander passen, sich gegenseitig ergänzen und unterstreichen. So richtig harmonisch wird ein Arrangement aber erst, wenn auch die Tönung der Gefäße auf das Farbspektrum der Blumen abgestimmt ist und das Ensemble sich außerdem in die Umgebung einfügt, etwa den Farbton von Wänden, Geländern oder Fensterläden aufnimmt.

Nicht zuletzt tragen alle übrigen Gestaltungselemente des Balkons oder der Terrasse das Ihre dazu bei, daß diese Wohnbereiche zum Paradies an der frischen Luft werden. Obwohl meist zuerst die Blumen auffallen, wird die Gesamtwirkung doch von Gefäßen, Möbeln, Schirmen und von kleineren Accessoires mitbestimmt. Ihrer Auswahl sollte deshalb auch nicht weniger Beachtung zukommen als der Zusammenstellung der Pflanzen.

Sommerliche Blütenparade

Traditionell werden Terrasse und Balkon vor allem während der warmen Jahreszeit mit Pflanzen geschmückt, etwa ab Mitte Mai bis Ende September. Denn zum einen sind die meisten Balkon- und Kübelpflanzen tropischen oder subtropischen Ursprungs und gedeihen nur bei höheren Temperaturen, und zum andern hält sich der Mensch hauptsächlich bei schönem Wetter draußen auf.

Für den Sommer steht eine breite Palette der verschiedensten Pflanzen zur Verfügung,

Tip

Hänge- und Ampelpflanzen wie Blaue Mauritius, Glockenwinde, Hängepelargonien oder Hängepetunien bilden mit ihren Blütenkaskaden gleichsam einen Kontrapunkt zu den aufstrebenden Trieben anderer Gewächse. Solche Arten sollten stets in Balkonkästen integriert werden, da sie auch den Raum nach unten hin füllen.

Tip

Farbträger sind nicht nur die Blüten, sondern auch die Blätter, insbesondere bei Blattschmuckpflanzen wie Harfenstrauch, Duftpelargonien, Buntnessel oder Kreuzkraut. Grün in allen Schattierungen wirkt stets vermittelnd und ausgleichend; daher sollte man es bewußt zwischen alle anderen Farben setzen. Das gleiche gilt für Grau, Silber und Weiß.

Mit wenigen weißen Aufrechten Pelargonien, dunkelrosa Verbenen, hellrosa Kaisernelken und silbrigem Helichrysum läßt sich ein klassischer Balkonkasten in vier Farben für sonnige Plätze arrangieren.

mit denen sich Kästen und Töpfe in unzähligen Variationen bestücken lassen. Viele Liebhaber der Gefäßgärtnerei schätzen Beständigkeit und greifen jedes Jahr auf altbewährte Kombinationen zurück, wie etwa zahllose eindrucksvolle Pelargonienkästen beweisen. Andere lieben dagegen die Abwechslung und probieren in jeder Saison neue Blütenspiele in abgewandelter Farbzusammenstellung aus, experimentieren gern mit Neuzüchtungen oder schmücken ihren Balkon mit selten gesehenen Pflanzengästen.

Mit ihrem kostbaren Blütengeschmeide setzt die Ruhmeskrone außergewöhnliche Akzente.

Tip

Möbel, insbesondere Sitzauflagen und Kissen, aber auch Schirme und Markisen sind, schon wegen ihrer Ausmaße, auffallende Farbelemente. Damit das Gesamtbild harmonisch wirkt, sollte man diese entweder in zurückhaltendem Farbton wählen, etwa uni, zart gestreift oder getupft, oder aber die Bepflanzung farblich darauf abstimmen, z. B. durch eine Ton in Ton gehaltene Kombination.

Neben den klassischen Arten für die Gefäßpflanzung, etwa Pelargonien *(Pelargonium)* und Oleander *(Nerium oleander)*, bietet der Handel immer wieder neue Arten und Sorten an, z. B. die erst relativ kurze Zeit bekannten Blauen Gänseblümchen *(Brachycome)*, Zweizahn *(Bidens ferulifolia)* oder 'Surfinia'-Petunien, mit denen man das Bild abwandeln kann. Zudem lohnt sich durchaus ein Versuch, auch angestammte Gartenpflanzen, etwa Sommeraster *(Callistephus chinensis)*, Gartenlöwenmaul *(Antirrhinum majus)* oder Fächerahorn *(Acer palmatum)* und Kriechspindel *(Euonymus fortunei)* in Kästen und Kübeln zu ziehen. Selbst Zimmerpflanzen können das sommerliche Freiluftspektrum erweitern, etwa Zierspargel *(Asparagus densiflorus)* oder Glokkenblumen *(Campanula isophylla)*.

Erste Frühjahrsfreuden

Verfrühen läßt sich der Balkon- und Terrassenschmuck durch Frühjahrsblüher wie Schneeglöckchen *(Galanthus)*, Tulpen *(Tulipa)* und Pri-

Farbenfrohe Zwiebel- und Knollenblumen in Töpfen wecken im Frühjahr die Lebensgeister.

meln *(Primula)*. Sie können durchaus auch in Gefäßen trübe Winterstimmung vertreiben. Selbst wenn die Sonne zu dieser frühen Jahreszeit nur selten genügend Wärme spendet, um einen Aufenthalt im Freien angenehm zu machen, bleiben immerhin erfreuliche Aussichten beim Blick aus dem Fenster.

Zur frühzeitigen Bepflanzung eignen sich vor allem viele Zwiebel- und Knollengewächse (siehe Tabelle Seite 29), daneben zweijährige Arten wie Vergißmeinnicht *(Myosotis)*, Stiefmütterchen *(Viola tricolor)*, Goldlack *(Cheiran-*

thus cheiri) und Tausendschön *(Bellis perennis)* sowie die bunten Kissenprimeln *(Primula vulgaris* ssp. *vulgaris)* und Ranunkeln *(Ranunculus-Asiaticus*-Hybriden). In Kübeln entfalten Laubgehölze (siehe Tabelle Seite 43) im Frühling ihre Blätter, manche wie die Hängende Kätzchenweide *(Salix caprea* 'Pendula') oder der Winterjasmin *(Jasminum nudiflorum)* präsentieren zusätzlich einen zarten Blütenhauch.

Anmutig schlicht wirken Schalen oder Kästen mit nur ein oder zwei Arten in kontrastierenden oder fein abgestuften Farben, etwa eine rot-gelbe Fläche aus Primeln *(Primula)* oder eine blau-violette Kombination aus Hyazinthen *(Hyacinthus orientalis)* und Blausternchen *(Scilla siberica)*. Mehr Feuer versprühen Arrangements aus sorgsam aufeinander abgestimmten Zwiebel- und Zweijahresblühern, etwa goldgelbe Narzissen *(Narcissus*-Arten) und gelb-rot gestreifte Tulpen *(Tulipa*-Arten) inmitten von buschigem, orangefarbenem Goldlack.

Tip

Frühblühende Kübelgehölze dienen im Sommer als schlichte, unaufdringliche Hintergrundgewächse. Unterpflanzt mit kleinen bunten Blumen, z. B. Duftsteinrich oder Hängepolsterglocke, können sie als elegante Elemente jedoch auch in den Vordergrund rücken.

Tip

Obwohl die Frühjahrsblüher durchweg recht robuste Gewächse sind, sollte man sie dennoch vor allzu strengem Frost schützen. Eine übergestülpte Haube aus Noppenfolie oder ein großer Karton halten zusätzlich auch eisigen Wind ab.

Beliebte frühjahrsblühende Zwiebel- und Knollengewächse für Gefäße

Pflanzenart	Standort	Höhe in cm	Blütenfarbe	Blütezeit/ Monate	Bemerkungen
Anemone blanda Strahlenanemone	s–hs	15–30	blau, auch weiß, rosa, violett	IV–V	schöne Ergänzung zu Krokussen
Crocus-Arten und -Hybriden Krokus	s	5–10	weiß, gelb, orange, purpurfarben, blau, violett, auch zweifarbig	II–IV	bunte, robuste Begleiter für höhere Arten
Galanthus nivalis, Galanthus elwesii Schneeglöckchen	hs	10–20	weiß, auch gefüllt	II–III	passen sehr gut zu Krokus und Netziris
Hyacinthus orientalis Hyazinthe	s	15–30	weiß, gelb, orange, rosa, rot, blau, violett	IV–V	duften herrlich
Iris reticulata Netziris	s	10–20	violettblau mit orangefarbenem Mittelstreifen	II–III	aparte Blütenform mit schöner Zeichnung
Muscari armeniacum Traubenhyazinthe, Träubel	s–hs	15–30	blau, violettblau, auch weiß	IV–V	passen gut zu Tulpen
Narcissus-Arten und -Hybriden Wild- und Gartennarzissen	s–hs	5–60	weiß, gelb, auch zweifarbig mit Weiß, Gelb, Orange, Rosa, Rot	III–V	niedrige Formen wie z. B. *Narcissus-Cyclamineus*-Hybriden wählen
Scilla siberica Blausternchen	hs	10–20	blau, auch weiß, rosa	III–IV	zarte Blütensterne, passen gut zu höheren Tulpen
Tulipa-Arten und -Sorten Wild- und Gartentulpen	s–hs	5–70	alle Farben außer Blau, auch mehrfarbig	III–V, Wildtulpen ab II	besonders geeignet sind *Tulipa-Kaufmanniana-*, *Tulipa-Greigii-* und *Tulipa-Fosteriana*-Hybriden sowie die Wildarten; hohe Formen nur an windgeschützte Stellen setzen

s sonnig **hs** halbschattig

Hinweise zur Pflege: Zwiebel- und Knollengewächse werden so gepflanzt, daß ihre Zwiebel bzw. Knolle von etwa ebensoviel Erde bedeckt ist, wie ihr Durchmesser beträgt. Wichtig ist eine sehr gute Dränage der Gefäße. Vom Austrieb bis während der Blüte benötigen sie ausreichend Feuchtigkeit, danach wird bis zum Einziehen weniger und schließlich gar nicht mehr gegossen. Sind die Blätter völlig verwelkt, gräbt man die Speicherorgane aus, säubert, trocknet und lagert sie in trockenem Sand oder Torf kühl und dunkel bis zur erneuten Pflanzung. Oder man überwintert sie im Freien, wobei das Gefäß vor dem Durchfrieren geschützt werden muß. Gelagerte Exemplare werden im Spätwinter wieder eingepflanzt, angegossen und ins Freie gestellt. Da insbesondere Gartennarzissen und Gartentulpen in Gefäßen meist nur im ersten Jahr prächtig blühen, empfiehlt es sich, sie danach in den Garten auszupflanzen. Die kleineren Arten können auch mehrere Jahre im Gefäß blühen, sollten dann jedoch, wenn sie nicht jährlich in frische Erde gepflanzt werden, zum Austrieb und während der Blüte je einmal gedüngt werden.

So frisch wie der junge Frühling wirken Narzissen, Hyazinthen, Traubenhyazinthen und Krokusse in edlen Schalen.

Ein Dekor in sanften Farben aus Gartenchrysanthemen, Lampionblumen und trockenen Grasrispen, untermalt von Cinerarien, setzt im Herbst noch einmal Glanzpunkte.

Stimmungsvoller Herbst und Winter

Den betörenden Farbspielen des Sommers braucht man nicht lange nachzutrauern, wenn die sommerliche Gefäßbepflanzung durch spätblühende oder aufgrund der Laubfärbung oder des Fruchtschmucks interessante Arten ersetzt oder ergänzt wird. Zur Stimmung des ausklingenden Jahres passen die sanften Töne von Gartenchrysanthemen *(Dendranthema)*, Heidekräutern *(Erica* und *Calluna)* und sich verfärbenden Laubsträuchern sehr gut. Den frostigen Silberhauch des Winters spiegelt ein reifüberzuckertes Arrangement mit dunkelgrünen Zwergkoniferen (siehe Seite 32) wider.

Zur blütenarmen Zeit haben neben der Formenvielfalt von allmählich trocknenden Gräsern (siehe Tabelle Seite 31) vor allem dekorative Blätter und farbenfrohe Früchte oft Hochkonjunktur. Strauchveronika *(Hebe)*, Torfmyrte *(Pernettya mucronata)* und Kreuzkraut *(Senecio)*, aber auch Purpurfetthenne *(Sedum telephium)*, Scheinbeere *(Gaultheria procumbens)*, Zwergmispeln *(Cotoneaster)* und viele Nadelgehölze bieten zahllose Möglichkeiten zu ansprechenden Kombinationen.

Ziselierte Blütenstände über schwungvollem Laub verleihen der Japan-Segge elegantes Aussehen.

Die seidigen Blüten der Nerine gaukeln noch im Spätherbst ein exotisches Ambiente vor.

Mit Zwergformen des Abendländischen Lebensbaumes sowie der Rotfichte, fruchtender Teppichmispel und blühenden Christrosen kann man einen Kübel dauerhaft und auch im Winter schön gestalten.

Beliebte ausdauernde und einjährige Gräser für Balkonkästen und Kübel

Pflanzenart	Standort	Höhe in cm*	Blütezeit/ Monate	Bemerkungen
Carex morrowii Japan-Segge	hs–sch	20–50	V–VI	Sorte 'Variegata' mit gelb gerandeten Blättern
Hakonechloa macra Japanisches Berggras	s	40–60	VIII–X	zarte, rote Blütenstände, prächtige Herbstfarbe; nicht frosthart
Helictotrichon sempervirens Blaustrahlhafer	s	50–150	VI–VIII	straff aufrechte Halme mit silbrig-blauen Blättern, schöne Herbstfärbung
Hordeum jubatum Mähnengerste	s	40–70	VI–VIII	einjährig kultiviert; lange, überhängende Grannen
Lagurus ovatus Hasenschwanzgras, Sammetgras	s	20–40	V–VIII	einjährig; zierliche, ovale, weichwollige Blütenstände
Molinia caerulea Pfeifengras	s–hs	30–90	VI–IX	hohe Blüten, schöne Herbstfärbung
Panicum virgatum Rutenhirse	s–hs	100–120	VIII–IX	Blätter färben sich im Herbst braunrot
Pennisetum alopecuroides Australisches Lampenputzergras	s	50–90	VIII–IX	die Blütenstände ähneln kleinen Lampenputzerbürsten
Pennisetum setaceum Kleines Pampasgras	s	60–120	VIII–X	meist einjährig kultiviert; rosa- bis purpurfarbene Blütenbüschel

s sonnig **hs** halbschattig **sch** schattig
* Die erste Zahl gibt die Höhe des Laubhorstes, die zweite die Höhe der Blütenstände an.
Winterschutz: Wenn nicht anders angegeben, handelt es sich um ausdauernde Arten. Von diesen sind alle frosthart und können, mit leichtem Winterschutz versehen, ganzjährig im Freien bleiben. Eine Ausnahme bildet lediglich das Japanische Berggras, das kühl bei 5–10 °C überwintert werden muß.

Tip

Herbst- und Winterarrangements lassen sich durch vielerlei Accessoires aufmuntern. Man kann z. B. fruchtbesetzte Äste oder bizarre Zweige, reife Fruchtstände von Stauden, Distelköpfe, getrocknete Blütenstände oder farblich abgesetzte, wetterfeste Schmuckkugeln zwischen die Pflanzen stecken.

Tip

Besonders wichtig bei einer Dauerbepflanzung ist eine möglichst mächtige Dränageschicht am Gefäßgrund, die den Wurzeln auch gleich einen gewissen Schutz vor Frost gibt.

Dauerhafter Pflanzenschmuck

Im Gegensatz zu einer ständig wechselnden, der jeweiligen Saison entsprechenden Bepflanzung kann man Kästen und Kübel auch mit einer dauerhaften Grundausstattung versehen und diese nur der Jahreszeit gemäß ergänzen. Eine derartige Dauerbepflanzung empfiehlt sich z. B. für geräumige Balkonkästen, die bereits beim Hausbau angebracht wurden, oder für große Stein- oder Holztröge auf der Terrasse.

Solche unverrückbaren Gefäße bestückt man gewöhnlich mit einer kleineren Zahl von Gräsern (siehe Tabelle oben) und Zwerggehölzen (siehe Seite 32 sowie Seite 43), die auch während der blütenarmen Zeit noch Struktur geben. Immergrüne sorgen selbst mitten im Winter für hoffnungsvolles Grün. Dazwischen setzt man im Frühjahr blühende bunte Zwiebelpflanzen, im Sommer üppige Balkonblumen und im Herbst vielleicht einige Arten mit Blatt- oder Fruchtschmuck, die grauen Tagen ein Glanzlicht aufsetzen.

Gestreiftes Blattwerk wie das der Sorte 'Aureola' vom Japanischen Berggras dient als wirkungsvolle Untermalung.

Gelbe Fadenscheinzypresse

Igelfichte

Bergkiefer 'Mops'

Abendländischer Lebensbaum

Nadelgehölze für Gefäße

Kleinwüchsige Nadelgehölze sind als immergrüner Balkon- und Kübelschmuck weit verbreitet. Unter den vielen Arten finden sich zeitlebens zwergig bleibende Sorten in den verschiedensten Wuchsformen, von säulenförmig über kegelig oder kugelig bis flach dem Boden aufliegend. Besonders die goldlaubigen sowie die blaunadeligen Sorten dienen als auffällige Blickpunkte und sind daher recht beliebt.

Aus der großen Sortenpalette sind vor allem folgende zu empfehlen:

- von *Abies balsamea*, der Balsamtanne, 'Nana' (nestartige Zwergform, dichte, kurze, dunkelgrüne Benadelung, Höhe 30–100 cm);
- von *Chamaecyparis lawsoniana*, der Lawson-Scheinzypresse, 'Aurea Densa' (dichtbuschig bis pyramidenförmig, goldgelb, Höhe 40–60 cm), 'Minima Glauca' (kugelig bis kegelförmig, muschelförmige Zweige, mattblau, Höhe 50 bis 100 cm), 'Nana Rogersii' (flachkugelig, sehr kurze, grüne, blau bereifte Nadeln, Höhe 50–100 cm);
- von *Chamaecyparis obtusa*, der Muschelscheinzypresse, 'Nana Pyramidalis' (gedrungen kegelförmig, muschelförmige Zweige, kräftig grün, Höhe 50–100 cm), 'Nana Gracilis' (breit kegelförmig, muschelförmige Zweige, Nadeln hellgrün, Höhe 50–200 cm);
- von *Chamaecyparis pisifera*, der Fadenscheinzypresse, 'Filifera Nana' (dichtbuschig, fadenförmige und nach allen Seiten überhängende Zweigspitzen, grün, Höhe 50–100 cm), 'Golden Mop' (so wie 'Filifera Nana', aber mit Goldgelb);
- von *Juniperus chinensis*, dem China-Wacholder, 'Plumosa Aurea' (Gelber Mooswacholder; breitbuschig, zunächst goldgelb, dann gelbgrün, Höhe 100–200 cm);
- von *Juniperus communis*, dem Gewöhnlichen Wacholder, 'Repanda' (kriechende, dem Boden aufliegende Triebe, Nadeln grün, silbrig gestreift, Höhe 20 bis 40 cm), 'Nana Aurea' (niederliegend, Nadeln silbrigweiß gestreift, unten goldgelb, Höhe 30–50 cm), 'Compressa' (säulenförmig, feine, hellgrüne Nadeln, Höhe 70–100 cm);
- von *Juniperus squamata* 'Blue Carpet' (flach und breitwüchsig, blaugrau, Höhe 30–50 cm), 'Blue Star' (halbkugelig polsterförmig, dicht silbrigblau benadelt, Höhe 50–80 cm);
- von *Picea abies*, der Rotfichte, 'Little Gem' (flachkugelig, oben nestförmig vertieft, dicht mit schmalen, grünen Nadeln besetzt, Höhe 20–30 cm), 'Echiniformis' (Igelfichte; kissenförmig, gelb- bis graugrün, Höhe 20–50 cm), 'Pygmea' (Gnomenfichte; kugel- bis breit kegelförmig, frischgrün, Höhe 30–50 cm), 'Pumila Glauca' (Blaue Pummelfichte; breit- bis flachkugelig, blaugrün, Höhe 50–100 cm);
- von *Picea glauca*, der Schimmelfichte, 'Echiniformis' (Igelfichte; flach kugelig und dicht verzweigt, blaugrüne, silbrig bereifte Nadeln, Höhe 20–50 cm);
- von *Pinus mugo*, der Bergkiefer, 'Mops' (kugel- bis kissenförmig, dunkelgrün benadelt, Höhe 30–80 cm), 'Gnom' (dichtkugelig, dunkelgrün, Höhe 50–150 cm);
- von *Pinus parviflora*, der Mädchenkiefer, 'Adcock's Dwarf' (gedrungen pyramidenförmig, graugrüne, lange Nadeln, Höhe 1–3 m);
- von *Pinus pumila*, der Pummelkiefer, 'Glauca' (Blaue Kriechkiefer; breitbuschig, graublau, Höhe 40–50 cm);
- von *Taxus baccata*, der Ge-

Schale mit Zwergkoniferen

wöhnlichen Eibe, 'Repandens' (Kisseneibe; flach niederliegend, sichelförmige, dunkelgrüne Nadeln, Höhe 30–100 cm), 'Fastigiata' (Säuleneibe; schmal kegel- bis säulenförmig, schwarzgrün, Höhe 100–200 cm), 'Fastigiata Aureomarginata' (Gelbe Säuleneibe; wie 'Fastigiata', aber Nadeln zunächst goldgelb berandet, später hellgrün);
- von *Thuja occidentalis*, dem Abendländischen Lebensbaum, 'Danica' (kugelig, frischgrün, Höhe 30 bis 100 cm), 'Globosa' (stets kugelförmig, grün, Höhe 100–200 cm), 'Recurva Nana' (breit kegelförmig, grün, Höhe 100–200 cm);
- von *Tsuga canadensis*, der Kanadischen Hemlocktanne, 'Jeddeloh' (Zwerghemlock; halbkugelig, spiralig stehende, feine Zweige, grün, Höhe 30–70 cm).

Blütenträume in Balkonkästen

Mehr oder weniger in Reih und Glied präsentieren sich die Pflanzen auf den meisten Balkonen, denn lange, schmale Pflanzkästen bieten sich zum Unterbringen vieler Exemplare auf relativ kleinem Raum geradezu an. Balkonkästen kann man sehr leicht mit überschäumendem Bewuchs in den unterschiedlichsten Spielarten zusammenstellen. Schon kleine Abänderungen führen oft zu ungeahnten, faszinierenden Ergebnissen. Stets sollte allerdings die Bepflanzung auf die örtlichen Gegebenheiten abgestimmt, also dem Standort entsprechend ausgewählt werden.

Um einen Kasten optimal zu nutzen und die Blütenfülle möglichst üppig erscheinen zu lassen, bestückt man ihn mit Pflanzen verschiedener Wuchsform. Aufstrebende Gewächse mit größerer Wuchshöhe sollten von niedrigeren, buschigen oder kissenartigen umspielt werden, während überhängende Arten ihnen gleichsam zu Füßen liegen.

Auch die Gesamtsilhouette des Arrangements sollte Bewegung ausdrücken, entweder von beiden Seiten zur Mitte hin flach aufsteigen oder aber auf einer Seite betont überhöht sein. Letzteres wirkt besonders gelungen, wenn man zwei nebeneinanderstehende Kästen symmetrisch bepflanzt.

Lichtumflutete Blumenpracht

Die meisten Balkone liegen in voller Sonne, wo sich die Pflanzen den wärmenden Strahlen entgegenrecken können. Vom Licht umflutet, leuchten Blüten und Laub intensiv, alle Farben kommen hier bestmöglich zur Geltung, selbst Grün erscheint besonders satt. Rot hat Signalwirkung, Gelb sieht fröhlich aus, Orange feurig. Während diese Töne für einen munteren, lebhaften Eindruck sorgen, verbreiten Blau und Weiß vor allem in flirrender Mittagshitze eine Atmosphäre kühlender Frische.

Da es für sonnige Standorte die größte Auswahl an Balkonblumen gibt, bleiben hier, was die Gestaltungsmöglichkeiten betrifft, kaum Wünsche offen. Damit die Kastenpflanzung nicht zu buntscheckig und überladen wirkt, sollte man sich jedoch für ein bestimmtes Farbkonzept entscheiden und dieses möglichst für den gesamten Balkon einhalten.

- Lebhaft und kraftvoll sind Ensembles, die in den drei Grundfarben Gelb, Rot und Blau erstrahlen, z. B. Freiland-Pantoffelblumen *(Calceolaria integrifolia)* mit Pelargonien und Petunien. Verhaltener wirken solche Dreiklänge, wenn man statt der leuchtenden Töne eher gebrochene wie Cremegelb, Rosarot und Violettblau verwendet, etwa entsprechende Sorten von Kapkörbchen *(Dimorphotheca)*, Kaisernelke *(Dianthus-Chinensis*-Hybriden) und Blauer Fächerblume *(Scaevola saligna)*.

Für nostalgische Anmut sorgen an halbschattigen Standplätzen Fleißige Lieschen, Männertreu und Nierembergie in einem Metallgefäß.

Setzt man hängende Pflanzen wie etwa die weiße Bacopa ans Kastenende, plustern sie ihre Blütenwolken besonders üppig auf.

Tip

Bei dichter Bepflanzung eines Kastens ergibt sich sofort ein geschlossenes, üppiges Bild, jedoch kann ein späteres Ausdünnen erforderlich werden. Läßt man dagegen anfangs reichlich Platz zwischen den einzelnen Pflanzen, können diese sich besser entwickeln.

Tip

Je bunter die Bepflanzung, desto schlichter sollte der Kasten sein. Neutral sind weiße, grüne und braune Gefäße, bei andersfarbigen empfiehlt es sich, die Pflanzen im selben Ton oder kontrastierend zu wählen.

Charmante Ton-in-Ton-Kombinationen: in Blauschattierungen mit Petuniensorten, Mehligem Salbei, Vanilleblume und Dreifarbiger Winde, akzentuiert durch weißen Gartenziertabak, (oben) oder in Gelb-Orange-Tönen mit Knollenbegoniensorten (unten).

Weniger bunt, aber ebenso beschwingt wirken Kombinationen aus nur zwei Hauptfarben, z.B. Gelb und Blau mit Strandstern *(Asteriscus maritimus)*, Husarenknopf *(Sanvitalia procumbens)* und Kapaster *(Felicia amelloides)* oder Gelb und Rot mit Studentenblume *(Tagetes)*, Verbene *(Verbena)* und Feuersalbei *(Salvia splendens)*. Kommen noch leichte Schattierungen der Grundfarben hinzu, also etwa Zartviolett durch Becherblume *(Nierembergia hippomanica* var. *violacea)* oder Orangerot durch Zigarettenblümchen *(Cuphea ignea)*, erhält das Ensemble einen verträumten Charakter. Hingegen sorgen weiße Blüten, z.B. von Weißer Zwergmargerite *(Hymenostemma paludosum)* oder Sommerphlox *(Phlox drummondii)*, für mehr Frische.

Fügt man vorwiegend Pastelltöne zueinander, bekommt die Pflanzung einen romantischen Anstrich. Auch Gruppen in nur einer einzigen Farbe, etwa nur in Gelb oder in Blau, haben eine ganz eigene Ausstrahlung. Hier spielt das Grün des Laubs eine wesentliche Rolle, ist es doch nicht nur Begleitfarbe, sondern auch Kontrast.

Zarte Schattenspiele

Wo Sonnenstrahlen nur zeitweise einfallen, liegt der Reiz einer Bepflanzung im Spiel der Lichtreflexe. Tupft man Blüten für halbschattige bis schattige Balkonlagen gleichsam wie

Sonnengelbe Farbtupfer der Knollenbegonien hellen schattige Plätze wohltuend auf.

mit dem Pinsel zu einem lebhaften Bild, kann man die ganze Saison hindurch von früh bis spät immer wieder neue Schattierungen entdecken. Je weniger Sonne zum Balkon vordringt, desto stärker sollte man zu hellen Farbtönen greifen, weil sie das schwache Licht besser reflektieren und Helligkeit vermitteln.

Dennoch braucht der Schattenbalkon nicht ohne Glanzlichter zu bleiben, denn Pflanzen wie Knollenbegonien *(Begonia*-Knollenbegonien-Hybriden), Fleißiges Lieschen *(Impatiens walleriana)* oder Fuchsien *(Fuchsia)* sorgen mit

ihren vielen Sorten auch für kräftige Farbkleckse. Damit sie bestmöglich zur Geltung kommen, sollte man sie jedoch nur sparsam einsetzen und durch die Nachbarschaft von weißen, cremefarbenen oder anderen hell getönten Blüten unterstreichen.

Wallende Kaskaden, umrankte Wände

Wer es besonders üppig mag oder mit beengten Verhältnissen auskommen muß, dem bleibt kaum etwas anderes übrig, als auch die Höhe und Tiefe des Raums zu nutzen. Die verschiedensten Pflanzen eröffnen diese Möglichkeiten durch ihr spezielles Wuchsverhalten: Hängepflanzen schicken ihre langen Triebe aus luftiger Höhe dem Boden entgegen, während Kletterpflanzen (siehe Tabelle Seite 41) umgekehrt den Weg nach oben suchen.

Hängepflanzen verwendet man vorwiegend in Kästen, um deren aufstrebende Bepflanzung durch eine nach unten gerichtete Dimension zu erweitern. Herrliche Effekte kann man mit ihnen aber auch erzielen, wenn die Gefäße auf Mauerbrüstungen, Treppenabsätzen oder eigens postierten Säulen stehen. Wo kein Platz ist, um Kästen oder Töpfe aufzustellen, lassen sich Hängepflanzen auch in luftiger Höhe anbringen, nämlich in Ampeln und allseitig bepflanzten Hängekörben, den sog. „hanging baskets" (siehe Seite 67).

Je nach Größe dieser Gefäße finden eine oder auch mehrere Pflanzen darin Platz, die dann ihre Triebe über den Rand herabhängen lassen. Für die Kombinationsmöglichkeiten gelten im Grund dieselben Gesichtspunkte wie für den Balkonkasten. In voller Sonne sehen z.B. Blaue Fächerblume *(Scaevola saligna)* und Husarenknopf *(Sanvitalia procumbens)*, hängende Verbenen (Sorten von *Verbena tenera)* und Männertreu *(Lobelia erinus)*, Petunien *(Petunia*-Hybriden) und Harfenstrauch *(Plectranthus)* glänzend aus. Duftig zarte Blütenwolken ergeben beispielsweise Blaue Mauritius *(Convolvulus sabatius)* und Elfenspiegel *(Nemesia*-Hybriden), Kaskadenblume *(Centradenia*-Hybride) und Hängepolsterglocke *(Campanula poscharskyana)* oder Spanisches Gänseblümchen *(Erigeron karvinskianus)* und Gebirgshängenelke *(Dianthus caryophyllus)*.

Aus einer Metallschale nach klassischem Vorbild wallt ein Tuff zierlicher Männertreu hervor.

Mit Kletterpflanzen wie der Purpurkorallenerbse lassen sich aparte lebende Paravents schaffen.

Mit Kletterpflanzen in Gefäßen läßt sich nicht nur ein hübscher Blickfang schaffen, sondern gleichzeitig auch ein wirksamer Sichtschutz errichten. Kästen mit Kletterspalieren, Töpfe mit Rankstäben oder Bodengefäße vor Balkongittern bieten vielerlei Gelegenheiten, die verschiedenen Ranker und Schlinger unterzubringen. Auch hier gibt es wieder genügend Kombinationsmöglichkeiten. Lustig-bunt muten z.B. Prunkwinden *(Ipomoea)* im Verein mit Schwarzäugiger Susanne *(Thunbergia alata)* an, grazil Duftwicken *(Lathyrus odoratus)* mit Rosenkelch *(Rhodochiton atrosanguineus)*, extravagant Schönranke *(Eccremocarpus scaber)* mit Kletternder Kapuzinerkresse *(Tropaeolum peregrinum)*. Unerwünschten Einblick verwehren aber auch größere Kübelpflanzen, die man dicht nebeneinander stellt, z.B. große Bambusbüsche (siehe Tabelle Seite 36) oder dicht beblätterte Palmen (siehe Tabelle Seite 21).

Tip

Eine Gestaltung ganz in Weiß wirkt überaus elegant und zugleich sachlich. Vorzugsweise in weißen Kästen kann man dabei sehr gut Pelargonien, Petunien, Spanisches Gänseblümchen, Mutterkraut und Verbenen kombinieren.

Tip

Für einen Eindruck von Frische kann sogar Laub sorgen, vor allem weiß gefleckte und gemusterte Blätter, wie sie etwa bestimmte Formen des Harfenstrauchs oder des Efeus tragen.

Tip

In speziellen Wandgefäßen, aber auch in Töpfen, die mit einer Halterung an der Wand verschraubt werden, finden Hängepflanzen weitere Plätze, an denen sie sich in voller Pracht präsentieren können.

Tip

In eine größere Ampel, die in gut einsehbarer Höhe hängt, sollte man zentral stets eine aufrechte, buschige Pflanze setzen, die dann gewissermaßen über dem Arrangement thront.

Tip

Bringt man am Rand des darüberliegenden Balkons oder eines Dachvorsprungs Haken an und spannt von dort dicke Schnüre zum Balkongeländer, können Kletterpflanzen daran bis in große Höhen emporranken.

Mit seinem sehr interessanten Laubwerk an straffen Halmen kann der Dichtbuschbambus unschöne Ecken gut verdecken.

Fernöstlicher Charme im Kübel braucht nicht unbedingt Begleitung, der Gelbfurchenbambus zieht auch in Einzelstellung die Blicke auf sich.

Bambusarten für Gefäße

Pflanzenart	Höhe in m	Blätter	Halme	Bemerkungen
Bambusa glaucescens	1–3	hellgrün, breit	gelb bis gelbgrün, z.T. grün gestreift	nicht winterhart; attraktive Art mit überhängenden Halmen; Sorte 'Fernleaf' mit farnähnlichem Laub, sehr dekorativ
Bambusa vulgaris	0,5–4	grün	grün, später gelb	nicht winterhart; schon bei Temperaturen unter 5 °C einräumen; die Sorte 'Striata' bleibt im Kübel nur etwa 1,5 m hoch
Chusquea culeou	2–4	blaugrün, klein und schmal	olivgrün bis gelbbraun mit bleibenden Blattscheiden	nicht winterhart; durch die wechselständigen Blattscheiden wirken die Halme wie hin und her gebogen; sehr dekorative Art
Fargesia nitida (auch *Sinarundinaria nitida, Arundinaria nitida)*	2–3	dunkelgrün, klein	grün, bemehlt, später purpurfarben	gut frosthart; locker überhängender Wuchs, grazil und feinblättrig; nicht für vollsonnige Standorte
Phyllostachys aurea (auch *Bambusa aurea*) Goldrohrbambus	2–4	grün, auch weiß gestreifte Sorten	grün, bei Sorten auch gelborange	mäßig frosthart; Halme tragen zwischen den Knoten jeweils wechselseitig eine oft anders gefärbte Längsrinne
Phyllostachys aureosulcata Gelbfurchenbambus	2–4	grün	grün, meist mit gelber Rinne	gut frosthart; besonders schön ist die Sorte 'Spectabilis'
Phyllostachys nigra (auch *Bambusa nigra*) Schwarzrohrbambus	2–4	hellgrün	zunächst grün, im Alter glänzend schwarz	gut frosthart; sehr schöne Halme; treibt kaum Ausläufer
Pleioblastus chino (auch *Arundinaria chino*) Dichtbuschbambus	0,5–2	grün, auch weiß gestreifte Sorten	grün bis rötlichgrün	gut frosthart; verträgt Rückschnitt sehr gut
Pleioblastus variegatus (auch *Arundinaria variegata, Sasa variegata*) Gestreifter Dichtbuschbambus	0,3–0,8	grün, weiß oder gelblich gestreift	hellgrün	gut frosthart; Halme verzweigen sich bodennah; schön als dichte Unterpflanzung
Pseudosasa japonica (auch *Sasa japonica, Arundinaria japonica*) Pfeilbambus	2–3	grasgrün, groß	olivgrün mit lange bleibenden Blattscheiden	gut frosthart; straff aufrechter Wuchs, Halme erst am Ende überhängend
Sasa palmata (auch *Bambusa palmata*) Palmwedelbambus	1–2	tiefgrün, sehr breit	glänzend grün	gut frosthart; auch im Winter sehr dekorativ
Thamnocalamus spathiflorus (auch *Arundinaria spathiflora*)	1–4	kräftig grün	kräftig grün, in der Sonne leuchtend rot	nicht winterhart; wächst bzw. erscheint durch die abwechselnd stehenden Blattscheiden leicht zickzackförmig; sehr dekorative, elegante Art für geschützte Plätze

Hinweise zur Pflege: Bambusse pflanzt man in Einheitserde, der etwas Langzeitdünger beigemischt wurde. Sie benötigen relativ große Gefäße, die am Grund mit einer ausreichenden Dränageschicht zu versehen sind. Die Pflanzen müssen gleichbleibend gut feucht gehalten werden. Die meisten Arten sind jedoch recht empfindlich gegen Staunässe, die daher unbedingt zu vermeiden ist. Da Bambusse immergrün sind, gießt man sie auch im Winter ab und zu. Die Überwinterung erfolgt in einem hellen, kühlen Raum bei etwa 5–10 °C. Frostharte Arten vermögen mit entsprechendem Winterschutz auch an geschützter Stelle im Freien zu überwintern. Blätter und Halme können bei stärkeren Frösten erfrieren. Sie werden dann grau und fallen ab, doch treiben sie im Frühjahr wieder frisch aus. Nach den Eisheiligen sollte man die Bambusse etwas ausdünnen, indem man ältere Halme bodennah abschneidet.

Topf an Topf – mobile Pracht in Kübeln

Der „Garten im Topf" zeigt, ganz wie die Bepflanzung im Balkonkasten, erst dann seine volle Pracht, wenn man bestimmte Gestaltungsregeln beherzigt. Sein Vorteil liegt in der Mobilität, denn die verschiedenen Kübelpflanzen lassen sich immer wieder neu arrangieren. So kann man Arten während der Vollblüte gut ins Rampenlicht rücken und abgeblühte Exemplare wieder in den Hintergrund schieben.

Eindrucksvoll ist eine Parade von unterpflanzten Fuchsien- und Pelargonienhochstämmchen.

Die Leidenschaft für die Kübelpflanzengärtnerei beginnt meist bescheiden mit nur einer Pflanze, die den schönsten Platz auf der Terrasse oder dem Balkon erhält. Je größer die Freude daran ist, desto stärker wird gewöhnlich der Wunsch, mehr Pflanzen zu besitzen. Terrassen bieten oft ausreichend Platz für eine größere Gruppe, auf dem Balkon ist dies allerdings seltener der Fall. Hier wird man sich auf wenige Exemplare beschränken müssen, die dann jedoch um so mehr ins Auge fallen.

Solitäre

Große Kübelpflanzen, z. B. ein prächtiger Oleander *(Nerium oleander)* oder eine stattliche Palme, werden vielfach einzeln als Solitäre aufgestellt. Besonders majestätisch wirken diese Gewächse, wenn sie eine zentrale Stelle markieren, die von außen wie von innen gleichermaßen gut zu sehen ist. Sie können aber auch den Eingang flankieren oder auf der Dachterrasse den Platz neben dem Liegestuhl erhalten.

Hochwüchsige Arten und Hochstämmchen belebt man zusätzlich, indem man sie mit klein bleibenden Blumen unterpflanzt oder diese, einzeln getopft, daneben stellt. Dabei ist darauf zu achten, daß die untermalenden Gewächse nicht nur von der Farbe her zur Kübelpflanze passen, sondern auch dieselben Ansprüche stellen. Geeignet sind vor allem dichtbuschige Arten mit leicht hängendem Wuchs, z. B. Mittagsblume *(Dorotheanthus bellidiformis)*, Duftsteinrich *(Lobularia maritima)*, Männertreu *(Lobelia erinus)*, Gelbes Gänseblümchen *(Dyssodia tenuiloba)* oder Portulak-

Hochstämmchen von Solanum rantonnetii und ein Lavendelbusch schmücken den Hauseingang.

Tip

Mit auffälligen Kübelpflanzen kann man auch im Garten für zusätzliche Akzente sorgen, etwa eine Rasenfläche beleben, eine reizlose Ecke betonen oder einen Weg markieren.

Tip

Ein sehr hübscher Effekt läßt sich erzielen, wenn man die Oberfläche des Substrats mit dekorativen Steinen, mit feinem oder grobem Kies, farbigem Splitt oder auch Tongranulat abdeckt. Gleichzeitig bewahrt eine solche Auflage den Wurzelraum vor dem allzu raschen Austrocknen.

Ein Oleander im Terrakottakübel schafft Mittelmeerstimmung.

Tip

Besonders harmonisch wirkt eine Gruppe von Topf- und Kübelpflanzen, wenn nur gleiche oder ähnliche Gefäße verwendet werden bzw. deren Form, Material und Färbung zusammenpassen.

Tip

Quadratische, von Eisenbändern zusammengehaltene Holzkästen, sog. „Caisses de Versailles", betonen als charakteristische Gefäße des klassischen Stils vor allem Hochstämme und Formgehölze.

röschen *(Portulaca grandiflora)*. Ganz nebenbei vermag eine Unterpflanzung auch einen weniger attraktiven Kübel zu kaschieren.

Kübelgemeinschaften

Eine Pflanzengesellschaft beginnt schon bei kleinen Begleitern, die man rund um eine zentrale Kübelpflanze plaziert. Ein wahres Pflanzenparadies entsteht aber erst durch eine größere Schar stattlicher Kübelgewächse.

Unter Berücksichtigung ihrer jeweiligen Standortansprüche kann man Kübelpflanzen natürlich ganz nach Lust und Laune zusammenstellen. Richtig interessant wird eine Gruppe jedoch dann, wenn man sie gezielt gestaltet, z. B. nach einem bestimmten Farbkonzept, wie bereits bei den Balkonblumen beschrieben (siehe Seite 33ff.).

Mittelmeerflair und Tropendschungel

Zu wahren Kunstwerken werden Pflanzenarrangements, wenn man die Gestaltung von Terrasse oder Balkon unter ein bestimmtes Thema stellt, dem sich nicht nur die Bepflanzung, sondern auch alle übrigen Details unterordnen. Dem klassischen Aspekt der Kübelpflanzengärtnerei folgend, könnte z. B. eine mit Natursteinplatten belegte und mit zeitlosen Holz- oder Metallmöbeln ausgestattete Terrasse mit Kanarischer Dattelpalme *(Phoenix canariensis)*, Oleander *(Nerium oleander)*, Bleiwurz *(Plumbago auriculata)*, Strauchmargerite *(Argyranthemum frutescens)*, streng geschnittenen Buchsbaumkugeln *(Buxus)* und einigen Pelargonien *(Pelargonium)* bepflanzt werden, die in teils schlichten, teils kunstvoll mit Ornamenten geschmückten Tongefäßen stehen. Passende Steinplastiken, die man dekorativ zwischen den Gewächsen verteilt, mögen das Ensemble noch ergänzen.

Im mediterranen Stil präsentiert sich eine Terrasse, wenn ausschließlich Pflanzen Verwendung finden, die das Flair des Mittelmeerraums vermitteln, so etwa Zitrusgewächse *(Citrus)*, Drachenbaum *(Dracaena draco)*, Echter Feigenbaum *(Ficus carica)*, Lorbeerbaum *(Laurus nobilis)* und Wollmispel *(Eriobotrya japonica)*. Terrakottagefäße und vielleicht sogar ein Plattenmosaik am Boden vervollständigen den südländischen Eindruck. Auch nach anderen Herkunftsgebieten arrangierte Gruppen harmonieren nicht nur besonders

An Tropenpracht erinnern Chinesischer Roseneibisch, Engelstrompeten und Nachtschatten.

attraktiv miteinander, sie rufen ebenso bestimmte Stimmungen hervor. Tropisch-subtropische Blütenträume erfüllen sich mit Arten wie z. B. Bougainvilleen *(Bougainvillea)*, Engelstrompeten *(Datura)* oder Nachtschatten *(Solanum)*, Kassien *(Cassia)*, Prinzessinenblumen *(Tibouchina urvilleana)* und vielen Palmen. Eine sachlich-kühle Atmosphäre schaffen Pflanzen aus Fernost, z. B. Kamelien *(Camellia)*, Kreppmyrten *(Lagerstroemia indica)*, Chinesischer Roseneibisch *(Hibiscus-Rosa-Sinensis*-Hybriden), Aukube *(Aucuba japonica)* und Bambus. Sonnenglut und flirrende Hitze scheint sich über einer Gruppe aus Wüsten- und Halbwüstenpflanzen auszubreiten, die etwa aus Agave *(Agave)*, Dattelpalme *(Phoenix)*, Korallenstrauch *(Erythrina cristagalli)*, Palmlilie *(Yucca)*, Mittagsblumen *(Dorotheanthus* und *Lampranthus)* und Sukkulenten (siehe Tabelle Seite 16) bestehen könnte.

Bei diesem äußerst prachtvollen Ensemble gelangt man mit nur einem Schritt von den Tropen zur Wüste: ① Zylinderputzer, ② Flanellstrauch, ③ Korallenstrauch, ④ Neuseeländer Flachs und ⑤ Riesenpalmlilie vermitteln tropische Üppigkeit, während ⑥ Agave, ⑦ Opuntie, ⑧ Spanischer Dolch, ⑨ Drachenbaum und ⑩ Kanarische Dattelpalme wüstenhaftes Flair ausstrahlen. Lebhafte Farbtupfer zaubern ⑪ Verbene, ⑫ Blaues sowie ⑬ Spanisches Gänseblümchen, ⑭ Mittagsblume und ⑮ Gelbes Gänseblümchen dazwischen.

Beliebte sommer- und herbstblühende Zwiebel- und Knollengewächse für Gefäße

Pflanzenart	Standort	Höhe in cm	Blütenfarbe	Blütezeit/ Monate	Bemerkungen
Canna-Indica-Hybriden Indisches Blumenrohr	s	50–150	cremeweiß, gelb, orange, rosa, rot, auch zweifarbig	VI–X	üppige Blüher in kräftigen Farben mit großem, oft rotbraunem Laub
Crinum x *powellii* Hakenlilie	s	80–100	rosa, auch weiß	VII–VIII	duftende, schön geformte Blüten; für geschützte, warme Standorte; in geschützten Lagen frosthart
Crocosmia-Arten Montbretie	s–hs	50–80	orange, auch gelb, scharlachrot	VII–IX	aparte Blütentrauben; für windgeschützte Plätze; in geschützten Lagen frosthart
Cyclamen hederifolium Efeublättriges Alpenveilchen, Herbstalpenveilchen	hs	10–15	rosa, auch weiß	IX–X	Blätter mit hübscher Zeichnung; beim Einpflanzen muß der Wurzelansatz der Knolle nach oben zeigen; frosthart
Dahlia-Hybriden Dahlie	s	15–120	alle Farben außer Blau und Schwarz, auch mehrfarbig	VI–X	niedrige Sorten wählen, höhere benötigen Stütze; beim Einpflanzen Triebansatz 5 cm mit Erde bedecken; reichlich gießen und düngen
Eucomis bicolor, *Eucomis comosa* Schopflilie	s–hs	*E. bicolor* 30–50, *E. comosa* 50–70	grünlich bis cremefarben	*E. bicolor* VII–VIII, *E. comosa* VI–VII	dichte Blütentrauben, gekrönt von einem kurzen Blattschopf; in geschützten Lagen frosthart
Gloriosa rothschildiana superba 'Rothschildiana' Ruhmeskrone	s–hs	50–100, z.T. bis 200	scharlachrot mit Gelb	VI–VIII	rankt mit verlängerten Blattspitzen an Stütze empor, benötigt Kletterhilfe; für windgeschützte, warme Plätze; Knolle beim Einpflanzen flach legen, mit grünlicher Triebspitze nach oben
Lilium-Arten und -Hybriden Lilie	s–hs	je nach Art 40–200	weiß, gelb, orange, rosa, rot, oft zweifarbig	je nach Art V–IX	geeignet: Königslilie *(L. regale)*, Tigerlilie *(L. lancifolium)*, Türkenbundlilie *(L. martagon)* und Asiatische Hybriden; schwach saures, sandiges Substrat, gute Dränage, zu mehreren zusammenpflanzen, den Fuß beschatten; frosthart
Mirabilis jalapa Wunderblume	s	60–100	weiß, gelb, rosa, rot, auch mehrfarbig	VI–X	duftende Blüten, die sich erst spätnachmittags öffnen
Nerine bowdenii Nerine	s	40–60	rosa, auch weiß	IX–XI	zu mehreren zusammenpflanzen; für geschützte Plätze; während der Überwinterung in kühlem, hellem Raum weitergießen, bis Blätter im Frühjahr vergilben, dann trocken und warm stellen, bis sich neue Blätter zeigen, danach wieder gießen
Oxalis adenophylla Kordilleren-Sauerklee *Oxalis enneaphylla* Sauerklee	s–hs	5–15	*O. adenophylla* weiß bis rosa, *O. enneaphylla* rosa	*O. adenophylla* V–VII, *O. enneaphylla* IV–VI	hübsche, zarte Unterpflanzung mit mehrfach gefingerten „Glücksklee"-Blättern; frosthart

s sonnig **hs** halbschattig

Hinweise zur Pflege: Zwiebel- und Knollengewächse werden so gepflanzt, daß ihre Zwiebel bzw. Knolle von etwa ebensoviel Erde bedeckt ist, wie ihr Durchmesser beträgt. Wichtig ist eine sehr gute Dränage der Gefäße. Nach den Eisheiligen kommen die nicht frostharten Arten ins Freie, die frostharten entsprechend früher, wenn sie nicht ohnehin im Freien überwintert haben. Vom Austrieb bis zur Blütezeit benötigen sie viel Wasser und werden gleichmäßig feucht gehalten. Nach der Blüte gießt man sie bis zum Einziehen deutlich weniger. Man sollte die Pflanzen bis zur Blüte etwa alle 3 Wochen mäßig und nicht stickstoffbetont düngen, jedoch nur bis Anfang August. Wenn nicht anders angegeben, gräbt man im Herbst die Speicherorgane aus, schneidet bei Bedarf vorsichtig die Stengelreste ab, ohne die Speicherorgane zu verletzen, säubert und trocknet sie. Dann lagert man sie in trockenem Sand oder Torf kühl, dunkel und frostfrei. Die als frosthart beschriebenen Arten können jedoch an geschützten Stellen, am besten in den Boden eingesenkt, auch im Freien überwintern, wobei die Gefäße vor dem Durchfrieren geschützt sein müssen.

Beliebte Kletterpflanzen für Gefäße

Pflanzenart	Höhe in m	Kletterart	Blüten-farbe	Blütezeit/ Monate	Bemerkungen
Campsis-Arten Trompetenblume, Klettertrompete	2–5	Wurzelkletterer	orange, rot, auch gelb	VII–IX	a; exotisch wirkende Blüten; für geschützte, sonnige Standorte; an geschützten Stellen frosthart
Clematis-Arten und -Hybriden Clematis	1–4	Ranker	gelb, rosa, rot, blau, violett, auch zweifarbig	Wildarten V–VI, Hybriden V–X	a; gleichmäßig feucht halten; Triebbasis im Schatten lassen oder den Stock mit Flachwurzlern wie Immergrün *(Vinca)* unterpflanzen; frosthart
Clianthus puniceus Ruhmesblume	1–3	Spreizklimmer	scharlachrot, auch weiß, rosa	III–VI	a; sehr dekorative, ungewöhnlich geformte, schnabelförmige Blüten; temperiert überwintern
Cucurbita pepo Gartenkürbis, Zierkürbis	2–3	Ranker	gelb, auch weiß	VII–X	e; schöner dichter Laubschmuck aus großen, gelappten Blättern; im Herbst sehr attraktive, große, unterschiedlich geformte Früchte
Euonymus fortunei var. *radicans* Kletterspindel	1–3	Wurzelkletterer	grüngelb, unscheinbar	V–VI	a; schöner immergrüner Blattschmuck; auch für schattige Plätze geeignet; frosthart
Hardenbergia violacea Purpurkorallenerbse	2–3	Schlinger	violett, auch weiß, rosa	III–V	a; seltene Art; hängende, reichblühende Rispen aus kleinen Blüten; frostempfindlich, kühl überwintern
Hedera colchica Kolchischer Efeu, Kaukasus-Efeu *Hedera helix* Gewöhnlicher Efeu	2–5	Wurzelkletterer	grünlichgelb	IX–X	a; breites Sortenspektrum mit unterschiedlichen Blattfärbungen; nicht für vollsonnige Standorte; Gewöhnlicher Efeu ist frosthart, Kolchischer Efeu nur an geschützten Stellen, sonst kühl überwintern
Humulus scandens Japanischer Hopfen	4–6	Schlinger	gelbgrün	VII–VIII	e; sehr raschwüchsig; auch als buntlaubige Sorte 'Variegatus'
Jasminum nudiflorum Winterjasmin	1–3	Spreizklimmer	gelb	XII–IV	a; einer der ersten Blüher, am besten erhöht plazieren; frosthart
Lonicera-Arten Heckenkirsche, Geißblatt	2–5	Schlinger	weiß, gelb, orange, rot	V–VI	a; treiben duftende Blüten in reicher Fülle; frosthart
Pandorea jasminoides	2–4	Schlinger	weißrosa mit tiefrosa Schlund, auch rein weiß und reines, kräftiges Rosa	III–X	a; große, sehr schöne Blüten und jasminähnliches, gefiedertes Laub; kühl überwintern
Passiflora-Arten Passionsblume	1–3	Ranker	weiß, aprikosenfarben, rosa, rot, violett, oft mehrfarbig	VI–IX	a; exotische Blüten; brauchen einen warmen, geschützten Platz; temperiert bis warm überwintern, auf ausreichende Luftfeuchtigkeit achten, sonst oft Knospenfall
Phaseolus coccineus Feuerbohne, Prunkbohne	2–4	Schlinger	rot, weiß	VI–IX	e; Früchte in gekochtem Zustand eßbar, roh leicht giftig
Podranea ricasoliana	2–4	Schlinger	rosa	VI–X	a; duftende Blüten; kühl überwintern, zuvor zurückschneiden
Quamoclit lobata Gelappte Sternwinde	2–5	Schlinger	rot, beim Verblühen orange bis weißgelb	VII–IX	e; raschwüchsige Art mit ungewöhnlichen Blüten
Tecomaria capensis Kapgeißblatt	2–5	Spreizklimmer	orange- bis scharlachrot, auch rosa und gelb	IV–IX	a; reich und lange blühend; temperiert oder kühl überwintern, vor dem Einräumen zurückschneiden

a ausdauernde Kletterpflanzen **e** einjährig kultivierte Kletterpflanzen
Überwinterung ausdauernder Pflanzen: Frostharte Arten können auch im Freien an einer geschützten Stelle überwintern, wenn das Gefäß vor dem Durchfrieren bewahrt wird. Bei nicht frostharten Arten ist die jeweilige Temperatur des Überwinterungsraums angegeben: Kühl bedeutet 5–10 °C, temperiert 10–15 °C, warm 15–20 °C. Das Winterquartier sollte hell und trocken sein. Da der Ballen während der Überwinterung nicht austrocknen darf, werden die Pflanzen ab und zu gegossen – je wärmer und heller der Raum, desto häufiger.

Schöne Blattschmuckpflanzen für Balkon und Terrasse

Pflanzenart	Wuchsform Blütezeit/ Monate	Höhe in cm	Ansprüche und Pflege	Überwinterung Vermehrung Sonstiges
Asparagus densiflorus Zierspargel	ausdauernd; dichtbuschig, bogige Triebe; nadeliges Laub	40–60	s–hs, Einheitserde; reichlich gießen, alle 3–4 Wochen düngen	Ü hell bei etwa 15 °C; V durch Teilung; auch als Kübelpflanze
Calocephalus brownii Silberkopf, Silbergirlande	ausdauernd; bizarr verzweigt, aufrecht bis hängend; silbrige Triebe und Blätter	20–40	s, Einheitserde; sparsam gießen, nicht düngen	Ü hell bei etwa 15 °C; V durch Kopfstecklinge; auch als Ampelpflanze
Chlorophytum comosum Grünlilie, Graslilie, Grüner Heinrich	ausdauernd; bogige, schmale Blätter in dichter Rosette; herabhängende Tochterpflanzen	30–40, einzelne Hängetriebe bis 100	s–hs, Einheitserde; reichlich gießen, alle 2–3 Wochen düngen	Ü hell bei etwa 15 °C; V durch Tochterpflanzen; auch als Ampelpflanze
Glechoma hederacea Gundermann, Gundelrebe	ausdauernd; hängende bis rankende Triebe; herzförmiges Laub; blaue Blüten IV–VI	10–20, einzelne Triebe bis 60	s–hs, Einheitserde; reichlich gießen, alle 3–4 Wochen düngen	Ü hell bei etwa 10 °C; V durch Kopfstecklinge; giftig; duftet bei Berührung
Helichrysum petiolare	ausdauernd, meist einjährig kultiviert; silberfilzig; gelbe Blüten VIII–IX	30–50	s–hs, Einheitserde; mäßig gießen, alle 3–4 Wochen düngen	Ü hell bei etwa 5 °C; V durch Kopfstecklinge; auch als Ampelpflanze
Hypoestes phyllostachya Hüllenklaue, Punktblume	ausdauernd, aber nur einjährig kultiviert; rosafarbenes oder rot gepunktetes Laub	40–50	s–hs, Einheitserde, kalkarm; mäßig gießen, alle 3–4 Wochen düngen	Ü hell bei etwa 20 °C; V durch Aussaat oder Kopfstecklinge; häufig entspitzen
Iresine herbstii Iresine	einjährig; dichtbuschig; rotes bis braunrotes Laub	20–40	s, Einheitserde; gleichmäßig gießen, alle 2–3 Wochen düngen	V durch Aussaat; häufig entspitzen
Lamium maculatum Gefleckte Taubnessel	ausdauernd; aufrechte bis kriechende Triebe; weiß geflecktes Laub; weiße, rosa oder rote Blüten V–VII	15–25	s–hs, Einheitserde; gleichmäßig gießen, alle 3–4 Wochen düngen	Ü hell bei etwa 5 °C; V durch Aussaat oder Kopfstecklinge; bewährte Sorten 'Album', 'White Nancy'
Mentha suaveolens Apfelminze	ausdauernd; dichtbuschig; nesselähnliches Laub; rosa Blüten VII–VIII	30–50	s–hs, Einheitserde; gleichmäßig gießen, alle 4–6 Wochen sparsam düngen	Ü hell bei etwa 5 °C; V durch Teilung; duftend; Sorte 'Variegata', Ananasminze, mit weißbunten Blättern
Santolina chamaecyparissus Heiligenkraut	ausdauernd; locker buschig; silbriges Laub; gelbe Blüten VII–VIII	20–50	s, Einheitserde; mäßig gießen, alle 4–6 Wochen sparsam düngen	Ü hell bei etwa 5 °C; V durch Kopfstecklinge; beliebig in Form zu schneiden
Sedum sieboldii	ausdauernd; kriechende bis hängende Triebe; fleischige, blaugrüne Blätter; rosa Blüten VIII–X	20–30, einzelne Hängetriebe bis 40	s, Einheitserde; sparsam gießen, alle 4–6 Wochen düngen	Ü hell bei etwa 10 °C; V durch Kopfstecklinge; Sorte 'Variegatum' mit cremefarben geflecktem und rot gerandetem Laub
Thymus x *citriodorus* Zitronenthymian	ausdauernd; dichtbuschig; kleine Blätter; rosa Blüten VII–VIII	10–30	s, Einheitserde; mäßig gießen, alle 4–6 Wochen sparsam düngen	Ü hell bei 5 °C; V durch Kopfstecklinge; duftend; Sorte 'Aureus' gelbblättrig

s sonnig **hs** halbschattig **Ü** Überwinterung **V** Vermehrung

Beliebte Laubgehölze für Balkon und Terrasse

Pflanzenart	Standort	Höhe in cm	Blütenfarbe	Blütezeit/ Monate	Bemerkungen
Acer palmatum Fächerahorn, Echter Fächerahorn	hs	100–300	purpurrot	V	niedrige Sorten bevorzugen; saures, humoses Substrat; sehr schöne Herbstfärbung
Berberis-Arten Berberitze	s–sch	30–150	gelb	V	schöner Fruchtschmuck; je nach Art immergrün oder halbimmergrün
Ceanothus-Hybriden Säckelblume	s	100–300	blau, violett	IV–VI, VII–IX	immergrün; für geschützte Plätze, nicht frosthart; kühl überwintern
Coronilla emerus Strauchkronwicke	s–hs	50–200	gelb	V–VIII	an Ginster erinnernde Blüten; nicht frosthart; kühl überwintern
Cotoneaster-Arten Zwergmispel	s–hs	15–100	rosa, weiß-rötlich	V–VI	schöner herbstlicher Beerenschmuck; *Cotoneaster dammeri* ist immergrün
Cytisus-Arten Geißklee	s	15–150	weiß, gelb, rosa, purpurrot, lila, z.T. mehrfarbig	IV–VI	reich blühend; braucht schwach saures, durchlässiges Substrat
Euonymus fortunei Kriechspindel	s–sch	15–200	grüngelb	V–VI	immergrün; schöne buntlaubige Sorten; kann auch mit Haftwurzeln klettern
Gaultheria procumbens Scheinbeere	s–hs	10–20	weißrosa	VI–VIII	immergrün; wächst teppichartig; große rote Beeren
Genista lydia Steinginster	s	30–50	gelb	V–VI	für geschützte Standorte
Ilex crenata Bergilex, Japanische Stechpalme	hs–sch	50–200	weiß, unscheinbar	V–VII	immergrün; für die schönen schwarzroten Früchte ist neben der weiblichen auch eine männliche Pflanze nötig
Lonicera pileata Böschungsmyrte	s–hs	30–40	gelb	V	immergrün; recht anspruchslos
Pernettya mucronata Torfmyrte	hs	30–50	weiß bis rosa	V–VII	immergrün; für die auffälligen weißen, rosaroten oder violetten Beeren ist neben der weiblichen auch eine männliche Pflanze nötig; saures, humoses Substrat
Potentilla fruticosa Fingerstrauch	s–hs	40–150	gelb, auch weiß, rosa, rot	VI–X	einer der am längsten blühenden Ziersträucher
Prunus laurocerasus Lorbeerkirsche	s–sch	100–200	weiß	V–VI	immergrün; paßt gut zu mediterranen Pflanzen; schwarze Früchte
Pyracantha coccinea und *Pyracantha*-Hybriden Feuerdorn	s–hs	100–250	weiß	V–VI	immergrün; schöner herbstlicher Fruchtschmuck
Salix caprea 'Pendula' Hängende Kätzchenweide	s	100–200	gelb	III–IV	bogig herabwachsende Zweige; meist als Hochstämmchen
Salix hastata Spießweide, Gebirgsweide	s	50–150	gelb	IV	reich blühend, besonders die Sorte 'Wehrhahnii'
Skimmia japonica Skimmie	s–hs	30–100	gelblichweiß	V	immergrün; für den schönen Fruchtschmuck sind männliche und weibliche Pflanzen notwendig
Syringa meyeri Zwergflieder	s–hs	50–100	rosalila	V–VI	zuverlässig blühend; langsam wachsend

s sonnig **hs** halbschattig **sch** schattig
Winterschutz: Wenn nicht anders angegeben, sind alle Arten frosthart und können entweder, mit gutem Winterschutz versehen, im Freiland überwintern oder aber in einem kühlen, hellen und luftigen Raum bei etwa 5–10 °C. Die immergrünen Arten müssen auch im Winter ab und zu gegossen werden, die laubabwerfenden nur sehr sparsam.

Getopfte Delikatessen

Was könnte schöner und zugleich praktischer sein, als sich den Aufenthalt auf Balkon oder Terrasse mit frisch geernteten Früchten zu versüßen oder sich zarte Kräuterspitzen für den Salat zu zupfen? Auch wer nicht stolzer Besitzer eines Gartens ist, braucht auf selbstgezogenes Gemüse, auf Obst und Küchenkräuter nicht zu verzichten – vieles läßt sich problemlos in Gefäßen kultivieren.

Neben dem Gaumen verwöhnen die Nutzpflanzen überdies das Auge, denn sie sind allesamt attraktive Gewächse, die sich hübsch mit Balkon- und Kübelpflanzen kombinieren lassen, aber auch für sich allein äußerst schmuckvoll wirken.

Erntefrisches Gemüse

Natürlich wird man weder auf dem Balkon noch auf der Terrasse größere Mengen Gemüse ernten können. Doch knackfrische Salatköpfe schmecken eben besonders delikat und sonnenverwöhnte Tomaten unvergleichlich aromatisch, so daß sich eine Kultur im Container oder Kasten allein wegen des kulinarischen Vergnügens lohnt. Der Fachhandel bietet inzwischen von vielen Gemüsearten eine ganze Reihe Sorten an, die durch ihren kompakten Wuchs und ihren reichen Fruchtansatz gute Balkonpflanzen abgeben.

Insbesondere sonnenhungrige und wärmebedürftige Gemüse aus südlichen Gefilden wachsen hervorragend, z. B. Tomaten, Paprika, Gurken, Auberginen oder Zucchini.

Gleich mehrfachen Genuß versprechen getopfte Küchenkräuter: Duft, Geschmack und Zierde.

Doch auch Salate, die schnell erntereif werden, sowie Bohnen und Erbsen kommen in Frage. Selbst Kartoffeln kann man in einem großen Eimer ziehen.

Ein Topfschmuck besonderer Art sind knackige Salate in vielerlei Formen und Farben.

Tip

In Gärtnereien und auf Wochenmärkten werden im Frühling oft vorgezogene Gemüsepflanzen angeboten, die sich auch zur Kultur in Gefäßen eignen.

Tip

Aus schlingenden Feuer- und Stangenbohnen, aber auch aus Erbsen kann man gleich doppelten Nutzen ziehen: Sie wachsen rasch zu einer grünen Sichtschutzwand heran und liefern außerdem noch gehaltvolle Früchte.

Tip

Buntblättrige Sorten von Salbei, Majoran und Basilikum wirken außergewöhnlich dekorativ. Mit ihrem Blattschmuck setzen sie besondere Akzente und liefern gleichzeitig aromatische Küchenwürze.

Geeignete Gemüse für die Gefäßkultur

Gemüseart	Empfehlenswerte Formen und Sorten	Kulturansprüche	Besonderes
Aubergine	'Blacky', 'Negro' u. a.	sonnig und warm; Einheitserde; gleichmäßig feucht halten; alle 3–4 Wochen sparsam düngen	möglichst in Einzelgefäßen ziehen
Erbse	Zuckererbsen wie 'Denise', 'Sugar Gem'	sonnig; Einheitserde; gleichmäßig feucht halten; nicht düngen	Kletterhilfe anbringen, z. B. Netz spannen oder Gitter aufstellen
Feuerbohne	'Preisgewinner', 'Désirée' u. a.	sonnig bis halbschattig; Einheitserde; verträgt kurzzeitige Trockenheit; nicht düngen	Kletterhilfe anbringen, z. B. Schnüre spannen
Gurke	Salatgurken wie 'Bush Champion'; Einlegegurken wie 'Nimbus'	sonnig und warm; Einheitserde; gleichmäßig feucht halten; alle 3–4 Wochen sparsam düngen	an Stäben hochziehen
Kürbis	Patisson, Rondini	sonnig und warm; Einheitserde; gleichmäßig feucht halten; alle 3–4 Wochen sparsam düngen	mehrmals entspitzen
Paprika	Gewürzpaprika wie 'De Cayenne'; Gemüsepaprika wie 'Sweet Banana'	sonnig und warm; Einheitserde; gleichmäßig feucht halten; alle 2–3 Wochen sparsam düngen	bei Bedarf mit Stäben stützen
Pflück- und Schnittsalat	alle Sorten	sonnig; Einheitserde; gleichmäßig feucht halten; nicht düngen	beim Pflücksalat laufend äußere Blätter ernten, den Schnittsalat als ganzen Kopf abschneiden
Stangenbohne	'Hilda', 'Markant', 'Rapid' u. a.	sonnig; Einheitserde; gleichmäßig feucht halten; nicht düngen	Kletterhilfe anbringen, z. B. Schnüre spannen
Tomate	Busch- oder Balkontomaten wie 'Balkonstar'; Kirschtomaten wie 'Sweet 100'; Ampeltomaten wie 'Pendulina'	sonnig und warm; Einheitserde; gleichmäßig feucht halten; alle 3–4 Wochen sparsam düngen	die in den Blattachseln erscheinenden Seitentriebe regelmäßig ausbrechen
Zucchini	'Ambassador', 'Diamant', 'Gold Rush' u. a.	sonnig; Einheitserde; gleichmäßig feucht halten; alle 3–4 Wochen sparsam düngen	möglichst in Einzelgefäßen ziehen

Tomaten, Paprika, Basilikum und Rosmarin lassen sich hervorragend auf Balkon und Terrasse in Gefäßen ziehen.

Würziges im Kasten

Bei Küchenkräutern ist die Auswahl für Balkon und Terrasse nahezu ebensogroß wie für den Garten. Schnittlauch, Dill, Petersilie und all die anderen Würzpflanzen kann man sowohl einzeln topfen als auch im Kasten bzw. einem breiten Kübel vereinen oder aber zwischen bunte Blumen einstreuen und dann jederzeit frisch davon pflücken.

Neben einjährigen Gewürzkräutern wie Basilikum, Dill, Koriander oder Boretsch, die im Herbst mit den Blumen abgeräumt werden, lassen sich auch mehrjährige Arten wie Schnittlauch, Petersilie, Thymian, Salbei oder Zitronenmelisse ziehen. Man muß nur die Gefäße jeweils den Winter über an eine kühle Stelle im Haus holen oder im Freien mit einem guten Winterschutz (siehe Seite 90f.) versehen.

Fruchtiges zum Naschen

Neben Gemüse und Kräutern verlocken auch diverse Obstsorten mit leckeren Früchten zur Kultur auf Balkon oder Terrasse. Doch bei den meisten, von Ausnahmen wie den rasch wachsenden und reifenden Erdbeeren abgesehen, muß man etwas Geduld aufbringen und vor allem geeignete Sorten wählen, um eine wohlschmeckende Ernte einbringen zu können.

Erdbeeren werden schon seit längerem in Gefäßen kultiviert, hauptsächlich die mehr-

Tip

Bei Nutzpflanzen auf Balkon und Terrasse geht Probieren über Studieren. Wer Spaß daran hat, kann praktisch alle Arten im Gefäß zu kultivieren versuchen. Selbst wenn die Ernte einmal ausbleibt, kann man sich immerhin an dem ungewöhnlichen Pflanzenschmuck erfreuen.

Weinreben und Äpfel in geräumigen Kübeln auf der Terrasse laden zum Naschen ein.

Reiche Beerenernte wird durch solche Etageren selbst bei beengten Verhältnissen möglich.

malstragenden, kleinwüchsigen Monatserdbeeren und die sog. Kletter-, Hänge- oder Ampelerdbeeren, besondere Zuchtformen mit langen Trieben. Geeignet sind u. a. von den Monatserdbeeren die Sorten 'Rügen' und 'Alexandria', von der bodendeckenden, stark ausläufertreibenden *Fragaria* x *vescana* die Sorte 'Florika', von den mehrmalstragenden Gartenerdbeeren die Sorten 'Ostara' und 'Rapella' sowie Sorten der großfrüchtigen, einmaltragenden Gartenerdbeeren, etwa 'Elvira' oder 'Korona'.

Von Johannis- und Stachelbeeren lassen sich vor allem Hochstämmchen zur Gefäßkultur verwenden, die zugleich ein schmucker Blickfang sind. Ob Rote, Weiße oder Schwarze Johannisbeeren, grüne oder rote Stachelbeeren, die vielen Sorten lassen sich allesamt gut in geräumigen Kübeln ziehen. Ausgenommen einige Sorten der Schwarzen Johannisbeeren, sind alle diese Beerensträucher selbstfruchtbar, weshalb man sogar von nur einem Stock schmackhafte Früchte erwarten kann.

Bei Baumobstarten sind nur Formen mit außerordentlich gebremstem Wuchs und sehr begrenztem Kronenumfang empfehlenswert. Bei der Auswahl sollte man unbedingt darauf achten, daß die Edelsorte auf eine extrem schwachwüchsige Unterlage aufveredelt ist, z. B. 'M 27' oder 'M 9' bei Äpfeln. Ebenso sollte man für die Kultur auf Balkon und Terrasse nur schwach wachsende Edelsorten verwenden, also etwa die Apfelsorten 'Discovery' oder 'Idared'. Zeitlebens klein bleibende Pfirsiche und Nektarinen findet man im Handel vorwiegend als sog. Zwergpfirsiche oder Zwergnektarinen angeboten, sie tragen gewöhnlich keinen eigenen Sortennamen.

Eigens für beengte Platzverhältnisse, wie sie bei der Kübelkultur in besonderem Maß

Begünstigt durch die Wärme des Mauerwerks entfalten sich Obstbaumblüten schon früh.

gegeben sind, werden vor allem von Äpfeln speziell gezogene Formen angeboten, sog. Superspindeln oder Schnurbäumchen, bisweilen nicht ganz korrekt auch als Spuräpfel oder Apfelbäumchen 'Spur' bezeichnet. Sie bestehen nur aus einer niedrig gehaltenen Stammverlängerung, die allseits mit kurzen Seitentrieben besetzt ist. Nicht selten werden diese schlanken Bäumchen unter einem Markennamen angeboten, wobei es sich dann in der Regel auch um bestimmte Sorten handelt, etwa 'Bolero' oder 'Polka'.

Um einen Fruchtansatz zu garantieren, muß man mindestens zwei Bäumchen verschiedener Sorten, die einander befruchten können, auf Terrasse oder Balkon aufstellen. Wächst jedoch ein entsprechender Obstbaum in einem Garten in der Nähe, ist eine Bestäubung meist sichergestellt, die Bienen tragen den Pollen dann auch zu den Blüten des im Kübel gezogenen Bäumchens.

Für alle Strauch- und Baumobstarten sollte man ein besonders voluminöses Gefäß mit wirksamer Dränage verwenden, das lehmige Erdgemisch alle paar Jahre zumindest teilweise erneuern (siehe Seite 76) und die Gehölze sorgsam gießen und schneiden.

Für eine mehrjährige Kultur ist außerdem eine fachgerechte Überwinterung entscheidend. Entweder stellt man die Obststräucher oder -bäumchen an einen geschützten Platz im Freien, muß die Kübel dann jedoch frostsicher einpacken (siehe Seite 90f.) und möglichst auch die Kronen mit Sackleinen, Jute oder ähnlichem Material umhüllen, oder man bringt sie an einen hellen, sehr kühlen Ort im Haus. Während des Winters wird nur sparsam gegossen, die Gehölze dürfen jedoch nicht austrocknen. Bereits im zeitigen Frühjahr kommen die Obstgehölze dann wieder ins Freie, anfangs jedoch noch an eine möglichst geschützte Stelle.

Tip

Nutzpflanzen sollten möglichst nur sparsam organisch gedüngt werden. Ein Zuviel an Nährstoffen würde nämlich die Erntequalität beeinträchtigen.

Zwergpfirsiche (oben) und auch Beerensträucher (links) gedeihen problemlos in Kübeln.

Effekte durch Extravaganz – ungewöhnliche Gefäßpflanzen

Orangerot leuchten die Blüten der Sesbanie.

Goldgelbe Blütenbüschel zeigt der Asiatische Felberich.

Mit weißen Blütensternen ziert sich die hübsche Bacopa.

Durch eine ungewöhnliche und nicht allseits bekannte Pflanze erhält der Balkon oder die Terrasse eine ganz besondere Note. Und ebenso macht die überraschende Wirkung einer Art, die sonst nur im Beet oder im Zimmer gezogen wird, eine Gefäßpflanzung interessant.

Raritätenkabinett

In gut sortierten Kübelpflanzengärtnereien entdeckt man nicht selten außergewöhnliche Arten, die durch ihr ungewohntes Wuchsbild oder ihre exotische Blütenpracht auffallen. Hier kann man so manche Pflanze erwerben, die sich gut auf Balkon oder Terrasse halten läßt, z. B. eine glühend scharlachrot blühende Sesbanie *(Sesbania punicea)* oder eine skurril anmutende Känguruhblume *(Anigozanthos flavidus)*. Jedoch sollte man sich vom Fachpersonal eingehend beraten lassen, ob die Art für die gegebenen Bedingungen zu Hause geeignet ist.

Auch für den Balkonkasten gibt es in Gärtnereien mit reichhaltigem Sortiment einige nicht alltägliche Pflanzen, z. B. den Asiatischen Felberich *(Lysimachia congestiflora)*, auch als „Lyssi" bezeichnet. Mitunter läßt sich dort sogar eine noch überhaupt nicht für den Handel bestimmte Pflanzenart zum Ausprobieren erwerben. Man kann freundlich nachfragen sowie anbieten, seine Erfahrungen mit der Kultur dieser Art mitzuteilen. So manche Balkonblume hat auf diese Weise ihren Triumphzug in unzählige Balkonkästen begonnen – wie etwa die Bacopa *(Sutera diffusa* 'Snowflake'), die meist als Schneeflockenblume im Handel ist.

Gäste aus Garten und Zimmer

Schon während des Winters sollte man die Samenkataloge aufmerksam durchblättern und sich vielleicht Saatgut der einen oder anderen Gartenblume für die Gefäßkultur bestellen. Viele Stauden und Sommerblumen, die gemeinhin für die Auspflanzung ins Beet bestimmt sind, können ebensogut im Kasten oder Kübel stehen, z. B. Sonnenhut *(Rudbeckia hirta)* und Celosien *(Celosia)*. Die Einjährigen muß man meist allerdings rechtzeitig selbst durch Aussaat heranziehen, denn von ihnen bekommt man nur selten Jungpflanzen.

Empfehlenswert ist auch, das Sortiment an Zimmerpflanzen in aller Ruhe zu studieren und sich die Zeit zu nehmen, die Ansprüche der vielen verschiedenen Arten genau zu prüfen. Nicht wenigen Zimmerpflanzen bekommt ein Sommeraufenthalt im Freien gut, was sie im folgenden Jahr mit besonders üppiger Blüte danken. Blaues Lieschen *(Exacum affine)* und der Prärieenzian, oft ebenfalls Schönkelch genannt *(Eustoma grandiflorum,* auch *Lisianthus russelianus)* etwa fühlen sich an etwas geschützten, nicht allzu heißen Balkon- und Terrassenplätzen sehr wohl, ob für sich allein getopft oder während des Sommers zwischen andere Blumen gruppiert. Im Herbst nimmt man die Pflanzen ins Haus und hat dann wieder einen attraktiven Pflanzenschmuck für die Fensterbank.

Zierende Früchte

Es muß nicht immer Blütenpracht sein, auch mit Pflanzen, die auffällige Früchte

Der anmutige Prärieenzian oder Schönkelch prunkt mit seinen recht pompösen Trichterblüten, die wie Seide schimmern.

Die ungewöhnlichen cremeweißen Früchte der Zieraubergine sehen Hühnereiern ziemlich ähnlich.

tragen, läßt sich Farbe auf Balkon und Terrasse bringen. Besonders zum Spätsommer und Herbst hin, wenn die Blütenfülle allmählich schwindet, können Früchte in allen Variationen deren schmückende Funktion übernehmen. Auch hier gilt es, sich in anderen Sparten der Gartenkultur umzuschauen, etwa bei Nutzpflanzen. Dort findet man neben den zum Genießen bestimmten Fruchtgemüsen einzelne Sorten, deren Erntesegen in erster Linie für das Auge bestimmt ist, z. B. Zierauberginen *(Solanum melongena)* mit hühnereigroßen Früchten in edlem Cremeweiß oder mit fröhlich gelb gestreifter Schale.

Aus der Abteilung Zimmerpflanzen stammen hingegen der Korallenstrauch *(Solanum pseudocapsicum)* und der Zierpfeffer *(Capsicum annuum)*, deren leuchtend rot gefärbter Fruchtschmuck ausschließlich der Dekoration dient und keinesfalls zum Verzehr geeignet ist.

Schöne Wilde

Liebhaber von Naturgärten werden sich sicher auch auf dem Balkon und der Terrasse gern mit Pflanzen umgeben, die einen naturnahen Charakter besitzen. Eine Pflanzengemeinschaft aus vorwiegend heimischen Blumen läßt sich auch in Gefäßen verwirklichen und zu einer „geordneten Wildnis" zusammenstellen. Anders als der Flor der auf Dauerblüte gezüchteten klassischen Gefäßpflanzen hält sich die Blütenpracht vieler Wildpflanzen allerdings zeitlich in eher engen Grenzen. Doch wird man durch einen häufig wechselnden Anblick, etwa durch die bald einsetzende Fruchtbildung, dafür entschädigt.

Als Substrat sollte man für Wildpflanzen keine unveränderte Einheitserde verwenden, sondern diese mit mindestens einem Drittel Sand abmagern. Noch besser eignet sich eine selbstgemischte Erde, die aus einem Drittel lehmigem Gartenboden, einem Drittel reifem Kompost und einem Drittel Sand besteht.

Geeignete Arten für einen rustikalen, recht romantisch anmutenden Blumenschmuck sind z. B. Kornblume *(Centaurea cyanus)* oder Klatschmohn *(Papaver rhoeas)*, die Kornrade *(Agrostemma githago)*, das Sommerblutströpfchen *(Adonis aestivalis)* und die Gewöhnliche Nachtkerze *(Oenothera biennis)*. Gepaart mit Getreidehalmen, für die man Saatgut in kleinsten Mengen eventuell von einem Landwirt geschenkt bekommt oder im Zoohandel (sog. Katzengras) erwerben kann, ergeben sich farbenfrohe Bilder.

Für sehr sonnige sowie extrem trockene Lagen kann man eine Pflanzengesellschaft aus Bergaster *(Aster amellus)*, Kartäusernelke *(Dianthus carthusianorum)*, Gewöhnlichem Sonnenröschen *(Helianthemum nummularium)*, Großem Ehrenpreis *(Veronica austriaca* ssp. *teucrium)* und noch vielen anderen arrangieren. Für halbschattige bis schattige Stellen verwendet man u. a. Kriechenden Günsel *(Ajuga reptans)*, Knäuelglockenblume *(Campanula glomerata)*, Goldnessel *(Lamiastrum galeobdolon)* sowie Waldmarbel *(Luzula sylvatica)* und kleine Farne.

Als Kübelpflanzen kann man heimische Kleingehölze eintopfen, die mit guter Dränage und einem nach obigen Angaben gemischten Substrat

Schönen orangeroten, aber giftigen Fruchtschmuck trägt der kleine Korallenstrauch.

Sonnenröschenblüten wirken wie aus zerknittertem Seidenpapier geschaffen.

Der Kriechende Günsel bildet violette Blütenpyramiden.

Stechpalmen wirken zur Fruchtzeit im Herbst ganz besonders interessant.

viele Jahre einen hübschen Schmuck ergeben. Zu empfehlen sind u. a. Arten wie Strauchkronwicke *(Coronilla emerus)*, Färberginster *(Genista tinctoria)*, Gewöhnlicher Liguster *(Ligustrum vulgare)*, Kriechweide *(Salix repens)*, Besenginster *(Cytisus scoparius)*, Stechpalme *(Ilex aquifolium)*, Alpenjohannisbeere *(Ribes alpinum)* oder Gewöhnliche Heckenkirsche *(Lonicera xylosteum)*, die allesamt durch Schnitt ziemlich klein gehalten werden können.

Die ausdauernden Wildarten pflanzt man im Spätherbst in den Garten aus bzw. packt die Gefäße frostsicher ein und deckt die Pflanzen mit Reisig ab (siehe Seite 90). Oder man holt sie zur Überwinterung ins Haus, wo sie an einem hellen,

Purpurfetthennen verlängern die Blütenpracht auf Balkon und Terrasse bis weit in den Herbst hinein.

kalten bis kühlen Ort aufgestellt und nur sehr sparsam gegossen werden.

Lebenskünstler mit dicken Blättern

Reizvoll wirkt eine mehr oder minder umfangreiche Gruppe von Sukkulenten (siehe Tabelle Seite 16), z. B. verschiedenen Fetthennen *(Sedum)*, Hauswurzarten *(Sempervivum)* oder Echeverien *(Echeveria)*. Mit ihren eigenwilligen Wuchsformen ergeben diese Gewächse nicht nur Pflanzenbilder von außergewöhnlichem Charme, sie erweisen sich überdies als ausgesprochen pflegeleicht. Da sie in ihren fleischigen Blättern Wasser speichern, überstehen sie sogar längere Trockenphasen ohne Gießen – etwa während des Urlaubs – problemlos. Gepflanzt werden sie in spezielle Kakteenerde oder in ein aus gleichen Teilen Einheitserde und Sand gemischtes Substrat. Die Gefäße dafür dürfen ohne weiteres auch sehr flach sein.

Wasserpflanzen

„Ausprobieren geht über Studieren" haben sich schon viele Balkon- und Terrassengärtner gesagt und ihre direkt vor dem Haus gelegenen Freiluftplätze mit weiteren ungewöhnlichen Pflanzenarten geziert. Auch Wasserpflanzen brauchen davon nicht ausgeschlossen zu bleiben. Man kann sie in Wannen ansiedeln oder in Behälter pflanzen, die mit Spezialfolie ausgekleidet sind, und sie damit nahe beim Sitzplatz ins Blickfeld rücken. Solch ein kleiner Teich, bestückt mit Miniaturseerosen *(Nymphaea*-Hybriden), jedoch auch mit Kalmus *(Acorus calamus)*, Igelkolben *(Sparganium)* und anderen Arten ergibt ein überaus reizvolles Ambiente. Denkbar ist ebenso ein dekoratives, wassergefülltes Gefäß mit einigen exotischen Schwimmblattpflanzen, etwa Muschelblumen *(Pistia stratiotes)* oder Wasserhyazinthen *(Eichhornia crassipes)*.

Gräser und Farne

Gräser mit ihren eleganten, filigranen Halmbüscheln stellen eine weitere, ausgesprochen aparte Möglichkeit dar, Balkon und Terrasse mit ungewöhnlichem Dekor zu versehen. Neben Bambusarten (siehe Tabelle Seite 36), die ein asiatisches Flair verbreiten, eignen sich auch Ziergräser wie Papyrus *(Cyperus papyrus)*, Regenschirmpalme oder Zypergras *(Cyperus involucratus)*, Pampasgras *(Cortaderia selloana)* und China-Schilf *(Miscanthus sinensis)* als herrliche Kübelgewächse sowie einjährige Arten wie das samtige Hasenschwanzgras *(Lagurus ovatus)* als Begleiter für bunte Balkonblumen.

Für schattige Ecken bieten sich dagegen Farne an, sei es ein eigenwilliger Geweihfarn *(Platycerium bifurcatum)* in einer Ampel, ein duftiger Frauenhaarfarn *(Adiantum)* im edlen Porzellantopf oder ein üppiger Schwertfarn *(Nephrolepis exaltata)* im Holzkübel.

Wasserhyazinthen kann man in Miniaturteichen gut bewundern.

Der filigrane Frauenhaarfarn ist eine ungewöhnliche Attraktion für schattige Stellen.

Außergewöhnliche Balkon- und Kübelpflanzen

Pflanzenart	Wuchsform, Blüten, Früchte*	Höhe in cm	Standort	Pflege von Frühjahr bis Herbst	Bemerkungen
Anigozanthos flavidus Känguruhblume	Staude; locker buschig; bizarre, gelbe Blüten V–VI	80–120	hell, nicht vollsonnig	reichlich gießen (kalkarm); alle 6–8 Wochen schwach düngen	ungewöhnliche Kübelpflanze für Terrasse und Zimmer; Ü hell bei etwa 10 °C
Brassica oleracea Zierkohl	zweijährig; auffällig gefärbte und gekrauste Blätter in dichter Rosette	30–50	sonnig	gleichmäßig gießen; alle 2–4 Wochen düngen	wird einjährig gezogen; Aussaat ab Ende Mai; ausgefallener Herbstschmuck
Caesalpinia gilliesii Pfauenstrauch	laubabwerfender Strauch; locker verzweigt; gelbrote Blüten VII–VIII	120–250	sonnig	gleichmäßig gießen; alle 2–4 Wochen schwach düngen	tropische Blütenschönheit; Ü hell bei 15 °C; ähnlich *Caesalpinia pulcherrima*
Capsicum annuum Zierpfeffer	einjährig; dichtbuschig; weiße Blüten V–VIII; gelbe bis rote Früchte VII–X	30–40	hell, nicht vollsonnig	mäßig gießen; alle 2–4 Wochen düngen	hübsche Fruchtschmuckpflanze; bis auf die Früchte in allen Teilen giftig
Celosia cristata Celosie	einjährig; kompakt buschig; gelbe, orangefarbene oder rote Blüten VI–IX	20–40	sonnig	gleichmäßig gießen; alle 2–4 Wochen schwach düngen	Sorte 'Cristata' mit hahnenkammartigen, 'Plumosa' mit fedrigen Blütenständen
Cyperus involucratus Regenschirmpalme, Zypergras	immergrünes Gras; dichtbuschig; Halme mit endständiger Blattrosette	40–120	sonnig	reichlich gießen; alle 4–6 Wochen schwach düngen	andere Arten ebenso geeignet, z. B. *Cyperus papyrus*, Papyrus; Ü hell bei 10–15 °C
Duchesnea indica Scheinerdbeere	immergrüne Staude; gelbe Blüten V–VIII; rote Früchte ab VI	5–10, Spalier bis 50	halbschattig	reichlich gießen; alle 2–4 Wochen schwach düngen	oft einjährig an Klettergerüst gezogen, hübsche Ampelpflanze; Ü hell bei etwa 5 °C
Eustoma grandiflorum Prärieenzian	zweijährig; dichtbuschig; violette, rosa oder weiße Blüten VI–VIII	20–40	sonnig	mäßig gießen; alle 4–6 Wochen schwach düngen	Verblühtes rasch entfernen, damit Seitenknospen nachtreiben; Ü hell bei etwa 10 °C
Exacum affine Blaues Lieschen, Bitterblatt	zweijährig; dichtbuschig; blauviolette Blüten VII–IX	20–30	hell, nicht vollsonnig	gleichmäßig gießen (kalkarm), alle 4–8 Wochen schwach düngen	wird meist einjährig gezogen; Jungpflanzen häufig entspitzen; Ü hell bei etwa 15 °C
Gerbera-Hybriden Gerbera	Stauden; dichte Blattrosette; weiße, gelbe, orangefarbene oder rote Blüten IV–IX	30–50	sonnig	gleichmäßig gießen; alle 2–4 Wochen düngen	wird oft einjährig gezogen; Ü hell bei etwa 15 °C
Lysimachia congestiflora Asiatischer Felberich, „Lyssi"	Staude; niederliegend bis hängend; gelbe Blüten IV–X	15–20	sonnig bis halbschattig	regelmäßig gießen; alle 2–4 Wochen düngen	wird meist einjährig gezogen; schöne Ampelpflanze
Rudbeckia hirta Sonnenhut	einjährig; locker bis dichtbuschig; gelbe, orangegelbe bis braune Blüten VI–X	20–60	sonnig	gleichmäßig gießen; alle 2–4 Wochen düngen	kompakte Sorten wie 'Toto' für Kästen, höhere wie 'Goldilocks' für Kübel geeignet
Sesbania punicea Sesbanie	laubabwerfender Strauch; locker buschig; scharlachrote Blüten IV–X	100–300	sonnig	mäßig gießen; alle 1–2 Wochen schwach düngen	auch als Hochstämmchen; Ü dunkel bei etwa 5 °C, im Frühjahr zurückschneiden
Solanum melongena Zieraubergine, Ziereierfrucht	einjährig; dichtbuschig; cremeweiße Blüten V–VI; gelbe Früchte ab VII	50–70	sonnig	reichlich gießen; alle 2–4 Wochen düngen	spezielle Ziersorten, z. B. 'Golden Eggs'; Früchte eßbar, aber wenig wohlschmeckend
Solanum pseudocapsicum Korallenstrauch	kleiner Strauch; weiße Blüten V–VI; orangefarbene oder rote Früchte ab VIII	20–30	sonnig	reichlich gießen; alle 2–4 Wochen düngen	oft nur einjährig gezogen; Früchte giftig; Ü hell bei etwa 10 °C
Sutera diffusa Bacopa, Schneeflockenblume	Staude; locker hängend; weiße Blüten IV–X	10–20, hängende Triebe bis 50	sonnig bis halbschattig	gleichmäßig gießen; alle 2–4 Wochen düngen	bisher nur die Sorte 'Snowflake' im Handel; wird meist einjährig gezogen; Ballentrockenheit wird schlecht vertragen

* Zeit des Blüten- und Fruchtschmucks in Monaten **Ü** Überwinterung

Sonnenkinder und Schattenkünstler

Standorte, Substrate und Gefäße

Von Palmen sagen die Araber, daß sie als Könige der Oasen ihre Füße ins Wasser tauchen, ihre Häupter jedoch ins Feuer des Himmels recken.

Ob der Balkon- und Ampelschmuck bis in den Herbst hinein attraktiv bleibt, ob eine Kübelpflanze über Jahre hinweg ein prachtvoller Begleiter ist, das wird von vielen Faktoren bestimmt. Wichtig ist vor allem die Auswahl geeigneter Arten, deren Ansprüche mit den Bedingungen am ihnen zugedachten Standort möglichst gut übereinstimmen sollen. Aber auch das Gefäß muß passen, und die Erde muß stimmen – erst dann können Balkon- und Kübelpflanzen optimal gedeihen.

Der günstigste Standort

Wenn ihre Ansprüche vollends erfüllt werden, können Gefäßpflanzen ihre volle Pracht zeigen.

Tip

Ob ein Platz für eine bestimmte Pflanze günstig ist oder nicht, zeigt sich besonders deutlich nach einigen sehr heißen oder aber kühlen, regennassen Tagen. Erholt sie sich in der Folge rasch wieder, steht sie an der richtigen Stelle, dauert es dagegen sehr lange und leiden einzelne Pflanzenteile sichtlich, sollte man ihren Standort besser wechseln.

Pflanzen sind in Gefäßen wie im Freiland den verschiedensten Umwelteinflüssen ausgesetzt. Zu diesen sog. Standort- oder Wachstumsbedingungen zählen u. a. die Eigenschaften des Substrats sowie die Qualität der Luft. Vor allem aber wirken klimatische Faktoren wie Sonnenschein, Hitze und Kälte, Regenschauer und Windböen auf die Gewächse ein und bestimmen letztlich, welchen Anteil der art- oder sorteneigenen Wuchskraft sie in die Bildung von Blatt- und Blütenschmuck umsetzen können. Manche Arten sind dabei sehr wählerisch und stellen ganz spezielle, eng umrissene Ansprüche, andere sind anpassungsfähiger und gedeihen an Plätzen mit verschiedenartigen Klimabedingungen gleichermaßen.

So gilt es stets, den Anforderungen einer Pflanze an den Standort weitgehend gerecht zu werden. Nur dann kann man sich bei mehrjährigen Gewächsen viele Jahre lang an grüner und blühender Pracht erfreuen. Nicht minder wichtig ist die Erfüllung der Standortansprüche bei den einjährigen Sommerblumen, sollen diese doch in kürzester Zeit heranwachsen und zugleich reichlich blühen. Das ist nur zu erreichen, wenn sie beste Voraussetzungen dafür erhalten.

In Gefäßen gezogene Pflanzen können von der Mobilität profitieren, die sie gegenüber den im Garten ausgepflanzten Gewächsen auszeichnet. Wenn nötig, lassen sie sich meist sehr einfach an einen neuen, besser geeigneten Standort umstellen. Besonders leicht fällt dies bei Töpfen und Kübeln; bei Ampeln und Balkonkästen kann es etwas schwieriger werden, da Möglichkeiten zu ihrer Befestigung nicht beliebig vorhanden sind. Stellt sich hier heraus, daß eine Bepflanzung für den gegebenen Standort nicht optimal gewählt ist, wird man spätestens im nächsten Jahr besser geeignete Arten aussuchen.

Klimatische Bedingungen

Bei der Suche nach dem günstigsten Standort für eine Pflanze bzw. bei der Auswahl der Gewächse für einen ganz bestimmten Platz auf Terrasse oder Balkon sollte man sich zunächst die klimatischen Gegebenheiten vor Augen führen, die an den betreffenden Stellen herrschen.

In erster Linie wird das Klima durch die geographische Lage und die Geländesituation sowie die unmittelbare Umgebung vorgegeben. Im Norden Mitteleuropas steht die Sonne im Sommer tiefer und scheint damit weniger kräftig als weiter im Süden, so daß sehr sonnenhungrige Pflanzen dort nicht so reich blühen. Bestimmte Regionen sind durch ein besonders rauhes oder regenreiches Klima gekennzeichnet. In solchen Gegenden ist die Pflanzenauswahl von vornherein begrenzt, und empfindliche Arten müssen an einem

Im Hof zwischen Hauswänden herrscht allgemein ein sehr günstiges, warmes Klima vor.

Dachterrassen und Balkone sind dem Wind um so stärker ausgesetzt, je höher sie liegen.

geschützteren Platz stehen als in klimatisch milden Gebieten.

Auch die lokale Situation kann Einschränkungen in der Wahl der Pflanzen oder aber besondere Pflegemaßnahmen erforderlich machen. Ein einsam auf einer Hügelkuppe gelegenes Haus ist Witterungseinflüssen, etwa Wind oder Spätfrösten, stärker ausgesetzt als ein Gebäude, das inmitten einer Ortschaft steht. An einem Haus in exponierter Lage muß man daher Gefäße mit hochwüchsigen Pflanzen gut gegen Umfallen sichern, und die Pflanzen dürfen im Frühjahr keinesfalls zu früh ausgeräumt werden. Auch zwischen den einzelnen Balkonen eines Hochhauses gibt es Unterschiede. Gegenüber Balkonen der unteren Etagen werden die der oberen Stockwerke intensiver von der Sonne beschienen und sind dem Wind vermehrt ausgesetzt. Folglich muß man in der Höhe häufiger gießen oder aber zu Arten greifen, die nicht so empfindlich gegen Austrocknung sind, etwa Blaue Mauritius *(Convolvulus sabatius)*, Blaue Gänseblümchen *(Brachycome)* oder Duftsteinrich *(Lobularia maritima)*.

Schließlich unterscheiden sich die klimatischen Bedingungen für die Pflanzen auch rund um ein Haus häufig drastisch, man spricht in diesem Fall vom sog. Kleinklima. Zum einen beeinflußt die jeweilige Himmelsrichtung die Licht-, Wärme- und Witterungsverhältnisse, zum andern können die baulichen Gegebenheiten die Klimawirkungen mildern oder verstärken.

So erhalten Pflanzen an nach Osten gerichteten Hausseiten zwar viel Sonnenlicht, jedoch nicht die starke Hitze der Mittagssonne. Auch heftige Regenfälle und Winde treffen diese Hausseite eher selten, so daß hier empfindlichere Arten wie Begonien, Grandiflora-Petunien oder Palmfarne *(Cycas revoluta)* meist gut gedeihen. Sehr lichtbedürftige Pflanzen (siehe Tabelle Seite 59) stehen dagegen besser vor einer nach Süden oder Südwesten gerichteten Wand. Westseiten sind in der Regel zugleich sog. Wetterseiten, weshalb dort aufgestellte Pflanzen besonders robust, regen- und windunempfindlich sein müssen (letztere siehe Tabelle Seite 59). An den sonnenabgewandten Nordseiten kommen wegen des geringen Lichteinfalls nur speziell an Schatten angepaßte Pflanzen ausreichend zur Blüte (siehe Tabelle Seite 59).

Von der Sonne beschienen und vom Wind sanft umweht, gedeihen Blaue Gänseblümchen gut.

Die gedrungenen polstrigen Büsche des Husarenknopfs werden vom Wind kaum zerzaust.

Petunienblüten entfalten sich nur dann so prächtig, wenn sie von Regen und Wind verschont bleiben.

Tip

An nach Norden weisenden Hausseiten sollte man verstärkt Blattschmuckpflanzen wie Harfenstrauch oder Efeu verwenden, um Farbe und Wirkung der wenigen dort gedeihenden Blütenschmuckpflanzen zu unterstreichen.

Ein breiter Dachvorsprung schützt Balkon- und Kübelpflanzen vor den Unbilden der Witterung.

Wesentlichen Einfluß auf das Kleinklima rund um ein Haus haben auch Form und Größe des Dachs. Ein breiter Dachvorsprung hält einen Großteil des Regenwassers ab und schützt die Pflanzen vor rauhen Winden, läßt allerdings weniger Sonnenlicht zu ihnen vordringen. Das ist vor allem bei der Plazierung von Balkon- und Ampelpflanzen zu berücksichtigen: Auf einem breiten, überdachten Balkon können robustere und sonnenhungrigere Arten weiter nach außen, empfindlichere Gewächse dagegen weiter nach innen gesetzt bzw. gehängt werden. Sehr wärmebedürftige Kübelpflanzen (siehe Tabelle Seite 59) sollte man stets möglichst nah an eine stark besonnte Hauswand stellen, deren Mauerwerk die Wärme gut speichert und nach Sonnenuntergang langsam wieder abgibt.

Tip

Ausgesprochen regenempfindliche Balkon- und Ampelpflanzen wie Gebirgshängenelken, Knollenbegonien oder großblütige Petunien sollten möglichst unter einem Dachvorsprung plaziert werden. Die beliebten Pelargonien sind dagegen regenunempfindlich und brauchen keinen derartigen Schutz.

Tip

Wird eine zeitweilige Beschattung erforderlich, kann man z. B. ein Leinentuch vor die Pflanzen spannen oder locker darüberlegen, einen Karton als schützenden Paravent aufstellen oder auch einen Sonnenschirm aufspannen.

Sonnenlicht und Wärme

Die einzelnen Standortfaktoren sind von unterschiedlicher Bedeutung für das Pflanzenleben. Am wichtigsten ist ohne Zweifel das Sonnenlicht, das der Pflanze gleichsam als Motor für sämtliche Lebensvorgänge dient. Die Sonne spendet aber auch Wärme, eine ebenfalls nicht unerhebliche Bedingung für gutes Wachstum, erhöht sie doch die Geschwindigkeit der Stoffwechselprozesse.

Mit zunehmender Wärme steigert sich jedoch der Wasserverbrauch der Pflanze deutlich. Die Sonneneinstrahlung treibt die Verdunstung in die Höhe, wobei der Wasserdampf durch zahlreiche winzige Poren aus den Blättern entweicht. Kritisch ist dies besonders für Arten mit großen, weichen Blättern, etwa Engelstrompeten *(Datura)*, Hortensien *(Hydrangea)* oder Begonien. An sonnigen Standorten verdunstet rasch mehr Wasser, als die Wurzeln aufnehmen können, selbst wenn das Substrat gut feucht ist. In kurzer Zeit werden die Blätter dann schlaff und können dauerhaften Schaden erleiden. Solche Arten müssen daher stets so aufgestellt werden, daß sie zumindest vor praller Mittagssonne geschützt sind. Am wohlsten fühlen sie sich jedoch an einem halbschattigen, aber ausreichend hellen Platz.

Bauernhortensien erweisen sich stets als um so durstiger, je sonniger sie stehen.

Ist der Standort insgesamt zu dunkel, so leiden vor allem die lichthungrigen Arten. Beblätterung und Blütenansatz fallen dann spärlich aus, die Triebe werden lang und schlaff, und die Gewächse entwickeln sich zu sparrigen, wenig attraktiven Erscheinungen. Wie stark eine Pflanze auf Lichtmangel reagiert, ist eine art- bzw. sortenspezifische Eigenschaft.

In den Beschreibungen der Pflanzen (siehe Seite 124–229) wird ein Standort nach den

Kumquat und Oleander sind Sonnenanbeter, die ganztägig sehr helle Plätze brauchen.

dort herrschenden Lichtverhältnissen folgendermaßen bezeichnet:

- vollsonnig – den ganzen Tag über in direkter, praller Sonne;
- sonnig – überwiegend, vor allem zur Mittagszeit besonnt, jedoch morgens oder abends leicht beschattet;
- absonnig – die meiste Zeit des Tages sehr hell, aber nicht direkt besonnt und daher weniger heiß;

Die bis in den Herbst hinein blühenden Fleißigen Lieschen bevorzugen nicht zu sonnige Stellen.

- lichtschattig oder lichter Schatten – Sonneneinstrahlung und Beschattung im Tageslauf wechselnd, insgesamt jedoch überwiegend hell;
- halbschattig – nur während einer Tageshälfte besonnt oder vor- und nachmittags in der Sonne liegend, jedoch mittags beschattet;
- schattig – mehr als eine Tageshälfte im Schatten liegend.

Die Temperatur am Standort beeinflußt nicht nur den Wasserverbrauch, sondern ebenfalls Wachstum und Entwicklung der Pflanzen. Da die meisten Balkon- und Kübelpflanzen aus Gebieten stammen, die deutlich wärmer als Mitteleuropa sind, haben sie gewöhnlich auch höhere Temperaturansprüche. Dies macht sich besonders bei manchen tropischen Arten bemerkbar, die an lange jährliche Wachstumsperioden mit entsprechend hohen Durchschnittstemperaturen angepaßt sind. Nach einem kühlen Frühjahr und einem verregneten Sommer kann es daher vorkommen, daß sich z. B. der Blühbeginn von Bougainvilleen sehr stark verschiebt und erst kurz vor dem Einräumen im Herbst einsetzt. Dem läßt sich nur vorbeugen, indem man solchen Arten einen möglichst warmen und gut geschützten Standort gibt. Ganz allgemein benötigen Pflanzen, die ausgesprochen wärmebedürftig sind, einen abgeschirmten Platz, vorzugsweise in der Nähe einer wärmenden, nach Süden oder nach Südwesten gerichteten Hauswand. Gegen Kälte unempfindliche Arten können indessen weiter von der Hauswand entfernt plaziert werden.

Lebenspendendes Wasser

Neben der Sonneneinstrahlung ist die Wasserversorgung der zweite wesentliche Faktor für das Gedeihen von Pflanzen. Das Wasser, das sich in den Substratporen befindet und in dem die Nährstoffe gelöst sind, wird über die Wurzeln aufgenommen und in alle Organe geleitet.

Abgesehen von seiner Funktion beim Transport der Nährstoffe und im Stoffwechsel der Pflanze ist das Wasser auch nötig, um die Gewebezellen prall mit wäßrigem Zellsaft gefüllt zu halten, so daß ihre Struktur bestehenbleibt. Arten, die nicht an volle Sonne gewöhnt sind, haben an heißen Tagen große Schwierigkeiten, ausreichend Wasser aufzunehmen, wie man beispielsweise an den unverholzten, wasserreichen Trieben von Begonien leicht erkennen kann, die dann ziemlich schlaff herabhängen.

Tip

Anhaltende Regenfälle oder ein starker Regenguß können bei Pflanzen mit bruchempfindlichen Trieben dazu führen, daß diese unter der Wasserlast knicken und abbrechen. Bei solchen Arten sollte man daher die Kästen bzw. die Kübel bei Bedarf kurzfristig abdecken oder umstellen können. Auch ein aufgespannter Regenschirm kann Schutz geben.

Tip

Sorten mit bunten Blättern, sog. panaschierte Formen, wie es sie z. B. von Schönmalve oder Neuseeländer Flachs gibt, oder solche mit rotem Laub, etwa von Buntnesseln, zeigen ihre schöne Laubfärbung nur bei ausreichender Sonneneinstrahlung. Stehen sie zu schattig, so vergrünen sie allmählich, und der sortentypische Reiz geht verloren. Man sollte sie deshalb möglichst hell plazieren.

Sukkulente Pflanzen mit ihren verdickten Blättern wie die Echeverie überstehen auch Trockenphasen ziemlich gut, sie eignen sich daher für die sonnigsten und heißesten Plätze am Haus.

Tip

Pflanzen wie Kreppmyrte, Zwergmargerite oder Fuchsien, die anfällig für Pilzinfektionen wie Mehltau oder Grauschimmel sind, sollten keinesfalls in einem windstillen, warmen Winkel aufgestellt werden, weil sich dort die Pilzerreger besonders wohl fühlen.

Tip

Pflanzen mit bruchempfindlichen Trieben, die einen windgeschützten Platz erfordern, sind u. a. Schönmalve, Knollenbegonie, Vanilleblume und Wandelröschen. Besonders windempfindliche Blätter haben z. B. Engelstrompete und Zierbanane.

Tip

Große, kippgefährdete Pflanzen kann man durch stabile Erdhaken, das Beschweren mit Steinen, das Anbinden des Stamms am Balkongitter oder einem Wandhaken, durch einen schweren Übertopf oder ähnliche Sicherungsmaßnahmen vor dem Umfallen schützen.

Stahlbügel bewahren Kübel vor dem Umkippen.

Die Schmucklilien vertragen keine Staunässe und müssen mit Fingerspitzengefühl gegossen werden.

In der freien Natur erhalten Pflanzen das notwendige Wasser durch Regen und Grundwasserströme, im Balkonkasten und Kübel muß es überwiegend künstlich zugeführt werden. Doch kann man des Guten durchaus zuviel tun, besonders wenn an Stellen, die dem Regen ausgesetzt sind, heftige Niederschläge zum Gießwasser hinzukommen und wenn die Gefäße über einen mangelhaften Wasserabzug verfügen. Gegen ein Übermaß an Nässe sind vor allem Pflanzen empfindlich, die aus Gebieten mit zeitweiliger Trockenheit stammen, etwa Agaven oder solche mit fleischigen, unterirdischen Speicherorganen wie die Schmucklilien *(Agapanthus)*. Sie erleiden bei stauender Nässe im Wurzelraum rasch Schäden, die sich oft nicht mehr beheben lassen.

Um derartigen Situationen vorzubeugen, gilt es, nicht nur beim Gießen entsprechend umsichtig vorzugehen, sondern bereits bei der Wahl des Standorts die individuellen Ansprüche der Pflanzen zu berücksichtigen und nässeempfindliche Arten an einem regengeschützten Platz aufzustellen. Ist dies nicht möglich, hilft zumindest während längerer Regenperioden eine zeitweilige Abdeckung mit Kunststoffolie. Kleinere Pflanzen können durch das Überziehen von Hauben ganz geschützt werden, bei größeren begnügt man sich mit dem Schutz des Wurzelbereichs, indem man die Folie z. B. am Stamm befestigt und bis über den Gefäßrand ausbreitet.

Wirkung des Winds

Wind verstärkt in mancher Hinsicht die Effekte anderer klimatischer Faktoren, nimmt aber auch selbst Einfluß auf das Pflanzenwachstum. Eine ständige Brise erhöht die Verdunstung und damit den Wasserverbrauch einer Pflanze deutlich, schützt durch die entstehende Verdunstungskälte andererseits die Blätter vor Überhitzung und setzt die Gefahr von Pilzinfektionen herab, die bei unbewegter feuchter Luft besonders hoch ist.

Durch heftige Winde sind Pflanzen mit bruchempfindlichen Trieben oder sehr großen Blättern jedoch stark gefährdet, da diese leicht verletzt bzw. abgerissen oder, wie im Fall der Zierbanane *(Ensete)*, tief zerschlitzt werden können. Dadurch leidet nicht nur das Erscheinungsbild, sondern die Bruchflächen stellen überdies für Bakterien und Pilzerreger Eingangspforten in den Pflanzenkörper dar, in dem sie sich dann ausbreiten können.

Auch für sehr hohe, kopflastige Pflanzen, insbesondere Schopfbäume wie Palmen, Drachenbäume *(Dracaena)*, Zypressen *(Cupressus)* und Palmlilien *(Yucca)*, können starke Winde eine Gefahr darstellen. Sie kippen leicht um, werden dabei nicht selten beschädigt und ziehen unter Umständen sogar danebenstehende Gewächse in Mitleidenschaft. Dem läßt sich problemlos durch Verwendung möglichst schwerer, standfester Gefäße sowie durch eine entsprechende Verankerung, nicht zuletzt jedoch durch die Wahl eines windgeschützten Platzes vorbeugen.

Knollenbegonien sollten stets vorsichtig behandelt werden, da ihre Triebe leicht brechen.

Gefäßpflanzen für spezielle Standorte

Balkon- und Kübelpflanzen für sehr sonnige Plätze

Agave-Arten
Agaven

Argyranthemum frutescens
Strauchmargerite

Asteriscus maritimus
Strandstern

Bougainvillea-Arten
Bougainvilleen

Callistemon citrinus
Zylinderputzer

Cassia-Arten
Kassien

Chamaerops humilis
Zwergpalme

Cistus-Arten
Zistrosen

Citrus-Arten
Zitrusgewächse

Convolvulus sabatius
Blaue Mauritius

Dimorphotheca-Arten und -Hybriden
Kapkörbchen

Dorotheanthus bellidiformis
Mittagsblume

Heliotropium arborescens
Vanilleblume

Lagerstroemia indica
Kreppmyrte

Lantana montevidensis und *Lantana-Camara*-Hybriden
Wandelröschen

Lobelia erinus
Männertreu

Lotus-Arten
Hornklee

Nerium oleander
Oleander

Pelargonium-Arten und -Hybriden
Pelargonien

Petunia-Hybriden
Gartenpetunien

Phormium tenax
Neuseeländer Flachs

Portulaca grandiflora
Portulakröschen

Punica granatum
Granatapfelbaum

Salvia-Arten
Salbei

Verbena-Arten und -Hybriden
Verbenen

Balkon- und Kübelpflanzen für schattige Plätze

Aucuba japonica
Aukube

Begonia-Hybriden
Begonien

Buxus sempervirens var. *sempervirens*
Gewöhnlicher Buchsbaum

Crinodendron-Arten

* *Cuphea*-Arten
Köcherblümchen

* *Cycas revoluta*
Japanischer Palmfarn

* *Ensete ventricosum*
Abessinische Banane

Fuchsia magellanica und *Fuchsia*-Hybriden
Fuchsien

Hedera-Arten
Efeu

Impatiens-Neu-Guinea-Hybriden
Neu-Guinea-Impatiens

Impatiens walleriana
Fleißiges Lieschen

* *Laurus nobilis*
Lorbeerbaum

* *Phormium tenax*
Neuseeländer Flachs

* *Pittosporum*-Arten
Klebsamen

Plectranthus-Arten
Harfensträucher

Mit * gekennzeichnete Arten bevorzugen zwar einen halbschattigen oder sonnigen Platz, gedeihen aber auch noch im Schatten.

Kübelpflanzen für sehr warme Plätze

Bougainvillea-Arten
Bougainvilleen

Callistemon citrinus
Zylinderputzer

Cassia-Arten
Kassien

Hibiscus-Rosa-Sinensis-Hybriden
Chinesischer Roseneibisch

Lagerstroemia indica
Kreppmyrte

Ricinus communis
Wunderbaum

Balkonblumen für windige Plätze

Ageratum houstonianum
Leberbalsam

Brachycome-Arten
Blaue Gänseblümchen

Erica-Arten
Heide

Erigeron karvinskianus
Spanisches Gänseblümchen

Gazania-Hybriden
Gazanien

Hymenostemma paludosum
Weiße Zwergmargerite

Lobelia erinus
Männertreu

Lobularia maritima
Duftsteinrich

Pelargonium-Arten und -Hybriden
Pelargonien

Sanvitalia procumbens
Husarenknopf

Lackzistrose

Knollenbegonie

Bougainvillee

Gazanie

Substrate als Grundlage des Wachstums

Neben den klimatischen Faktoren stellen geeignete Substrate die ganz entscheidende Voraussetzung dafür dar, daß sich Balkonblumen über eine Saison oder mehr sowie Kübelpflanzen über viele Jahre wohl fühlen. Eine gut überlegte Wahl des Substrats zahlt sich beim Pflegeaufwand tagtäglich aus.

In Gefäßen gezogene Pflanzen verfügen über einen wesentlich begrenzteren Wurzelraum als im Freien ausgepflanzte Gewächse. Deshalb sollte der Auswahl bzw. Aufbereitung des Substrats um so größere Sorgfalt beigemessen werden. Vor allem bei langlebigen, stattlichen Exemplaren, die man nicht jedes Jahr umtopft, ist eine hochwertige Erde überaus wichtig. Eher kann man bei Pflanzen, die nur relativ kurze Zeit kultiviert werden, z. B. Sommerblumen im Balkonkasten, auf Substrate von geringerer Qualität, die deshalb oft billiger sind, ausweichen – doch darf man dann keine Höchstleistungen bei Blüte und Wuchs erwarten.

Immer wieder erstaunt es, welch beschränkter Wurzelraum derartig üppig wachsende und blühende Pflanzen versorgen kann.

Substratbestandteile

Substrate, meist vereinfacht als Erden bezeichnet, sind industriell hergestellte Mischungen von reinen Bestandteilen unterschiedlicher Herkunft, im Gegensatz zu einer selbstgemischten Erde, die als Ausgangsstoff den gewachsenen Gartenboden verwendet. Wie jeder Gartenboden setzen sich auch die Substrate für Balkon- und Kübelpflanzen aus unzähligen Erdteilchen zusammen, die zwischen sich feinste Poren einschließen. Die Substratpartikel halten die Nährstoffe vorübergehend gebunden und setzen sie durch verschiedene Reaktionen nach und nach frei, während in den Poren Luft und Wasser strömen, so daß der lebensnotwendige Sauerstoff ebenso wie das Wasser mit den darin gelösten

Bleibt das Substrat von der Pflanzung bis zum Abräumen locker, gedeihen die Pflanzen prächtig.

Nährstoffen zu den feinen Wurzelspitzen der Gewächse gelangen können.

Damit die Pflanzen gut gedeihen, muß ihnen das Substrat nicht nur ausreichend Halt bieten, sondern auch über ein ausgewogenes, gleichbleibendes Verhältnis von Poren und Bodenteilchen verfügen. Nur dann ist die Versorgung mit Luft, Wasser und Nährstoffen auf Dauer gewährleistet. Man spricht in diesem Zusammenhang von der Strukturstabilität eines Substrats. Dies bedeutet nichts anderes, als daß die Erde auch nach häufigem Gießen oder nach starken Regenfällen nicht zusammensackt und verklebt. Strukturstabil wird ein Substrat z. B. durch den Zusatz von Weißtorf, einem natürlich entstandenen, grobfaserigen, wenig zersetzten Torf, der aus Hochmooren gewonnen wird, oder durch Beimengung von Torfersatzstoffen (siehe Seite 62), was aus Gründen des Naturschutzes in jedem Fall zu bevorzugen ist.

Weiterhin sollte das Substrat Nährstoffe und Wasser in ausreichender Menge speichern und auch wieder abgeben können, damit nicht in kurzen Abständen immer wieder gewässert und gedüngt werden muß. Dies erreicht man durch die Beigabe mineralischer Bestandteile, in den meisten Fällen von Ton, teilweise auch von Sand. Zugesetzter Kalk verleiht der Erde eine lockere Struktur und reguliert außerdem den Säuregrad, der als pH-Wert angegeben wird und beim Substrat ebenso wie beim natürlichen Boden die Verfügbarkeit der Nährstoffe beeinflußt. Je höher der pH-Wert liegt, desto basischer bzw. alkalischer, je niedriger, desto saurer ist das Substrat. Bei einem pH-Wert von 7 reagiert die Erde chemisch neutral.

Einheitserden

Es liegt auf der Hand, daß nicht jedes beliebige Erdgemisch die genannten Anforderungen ohne weiteres erfüllen kann. Leider sieht man es einem Substrat nicht an, ob es qualitativ hochwertig ist oder nicht. Daher wurden sog. Einheitserden mit fest definierter Zusammensetzung entwickelt, die eine hohe Strukturstabilität sowie gute Speicherkapazität für Wasser und Nährstoffe aufweisen und damit eine verläßliche Qualität des Substrats garantieren.

Einheitserde – nach ihrem Erfinder auch Fruhstorfer Substrat genannt und bisweilen unter der Bezeichnung ED 37 erhältlich – ist eine Mischung aus 60–70 % Weißtorf und etwa 30 % Tonbestandteilen mit einem Zusatz von 3 kg Kalk je m^3 Erde sowie gewöhnlich auch von Volldünger. Sie weist einen pH-Wert von etwa 5,5 bis 6 auf, der für die meisten Pflanzen ideal ist.

Einheitserde gibt es als verschiedene Typen im Handel zu kaufen:

Kamelien blühen am reichsten, wenn das Substrat nicht allzu ausgiebige Nährstoffmengen enthält.

- Typ 0, auch Nullerde genannt, enthält keinen Dünger. Sie eignet sich zur Anzucht von Jungpflanzen oder zur Kultur von Arten, die eine genau bemessene, daher besser von außen zugeführte Düngermenge benötigen.
- Typ VM, sog. Vermehrungserde, enthält nur geringe Düngermengen und ist sehr locker. Sie kommt ebenfalls zur Anzucht der Pflanzen sowie zur Kultur spezieller, besonders düngerempfindlicher Arten in Frage.
- Typ P, die Abkürzung für Pikiererde, enthält 3 kg Volldünger je m^3 Erde. Man verwendet sie zum Pikieren und zur Weiterkultur von Jungpflanzen, aber auch für Pflanzen mit mäßigem Nährstoffbedarf, etwa Kamelien *(Camellia)*.
- Typ T, auch Topferde, enthält 6 kg Volldünger je m^3 Erde und eignet sich für die große Mehrzahl der Balkon- und Kübelpflanzen, die einen durchschnittlichen Nährstoffbedarf haben.

Auch unter anderen Bezeichnungen werden Substrate für Balkon- und Kübelpflanzen zum Verkauf angeboten, etwa als Balkonkastenerde, Blumenerde, Pflanzerde usw. Deren Zusammensetzung unterliegt jedoch keinen festen Richtlinien, und jeder Hersteller kann sie nach eigener Rezeptur mischen. Solche Substrate sind ebenfalls gut geeignet; man sollte sich allerdings über ihre jeweiligen Bestandteile und Eigenschaften durch die Hinweise auf der Packung genau informieren und prüfen, ob sie den Ansprüchen der Pflan-

Tip

Die meisten käuflichen Erden und Substrate sind vorgedüngt, was auf der Verpackung in der Regel angegeben ist. Gewöhnlich hält dieser Dünger nach der Pflanzung etwa 6–8 Wochen vor. Um Schäden durch zu hohe Düngerkonzentrationen zu vermeiden, wird erst nach diesem Zeitraum mit dem Düngen begonnen.

Tip

Stark torfhaltige Erdmischungen sind stets etwas feuchter zu halten als solche mit höherem mineralischen Anteil. Der Torf bindet nämlich einen Teil des Wassers derart, daß er sich auch dann noch feucht anfühlt, wenn die Wurzeln daraus bereits kein Wasser mehr aufnehmen können.

Tip

Vielen Substraten wird ein ganz beträchtlicher Anteil Grünkompost, in Großanlagen gewonnener, ausgereifter Kompost, beigemengt. Hat man selbst reifen Kompost zur Verfügung, kann man ein nicht komposthaltiges Substrat damit strecken, indem man die beiden Erden im Verhältnis 1:1 mischt.

Selbstgemischte Substrate kann man gut im Backofen keimfrei machen, indem man sie leicht feucht in einen Bratschlauch füllt und eine halbe Stunde bei 100–120 °C dämpft.

zen (siehe die einzelnen Pflanzenbeschreibungen Seite 124–229) genügen.

Torf und Torfersatzstoffe

Vielfach werden im Handel sog. Torfkultursubstrate, abgekürzt TKS, angeboten und für Topfpflanzen empfohlen. Sie bestehen aus reinem Weißtorf, dem ähnlich wie bei den Einheitserden Kalk und Nährstoffe zugesetzt sind, der jedoch nur einen pH-Wert von etwa 5 aufweist. Durch den hohen Torfanteil sind diese Substrate zwar strukturstabil, da ihnen aber mineralische Bestandteile fehlen, ist ihre Speicherfähigkeit für Wasser und Nährstoffe bloß gering. Man muß darin kultivierte Pflanzen daher häufiger gießen und düngen. Günstiger ist es, wenn man Torfkultursubstraten etwas Ton oder Lehm beimischt.

Um die Natur zu schonen, sollte man statt Torf besser Ersatzstoffe verwenden.

Ein weiterer Nachteil ist, daß ein stark torfhaltiges Substrat, das bereits vollständig ausgetrocknet ist, sich nur sehr schwer wieder anfeuchten läßt. Das Wasser perlt daran ab wie an einer glatten Oberfläche. Solche Erden muß man deshalb immer rechtzeitig gießen, bevor sie ganz trockenfallen. Hat man es doch einmal übersehen, so taucht man am besten das ganze Gefäß bis über die Substratoberfläche in einen Eimer mit Wasser, bis keine Luftblasen mehr aufsteigen. Gegebenenfalls beschwert man die Erde dazu mit einigen Steinen, damit sie nicht aufschwimmt.

Bei der Torfgewinnung werden wertvolle, heutzutage selten gewordene Hochmoorflächen zerstört, die viele Jahrhunderte oder gar Jahrtausende zu ihrer Entstehung benötigt haben. Daher versucht man seit einiger Zeit, den Torfanteil der Substrate durch sog. Torfersatzstoffe zumindest teilweise zu ersetzen. Am häufigsten verwendet man dazu Rindenhumus. Dieser wird durch Aufbereitung und Kompostierung aus Baumrinde gewonnen, die als Abfall bei der Holzverarbeitung und Papierherstellung anfällt. Rindenhumus hat eine dem Torf vergleichbare lockernde und belüftende Wirkung, doch eine deutlich geringere Wasserhaltekraft. Reiner Rindenhumus ist daher kaum einsetzbar, er wird stets mit unterschiedlichen Zusätzen vermischt. Im Handel wird er dann z. B. als sog. Rindenkultursubstrat angeboten, das mindestens zur Hälfte aus Rindenhumus besteht. Man kann ihn aber auch selbst mit Gartenerde und Kompost vermengen. Schließlich finden noch andere Stoffe als Torfersatz Verwendung, z. B. Fasern aus Holz oder Kokos oder Reisspelzen.

Derzeit ist die Palette an Kultursubstraten im Wandel begriffen. Insbesondere solche, die vermehrt Torfersatzstoffe enthalten oder mit Grünkompost, wie er in den Kompostieranlagen der Gemeinden anfällt, angereichert sind, werden verstärkt und in immer neuen Mischungen im Handel angeboten. Diese eignen sich zumindest für die Saisonbepflanzung im Balkonkasten sehr gut; ausreichende Erfahrungen mit langjährigen Kulturen liegen damit jedoch bisher noch nicht vor.

Zusatzstoffe

Mehr noch als für im Garten ausgepflanzte Arten bedeutet Staunässe für Balkon- und Kübelpflanzen eine ständige Gefahr. Bei dagegen besonders empfindlichen Arten sollte man nicht nur durch eine hinlängliche Anzahl von Wasserabzugslöchern für eine wirksame Dränage der Gefäße sorgen, sondern auch durch geeignete spezielle Zusatzstoffe die Durchlässigkeit des Substrats für Wasser erhöhen.

Folgende Materialien bieten sich dazu an:

- Sand: am besten grober Quarzsand, auch als scharfer Sand bezeichnet, der kalkfrei und daher gerade für kalkempfindliche Arten (siehe dazu Pflanzenbeschreibungen Seite 124–229) angebracht ist; Bausand, der Kalk enthält, sollte hingegen nicht verwendet werden;
- Splitt: stark zerkleinertes Gestein verschiedener Zusammensetzung, oft auch kalkhaltig, das vor allem für eine Dränageschicht am Boden von Gefäßen in Frage kommt;
- Perlite: unter extrem hohen Temperaturen aufbereitetes Vulkangestein, das sehr porös ist, den Boden lockert und zugleich in den Poren etwas Wasser speichern kann;

Perlite lockern das Substrat auf und sorgen für eine bessere Durchlüftung des Ballens.

- Styromull: aufgeschäumtes Polystyrol, das durch seine geschlossenen Poren kein Wasser aufnimmt, daher für nässeempfindliche Arten (siehe Seite 58) gut geeignet ist;
- Hygromull: Kunststoffgranulat mit offenen Poren, das folglich Wasser speichern kann (Hygro- und Styromull werden manchmal auch als Atmungsflocken bezeichnet).

Weitere, seltener angebotene Zusatzstoffe sind Lavagrus und Bimskies, die ebenfalls sehr porös sind und Wasser binden können.

Spezialerden

Einige Pflanzenarten stellen so spezielle Ansprüche an die Erde, daß es für ein dauerhaft gutes Gedeihen nicht ausreicht, eine Einheitserde bzw. eine vergleichbare Erdmischung durch Zusätze zu verbessern. Für sie sollte man daher solche Substratmischungen wählen, die genau auf die Ansprüche der jeweiligen Pflanzen abgestimmt sind. Von Bedeutung sind vor allem zwei Mischungen:

- Rhododendron- oder Azaleenerde, manchmal auch Moorbeeterde genannt, hat einen niedrigen pH-Wert von etwa 4,0 bis 4,5, der durch Zusatz von Torf, Nadelerde, saurer Lauberde bzw. saurem Rindensubstrat oder kalkarmem Lehm erreicht wird. Dieses Substrat ist für Pflanzen wie Kamelien *(Camellia)*, Zylinderputzer *(Callistemon citrinus)*, *Crinodendron*-Arten, Hortensien *(Hydrangea)* oder Brautmyrte *(Myrtus communis)* geeignet, die in Einheitserde mit einem pH-Wert von 6 nicht genügend Eisen aufnehmen könnten und daher unter Chlorose (siehe Seite 111) leiden würden.
- Kakteenerde enthält besonders viele mineralische Bestandteile, aber weniger Torf als gewöhnliche Erdmischungen und ist überaus wasserdurchlässig. Sie eignet sich vor allem für langsam wachsende Arten mit geringerem Nährstoffbedarf, die ausgesprochen empfindlich gegen Staunässe sind, z. B. für Sukkulenten oder Flanellstrauch *(Fremontodendron)*.

Andere spezielle Substrate unterscheiden sich von normaler Blumenerde bzw. Einheitserde weniger stark. Geranien- bzw. Pelargonienerde ist stärker vorgedüngt und daher für sehr nährstoffbedürftige Pflanzen zu empfehlen. Grünpflanzenerde verfügt über ein eigens auf üppiges Blattwachstum abgestimmtes Nährstoffverhältnis, Palmenerde enthält einen besonders hohen Lehmanteil. Manchmal werden auch noch für andere Pflanzengruppen eigene Mischungen angeboten.

Die hübsche Torfmyrte kann nur in einem sauren Substrat dauerhaft gedeihen.

Der reichblühende Flanellstrauch benötigt ein gut durchlässiges, lockeres Substrat.

Tip

Wenn man für seine Kübel- und Balkonpflanzen kein Substrat kaufen möchte, sondern eine eigene Erdmischung bevorzugt, benötigt man dazu als Ausgangsstoff lehmige, humose Gartenerde, die weder zu schwer noch zu leicht ist, sondern möglichst feinkrümelig und locker. Man versetzt drei Teile dieser Erde mit zwei Teilen reifem Kompost sowie einem Teil scharfem Sand und vermischt die Bestandteile gründlich miteinander.

Tip

Zusatzstoffe wie z. B. Perlite, Lavagrus und Bimskies sind empfindlich und zerbröseln unter Druck leicht zu Staub, so daß ihre Wirkung verlorengeht. Sie sollten daher sorgsam aufbewahrt werden, etwa in Blechdosen oder Gläsern.

Tip

Eine gute Auswahl verschiedener Zusatzstoffe erhält man in vielen Gärtnereien, im Baumarkt – dort allerdings oft nur in großen Mengen – sowie im Fachhandel für Dachbegrünungsmaterial.

Auswahl der Gefäße

Tip

Form und Aussehen des Gefäßes spielen eine sehr wichtige Rolle für die Gesamterscheinung einer Kübel- oder Ampelpflanze. Es sollte daher möglichst immer auf das individuelle Flair einer Art abgestimmt sein, damit ein harmonisches Bild entsteht.

Tip

Gefäße aus Ton eignen sich vor allem für staunässeempfindliche Pflanzen wie Zitrusgewächse, Palmfarn oder Ölbaum, solche aus Kunststoff dagegen für Arten mit hohem Wasserverbrauch. Doch welches Material man bevorzugt, ist letztlich auch eine Frage der individuellen Vorliebe bzw. der persönlichen Gewohnheiten bei der Pflanzenpflege. Wer eher dazu neigt, zuviel zu gießen, sollte einen Tontopf wählen, wer das Wässern gelegentlich vergißt, ist mit einem Kunststoffgefäß besser beraten.

Tip

Wer die fast unvermeidlichen Kalkausblühungen an den Tongefäßen als störend empfindet, kann diese mit verdünnter Säure, etwa einer Essig-Kochsalz-Lösung, und einer Scheuerbürste entfernen.

Tip

Wenn man vorhat, ein wertvolles Gefäß den Winter über im Freien stehenzulassen, sollte man sich beim Kauf dessen Frosthärte schriftlich zusichern lassen.

Nicht nur das richtige Substrat, auch die Wahl eines geeigneten Gefäßes ist für die erfolgreiche Kultur einer Pflanze von großer Bedeutung. Dabei spielen ästhetische wie praktische Gesichtspunkte eine Rolle, außerdem persönliche Vorlieben. Verschiedene Materialien mit unterschiedlichen Eigenschaften sowie Behälter mit technischen Raffinessen wie einem eingebauten Wasserreservoir stehen zur Auswahl. Gefäße für Pflanzen, die im Freien überwintern, müssen unbedingt Frost aushalten; an sehr sonnigen oder dem Regen ausgesetzten Standorten ist auf gute Witterungsbeständigkeit des Materials zu achten.

Tongefäße

Am häufigsten werden Gefäße aus Ton oder aus Kunststoff verwendet. Beide Materialien unterscheiden sich in ihren Eigenschaften grundlegend voneinander. Ton ist porös und dementsprechend luftdurchlässig. Durch die feinen Poren kann außerdem Wasser nach außen verdunsten, weshalb die Erde in Tontöpfen rascher austrocknet als in Kunststoffgefäßen. Dies hat den Vorteil, daß Staunässe seltener auftritt und die Wurzeln, sofern das Substrat locker genug ist, gut atmen können. Nachteilig ist allerdings, daß man häufiger gießen muß. Zudem wird durch die Verdunstung der Erde Wärme entzogen, es entsteht die sog. Verdunstungskälte. Das ist der Grund, warum sich die Wurzeln empfindlicher Arten, etwa von Chinesischem Roseneibisch (*Hibiscus-Rosa-Sinensis*-Hybriden) oder Petunien sowie von Jungpflanzen in Tontöpfen manchmal weniger gut entwickeln.

Die Durchlässigkeit des gebrannten Tons hat außerdem zur Folge, daß die Pflanzenwurzeln in solchen Töpfen bevorzugt zu den Gefäßwänden hin wachsen und sich daran entlang ausbreiten, da dort die Sauerstoffversorgung besser ist als in der Mitte des Ballens. Das Substrat wird daher nur unvollständig ausgenutzt. Auch das Umtopfen gestaltet sich oft etwas schwierig, weil man die feinen Wurzeln beim Austopfen leicht abreißt.

Ein weiterer Nachteil von Ton ist dessen Bruchempfindlichkeit sowie sein hohes Gewicht, das sich vor allem mit zunehmender

Töpfe und Schalen aus Ton sind atmungsaktiv, erwärmen sich rasch und sehen adrett aus.

Glasierte Tongefäße sollte man stets passend zur Farbe der Bepflanzung auswählen.

Gefäßgröße stark bemerkbar macht. Der Transport stattlicher Pflanzen wird dann zu einem Kraftakt. Allerdings sind schwere Tongefäße auch sehr standfest und kippen nicht so leicht um.

Schließlich gibt es bei Ton gewaltige Qualitäts- und Preisunterschiede, vor allem bei der sog. Terrakottaware. Diese wird aus ausgewählten, besonders groben und porösen Tonen hergestellt. Meist stammen derartige Gefäße aus Italien, Frankreich oder England sowie auch aus Kreta, wo sie unter der Bezeichnung Pithoi angeboten werden, und sind häufig wunderschön dekoriert. Durch die lange Tradition der Terrakottaherstellung ist die Auswahl an Formen und Dekoren so breitgefächert, daß sich gewiß für jeden Geschmack ein passendes Gefäß finden läßt.

Neben industriell gefertigten Töpfen ohne oder mit nur einfachen Verzierungen sind Terrakottagefäße überwiegend handgefertigte Stücke, die besonders kunstvoll dekoriert, aber auch dementsprechend teuer sind. Allerdings werden diese Unikate aus hochwertigen Grundstoffen hergestellt und so hart gebrannt, daß sie im Gegensatz zur gepreßten Industrieware völlig oder weitgehend frostbeständig sind. Terrakottagefäße verbreiten auf jeder Terrasse und bei jedem Haus ein südliches Flair. Zu ihren warmen Erdfarben passen Pflanzen jeglicher Art.

Eine weitere Abwandlung der einfachen Tontöpfe stellen glasierte Terrakotta- bzw. Keramikgefäße dar. Die wohl schmuckvollsten stammen aus Ostasien, vorwiegend aus China, und haben aparte Farben, meist Blau, Grün oder Tiefbraun, die ihnen eine ganz eigene Ausstrahlung verleihen. Auch sie sind frostbeständig und halten zudem die Feuchtigkeit besser als unglasierte Tontöpfe, verfügen jedoch gewöhnlich nicht von vornherein über Wasserabzugslöcher.

Gefäße aus Kunststoff

Obwohl sie als rein synthetische Produkte zu lebendigen Pflanzen weniger gut passen als Behälter aus Naturstoffen wie Ton oder Holz, haben Kunststoffgefäße viele praktische Vorteile, die sie immer beliebter werden lassen. Außer durch einen niedrigen Preis und geringes Gewicht – das andererseits allerdings mangelnde Standfestigkeit mit sich bringt – zeichnen sie sich besonders durch ihr gleichmäßiges Innenklima aus. Da die Wände luft- und wasserdicht sind, verdunstet durch sie hindurch kein Wasser, der Gießwasserverbrauch ist also geringer als bei Tontöpfen. Die Wurzeln durchdringen den Erdballen gleichmäßiger und wachsen erst dann zu den Wänden hin, wenn das Gefäß zu klein geworden ist.

Besser als Kunststoffgefäße sind für Hochstämmchen schwere, standfeste Holzkübel geeignet.

Tip

Bauchige Pflanzgefäße sind immer mit einiger Vorsicht zu verwenden. Einmal bepflanzt, kann das Umtopfen später zum Problem werden, da der Ballen der größer gewordenen Pflanze kaum mehr durch die enge Öffnung paßt. Man sollte daher vorzugsweise Formen mit nicht allzu enger Öffnung wählen, denn sonst muß das Gefäß unter Umständen beim Austopfen zerschlagen werden.

Tip

Um die Standfestigkeit von Plastiktöpfen zu erhöhen, kann man sie in einen passenden, schweren Übertopf aus Keramik stellen. Damit gewinnt zugleich das ganze Erscheinungsbild der Pflanze, insbesondere wenn der Übertopf ein unschönes Pflanzgefäß verdeckt.

Tip

Beim Kauf von Töpfen oder Kästen aus Kunststoff sollte man darauf achten, daß es sich um Recyclingware oder zumindest um einen gekennzeichneten Kunststoff handelt, der nach Gebrauch wiederverwertet werden kann. Man leistet damit einen Beitrag zum Umweltschutz.

Heute werden Pflanzgefäße fast ausschließlich in sehr stabiler, schlagfester Qualität angeboten, sie sind witterungsbeständig, dauerhaft und überwiegend auch frosthart. Bei Töpfen und Kästen, die für sonnige Plätze vorgesehen sind, sollte man außerdem auf gute UV-Beständigkeit des Materials achten. Die Palette an Farben und Formen, früher auf recht wenige beschränkt, hat sich inzwischen enorm erweitert. Man erhält im Handel nun auch Gefäße, die auf den ersten Blick kaum mehr von Terrakotta oder Holz zu unterscheiden sind, und sogar farbige, glasiert erscheinende Kübel gehören zum Sortiment.

Für vollsonnige, südseitige Standorte sollte man Kunststoffgefäße in möglichst hellen Farben wählen. In dunklen Töpfen kann es in der Sonne besonders leicht zu sehr hohen Temperaturen kommen, so daß die Wurzeln unter Hitzestau leiden oder, im Extremfall, sogar absterben. Außerdem ist es ratsam, die Gefäße so aufzustellen, daß sie von anderen Pflanzen beschattet werden, sie zur Südseite hin mit Hängepflanzen zu verkleiden oder sie in einen Übertopf aus Keramik zu stellen.

Andere Materialien

Natürlich und schön, sehr standfest und frostbeständig, meist aber ziemlich teuer – das läßt sich von Holzgefäßen sagen. Von Material und Stil her passen sie ähnlich wie Tontöpfe zu Pflanzen jeglicher Art. Damit sie auch von unten belüftet werden und nicht zu verrotten beginnen, stellt man sie, sofern sie keine Füße haben, auf untergelegte Holzlatten, Ziegelsteine oder ähnliches, niemals direkt auf den Boden.

Steinschalen mit Fuß heben die Pflanzen empor und rücken sie damit besser ins Blickfeld.

Allerdings bedeuten Holzkübel oder -kästen immer einen gewissen Pflegeaufwand, denn sie sollten einmal jährlich mit einem pflanzenverträglichen Holzschutzmittel gestrichen werden, um sie vor Fäulnis zu schützen. Die Anfälligkeit dafür hängt von der Holzart ab; am dauerhaftesten unter den heimischen Hölzern ist Eiche. Um sich den Anstrich zumindest auf der Innenseite zu ersparen, kann man die Gefäße mit Kunststoffolie auskleiden.

In den Kosten stehen Behälter aus Stein den Holzgefäßen kaum nach, oft sind sie sogar noch teurer. Ihr Preis hängt vom Ausgangsmaterial, von der Verarbeitung und Verzierung ab. Wie bei Terrakotta kann man auch hier zwischen einer Vielzahl von Formen mit unterschiedlichsten Dekoren wählen, von einfachen, flachen Schalen und Trögen bis hin zu aufwendigen Amphoren. Besonders edle und dauerhafte Schmuckstücke, die sich an Vorbilder aus viktorianischer Zeit anlehnen, kommen aus England und sind eine Anschaffung fürs Leben. Richtig schön werden sie nämlich erst mit einer gewissen Patina aus Flechten und Moosen.

Deutlich preisgünstiger als Gefäße aus Naturstein sind dagegen solche aus Kunststein oder Beton, deren Formen gewöhnlich wesentlich schlichter sind. Aus diesen Materialien werden auch besonders stabile oder große Blumenkästen angeboten.

Auch Metallgefäße gibt es im Handel. Sie sollten allerdings ausschließlich verwendet werden, wenn sie innen emailliert, beschichtet, verchromt oder gar aus Edelstahl sind. Nur dann ist ausgeschlossen, daß Säuren, die von den Wurzeln ausgeschieden oder durch Dünger gebildet werden, schädliche Stoffe aus dem Metall freisetzen. Andernfalls kann man sich mit einer Kunststoffolie behelfen, mit der man den Behälter auslegt.

Schließlich werden häufig Balkonkästen aus asbestfreiem Faserzement angeboten. Ein Nachteil dieses Materials ist neben seinem hohen Preis die ausgesprochene Bruchempfindlichkeit. Andererseits zeichnen sich diese Kästen durch viele gute Eigenschaften aus: Sie sind standfest, atmungsaktiv und frostsicher, außerdem sehr langlebig und verfügen, da sie meist unten genauso breit sind wie oben, über reichlich Wurzelraum.

Mit etwas Phantasie läßt sich aber auch eine Vielzahl unterschiedlicher Behälter, die ursprünglich nicht für Blumen vorgesehen waren, in Pflanzgefäße verwandeln. Die Möglichkeiten reichen dabei von halbierten Holzfässern über Eimer und ausrangierte Wannen

Tip

Für sehr starkwüchsige Pflanzen wie Schmucklilien oder Bambusarten sollte man ein besonders stabiles Gefäß wählen. Zu dünnwandige Töpfe können mit der Zeit durch den Wurzeldruck gesprengt werden. Am besten eignen sich massive Holzkübel mit Metallbändern. Ersatzweise nimmt man billige Plastikbehälter, die man einfach austauscht, sobald sie Risse oder Beulen bekommen.

Tip

Allgemein wird empfohlen, Betongefäße vor dem Bepflanzen gründlich auszuwaschen, ausgiebig zu wässern oder einige Tage in den Regen zu stellen und das sich sammelnde Wasser immer wieder zu entfernen. So werden möglicherweise schädliche Zusatzstoffe aus dem Beton herausgelöst und beseitigt.

Tip

Nüchterne graue Kästen aus Faserzement kann man durch einen Anstrich mit geeigneter Farbe, passend zur Bepflanzung oder ganz nach persönlichem Geschmack, verschönern und so zu individuellen Schmuckstücken umgestalten.

Tip

Häufig sind die Wasserabzugslöcher bei Balkonkästen nur markiert, aber noch geschlossen. Vor dem Bepflanzen sind sie unbedingt zu öffnen, indem man sie entweder z. B. mit einem Schraubenzieher durchstößt oder mit einem stabilen Messer aufschneidet.

Hübsche Körbe werden als Pflanzgefäße mit Folie ausgekleidet oder als Übertöpfe verwendet.

bis hin zu geflochtenen Weidenkörben, in denen man einzelne Töpfe verbirgt oder die man mit Folie abdichtet und dann direkt bepflanzt.

Balkonkästen und Ampeln

Balkonkästen werden heute in der Mehrzahl aus Kunststoff angefertigt umd meist in Braun, Schwarz, Weiß und Grün, seltener auch in anderen Farben angeboten. Neben den einfachen, glattwandigen Formen gibt es eine Vielzahl attraktiverer Varianten, z.B. Kästen mit gewellten Rändern, zaunlattenartig gestalteten Wänden und mit diversem Dekor. Wichtig, weil augenfälliger, ist das Äußere der Kästen vor allem bei einer weniger üppigen Frühjahrs- und Winterbepflanzung.

Die Kästen werden in den unterschiedlichsten Längen und Breiten angeboten (siehe unten), so daß man für jede bauliche Situation passende Maße findet. Sehr praktisch sind Balkonkästen, die durch einen doppelten Boden ein Wasserreservoir enthalten. Über Saugdochte oder eine Saugmatte gelangt das Wasser durch Löcher in der oberen Bodenplatte in den mit Erde gefüllten Bereich des Kastens. Vorteilhaft ist es, wenn derartige Kästen über ein Sichtfenster oder eine Anzeige zur Kontrolle des Wasserstands verfügen, sonst läßt sich nur schwer erkennen, wann man gießen muß.

Bei Ampelgefäßen bietet sich eine ähnlich reiche Auswahl wie bei Töpfen und Kübeln. Nicht selten werden gewöhnliche Töpfe nachträglich zu Ampeln, indem man sie in ein geflochtenes Netz hängt und an der Decke befestigt. Daneben gibt es als Besonderheit die vor allem in England weitverbreiteten sog. „hanging baskets", schalenförmige Drahtgitter, die an Ketten aufgehängt werden. Vor dem Bepflanzen kleidet man sie zunächst mit Moos oder auch Kunststoffolie aus (siehe Seite 76f.). Ebenso kann man geflochtene Körbe verwenden, doch verrotten diese rascher.

Gefäßgrößen und -formen

Neben dem Material sind auch Größe und Form eines Gefäßes sehr wichtig für eine erfolgreiche Kultur. Je größer ein Kübel oder Balkonkasten, desto mehr Wurzelraum steht den Pflanzen zur Verfügung, so daß sie weniger rasch austrocknen.

Die Größe von Töpfen wird als oberer Durchmesser in Zentimetern angegeben und ist normalerweise auf der Unterseite oder der Wand eingeprägt. Die Höhe kann man bei herkömmlichen Töpfen nicht frei wählen, sie steht in einem festen Verhältnis zum oberen Durchmesser. In der Regel bekommt man Töpfe in Größenabstufungen von jeweils 2 cm, nur sehr kleine Gefäße werden in engeren Intervallen angeboten.

Kästen sind gewöhnlich in Längen von 50 und 100 cm sowie in einem oder mehreren Zwischenmaßen erhältlich. Hier findet man meist nur die Länge angegeben, Höhe und Breite variieren je nach Hersteller. Damit Balkonkästen einen genügend großen Wurzelraum bieten, sollten sie mindestens 20 cm breit und etwa ebenso hoch sein sowie nach unten hin nicht allzu schmal werden. Für eine zwei- oder mehrreihige Bepflanzung sind Breiten von wenigstens 25 cm zu empfehlen. Soll der Kasten auf einem Fenstersims befestigt werden, darf er andererseits nicht breiter sein als der Vorsprung.

In flachen Schalen lassen sich sukkulente Pflanzen zu einem hübschen Ensemble arrangieren.

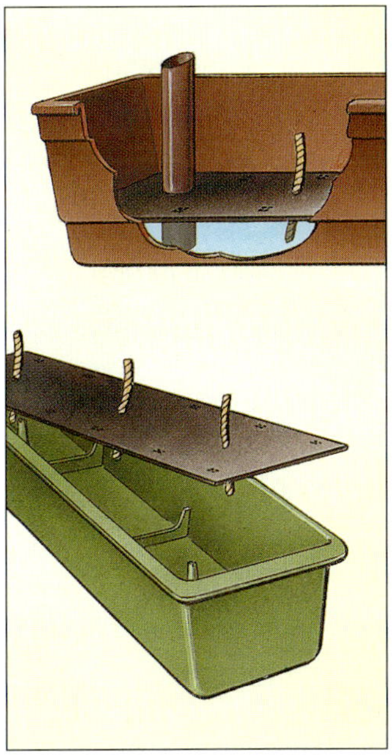

Kästen mit eingebautem Wasserreservoir: Über einen Stutzen wird Wasser nachgefüllt, Dochte saugen es nach oben.

Ampeln lassen sich leichter gießen, wenn man sie mit einem Flaschenzug in verschiedene Höhen ziehen kann.

Tip

Im Fachhandel gibt es nicht nur Kästen, sondern auch Kübel und Töpfe mit Wasservorratsbehältern. Sie sind besonders zu empfehlen, wenn man sich nicht täglich um die Bewässerung kümmern kann, etwa bei Wochenendwohnungen. Auch für Ampelpflanzen sind sie praktisch, weil man Ampeln beim Gießen leicht einmal vergißt.

Tip

Ein Gefäß muß dem Wurzelballen zwar reichlich Platz bieten – sowohl nach unten wie zu den Seiten hin sollten noch einige Zentimeter frei bleiben –, doch darf es auch nicht zu groß gewählt werden. Sonst kann es nämlich vorkommen, daß die Pflanze längere Zeit nicht blüht, weil sie zunächst verstärkt Wurzel- und Blattmasse bildet.

Tip

Will man glasierte Ton- oder Keramikgefäße ohne Wasserabzugsloch nicht nur als Übertopf, sondern direkt als Pflanzgefäß verwenden, muß man unter dem Substrat eine besonders dicke Dränageschicht einfüllen und beim Gießen sehr umsichtig vorgehen, damit keine Staunässe auftritt.

Tip

Beim Kauf sehr großer Gefäße sollte man solche bevorzugen, die über fest angebrachte Tragegriffe, Ringe oder ähnliche Vorrichtungen verfügen, wodurch das Ein- und Ausräumen erleichtert wird.

Flache Schalen eignen sich besonders für niedrigwüchsige, flachwurzelnde Arten, etwa viele Sukkulenten, während Palmen sehr tiefreichende Pfahlwurzeln bilden, so daß sie am besten in extra tiefen Gefäßen gezogen werden. Im Fachhandel gibt es spezielle Palmentöpfe, die bei gleichem Durchmesser höher als die normalen Töpfe sind. Überwiegend eine Geschmacksfrage ist es dagegen, ob man sich für runde, ovale, eckige oder andere Formen entscheidet. Eckige Gefäße sowie solche in Halb- oder Viertelkreisen sind für manche Zwecke jedoch besonders praktisch: Sie lassen sich sehr eng zusammenrücken und direkt vor einer Hauswand bzw. in einer Mauerecke plazieren.

Dränage der Gefäße

Das A und O für den Erfolg bei der Gefäßkultur ist, daß der Pflanzbehälter über eine seiner Größe angemessene Zahl von Wasserabzugslöchern verfügt – das ist allerdings nicht immer von vornherein der Fall. Während man in Kunststofftöpfe und -kästen unschwer im nachhinein Löcher bohren kann, gestaltet sich dies bei Ton- und Keramikgefäßen deutlich schwieriger. Auch wenn sie noch so prächtige Verzierungen in schönen Farben aufweisen, sind glasierte Gefäße für eine direkte Bepflanzung etwas problematisch, da sie meist völlig geschlossen sind und über keinerlei Wasserabzug verfügen. Entschließt man sich dazu, sie nachträglich mit Dränagelöchern zu versehen, so muß man äußerst vorsichtig vorgehen: Zunächst kratzt man an der Bohrstelle die Glasur ab, körnt das Bohrloch möglichst tief vor, klebt dann ein Isolier- oder starkes Klebeband kreuzweise darüber und treibt einen kleinen Bohrer mit geringer Geschwindigkeit hindurch.

Die getigerten Trichterblüten der Trompetenzunge erscheinen nur bei guter Gefäßdränage.

Ob man Untersetzer benützt oder nicht, ist zum Teil eine Geschmacksfrage. Bei einem besonders schönen Terrakottatopf oder einem Steingefäß wirkt ein simples Unterteil häufig störend. Untersetzer haben jedoch den Vorteil, daß keine oder deutlich weniger Schädlinge wie Asseln oder Dickmaulrüßler in den Topf gelangen können. Außerdem verhindern sie häßliche Kalk- und Moosränder auf dem Bodenbelag. Schließlich muß man ja nicht unbedingt Plastikuntersetzer wählen – es gibt sie auch aus glasiertem Ton.

Als praktisch haben sich Gefäße mit integrierten Standfüßen und großen Abzugslöchern erwiesen.

Rechtliches und Technisches

Grundsätzlich muß sowohl der Wohnungsmieter als auch der -eigentümer dafür Sorge tragen, daß Blumenkästen und -ampeln sicher befestigt sind, damit nicht durch möglicherweise herabstürzende Gefäße Personen verletzt oder fremde Gegenstände beschädigt werden können. Weder das Balkongitter oder die Brüstung noch die Tragfähigkeit des Bal-

kons dürfen überstrapaziert werden, weshalb man im Zweifelsfall die Statik überprüfen lassen sollte, bevor man einen Balkon besonders üppig bepflanzt.

Schwieriger zu beurteilen ist, ob das Erscheinungsbild eines Hauses durch eine Bepflanzung negativ beeinträchtigt wird, wovon bisweilen in Mietverträgen die Rede ist. Größere Rankgitter oder Kletterhilfen können z. B. dahingehend ausgelegt werden, so daß deren Anbringung grundsätzlich mit dem Vermieter abgesprochen werden sollte. Auch benachbarte Hausbewohner fühlen sich unter Umständen durch eine Balkon- oder Terrassenbepflanzung belästigt; deshalb ist eine vorherige verbindliche Einigung zu empfehlen.

Eine solide und sorgfältig angebrachte Befestigung ist bei Ampeln unerläßlich.

Die häufigsten Sicherheitsbedenken bestehen, wenn es um die Befestigung von Blumenampeln und Balkonkästen geht. Letztere können sowohl innen als auch außen an der Balkonbrüstung hängen, sofern keine anderslautende Regelung für das Haus gilt und sie solide angebracht sind. Im Handel gibt es dafür Halterungen mit verschiedenen Sicherungsmöglichkeiten. Holzkästen lassen sich auch einfach mit angeschraubten Bandeisen anbringen. Bei Ampeln muß nicht nur der Haken tragfähig und fest verankert sein, auch Hängeschnüre dürfen sich nicht durchscheuern. Ketten sind zwar sehr stabil, können jedoch durch die Feuchtigkeit mit der Zeit verrosten. Die Aufhängung ist daher immer wieder auf sicheren Halt hin zu überprüfen. Sie muß so ausgelegt sein, daß das Gefäß mitsamt dem Gewicht der fertigen Bepflanzung und des Gießwassers verläßlich gehalten wird – selbst wenn ein kräftiger Gewittersturm darüberfegt. Gleiches, nämlich ausreichende Stabilität und gelegentliche Kontrolle, gilt auch für Kletterhilfen jeglicher Art, besonders wenn sie an dem Wind ausgesetzten Stellen angebracht sind.

Des weiteren sollten bei den laufenden Pflegemaßnahmen Beeinträchtigungen der Nachbarn vermieden werden. Anlaß zu Ärger kann z. B. von oberen Balkonen herablaufendes Gießwasser geben, weshalb an entsprechenden Stellen möglichst Untersetzer für Kästen und Ampeln zu verwenden sind. Auf Gehsteige sollte kein Wasser tropfen können, um Rutschgefahr zu vermeiden. Dies ist besonders beim Gießen des winterlichen Balkonschmucks mit Immergrünen zu beachten, da es dann sogar zur Glatteisbildung kommen kann. Auch das Versprühen von Pflanzenschutzmitteln sollte man, falls nötig, stets so vornehmen, daß Nachbarbalkone oder -terrassen nicht damit in Berührung kommen. Am besten stellt man dazu die Gefäße in einer windstillen Ecke auf den Boden.

Balkonkästen müssen in jeder Situation sicher befestigt werden: z. B. mit Winkelhaken und einer Sicherungskette an der Wand (ganz links), auf breiten Fenstersimsen rutschfest durch Unterlegen eines passenden Holzkeils (Mitte links), mit variabel einstellbaren Halterungen an der Balkonbrüstung (Mitte rechts) oder auch verschraubt mit Bandeisen und Unterlegkeil an Mauerkronen (ganz rechts).

Tip

Sicherheitshalber sollte man als Mieter vor dem Anbringen von Ampeln und Balkonkästen den Mietvertrag nochmals genau studieren. In manchen Fällen ist es z. B. nur gestattet, Balkonkästen nach innen gerichtet anzubringen, möglicherweise ist sogar jeglicher Blumenschmuck untersagt. Häufig hilft jedoch ein klärendes Gespräch mit dem Vermieter.

Tip

Um zu verhindern, daß Ampeln im Wind übermäßig hin und her schaukeln oder sich sogar losreißen, kann man sie zusätzlich seitlich an der Wand fixieren.

Gekonnte Handgriffe

Kauf, Kultur und richtige Überwinterung

Aus kräftigen Petunienjungpflanzen entwickeln sich bei sorgsamer Pflege innerhalb weniger Wochen opulente Blütenkaskaden.

Weit mehr als im Garten sind Pflanzen in Balkonkästen und Kübeln auf die helfende Hand des Menschen angewiesen. Durch eine sorgsame Pflege, die sich an den jeweiligen Ansprüchen der einzelnen Arten orientiert, lassen sich Wachstum und Blütenfülle fördern. Nachteile, die sich durch die Einschränkung des Wurzelraums ergeben, gilt es durch verschiedene Maßnahmen auszugleichen. Das fängt beim richtigen Einpflanzen an und reicht über bedarfsgerechtes Umtopfen und regelmäßiges, aber ausgewogenes Gießen und Düngen bis hin zur sicheren Überwinterung.

Kaufen und Einpflanzen

Zu Beginn der Balkonblumensaison hat man angesichts des Angebots die Qual der Wahl.

Die Freiluftsaison für Balkon- und Kübelpflanzen beginnt traditionell Mitte Mai nach den Eisheiligen. Zu dieser Zeit des Jahres drohen den überwiegend wärmebedürftigen Gewächsen gewöhnlich keine Nachtfröste mehr. Wenige Wochen vorher, etwa ab Mitte April, rückt in Gärtnereien und bei anderen Anbietern eine breite Palette verschiedenster Jungpflanzen in den Vordergrund des Sortiments. Ende Mai ist deren Verkaufszeit dann meist wieder beendet, doch vor allem Kübelpflanzen sind auch danach noch erhältlich.

Am besten erstellt man vor dem Einkauf eine Liste der gewünschten Arten bzw. Sorten, möglichst mit mehreren Alternativen, auf die man im Bedarfsfall ausweichen kann. Beziehen kann man die Pflanzen aus unterschiedlichen Quellen, angefangen von Spezialgärtnereien über Gartencenter bis hin zu Wochenmärkten, ja sogar über den Versandhandel. In Fachgärtnereien, weniger in Gartencentern oder beim Kauf per Katalog, wird man ausführlich beraten, sowohl über die Auswahl an Arten und Sorten als auch über die Qualität des Pflanzguts. Manchmal bekommt man sogar ein Umtauschrecht eingeräumt, sollten die Pflanzen nicht anwachsen oder sonstige Mängel zeigen.

Bei langlebigen, oft auch teuren Kübelpflanzen ist beim Einkauf besondere Sorgfalt angebracht. Die verbreiteteren Arten erhält man meist von denselben Quellen wie die Balkonpflanzen. Wer seltenere Gewächse oder ganz bestimmte Sorten erwerben will, muß sich nach Gärtnereien umsehen, die sich auf Kübelpflanzen oder sogar einzelne Gruppen, etwa Zitrusgewächse *(Citrus)* oder Kamelien *(Camellia)*, spezialisiert haben. Häufig versenden solche Betriebe ihre Pflanzen überdies. Der Bezug per Paket hat jedoch den Nachteil, daß man sich erst bei Erhalt der Ware von deren Qualität überzeugen kann, weshalb der Kauf bei Versandgärtnereien durchaus Vertrauen erfordert. Manche Anbieter gewähren daher eine Rückgabemöglichkeit unter bestimmten Bedingungen.

Jungpflanzen werden meistens, Kübelpflanzen sogar fast ausschließlich in Kunststofftöpfen als sog. Containerware gehandelt. Weil sie über einen eigenen Wurzelballen verfügen, kann man sie problemlos das ganze Jahr über einpflanzen. Kleine, oft noch blütenlose Balkon- und Ampelpflanzen gibt es häufig preisgünstig im Mehrfachpack als sog. Gebinde, etwa in Multitopfplatten.

Spezialgärtnereien führen eine sehr gut sortierte Auswahl an Kübelpflanzen samt Zubehör.

Tip

Beim Kauf von Balkonpflanzen läßt sich einiges Geld sparen, wenn man nicht die am üppigsten entwickelten Pflanzen wählt, sondern kleinere Exemplare aussucht. Bei guter Pflege holen diese den Wachstumsrückstand meist in kurzer Zeit auf.

Tip

Vor allem bei Balkonblumen, die man in der Regel in größeren Stückzahlen erwirbt, sollte man aus Gründen der Müllvermeidung und des Umweltschutzes solche Pflanzen bevorzugen, die in Gefäßen aus verrottbarem Material, z. B. Recyclingpapier, angeboten werden. Derartige Behälter kann man mit einpflanzen oder aber kompostieren.

Die Qualität der Pflanzen kann, je nach Anbieter, sehr unterschiedlich sein. Deshalb sollte man die Gewächse beim Kauf kritisch betrachten und auf folgendes achten:

- Die Pflanzen müssen gesund aussehen, die Blätter eine intensive Färbung zeigen, Blütenpflanzen möglichst schon zahlreiche Knospen erkennen lassen.
- Die Triebe sollten kräftig und reich verzweigt sein und zwischen den einzelnen Blättern keine allzu langen Abschnitte aufweisen.
- Die Pflanzen müssen an allen Teilen frei von Flecken, von ungewöhnlichen Verfärbungen oder Fraßspuren sein.

Die eigentliche Farbwirkung läßt sich bei Fuchsien erst bei geöffneten Blüten erkennen.

- Der Ballen sollte fest und gut durchwurzelt sein, die Wurzeln möglichst nicht aus den Abzugslöchern oder gar oben aus dem Topf herauswachsen. Hebt man die Pflanzen vorsichtig aus dem Töpfchen, müssen die außen am Ballen erkennbaren Wurzeln weiß und reich verzweigt sein.
- Die Pflanzen sollten mit einem Etikett versehen sein, das den botanischen Namen und die jeweilige Sorte angibt.

Zeigen Jungpflanzen beim Kauf bereits einige geöffnete Blüten, bekommt man gleich einen Eindruck von deren Farbwirkung. Dies erleichtert zum einen die Auswahl geeigneter Partner, zum andern kann es vor allem bei sortenreichen Artengruppen wie Fuchsien, Pelargonien, Begonien oder Wandelröschen *(Lantana)* hilfreich sein, dann nämlich, wenn an den Pflanzen die Sortenangabe fehlt oder man die Blütenfarbe der speziellen Sorte nicht genau kennt.

Schutz beim Transport

Der Transport neu gekaufter Pflanzen nach Hause sollte stets möglichst schonend und rasch vor sich gehen. Längere oder bruchgefährdete Triebe sowie die empfindlichen Blütenknospen müssen dabei besonders sorgsam behandelt werden, damit sie nicht knicken oder abbrechen.

Häufig unterschätzt man die Strapazen, denen die Pflanzen während der Beförderung, vor allem im Auto, ausgesetzt sind. Nur allzu leicht kommt es zu Überhitzungsschäden, wenn sie bei warmem Wetter längere Zeit im geschlossenen Fahrzeug bleiben. Schlaff herabhängende Blätter und Triebe sowie schlechteres Anwachsen sind die Folge, im schlimmsten Fall können die Pflanzen sogar eingehen.

Mit einigen einfachen Vorkehrungen lassen sich jedoch Schäden vermeiden. Für Verdunstungsschutz und leichte Schattierung an heißen Tagen ebenso wie für Abschirmung von Kälte und Zugluft bei kühler Witterung ist gesorgt, wenn man die Pflanzen locker in Zeitungs- oder Seidenpapier einschlägt bzw. größere Exemplare mit Sackleinen umhüllt. Bei langtriebigen oder sehr großen Gewächsen sollte man zudem die Triebe vorsichtig zusammenbinden.

Gewöhnung ans Freiland

Zu Hause angekommen, werden die Pflanzen von der Transportverpackung befreit und bis zum Eintopfen oder Aufstellen am endgültigen Platz zunächst an einen halbschattigen Ort im Freien oder einen mäßig warmen im Haus, z. B. ins Treppenhaus, gebracht sowie bei Bedarf gewässert. Keinesfalls sollte man sie in der prallen Sonne stehenlassen. Die Jungpflanzen sind in der Regel noch nicht genügend abgehärtet und können leicht einen Sonnenbrand (siehe Seite 111) erleiden, selbst wenn es sich um Arten handelt, die für sonnige Standorte geeignet sind. Man muß ihnen daher einige Tage zum Eingewöhnen geben. In dieser Zeit beobachtet man sie sehr genau, um sofort eingreifen zu können, falls Schäden irgendeiner Art erkennbar werden.

Tip

Oft werden im Frühjahr von Gartenvereinen oder anderen Organisationen Pflanzenbörsen abgehalten, auf denen Hobbygärtner ihre überschüssigen oder eigens für diesen Zweck herangezogenen Pflanzen anbieten. Bei diesen Gelegenheiten kann man meist auch gleich wertvolle Erfahrungen zur Kultur der verschiedenen Arten austauschen.

Tip

Manche Sorten, etwa von Petunien, Pelargonien, Begonien oder Fleißigen Lieschen, unterliegen einem strengen Sortenschutz und dürfen ausschließlich unter Entrichtung einer Lizenzgebühr vermehrt werden. Nur wenn diese Pflanzen den mit ® gekennzeichneten Sortennamen auf dem Etikett oder ein Original-Züchteretikett tragen, kann man sicher sein, die sortentypische Qualität zu erhalten.

Neu erworbene Pflanzen sollten ganz allmählich an den ihnen zugedachten Standort gewöhnt werden.

Gefäßpflanzen können sich nur gut entwickeln, wenn sie richtig eingesetzt werden (oben links). In zu großen Behältern bleibt die Blüte oft aus (oben rechts), zu tiefes Einpflanzen führt zu Fäulnis (unten links), zu hohes dagegen zum Vertrocknen (unten rechts).

Tip

Neue Gefäße aus Ton sollte man vor dem ersten Bepflanzen einige Stunden wässern. Dabei werden die Gefäßwände gleichmäßig durchfeuchtet. Andernfalls würde der Topf dem Wurzelballen direkt nach der Pflanzung wertvolles Wasser entziehen.

Jedes Gefäß sollte mit einer Dränage ausgestattet werden: Ein Drahtgitter oder Scherben verhindern ein Verstopfen der Abzugslöcher. Über das Dränagematerial, z. B. Blähton oder Kies, kann ein Vlies gelegt werden.

Vorbereitung der Gefäße

Vor der Bepflanzung müssen Kübel, Töpfe und Balkonkästen sorgfältig gereinigt werden. Man wäscht sie mit handwarmem Wasser aus, bereits gebrauchte Gefäße befreit man mit einer Scheuerbürste von Erdrückständen und Kalkablagerungen. Hartnäckige Kalkränder lösen sich leichter, wenn dem Wasser ein Schuß Essig zugesetzt wird oder man ein mit Essig getränktes Tuch eine Weile darauf einwirken läßt.

Sofern nicht schon vorhanden, werden Abzugslöcher in die Gefäßböden gebohrt, damit überschüssiges Wasser gut ablaufen kann. Stauende Nässe würde nämlich bei fast allen Pflanzen schnell zum Faulen der Wurzeln führen. Bei kleineren Töpfen reicht meist ein einzelnes, pfenniggroßes Loch, bei größeren sind mehrere nötig. Balkonkästen sollten pro laufendem Meter etwa sechs bis acht solcher Bodenöffnungen aufweisen (siehe auch Seite 68).

Um den Wasserabzug noch zu verbessern, empfiehlt es sich, am Gefäßgrund eine Dränageschicht einzubringen. Ihre Höhe sollte je nach Gefäßgröße ungefähr 2–5 cm betragen, nur bei sehr kleinen Töpfen, bis etwa 10 cm Durchmesser, kann man darauf verzichten. Als Material für die Dränage eignen sich z. B. mittelfeiner Kies, Splitt, Blähton, Tongranulat oder auch Styroporflocken, ebenso kleine Scherben alter Tontöpfe.

Vor dem Anlegen der Dränageschicht werden die Abzugslöcher mit Tonscherben, flachen Steinen oder einigen größeren Kieseln abgedeckt, damit weder Füllmaterial – vor allem Substrat – ausgeschwemmt wird, noch die Löcher durch Erde oder Wurzeln verstopfen können. Bei Verwendung von grobem Dränagematerial sind diese Abdeckungen jedoch verzichtbar. Noch sicherer wird ein Ausschwemmen des Substrats verhindert, wenn über die Dränageschicht ein im Fachhandel erhältliches Vlies gelegt wird.

Fachgerechtes Einpflanzen

Nachdem das Gefäß etwa zur Hälfte mit Substrat befüllt wurde, kann man mit dem Einsetzen des oder der Gewächse beginnen. Dazu müssen diese erst aus den Behältnissen herausgenommen werden, in denen sie bisher standen. Vor allem wenn es sich dabei um Tontöpfe handelt, sollte man die Pflanzen einige Stunden vor dem Austopfen gut wässern, um zu vermeiden, daß die feinen Wurzeln an den trockenen Gefäßwänden kleben bleiben und beim Herausnehmen des Ballens abgerissen werden. Außerdem hält der Wurzelballen in feuchtem Zustand besser zusammen. Bei Jungpflanzen in Kunststofftöpfen allerdings erübrigt sich dieses Gießen, denn aus den glatten Wandungen rutscht der Ballen in der Regel leicht heraus.

Pflanzen in kleineren Töpfen hält man kopfüber und klopft vorsichtig mit dem Topfrand gegen eine Kante, so daß sich der Ballen lockert. Bei größeren Gefäßen schlägt man rundum mit dem Handballen oder einem Holzklotz gegen die Wand und bewegt die Pflanze behutsam hin und her, bis sich der Ballen löst. Manchmal muß zusätzlich noch ein langes Messer zwischen Gefäßwand und Substrat entlanggeführt werden, bevor es gelingt, die Pflanze aus dem Gefäß zu heben. Hilft auch dies nicht, muß man notfalls Tontöpfe mit einem Hammer zerschlagen bzw. Kunststoffgefäße zerschneiden.

Vor dem Einpflanzen werden verletzte, schleimig weiche oder abgestorbene Wurzelteile mit der Schere oder einem scharfen Messer entfernt. Befand sich eine Pflanze längere Zeit in einem zu kleinen Gefäß, sind die Wurzeln am Boden meist mehrmals im Kreis herum gewachsen oder es hat sich ein dichter Wurzelfilz gebildet. In solchen Fällen sollte man die Wurzeln vorsichtig auseinanderzupfen und weit aus dem Ballen ragende abschneiden. Außerdem wird alte, zu nasse oder zu trockene sowie faulig riechende Erde beseitigt; starke Kalkausblühungen löst man vom Ballen ab. Falls sich auf der Substratoberfläche eine Algen- oder Moosschicht zeigt, sollte man diese abheben. Ein solcher Belag verdichtet die Oberfläche und behindert die Wasseraufnahme.

schließt zum andern noch vorhandene Luftlöcher im Substrat, so daß die Wurzeln innigen Kontakt mit der Erde bekommen. Schließlich wird mit einer Brause gleichmäßig angegossen, damit sich die Erde setzt. Eventuell drückt man die Pflanzen nochmals an.

Um Kästen zu bestücken, geht man in derselben Weise vor, wobei man die Blumen der Reihe nach von einer Seite zur anderen eintopft. Bei mehrreihiger Bepflanzung vollendet man zunächst die erste Reihe und setzt die zweite anschließend auf Lücke. Sollen Schalen mit mehreren Pflanzen ausgestattet werden, beginnt man am zweckmäßigsten mit der zentralen Pflanze und arbeitet sich nach außen vor.

Größere Gefäße bepflanzen

Zunächst werden alle Pflanzen auf dem mit Substrat gefüllten Gefäß richtig plaziert.

Mit einem Topf oder auch einer Handschaufel formt man die einzelnen Pflanzlöcher.

Schließlich werden die Pflanzen von der Mitte her nacheinander in das Gefäß gesetzt.

Sollen kleine Pflanzen in ein großes Gefäß gesetzt werden, füllt man dieses am besten mit Substrat auf, macht dann mit den Händen oder einer Handschaufel ein der Ballengröße entsprechendes Loch frei und setzt die Pflanze mitsamt dem Ballen hinein. Größere Exemplare hält man besser zunächst probeweise in das nur teilweise gefüllte Gefäß, um zu prüfen, ob sie auch genausotief in die Erde kommen wie zuvor. Gegebenenfalls muß Substrat zugegeben bzw. entfernt werden. Dann setzt man die Pflanze gerade in das Pflanzloch und füllt rundum Substrat so weit auf, daß bis zur Oberkante des Gefäßes noch ein Gießrand von 1–2 cm Höhe verbleibt. Auf diese Weise kann Gießwasser nicht so schnell überlaufen.

Anschließend drückt man die Erde um die Pflanze mit der Hand gut fest. Dies sorgt zum einen für den entsprechenden Halt und

Umtopfen

Überwinterte Pflanzen topft man am besten im Frühjahr um. Das Wachstum setzt dann gerade wieder ein, die neu gebildeten Wurzeln können sogleich in frisches Substrat eindringen und dessen Nährstoffe erschließen. Hat man bei Kübelpflanzen das Umsetzen im Frühjahr versäumt, kann dies auch noch nach Beendigung der Blütezeit geschehen.

Während überwinterte Balkonpflanzen wie Pelargonien oder Fuchsien jedes Jahr umgetopft werden müssen, nimmt man dies bei den langlebigen Kübelpflanzen nur in der ersten Zeit in jährlichem Abstand vor. Bei älteren Exemplaren ist es lediglich etwa alle drei Jahre erforderlich. Über Besonderheiten bei den einzelnen Arten geben die Pflanzenbeschreibungen (siehe Seite 124–229) Auskunft.

Tip

Pflanzware in verrottbaren Recyclinggefäßen braucht nicht unbedingt ausgetopft zu werden. Man sollte die Töpfe aber vorsichtig etwas aufreißen oder -schneiden, damit die Wurzeln schneller herauswachsen können.

Tip

Größere Pflanzen mit ausladenden Trieben sind oft nur schwierig zu handhaben. Um sich die Arbeit zu erleichtern, sollte man die Triebe locker zusammenbinden. Vorsicht ist bei bewehrten Arten geboten, da man sich an deren Dornen, Stacheln, scharfen Blattspitzen oder gezähnten Blatträndern leicht verletzen kann.

Tip

Nach dem Rückschnitt größerer oder fleischiger Wurzeln sollte man die Schnittstellen vor dem Eintopfen durch Bestäuben mit Holzkohlenpulver desinfizieren. Man kann dazu auch zerriebene abgebrannte Streichhölzer benutzen.

Tip

Frisch umgepflanzte Gewächse sollten möglichst nicht sofort der vollen Sonne ausgesetzt werden, auch wenn die Arten an und für sich dafür geeignet sind. Die Feinwurzeln müssen sich erst regenerieren, um ihre volle Wasseraufnahmeleistung erbringen und die hohe Verdunstungsrate in der Sonne ausgleichen zu können. Man stellt die Pflanzen daher besser zunächst ein bis zwei Tage an einem halbschattigen Ort auf oder schattiert sie, z. B. mit Hilfe eines Sonnenschirms oder Pappkartons.

Tip

Ältere Kübelpflanzen, die man nicht jährlich umtopft, sollte man im Frühjahr mit einer Schicht frischer Erde versorgen, die das verbrauchte und teils zusammengesackte Substrat ersetzt. Man entfernt dazu vorsichtig die oberste Lage der alten Erde, füllt mit frischem Substrat auf, drückt es etwas fest und gießt es leicht an.

Tip

Auch wenn eine Pflanze in einem ungeeigneten Substrat steht oder unter Staunässe leidet, ist ein Umtopfen anzuraten. Dabei wird die alte Erde so weit wie möglich entfernt und die Pflanze anschließend in demselben Gefäß oder einem anderen gleicher Größe in frisches, zweckmäßiges Substrat eingesetzt.

Aus- und Umtopfen

Ein vorher leicht angefeuchteter Wurzelballen wird gelockert und vorsichtig aus dem Topf gehoben.

Verbrauchtes, verhärtetes Substrat schüttelt man heraus oder kratzt es behutsam ab.

Die Pflanze wird in ein neues Gefäß mit frischem Substrat gesetzt, festgedrückt und angegossen.

Ist das Substrat schon vollständig durchwurzelt, ist es höchste Zeit, die Pflanze umzutopfen.

Ob ein Umtopfen notwendig ist, kann man an verschiedenen Symptomen erkennen. Dringlich wird es, wenn die Wurzeln fast den gesamten Gefäßinhalt ausfüllen und aus dem Behälter herauswachsen. Ebenso wenn in kürzeren Abständen als üblich gegossen werden muß oder wenn trotz regelmäßiger Düngung das Wachstum stockt und weniger Blüten erscheinen, sollte man die Pflanzen umsetzen, denn dann hat sich das Substrat erschöpft.

Das neue Gefäß wählt man in geeigneter Form und Größe (siehe Seite 67 f. und 74) aus. Zwischen dem Wurzelballen und der Wand dieses Topfs sollten je nach Wuchsstärke der Pflanze noch einige Zentimeter Platz bleiben. Das Umsetzen erfolgt wie das Einpflanzen (siehe Seite 74 f.).

Bepflanzung eines Hängegitterkorbs

Korb auf einen Eimer stellen und unten mit Moos auskleiden.

Substrat einfüllen und zuerst hängende Pflanzen einsetzen.

Korb weiter mit Moos und Substrat versehen und bepflanzen.

Den fertigen Korb gründlich angießen und aufhängen.

Die meisten Kletterpflanzen können ihre Triebe nur mit Unterstützung in die Höhe recken. Mögliche Kletterhilfen sind zeltartig ins Gefäß gesteckte Stäbe (links) oder an der Innenseite eines Blumenkastens angebrachte Rankgitter (rechts).

Bepflanzen von Hängegitterkörben

Die Bepflanzung eines Hängegitterkorbs, eines sog. „hanging basket", ist weit weniger schwierig, als man zunächst vermuten könnte. Am besten stellt man den Korb auf einen Eimer und kleidet ihn bis zu etwa einem Drittel seiner Höhe mit angefeuchtetem Torfmoos – im Fachhandel unter der Bezeichnung Sphagnum erhältlich – aus. Dabei muß die grüne Seite des Mooses nach außen zeigen. Nun füllt man das Gefäß mit Substrat, sticht an den Seiten von außen Löcher vor und setzt Hängepflanzen hinein, deren Wurzelballen gut ins Substrat gedrückt werden. Anschließend wird eine weitere Schicht Moos an das Gitter gelegt, Substrat nachgefüllt und bepflanzt. Ist der Korb damit noch nicht gefüllt, wiederholt man diese Schritte ein weiteres Mal (gegebenenfalls auch noch mehrere Male), bis der obere Rand des Gefäßes erreicht ist. Zum Abschluß setzt man die Pflanzen auf der Oberfläche ein, wässert den Korb sorgfältig und hängt ihn an einer geeigneten Stelle auf.

Statt mit Torfmoos kann man den Gitterkorb auch mit dickem Vlies, Schaumgummi oder kräftiger Plastikfolie auskleiden. An den seitlichen Pflanzstellen schneidet man in diesen Fällen die Auskleidung kreuzweise ein.

Kletterhilfen

Abgesehen von Wurzelkletterern wie dem Efeu *(Hedera)* erfordern alle anderen Kletterpflanzen eine Unterstützung, ohne die sie nicht in die Höhe wachsen können.

- Schlinger brauchen stabile, vorwiegend vertikal gespannte Schnüre bzw. Drähte oder lange Stäbe mit leicht rauher Oberfläche, die ihnen den Halt erleichtert.
- Spreizklimmer benötigen ein spalierartiges Klettergerüst, an dem man ihre Triebe immer wieder anbinden muß. Dabei sind vor allem die Querstreben wichtig. Günstig ist auch ein sog. Scherengerüst mit schräg verlaufenden Latten, deren Abstand variiert werden kann.
- Ranker verankern sich am besten an Spalieren mit dünnen Querlatten. Man verwendet vorzugsweise ein zierliches Gitter mit schmalem Strebenabstand oder ebenfalls ein Scherengerüst.

Bei allen Kletterhilfen ist auf eine solide Anbringung zu achten. Man kann sie entweder im oder am Topf oder Balkonkasten befestigen oder aber fest an der Wand bzw. im Boden installieren. Im letzteren Fall muß man ausdauernde Arten zum Überwintern vorsichtig abnehmen oder für einen entsprechenden Winterschutz sorgen.

Tip

Stellt sich im Lauf des Sommers heraus, daß ein Gefäß allzu dicht bestückt wurde, so sollte man einzelne Pflanzen mit einer Handschaufel herausnehmen und in eigene Töpfe setzen.

Tip

Beim Befestigen der jungen Triebe von Schlingern muß man deren artspezifische Schlingrichtung beachten und darf sie keinesfalls entgegengesetzt an der Stütze aufleiten. Überwiegend handelt es sich um Linkswinder, so z. B. bei Prunkwinde oder Feuerbohne, seltener auch um Rechtswinder, etwa bei einigen Geißkleearten.

Gießen

Tip

In Kübeln, Kästen oder Ampeln, die im Freien stehen, wird das Substrat wegen der dichten Pflanzenbedeckung oft weit weniger vom Regenwasser befeuchtet, als man annimmt. Man sollte deshalb auch in Regenperioden die Wasserversorgung dieser Gewächse mittels Fingerprobe überprüfen.

Tip

Überschüssiges Regen- oder Gießwasser in den Übertöpfen oder Untersetzern sollte man bald ausleeren, damit in den Gefäßen keine Staunässe entsteht.

Tip

Zum Gießen verwendetes Leitungswasser sollte stets bereits einige Stunden abgestanden sein. Es erwärmt sich dabei nicht nur auf Raumtemperatur, sondern es setzt sich auch Kalk ab, was das Wasser weicher macht. Zudem können gasförmige Schadstoffe wie z. B. Chlor entweichen.

Die Versorgung mit Wasser ist für jede Balkon- und Kübelpflanze die lebensnotwendigste Pflegemaßnahme. Wieviel und in welchen Zeitabständen gewässert werden muß, hängt von mehreren Faktoren ab. Neben den Bedürfnissen der jeweiligen Art spielen der Standort und das aktuelle Wettergeschehen ebenso eine Rolle wie das Substrat, die Gefäßgröße und das Gefäßmaterial (siehe Seite 64 ff.). Der wohl häufigste Fehler, der beim Gießen begangen wird, ist das sog. Vergießen, bei dem die Pflanzen ständig zu naß gehalten werden. Die meisten Gewächse erholen sich davon wesentlich schlechter als von zeitweiliger Trockenheit.

Ob eine Wasserzufuhr notwendig ist oder nicht, erkennt man am besten mit der Fingerprobe. Man drückt dazu den Finger etwa 2 cm tief ins Substrat – oberflächlich täuscht es oft nur Trockenheit vor – und fühlt, ob es noch leicht feucht ist. Gegossen werden muß erst, wenn einem die Erde auch wirklich trocken erscheint.

Deutlich sichtbare Anzeichen für Wassermangel sind schlaff herabhängende Blätter und Triebe sowie ein sich vom Gefäßrand lösender Ballen. Bis zu diesem Stadium sollte man allerdings mit dem Gießen nicht warten, denn empfindlichere Gewächse haben dann oft bereits Schaden erlitten. In den meisten Fällen ist der schlechte Zustand aber nach anschließendem mehrfachem und gründlichem Wässern in wenigen Tagen wieder ausgeglichen. Vollständig austrocknen lassen sollte man das Substrat jedoch nie, da sich dessen Wasseraufnahme- und -haltefähigkeit sonst merkbar verringert.

Kaum eine Pflanze wächst das ganze Jahr über mit gleichbleibender Kraft. In der Regel legen die Gewächse gewisse Ruhepausen ein, die je nach Art von sehr unterschiedlicher Länge sind und bisweilen nicht einmal auffallen. In Zeiten starken Wachstums, vor und während der Blütezeit, benötigen sie am meisten Wasser und auch Nährstoffe, danach gewöhnlich etwas weniger.

Bei den einjährigen Balkonblumen, die in der Mehrzahl den ganzen Sommer über blühen, treten kaum Pausen auf, bei vielen Kübelpflanzen werden sie dagegen recht deutlich. Diese mehrjährigen Gewächse brauchen im Herbst und Winter wesentlich weniger Wasser als im Frühjahr, wenn das Wachstum wieder einsetzt.

Gießzeiten und -methoden

Der günstigste Zeitpunkt für den Griff zur Gießkanne liegt in den frühen Morgenstunden, bevor die Sonne ihre volle Kraft entwikkelt hat. Die Pflanzen sind danach für die Hitze des Tages bestens gerüstet. Auch am späten Nachmittag oder abends sind Was-

Fleißige Lieschen können bei reichlicher Wasserversorgung auch in der Sonne gedeihen.

Am besten gießt man die Pflanzen stets bevor die pralle Sonne auf die Kästen scheint.

sergaben sehr wirkungsvoll, nach besonders heißen Tagen sind sie sogar zusätzlich zum morgendlichen Gießen notwendig.

In praller Mittagssonne sollte man das Wässern jedoch tunlichst unterlassen. Zum einen verdunstet die Feuchtigkeit viel zu rasch, zum andern können Wassertropfen auf den Blättern die Sonnenstrahlen wie ein Brennglas bündeln und Verbrennungsschäden auf dem Laub herbeiführen. Außerdem ist der Temperaturschock für die Wurzeln beträchtlich und kann sogar kurzzeitige Wachstumsstörungen zur Folge haben. Aus demselben Grund sollte man möglichst immer abgestandenes, niemals sehr kaltes Gießwasser verwenden. Spätabendliches Wässern ist ebenfalls nicht ratsam, denn dadurch, daß die Blätter nicht mehr abtrocknen können, erhöht sich die Gefahr von Pilzinfektionen.

Überhaupt sollte man beim Gießen stets darauf achten, nur das Substrat zu befeuchten, ohne die Blätter oder gar die Blüten zu benetzen. In noch leicht feuchte Erde kann das Wasser gut einsickern, bei schon trockenem oder strukturschwachem Substrat läuft es dagegen schneller aus den Abzugslöchern, als es aufgesogen werden kann. In diesen Fällen gießt man am besten in kleinen Portionen und wartet immer wieder, bis der letzte Schwall Wasser aufgenommen worden ist.

Generell ist es besser, in etwas größeren Abständen reichlich und durchdringend zu gießen als sehr häufig, dafür aber spärlich. Das Wasser dringt sonst kaum in das Substrat ein, und die Wurzeln verzweigen sich knapp unter der Oberfläche stark. Sie nützen damit die Erde nicht genügend aus und sind, wenn das Gießen einmal vergessen wird, besonders austrocknungsgefährdet.

Gewächse, die äußerst anfällig für Fäulnis und daher empfindlich gegen Staunässe sind, z. B. Arten mit fleischigen Wurzeln oder Knollen wie Schmucklilie *(Agapanthus)* oder Knollenbegonien *(Begonia*-Knollenbegonien-Hybriden), gießt man vorzugsweise von unten her, d. h. über den Untersetzer oder Übertopf. Die Pflanzen können dann gerade so viel Wasser daraus aufsaugen, wie sie benötigen. Man muß jedoch unbedingt nach etwa einer halben bis ganzen Stunde das bis dahin noch nicht aufgenommene Wasser wegschütten, damit die Wurzeln keinen Schaden nehmen.

Ständiges Gießen von unten hat allerdings den Nachteil, daß mit dem im Substrat aufsteigenden Wasser auch Nährsalze und z. B. gelöster Kalk nach oben transportiert werden und

Wie alle Verbenen verträgt Verbena rigida keine Staunässe, daher sollte man sie vorsichtig gießen.

sich in der obersten Erdschicht ansammeln. Insbesondere der Kalk wird dann als Kruste an der Oberfläche des Substrats sichtbar. Tritt eine solche Ablagerung zu stark in Erscheinung, sollte man sie abkratzen und durch frische Erde ersetzen. Regelmäßiges Umtopfen ist bei dieser Gießweise besonders wichtig, denn dadurch werden die Salze, die in zu hohen Konzentrationen die Wurzeln schädigen können, zusammen mit der alten Erde entfernt.

Leitungswasser

Wenn kein Regenwasser zur Verfügung steht, muß das Naß zum Gießen wohl oder übel aus der Leitung entnommen werden. Was daraus sprudelt, ist jedoch nicht allerorts und für alle Pflanzen gleichermaßen geeignet. Entscheidend ist vor allem die sog. Wasserhärte. Diese wird durch den Gehalt an verschiedenen Calcium- und Magnesiumsalzen bestimmt. Vereinfachend spricht man meist nur von Kalkgehalt, da Kalk – ebenfalls ein Calciumsalz – den Hauptanteil der Härte verursacht. Je höher die Konzentration an Salzen ist, desto härter ist das Wasser. Angegeben wird sie üblicherweise in deutschen Härtegraden, abgekürzt °dH. Den Härtegrad des eigenen Leitungswassers kann man beim zuständigen Wasserwerk erfragen.

Tip

Gießt man die Pflanzen von Anfang an eher sparsam, gewöhnt man sie allmählich daran, d. h., sie passen ihr Wurzelwerk und auch das Triebwachstum an die spärliche Feuchtigkeit an. So ertragen sie mit der Zeit immer längere Trockenperioden.

Tip

Beim Gießen sollte man darauf achten, daß das Substrat gleichmäßig durchfeuchtet wird. Wässert man stets punktförmig an derselben Stelle, erreicht die Feuchtigkeit nur einen Teil der Wurzeln, so daß sich der Wurzelstock ganz ungleichmäßig entwickelt.

Tip

Für die Wasserhärte des Leitungswassers, angegeben in deutschen Härtegraden, wird üblicherweise folgende Einteilung verwendet:
0–7 °dH: weiches Wasser
7–14 °dH: mittelhartes Wasser
14–21 °dH: hartes Wasser
über 21 °dH: sehr hartes Wasser

Tip

Steht kein weiches Wasser zur Verfügung, kann man kalkempfindliche Pflanzen einige Zeit auch mit mittelhartem Wasser gießen, wenn man sie zusätzlich etwa alle vier Wochen mit einem speziellen Eisendünger versorgt.

Tip

Auch abgekochtes Wasser eignet sich zum Gießen, da sich die Salze beim Kochen weitgehend als Kesselstein niederschlagen. Man kann z. B. das Kochwasser von Eiern, Kartoffeln oder Gemüse zu diesem Zweck sammeln. Ebenso läßt sich abgestandenes Mineralwasser, das man nicht mehr trinken mag, dafür verwenden. Ungeeignet, weil völlig ohne Mineralstoffe, ist dagegen destilliertes Wasser.

Bei automatischen Bewässerungssystemen dienen Tonkegel als Meßfühler.

Tip

Über ein automatisches Bewässerungssystem kann den Pflanzen nicht nur Wasser, sondern auch flüssiger Dünger zugeführt werden. Voraussetzung dafür ist, daß die Wasserzufuhr nicht über die Wasserleitung, sondern aus einem eigenen Behälter erfolgt.

Tip

Die Anschaffung eines Systems zur Tröpfchenbewässerung ist zwar recht teuer, doch wird der Preis zumindest teilweise durch die erhebliche Wasserersparnis wettgemacht, die sich aus dieser sehr effektiven Bewässerungsform ergibt.

Tip

Um nach dem Urlaub keine bösen Überraschungen zu erleben, sollte man ein neu installiertes automatisches Bewässerungssystem zunächst sorgfältig testen, um sicherzugehen, daß es auch bei unterschiedlichen Wetterverhältnissen zuverlässig funktioniert.

Zitrusgewächse dürfen nur mit kalkfreiem Wasser gegossen werden und brauchen gute Dränage.

Hartes Wasser wird von vielen Pflanzen schlecht verkraftet, da es die Nährstoffaufnahme beeinträchtigt. Arten, die aus Kalkgebieten stammen, etwa Zistrosen *(Cistus)*, Oleander *(Nerium oleander)* oder Flanellsträucher *(Fremontodendron)*, sind an einen erhöhten Kalkgehalt angepaßt und kommen daher noch mit mittelhartem Wasser gut zurecht. Gewächse dagegen, die in ihrer Heimat saure Böden besiedeln, z. B. Kamelien *(Camellia)*, Zitrusgewächse *(Citrus)*, Hortensien *(Hydrangea)*, Brautmyrte *(Myrtus communis)* oder Prinzessinnenblume *(Tibouchina urvilleana)*, reagieren auf derartiges Wasser bereits mit Chlorose (siehe Seite 111). Für solche Arten ist unbedingt weiches Wasser zu bevorzugen. Bei sehr hartem Leitungswasser ist ganz grundsätzlich eine Wasserenthärtung anzuraten, also auch für Pflanzen, die kalkhaltiges Wasser an und für sich vertragen.

Um dem Wasser die Härte zu nehmen, gibt es im wesentlichen zwei Methoden. Die einfachere besteht darin, dem Gießwasser ein Enthärtungsmittel zuzusetzen, wie es im Fachhandel als Flüssigkeit oder als Pulver erhältlich ist, das Ganze gut umzurühren und einige Stunden stehenzulassen. Die Mittel enthalten Stoffe, die das Zuviel an Salzen binden und sich anschließend am Grund der Kanne absetzen. Beim Gießen wird nur das Wasser über dem Bodensatz verwendet und dieser zum Schluß weggeschüttet.

Bei der zweiten Methode wird das Wasser in eine spezielle Gießkanne gefüllt, in die eine Kassette mit einem sog. Ionenaustauscher eingesetzt ist. Dieser vermag die härtenden Salze und teilweise auch andere Schadstoffe zu binden. Allerdings können damit ausschließlich kleinere Wassermengen aufbereitet werden. In beiden Fällen ist es wichtig, die Angaben des Herstellers genau zu befolgen.

Regenwasser

In den meisten Regionen ist zum Gießen Regenwasser dem Leitungswasser vorzuziehen, nicht zuletzt aus Kostengründen. Durch

Regenwasser ist noch immer eine der günstigsten Möglichkeiten, um die Pflanzen zu gießen.

die gebietsweise hohe Luftverschmutzung kann die Wasserqualität jedoch beträchtlich gemindert sein. So können z. B. Schadgase das Regenwasser sauer reagieren lassen. Den Pflanzen zuträglich ist Niederschlagswasser mit einem pH-Wert zwischen 5,5 und 6,5. Mit Hilfe eines einfachen Teststreifens oder eines sog. Pehameters, die im Handel (z. B. in Apotheken und Gartencentern) erhältlich sind, läßt sich der pH-Wert leicht selbst messen und dann entscheiden, ob das Wasser verwendbar ist oder nicht.

Wenn man das Regenwasser über die Dachrinne auffängt, wozu sich die mittlerweile in vielerlei Ausführungen angebotenen Kunststofftonnen gut eignen, sollte man in jedem Fall darauf achten, nicht schon das Wasser des ersten leichten Regengusses zu sammeln. Dieser wäscht nämlich zunächst den Staub vom Dach und ist daher am stärksten schadstoffbelastet. Man bringt daher am Fallrohr der Regenrinne eine Klappe an und öffnet den Zulauf in das Regenfaß erst, wenn es bereits einige Zeit stärker geregnet hat. Im Fachhandel gibt es auch Einsätze für das Fallrohr, die dies automatisch regeln.

Automatische Bewässerung

Wer sich das Gießen der Balkon- und Kübelpflanzen erleichtern möchte, sollte die Anschaffung eines automatischen Bewässerungssystems in Erwägung ziehen. Es lohnt sich insbesondere dann, wenn man sehr viele Pflanzen zu versorgen hat oder häufig längere Zeit unterwegs ist und sich daher nicht täglich um die blühende Pracht kümmern kann. Auch für die Versorgung der Pflanzen während der Urlaubszeit sind derartige Vorrichtungen geeignet, da sie – eine fachgerechte Installation vorausgesetzt – über mehrere Wochen hinweg sicher funktionieren.

Im Handel sind verschiedene Modelle erhältlich, die praktisch alle nach dem gleichen Prinzip arbeiten. Die Grundeinheit bildet ein Sensor aus Keramik oder gut quellfähigem Holz, der auf Feuchtigkeit reagiert. Er wird in das Substrat gesteckt oder in den Untersetzer der Pflanzen gestellt. Über dünne Tropfschläuche sind mehrere solcher Feuchtigkeitsfühler untereinander und mit der Wasserquelle, meist einem Wasserhahn oder einem erhöht plazierten Kanister, verbunden. Nur wenn der Sensor trockenfällt, läuft Wasser aus dem Schlauch tröpfchenweise nach. Ist die Erde dagegen feucht bzw. der Untersetzer voll Wasser, wird die Wasserzufuhr gestoppt.

Solche Systeme haben den großen Vorteil, daß die Gewächse ganz nach ihren individuellen Bedürfnissen mit Wasser versorgt werden, läuft doch stets lediglich so viel Wasser zu, wie die Pflanzen auch wirklich verbrauchen. Bei einer technisch aufwendigeren Variante wird die Wasserzufuhr, gesteuert über einen Computer, jeweils zu bestimmten Tageszeiten und für eine gewisse Dauer automatisch geöffnet. Problemlos läßt sich mit dieser Technik auch der gleichzeitige Einsatz vieler Sensoren programmieren.

Kurzzeitige Selbstversorgung der Pflanzen

Um gelegentlich einige Tage Abwesenheit zu überbrücken, bedarf es nicht gleich einer automatischen Bewässerungsanlage. Man kann sich auch mit einfacheren Lösungen behelfen, z. B., indem man Gefäße mit integriertem Wasserreservoir (siehe Seite 67) verwendet. Nach demselben Prinzip, allerdings mit Wasserzufuhr von außen, funktioniert die Dochtbewässerung, bei der die Pflanze Wasser über einen Docht oder Vliesstreifen bezieht. Das eine Ende des Dochts steckt im Pflanzsubstrat, das andere wird in einen erhöht angebrachten Wasservorratsbehälter gehängt und an dessen Boden z. B. mit einem Stein beschwert. Ähnlich wie bei den oben beschriebenen Bewässerungsautomaten wird von dem abtrocknenden Substrat und damit indirekt von den Wurzeln Wasser über den Docht nachgesaugt. Mit Hilfe solcher Dochte können sogar mehrere Töpfe gleichzeitig aus einem Wassergefäß versorgt werden. Mittlerweile gibt es im Handel auch ausgefeilte Systeme mit speziellen Glasfaserdochten, die von unten durch die Abzugslöcher der Gefäße gesteckt werden und selbst mehrere Blumenkästen individuell mit dem kostbaren Naß beliefern.

Besonders einfach ist die Methode, mehrere Töpfe gemeinsam möglichst bis knapp unter den Rand in eine mit feuchtem Sand oder wassergesättigtem Blähton gefüllte Wanne zu stellen. Sie funktioniert allerdings nur mit Tongefäßen, über deren poröse Wände die austrocknende Erde das Wasser aus dem Umgebungsmaterial nachsaugen kann. Bedingt durch den begrenzten Wasservorrat ist hierbei jedoch die Zeitdauer, die die Pflanzen ohne erneutes Wässern überstehen, stark eingeschränkt. Als weitere Möglichkeit kann man Tontöpfe in einer flachen Schale auf eine Vliesmatte stellen, die bis in eine dicht daneben stehende, wassergefüllte Schüssel reicht, aus der das Wasser nachgesaugt wird.

Im Fachhandel bekommt man auch spezielle, bisweilen sehr dekorativ gestaltete hohle Tonkegel, die in die Erde gesteckt und mit Wasser gefüllt werden. Abhängig von der Größe der Kegel und der Pflanzen benötigt man einen bis höchstens zwei davon pro Pflanze. Wurde das Substrat vorher gut durchfeuchtet, reicht der Wasservorrat des Tonkegels länger.

Auf sehr einfache Weise kann man für kurze Zeit die Wasserversorgung sichern: Man füllt enghalsige Flaschen randvoll mit Wasser, verschließt sie mit längs durchbohrten Korken und steckt sie kopfüber ins Substrat.

Bei der Dochtbewässerung leiten Saugdochte, die nirgendwo durchhängen dürfen, das Naß von einer erhöht stehenden Wasserflasche zu den Pflanzen.

Düngen

Da Pflanzen in Gefäßen nur über eine eingeschränkte Substratmenge verfügen, ist auch der Nährstoffvorrat begrenzt. Hinzu kommt, daß die Nährstoffe, allen voran Stickstoff, durch Regen und Gießwasser rasch ausgewaschen werden. Will man gleichbleibend gute Wachstumsvoraussetzungen schaffen, ist daher eine Düngerzufuhr von außen unabdingbar.

Tip

Zur Behebung eines speziellen Nährstoffmangels eignen sich sog. Einkomponentendünger besonders gut, z. B. Eisen- oder Magnesiumdünger.

Tip

Qualitativ hochwertige Dünger erkennt man nicht unbedingt am Preis, auch billige Produkte können hohen Ansprüchen genügen. Neben dem NPK-Verhältnis sollten auf der Verpackung in jedem Fall der Kalkgehalt und die Beimischung von Spurenelementen vermerkt sein.

Nährstoffbedarf

Um die Wirkung verschiedener Dünger richtig abschätzen zu können, sollte man sich zunächst die Funktionen der wichtigsten Nährstoffe im pflanzlichen Organismus vergegenwärtigen:

- Stickstoff (N) ist allgemein für das Wachstum und die Bildung von Pflanzensubstanz, also von Blättern, Trieben und Wurzeln, notwendig.
- Phosphor (P) wird vor allem für den Blüten- und Fruchtansatz benötigt.
- Kalium (K) braucht das Pflanzengewebe, um seine Festigkeit aufrechtzuerhalten.
- Magnesium (Mg) ist im Blattgrün (Chlorophyll) enthalten und daher entscheidend für die Photosynthese, den grundlegenden Stoffwechselvorgang der Pflanzen (siehe Seite 18).
- Calcium (Ca) ist ebenso wie Kalium für den Gewebezustand ausschlaggebend und beeinflußt darüber hinaus den pH-Wert (siehe Seite 61) des Substrats.

Daneben gibt es noch eine größere Anzahl von Spurenelementen, z. B. Molybdän (Mo) und Eisen (Fe), die zwar nur in sehr geringen Mengen notwendig, nichtsdestoweniger aber unverzichtbar sind.

Mineraldünger

Mineralische Dünger, auch Mineraldünger oder Kunstdünger genannt, werden industriell aus verschiedenen mineralischen Bestandteilen hergestellt und in bestimmten Mischungsverhältnissen angeboten. Die meisten dieser Düngemittel haben den Vorteil, daß ihre Wirksamkeit sofort einsetzt, da die Nährstoffe in Form leicht löslicher Salze vorliegen und damit direkt für die Wurzeln verfügbar sind. Dies birgt jedoch zugleich die Gefahr von Salzschäden an den Wurzeln, wenn die Dosierung zu hoch gewählt wurde. Langsamer und anhaltender wirken Langzeitdünger, bei denen die Nährelemente durch eine spezielle Aufbereitung gebunden sind, so daß sie in der Erde erst allmählich freigesetzt werden.

Abgesehen von einigen speziellen Präparaten sind Mineraldünger überwiegend Volldünger, d. h., sie enthalten die Hauptnährstoffe Stickstoff, Phosphor und Kalium und zusätzlich noch weitere Nährstoffe sowie Spurenelemente.

Nur bei einer ausgewogenen Ernährung können Balkonpflanzen üppige Blütenpracht zeigen.

Duftpelargonien werden sparsam gedüngt, damit die Produktion der Aromastoffe nicht leidet.

Die Zusammensetzung der Hauptnährstoffe eines Volldüngers wird auf der Packung in Form einer Zahlenkombination angegeben. Die erste Zahl gibt dabei den Stickstoffgehalt, die zweite den Phosphorgehalt und die dritte den Kaliumanteil in Prozent wieder. Die Angabe NPK 15/5/10 bedeutet z.B., daß der Dünger 15% Stickstoff, 5% Phosphor in Form von Phosphaten und 10% Kalium enthält. Ist noch eine vierte Zahl genannt, bezieht sich diese auf den Magnesiumgehalt.

Allgemein kann man zwischen zwei Gruppen von Volldüngern unterscheiden. Die sog. Blattdünger sind stickstoffbetont ausgelegt – d.h., sie enthalten die Nährstoffe z.B. im obengenannten Verhältnis – und vor allem für Blattschmuckpflanzen sowie zur Versorgung von Pflanzen außerhalb der Blütezeit zu empfehlen. Die sog. Blütendünger weisen einen höheren Phosphorgehalt auf (so z.B. NPK 12/12/17) und eignen sich daher besonders für Arten, die üppigen Blütenschmuck entwikkeln sollen.

Organische Dünger und Spezialdünger

Im Gegensatz zu mineralischen Düngern sind organische Düngemittel tierischen oder pflanzlichen Ursprungs. Beispiele dafür sind Hornspäne, Knochenmehl, Guano oder aus Rübenschnitzeln, Kakaoschalen oder Algen gewonnene Produkte. Abhängig vom Ausgangsstoff ist die Nährstoffzusammensetzung recht unterschiedlich. Während etwa Hornspäne sehr stickstoffreich sind, verfügt der aus Vogeldung bestehende Guano über ein hohes Maß an Phosphor. Dünger aus Algen enthalten dagegen besonders viele Spurenelemente.

Charakteristisch für organische Dünger ist ihre Eigenschaft, nur langsam und allmählich wirksam zu werden, weil das Material erst durch Feuchtigkeit, Wärme und Bodenorganismen zersetzt werden muß. Deshalb treten hier kaum jemals Schäden durch zu hohe Salzkonzentrationen auf. Andererseits können akute Nährstoffmängel nicht binnen kurzem ausgeglichen werden.

Eine Mischform, die die Vorteile beider Düngerarten zu vereinen sucht, sind organisch-mineralische Dünger, die sowohl schnell als auch langsam wirkende Bestandteile enthalten. Sie erzielen also einen sofortigen, gleichzeitig aber auch anhaltenden Düngeeffekt.

Daneben gibt es außerdem eine Reihe von Spezialdüngern, welche auf die Bedürfnisse von ganz bestimmten Pflanzengruppen abgestimmt sind. Am verbreitetsten sind besonders

Myrten und einige andere Arten sind auf einen salzarmen, sauer wirkenden Dünger angewiesen.

salzarme organische Präparate für sog. Moorbeetpflanzen, zu denen nicht nur Rhododendren, sondern auch Myrtengewächse wie Brautmyrte *(Myrtus communis)* oder Zylinderputzer *(Callistemon citrinus)* gehören und die ein saures Substrat benötigen. Solche Dünger sind unter verschiedenen Namen erhältlich, etwa Rhododendrondünger, Azaleendünger oder Dünger für Moorbeetpflanzen. Auch Hortensien *(Hydrangea)* können damit versorgt werden, gleichwohl es auch spezielle Hortensiendünger gibt.

Düngerformen

Im Handel werden mineralische und organische Dünger in fester wie in flüssiger Form angeboten. Feste Dünger erhält man meist als Pulver, das direkt auf das Substrat gestreut und leicht eingearbeitet wird. Die Dosierung erfolgt dabei entweder mit einem Meßlöffel oder einer Waage. Einfacher ist die Anwendung flüssiger Dünger, die direkt dem Gießwasser zugesetzt werden. Gewöhnlich ist der Flaschendeckel gleichzeitig eine Meßhilfe zur Dosierung. Grundsätzlich sollte man jeden Dünger, sei er flüssig oder fest, nur auf angefeuchtetes Substrat geben, denn bei Trockenheit treten leicht Wurzelschäden auf. Wichtig ist außerdem, keinesfalls die Blätter oder andere Pflanzenteile zu bestreuen bzw. zu benetzen, da Verbrennungen die Folge sein können. Sind versehentlich doch einmal Pflanzenteile mit Dünger in Berührung gekommen,

Tip

Zur längerfristigen Nährstoffversorgung von Balkon- und Kübelpflanzen läßt sich auch reifer Kompost aus dem eigenen Garten verwenden. Gesiebt und wenn möglich überdies gedämpft (siehe Seite 62), kann er unter das Pflanzsubstrat gemischt werden. Eine zusätzliche Düngung in niedriger Dosierung wird dann erst nach vielen Wochen wieder fällig.

Tip

Sofern man nicht regelmäßig zu einem bestimmten Termin düngt, sollte man sich das Datum der Düngergaben jeweils in einem Kalender notieren, um den richtigen Zeitabstand einzuhalten. Dies gilt vor allem für Langzeitdünger, die nur alle paar Wochen verabreicht werden.

Tip

Wird eine Kübelpflanze im Frühjahr nicht umgetopft, sondern nur das nachgesackte Substrat durch neues ersetzt (siehe Seite 76), sollte man gleichzeitig etwas organischen Langzeitdünger beimischen.

sollte man sie umgehend mit reichlich Wasser abwaschen.

Die bekanntesten Langzeitdünger sind wohl Düngestäbchen oder -kegel, die aus fest verpreßtem Dünger bestehen. Sie werden einfach in den Topf bzw. Kasten gedrückt und lösen sich mit der Zeit auf. Auf der Packung finden sich Angaben, wie viele Stäbchen für welche Topfgröße benötigt werden.

Eine relativ neue Entwicklung sind sog. umhüllte Langzeitdünger. Bei diesen ist der Dünger in poröse Kügelchen aus harzartigem Material eingeschlossen und wird über einen sehr langen Zeitraum von mehreren Monaten gleichmäßig freigesetzt. Man kommt daher bei vielen Pflanzen mit einer einzigen Düngung während der Wachstumszeit aus. Nur bei verholzenden Kübelpflanzen ist damit Vorsicht geboten, weil die Düngerwirkung weit über den erforderlichen Zeitraum hinausreichen kann. Für solche Gewächse wählt man daher besser Dünger mit einer kürzeren Wirkzeit.

Tip

Wurde versehentlich in zu hoher Konzentration gedüngt, so kann man versuchen, die überschüssigen Nährstoffe durch besonders reichliches und häufiges Gießen zumindest teilweise wieder auszuschwemmen.

Tip

Günstig auf Wachstum und Blühvermögen wirkt es sich aus, wenn man die Düngergaben ab Saisonbeginn nur langsam auf die erforderliche Höchstmenge steigert und ab dem Spätsommer nach und nach wieder reduziert.

Tip

Kranke Pflanzen sollte man überhaupt nicht düngen, sondern damit warten, bis sie sich erholt haben.

Tip

Pflanzen in Gefäßen mit einem Wasserreservoir kann man gut mit Düngerlösungen versorgen, die speziell für Hydrokultur angeboten werden. Die Lösung wird in diesem Fall jedoch nur etwa alle zwei bis vier Wochen in angegebener Menge dem Wasser beigemischt.

Richtige Dosierung und Düngezeitraum

Bei jeder Düngung ist unbedingt die richtige Dosierung zu beachten. Sie hängt von den Ansprüchen der jeweiligen Art ab, aber auch vom Standort und vom Substrat. Gibt man zuwenig Dünger, so läßt die Wuchskraft und Blütenbildung nach, ist die Dosis dagegen zu hoch, wird vor allem bei stickstoffbetonten Düngern der Wuchs übermäßig angeregt, ohne daß Triebe und Blätter sich ausreichend festigen können. Die Folge sind knickgefährdete, für Schädlinge und Pilzkrankheiten anfälligere und schwächer blühende Pflanzen.

Man sollte sich daher immer streng nach den Dosierungsangaben des Herstellers richten. Zu bedenken ist dabei jedoch, daß sich diese stets auf den Nährstoffbedarf einer Pflanze mit durchschnittlicher Wuchskraft beziehen. Individuellen Ansprüchen wird Genüge geleistet, indem man den Zeitraum zwischen den Düngeterminen verringert bzw. erweitert. Arten, die nur wenig Nährstoffe brauchen, kann man auch generell nur mit der Hälfte der angegebenen Dosis versorgen und eventuell zusätzlich die Zeitabstände verlängern.

Ob eine Pflanze gedüngt werden muß oder nicht, läßt sich durch regelmäßiges Beobachten erkennen. Nicht nur die nachlassende Wuchskraft, sondern ebenso gleichmäßig aufgehellte Blätter, bei denen die typische Färbung verblaßt ist, sind deutliche Hinweise auf einen Nährstoffmangel. Fleckige Blätter hingegen deuten meist auf eine Chlorose (siehe Seite 111) hin.

Der Zeitraum, in dem gedüngt wird, beginnt jedes Jahr mit dem Einsetzen bzw. Ausräumen der Pflanzen. Dabei ist zu bedenken, daß das frische Substrat in den meisten Fällen bereits vorgedüngt ist und somit genug Nährstoffe für die ersten vier bis sechs Wochen enthält. Erst danach darf also mit der Nährstoffzufuhr begonnen werden. Wie lange man düngt, hängt davon ab, ob man die Pflanzen überwintern möchte oder ob es sich um eine reine Saisonbepflanzung handelt. Im letzteren Fall können bis in den September hinein, wenn die Blütenbildung allmählich nachläßt, Nährstoffe verabreicht werden; bei zu überwinternden Arten hingegen darf dies nur bis Anfang oder Mitte August geschehen. Sonst würde noch im Herbst die Bildung neuer Triebe angeregt, die dann jedoch nicht mehr vollständig ausreifen können und in der Winterzeit leichter erfrieren oder von Schädlingen und Krankheiten befallen werden.

Der Scharlachrote Salbei muß während der Saison mehrfach mit Nährstoffen versorgt werden.

Ranunkeln im Topf zeigen sich bei wöchentlicher, aber sparsamer Düngung von ihrer besten Seite.

Putzen und Schneiden

Mit Gießen und Düngen allein ist es nicht getan, will man seinen Balkon- und Kübelpflanzen optimale Pflege angedeihen lassen und sie zu Prachtexemplaren heranziehen. Die gerade blühenden Pflanzen sollte man regelmäßig ausputzen, die mehrjährigen bedürfen eines Schnitts, durch den sie sich erst zu voller Schönheit entfalten oder mit dem man ihre Eigenarten besonders hervorheben und ansprechende Kunstformen erzielen kann.

Ausputzen

Das von manchen Pflanzenfreunden täglich durchgeführte Ausputzen, also das Entfernen welker Blüten, wird oft als Zeichen übertriebener Sauberkeit gewertet. Doch abgesehen von ästhetischen Ansprüchen erfüllt diese „Feinpflege“ noch einen weiteren Zweck: Man verhindert damit die Bildung von Samen und Früchten. Dies ist dem Blumenschmuck in mehrfacher Hinsicht förderlich. Zum einen verschwenden die Pflanzen keine Kraft auf die Entwicklung dieser in den meisten Fällen unerwünschten Teile. Zum andern wird die Bildung neuer Blütenknospen angeregt, die durch den Fruchtansatz unterdrückt würde. Und nicht zuletzt vermindert sich die Gefahr, daß sich auf den welken Blütenteilen Krankheitserreger oder Schädlinge ansiedeln.

Die Bleiwurz wirft verwelkte Blüten nicht von selbst ab, so daß man sie ausputzen muß.

Dadurch, daß man sich beim Ausputzen im wahrsten Sinne näher mit einer Pflanze beschäftigen muß, können außerdem Krankheiten oder Schädlinge frühzeitiger erkannt werden, als wenn man nur ab und zu nach den Gewächsen sieht. Zusammen mit Verblühtem wird man vergilbte oder kranke Blätter ebenso entfernen wie erkrankte oder geknickte Triebe. In den meisten Fällen lassen sich die entsprechenden Pflanzenteile einfach mit den Fingern abknipsen oder ausbrechen. Bei besonders zähen Trieben sollte man allerdings eine Schere benutzen, um die gesunden Bereiche nicht unnötig zu verletzen. Man kürzt dabei den Triebteil bis zur nächstliegenden Verzweigung ein.

Tip

Bei sog. selbstreinigenden Pflanzen fallen verwelkte Blüten von selbst ab, etwa bei bestimmten Pelargoniensorten. Doch auch in diesem Fall sollte man regelmäßig nachsehen, ob nicht Blütenteile auf dem Laub hängengeblieben sind, und diese gegebenenfalls entfernen.

Verschiedene Schnittmaßnahmen

Ein Schnitt kann bei Balkon- und Kübelpflanzen aus zwei Gründen angebracht sein. Wenn die Pflanzen zu groß oder sparrig geworden sind, ist ein Rückschnitt nötig, bei dem auch ausgelichtet wird. Diese Maßnahme regt gleichzeitig einen kräftigen Neuaustrieb an und wird daher bei vielen Arten, z. B. Pelargonien und Engelstrompeten *(Datura)*, in jedem Herbst durchgeführt. Der zweite Grund für den Griff zur Schere besteht darin, die Pflanzen zu einer bestimmten Form zu erziehen, weshalb man hier von Formschnitt spricht.

In Form gezogene Kübelgehölze müssen regelmäßig beschnitten werden.

Formschnitt bei Kübelpflanzen

Gehölze, die man durch strengen Schnitt zu geometrischen oder phantasievollen freien Formen erzieht, erfreuen sich auch als Kübelpflanzen zunehmender Beliebtheit. Besonders gut für diese „lebenden Skulpturen" im Gefäß eignen sich sehr kleinblättrige immergrüne Pflanzen, vor allem der Gewöhnliche Buchsbaum *(Buxus sempervirens* var. *sempervirens)* und die Gewöhnliche Eibe *(Taxus baccata)*, aber z. B. auch Brautmyrte *(Myrtus communis)* oder Monterey-Zypresse *(Cupressus macrocarpa)*. Bei diesen Arten kann der Schnitt einfach entlang der gewünschten Umrißlinien mit einer Handheckenschere oder dem elektrischen Rasentrimmer erfolgen.

Aber auch großblättrige Arten wie Lorbeerbaum *(Laurus nobilis)*, Zitrusgewächse *(Citrus)*, Wandelröschen *(Lantana)*, Bergilex *(Ilex crenata)* oder Kriechspindel *(Euonymus fortunei)* kann man formieren. Bei diesen Pflanzen sollte der Schnitt jedoch entsprechend den gewünschten Umrissen immer gezielt an den einzelnen Trieben vorgenommen werden, da angeschnittene Blätter an den Rändern vertrocknen und dann unschön wirken.

Stäbe und Drahtreifen dienen als Schablonen für exakten Schnitt.

Für den Anfänger eignen sich einfache geometrische Figuren wie Pyramiden, Kegel, Halbkugeln oder Kugeln am besten. Erst wenn man deren Erziehung beherrscht, kann man sich auch an aufwendigeres Design wagen, z. B. an eine Spirale oder sogar mehrstöckige Gebilde.

Mit dem Formschnitt sollte man möglichst schon an jungen Pflanzen beginnen. Bis die grundlegende Fasson erreicht ist, vergehen bei einfachen Figuren etwa drei bis vier Jahre, bei komplizierteren dagegen sechs bis zehn. Dabei muß man etwa zwei- bis dreimal jährlich einen strengen Rückschnitt entsprechend der gewünschten Form durchführen: den ersten nicht vor etwa Mitte bis Ende Mai, den letzten dann im August. Um stets gleichmäßige Konturen zu erhalten, sollte man sich einer Art Schablone bedienen, die genau der vorgesehenen Form und Größe entspricht. So kann man sich z. B. ein Rahmengestell aus Metall- oder Bambusstäben sowie aus Draht selbst fertigen. Beim Schnitt werden dann alle aus der Schablone herausragenden Triebe bis ganz zum Rahmen hin eingekürzt. Dadurch regt man gleichzeitig die Verzweigung an, so daß sich eine dichte, geschlossene Blätterfläche bildet. Ist die endgültige Gestalt erzielt, genügt meist ein einmaliger Schnitt pro Jahr, bei dem man nur die aus der Form gewachsenen Triebe einkürzt.

Formierte Kübelpflanzen sollte man lediglich mäßig und sehr stickstoffarm düngen oder ihnen einen Langzeitdünger in nicht zu hoher Dosis verabreichen. Nur so wird das Triebwachstum nicht übermäßig angeregt, wodurch die Pflanzen leichter aus der Fasson geraten würden.

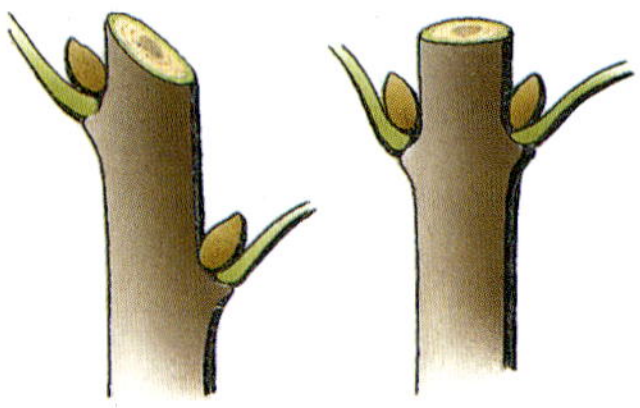

Bei wechselständiger Beblätterung führt man den Schnitt schräg von der Knospe weg nach unten (links), bei gegenständiger gerade über den Knospen (rechts).

Beim Rückschnitt werden zunächst überalterte sowie ungünstig stehende und dünne, schwächliche Triebe am Ansatz entfernt. Anschließend bringt man die Pflanzen etwas in Form, indem man alle oder einzelne stärkere Triebe ein wenig einkürzt. So kann Licht wieder in sämtliche Bereiche des Sproßgerüsts dringen, wodurch die Bildung neuer, kräftiger Triebe und ebenso der Blütenansatz begünstigt werden.

Man kann den Rückschnitt sowohl im Herbst vor dem Einräumen als auch im Frühjahr, nachdem man die überwinterten Pflanzen heller gestellt hat, vornehmen. Vor dem Einräumen schneidet man in erster Linie solche Gewächse, die zu groß für das Winterquartier geworden sind. Auch die zu überwinternden Balkonblumen kürzt man am besten im Herbst ein, damit sie im Frühjahr kräftig austreiben und während der Überwinterung weniger Platz beanspruchen. Gewöhnlich wird jedoch im Frühjahr geschnitten. Dann können nämlich zugleich die während des Winters vertrockneten sowie zu früh entwickelte Triebe entfernt werden. Eine Ausnahme bilden Arten, die im Spätwinter oder ab dem Frühjahr blühen, etwa Veilchensträucher *(Iochroma)*, Hornklee *(Lotus)*, die Hängende Kätzchenweide *(Salix caprea* 'Pendula') oder der Primeljasmin *(Jasminum mesnyi)*. Diese kürzt man auf jeden Fall erst nach der Blüte, um die Blütenknospen zu schonen. Bei immergrünen Pflanzen schließlich sollten nur ausgereifte, verholzte Triebe geschnitten werden; der dafür optimale Schnittzeitpunkt ist deshalb der Spätsommer.

Bei der Ausführung des Schnitts ist stets die Lage der Knospen zu beachten, es sei denn, es handelt sich um einen reinen Formschnitt. Man schneidet möglichst nur einige Millimeter oberhalb einer Knospe, gerade so, daß diese nicht verletzt wird, jedoch kein Stumpf darüber stehenbleibt. Der Schnitt wird außerdem schräg von der Knospe weg nach unten geführt.

Büsche und Hochstämmchen ziehen

Um Kübel- und Balkonpflanzen zu ansehnlich buschigen Exemplaren zu ziehen, ist mehrmaliges Entspitzen notwendig (siehe Seite 99). Durch das Auskneifen oder das Abschneiden der Endknospen bzw. Triebspitzen wird der Austrieb der jeweils darunterliegenden Knospen angeregt, so daß sich die Pflanzen stärker verzweigen. Doch sollte man das Entspitzen immer nur während der Hauptwachstumszeit vornehmen, wenn die Pflanzen kräftig austreiben.

Auch bei Jungpflanzen läßt sich auf diese Weise ein buschigerer, kompakterer Wuchs erzielen. Sie blühen dann zwar etwas später, dafür aber um so reicher.

Das Formieren eines Hochstämmchens oder Kronenbäumchens, wie es oft von Schönmalven *(Abutilon)*, von Strauchmargerite *(Argyranthemum frutescens)*, Zitrusgewächsen *(Citrus)*, Nachtschatten *(Solanum)* oder dem Chinesischen Roseneibisch *(Hibiscus-Rosa-Sinensis*-Hybriden) gezogen wird, läßt sich ohne großen Aufwand innerhalb weniger Jahre leicht selbst durchführen. Beginnen muß das Formieren schon bei den Jungpflanzen. Man wählt dazu einen einzelnen, kräftigen Trieb aus, der später das Stämmchen bilden soll, alle weiteren Sprosse werden beseitigt. Diesen Trieb bindet man nun gerade an einem Stab auf.

Mit Ausnahme der obersten zwei bis vier Seitentriebe werden an dem zukünftigen Stämmchen laufend alle anderen an ihrem Ansatz entfernt. So vermeidet man unerwünschte Verzweigungen und regt das Längenwachstum an. Hat der Trieb die Höhe erreicht, in der die Krone ansetzen soll, kneift man den Endtrieb aus. Daraufhin treiben die darunterliegenden Seitenknospen durch – sie bilden dann die Krone. Man beläßt etwa fünf bis acht solcher Seitenzweige, die aber ihrerseits weiterhin regelmäßig entspitzt werden müssen, damit die Krone dicht und buschig wird.

Schon nach etwa drei bis vier Jahren kann man auf diese Weise ein ansehnliches Hochstämmchen erzielen. Damit die Form erhalten bleibt, erfolgt ein jährlicher Rückschnitt zu den üblichen Zeitpunkten (siehe Seite 85ff.), bei dem man die Kronentriebe etwas einkürzt sowie vertrocknetes und überaltertes Holz ganz herausnimmt.

Damit sich die Krone der Prinzessinnenblume gut verzweigt, muß mehrfach geschnitten werden.

Hochstämmchen werden gezogen, indem man den Jungtrieb bis zu der gewünschten Höhe aufleitet, untere Seitenäste immer wieder entfernt, obere einkürzt und die Krone später in Form schneidet.

Tip

Schnittmaßnahmen sollte man grundsätzlich nur bei trockener Witterung durchführen, damit die Schnittwunden gut abtrocknen und abheilen können. So wird Krankheitserregern das Eindringen erschwert.

Tip

Ähnlich attraktiv wie Hochstämmchen wirken auch Ampel- und Kletterpflanzen wie Blaue Mauritius, Prunkwinde, Mandeville oder Efeu, die man an einem kräftigen Stab zuerst in die Höhe zieht, um ihre Triebe dann von der Spitze elegant herabhängen zu lassen.

Überwinterung

Wenn das herbstliche Feuer der Jungfernrebe das Rot der Pelargonien ganz in den Hintergrund drängt, wird es Zeit, die Balkonpflanzen einzuräumen.

Strauchmargeriten können den Winter in einem hellen, gut belüfteten Raum überdauern.

Wenn im Herbst die Tage kürzer und die Nächte kälter werden, geht für die Kübelpflanzen und diejenigen Balkongewächse, die überwintert werden, die Zeit im Freiland allmählich zu Ende. Schon rechtzeitig vorher sollte man ein geeignetes Quartier für die kalte Zeit ausfindig gemacht haben. Am einfachsten ist dies bei laubabwerfenden Gewächsen wie etwa Bougainvilleen oder der Kreppmyrte *(Lagerstroemia indica)*, denn diese Pflanzen können, falls kein heller Raum zur Verfügung steht, ohne Probleme auch durchaus dunkel überwintert werden.

Halbimmergrüne Gewächse wie Flanellstrauch *(Fremontodendron)* oder Bleiwurz *(Plumbago auriculata)* und vor allem Immergrüne wie Lorbeerbaum *(Laurus nobilis)*, Brautmyrte *(Myrtus communis)* und Strauchmargerite *(Argyranthemum frutescens)* benötigen dagegen einen hellen, mäßig luftfeuchten und luftigen Raum mit weitgehend gleichbleibender Temperatur. Wichtig ist außerdem eine ausreichende Lüftungsmöglichkeit, da bei stehender Luft und der damit verbundenen hohen Luftfeuchtigkeit die Gefahr von Pilzinfektionen rasch ansteigt.

Grundsätzlich sollte man einen möglichst kühlen Überwinterungsort wählen – soweit es die jeweilige Pflanzenart verträgt. Je kälter der Raum, desto dunkler kann er auch sein. Dies hängt damit zusammen, daß die Pflanzen während der Überwinterung zu einem guten Teil auf gespeicherte Reservestoffe angewiesen sind, die um so langsamer aufgebraucht werden, je kühler die Umgebung ist. In der Wärme erschöpfen sich die Vorräte dagegen schneller und müssen bald wieder aufgefüllt werden – wozu wiederum ausreichend Licht notwendig ist. Die Helligkeit ist allerdings im Winter so gering, daß man die Gewächse um so heller plazieren muß, je wärmer sie stehen. Dadurch wird zugleich die Tendenz zur Bildung allzu dünner und langer Neuaustriebe gemindert.

Die Gefahr von Infektionen ist bei niedrigen Temperaturen ebenfalls geringer als in der Wärme, denn die Erreger können sich dann nicht so schnell ausbreiten. Sie stellen im Winterquartier allerdings immer ein Risiko dar, weil die Pflanzen während der Winterzeit geschwächt sind und sich mit reduziertem Stoffwechsel nur unzureichend gegen Krankheitserreger oder Schädlinge wehren können. Laufende Kontrolle auf Krankheiten und Schädlingsbefall ist deshalb auch im Winter unbedingt notwendig. Da die Zeit im Überwinterungsquartier den Pflanzen strapaziöse Umstellungen abverlangt, sollte man sie durch spätes Ein- und frühes Ausräumen weitestgehend zu verkürzen suchen.

Frosthärte und Überwinterungstemperatur

Welche Temperaturen für welche Art während der Überwinterung notwendig bzw. erträglich sind, hängt entscheidend von der Frosthärte der Pflanze ab. Frosthärte bedeutet in diesem Zusammenhang die Widerstandsfähigkeit von Balkon- und Kübelpflanzen gegenüber Kältegraden, die gar nicht einmal unter dem Gefrierpunkt liegen müssen. Sie ist zum einen art- und sortenspezifisch, wird zum andern aber auch durch die Pflege- und Umweltbedingungen sowie das Alter des jeweiligen Gewächses beeinflußt.

Tatsächlich ist die Frosthärte keine feste Größe, sondern wird vom Gewebezustand bestimmt. Sie kann daher innerhalb gewisser Grenzen schwanken und ist selbst bei ein und derselben Pflanze von Jahr zu Jahr leicht unterschiedlich. Um die Frosthärte zu erhöhen, ist vor allem wichtig, daß die Triebe zum Herbst hin genügend ausreifen können. Voraussetzung dafür sind allmählich sinkende Temperaturen sowie eine eingeschränkte Nährstoffversorgung, so daß kein erneutes Triebwachstum angeregt wird. Dies ist auch der Grund, warum immer wieder betont wird, Pflanzen, die überwintert werden sollen, ab etwa Anfang August nicht mehr zu düngen.

Geeignete Winterquartiere

Um einen Anhaltspunkt zu geben, gliedern Fachleute die Pflanzen hinsichtlich ihrer Anforderungen an das Winterquartier meist in vier Gruppen. Dieser Unterteilung folgen auch jeweils die Überwinterungsempfehlungen bei den einzelnen Pflanzenbeschreibungen (siehe Seite 124–229):

- In einem kalten Winterquartier liegen die Temperaturen mit 0–5 °C knapp über dem Gefrierpunkt;
- ein kühles sollte Temperaturen von etwa 5–10 °C aufweisen;
- ein temperiertes ist etwa 10–15 °C warm;
- in einem warmen herrschen Temperaturen von etwa 15–20 °C.

Ein warmes Winterquartier kann man in fast jedem Zimmer einrichten. Doch kühle Bedingungen, wie sie von den weitaus meisten Arten benötigt werden, lassen sich deutlich schwieriger einhalten. Aber auch für diese sowie teilweise ebenso für temperiert zu überwinternde Gewächse bieten sich mehrere Unterbringungsmöglichkeiten an, die jeweils andere Vorzüge haben.

Mit am häufigsten wird das Treppenhaus genutzt. Es ist überwiegend ungeheizt und eignet sich daher gut für kühl zu überwinternde Arten, sofern es hell genug ist. Über die Haustür gelangt immer wieder genügend kalte Frischluft herein, um die niedrige Temperatur zu halten.

Der Keller bietet nicht in jedem Fall gute Bedingungen als Pflanzenquartier. Während sich ein kalter Kellerraum durchaus eignet, ist ein warmer weniger zu empfehlen, weil darin gewöhnlich nicht die nötige Helligkeit herrscht, die für eine Überwinterung in der Wärme notwendig wäre.

Eine Garage kann für Arten, die wenig frostempfindlich sind, eine gute Überwinterungsmöglichkeit darstellen, auch wenn sie kein Fenster hat. Voraussetzung ist, daß die Pflanzen so spät wie möglich ein- und schon sehr früh, bevor der Neuaustrieb einsetzt, wieder ausgeräumt werden. Geräteschuppen oder Gartenhäuschen bieten ähnliche Bedingungen wie eine Garage, doch muß man an das regelmäßige Lüften denken.

Ein ungeheizter, verglaster Vorraum am Hauseingang ist meist ausreichend kühl und hell für die Überwinterung. Hier ist darauf zu achten, daß die Pflanzen nicht durch direkten eiskalten Luftzug beim Öffnen der Haustür geschädigt werden, weshalb sich für solche Räume vor allem robuste Arten eignen. Ungeheizte Zimmer, z. B. Schlaf- oder Gästezimmer, kommen ebenfalls als Winterquartier in Frage, vorausgesetzt, die Pflanzen können in Fensternähe hell aufgestellt werden. Etwas problematisch kann hier die oft zu niedrige Luftfeuchtigkeit sein, was beim Gießen beachtet werden muß.

Weitere mögliche Winterquartiere stellen z. B. Lichtschächte dar, die sehr hell und zugleich sehr kühl sind und somit für viele Arten einen idealen Winterstandort ergeben – sofern er frostfrei ist und ausreichend Platz bietet. Dagegen sind Dachböden gewöhnlich weniger gut geeignet, weil sich dort meist die Wärme staut. Auch die Lüftungsmöglichkeiten sind wegen der oft nur kleinen Dachluken begrenzt. Bessere Bedingungen herrschen in einem ausgebauten, aber nicht genutzten und daher ungeheizten Dachzimmer mit entsprechend großem Fenster.

Die beste, zugleich jedoch aufwendigste Lösung ist zweifellos ein Gewächshaus, das mittels Thermostat und Heizung auf die gewünschte Temperatur eingestellt werden kann. Einziges Problem kann hier eine zu starke Aufheizung durch die spätwinterliche Sonneneinstrahlung sein, so daß ausreichende Schattier- und Lüftungsmöglichkeiten vorhanden sein sollten.

Schließlich bleibt noch die Überwinterung im Freiland zu erwähnen, für die sich jedoch nur wenige Arten eignen. Damit sie den Winter gut überstehen, müssen die Pflanzen in ihren Gefäßen an einen geschützten Platz kommen und die notwendigen Winterschutzmaßnahmen (siehe Seite 90 f.) getroffen werden.

Einräumen der Pflanzen

Zu welchem Zeitpunkt die verschiedenen Arten in ihr Winterquartier gebracht werden müssen, ist sehr unterschiedlich und bei den einzelnen Pflanzenbeschreibungen (siehe Seite 124–229) jeweils angegeben. Bei den meisten Gewächsen ist die Zeit gekommen, wenn Temperaturen unter 5 °C zu erwarten sind. Einige wenige besonders wärmebedürftige Pflanzen (siehe Tabelle Seite 59), die warm überwintert werden, holt man aber bereits ins Haus, sobald die Temperaturen etwa 10 °C unterschreiten. Manche kühl zu überwinternde Arten dagegen überstehen auch leichten Frost ohne Schaden. Solange der Wetterbericht keine ständigen Minusgrade oder stärkere Nachtfröste ankündigt, bleiben diese Gewächse besser noch im Freien, da ihre Triebe dann zunehmend ausreifen können und damit günstigere Voraussetzungen für die Überwinterung gegeben sind.

Um sich den Transport großer oder sperriger Pflanzen beim Ein- und Ausräumen zu erleichtern, kann man sich vielerlei Hilfsmittel bedienen. Sie reichen von der einfachen Schubkarre über den Sackwagen bis hin zu fahrbaren Untersetzern mit Rollen, auf denen schwere oder unhandliche Exemplare leicht von der Stelle zu bringen sind. Bei manchen Arten wie Agaven, Palmen oder Zitrusgewächsen ist beim Hantieren Vorsicht angebracht, da ihre scharfen Dornen bzw. stechenden Blattspitzen durchaus zu Verletzungen führen können.

Bevor die Gewächse ins Winterquartier kommen, sollte man sie von allen Seiten kritisch begutachten. Schädlinge oder kranke Pflanzenteile sind unbedingt zu entfernen, da sie sonst im Winterquartier eine Ansteckungsgefahr für andere Exemplare bedeuten wür-

Tip

Junge Pflanzen sind stets weniger frosthart als ältere. Sie sollten daher immer an der oberen Grenze des Temperaturrahmens, der in den jeweiligen Pflanzenbeschreibungen (siehe Seite 124–229) angegeben ist, überwintert werden.

Tip

Je wärmer eine Pflanze überwintert wird, desto stärker nimmt ihre Frosthärte bis zum Frühjahr ab und desto später und vorsichtiger muß das Ausräumen erfolgen.

Der robuste Granatapfelbaum übersteht kurzzeitig leichten Frost.

Tip

Häufig tritt einige Tage nach dem Einräumen ein stärkerer Blattfall auf. Dies ist jedoch meist nur auf die deutlich geringere Luftfeuchtigkeit im Winterquartier zurückzuführen und nicht weiter beunruhigend. Man muß daher keine speziellen Maßnahmen zur Abhilfe ergreifen.

Engelstrompeten schneidet man vor dem Einräumen scharf zurück.

Tip

Ist bei Pflanzen, die im Freien überwintern, der Ballen einmal durchgefroren und kein Tauwetter in Sicht, kann man versuchen, diesen durch vorsichtiges Gießen mit warmem Wasser aufzutauen.

Tip

Immergrüne Arten, die man den Winter über im Freien belassen will, sollte man nach einer trockenen Herbstperiode nochmals gründlich wässern, bevor die ersten starken Fröste drohen. So kommen sie deutlich besser durch den Winter.

Tip

Pflanzen mit großen Blättern, z. B. Palmen, oder solche mit langen Trieben kann man gut zusammenbinden und mit Sackleinen dicht umhüllen. Sie sind dadurch besonders sicher vor der Winterkälte und zugleich auch vor Nässe geschützt.

den. Alle welken oder beschädigten Blätter und Triebe müssen abgezupft bzw. weggeschnitten werden, denn auf ihnen siedeln sich bevorzugt Krankheitserreger an. Gleichzeitig reinigt man auch die Gefäße und überprüft, ob die Abzugslöcher noch funktionsfähig sind.

Bei einigen laubabwerfenden Arten ist ein kräftiger Rückschnitt (siehe Seite 85ff.) angebracht. So werden z.B. bei Engelstrompeten *(Datura)* sämtliche blättertragenden Triebe beseitigt. Man sollte außerdem darauf achten, die Pflanzen möglichst trocken einzuräumen. Sie vorsorglich nochmals gut zu wässern, wäre grundverkehrt. Dies hätte nur allzu leicht Fäulnis der Wurzeln zur Folge, da vor allem die laubabwerfenden Arten während der Überwinterung fast kein Wasser mehr verbrauchen.

Winterschutz im Freien

Ob eine Überwinterung im Freien möglich ist, hängt nicht nur von der Frosthärte der jeweiligen Art (siehe Seite 88), dem Standort und dem regionalen Klima ab, sondern ganz entscheidend auch von dem Gefäß, in dem die Pflanze gehalten wird. Es versteht sich von selbst, daß dieses frostsicher sein muß. Riskant werden kann eindringendes Wasser, weil es sich beim Gefrieren ausdehnt und dadurch die Gefäßwände sprengen kann. Auch eigentlich völlig winterharte Pflanzen, die ausgepflanzt im Garten die kalte Zeit schadlos überstehen würden, sind im Kübel gefährdet, da der Wurzelraum hier wesentlich kleiner ist und der Ballen deshalb leicht durchfrieren kann. Doch selbst dies schadet robusten Arten oft noch nicht. Handelt es sich allerdings um immergrüne Gewächse, kann eine Überwinterung im Freien Probleme bereiten, dann nämlich, wenn die Sonneneinstrahlung Wasser aus ihren Blättern verdunsten läßt, die Wurzeln bei gefrorenem Ballen aber keine Feuchtigkeit nachliefern können. Dann kommt es zur sog. Frosttrocknis, und schlimmstenfalls gehen die Pflanzen ein. Um dem vorzubeugen, muß man den immergrünen Pflanzen einen wirkungsvollen Winterschutz gewähren.

Richtig verpackt und abgedeckt, können robuste Gefäßpflanzen den Winter auch gut im Freien überstehen.

An geschützter Stelle und mit isoliertem Wurzelballen macht dem Gartensalbei Kälte nichts aus.

Zunächst gilt es, die zu überwinternden Pflanzen an einem möglichst gut geschützten Ort zusammenzustellen. Wichtig ist dabei vor allem der Schutz vor Wind und Sonne, so daß man am besten einen nicht direkt besonnten Platz nahe an einer Hauswand oder in einer windstillen Ecke wählt. Jegliche Winterschutzmaßnahmen, die sodann an den Gefäßen und Pflanzen vorgenommen werden, sollen isolierend wirken und kalte, austrocknende Winde fernhalten – insbesondere bei immergrünen Gewächsen – sowie starke Temperaturschwankungen abmildern. Trotzdem muß noch eine gewisse Luftzirkulation möglich sein, da sich sonst Pilzkrankheiten ausbreiten können. Eine gute Isolierung erreicht man z.B. mit Styropor, Noppenfolie, mehreren Lagen Zeitungspapier, mit Holzwolle, Torf, Stroh, trockenem Laub, Schilfmatten oder Sackleinen.

Da die Kälte auch von unten in die Gefäße eindringt, sollte man diese auf Holzklötze, eine dicke Styroporplatte oder ähnliches stellen. Die Luftschicht unter dem Gefäßboden isoliert bereits recht gut gegen Bodenfrost. Dann werden die Kübel mit dem oben genannten Material umhüllt bzw. in einen größeren Behälter gestellt und die Zwischenräume mit isolierenden Stoffen ausgefüllt. Bei den empfindlicheren immergrünen Arten sollte man auch die beblätterten Teile dicht umwickeln, und zwar mit einem luftdurchlässigen Material wie Schilfmatten oder Jutesäcken. Dadurch wird die Verdunstung stark eingeschränkt, und die Pflanzen können nicht so leicht vertrocknen. Zuletzt isoliert man die Kübel auch noch von oben, indem man eine dicke Schicht trockenen Fallaubs oder Rindenschnitzel auf das Substrat schüttet und das Ganze mit Zweigen abdeckt, damit es nicht weggeweht wird. In den folgenden Wochen und Monaten muß man die Pflanzen ab und zu an frostfreien Tagen mit etwas Wasser versorgen, insbesondere die immergrünen Arten.

Grapefruits sollte man im Winter nur sparsam gießen, sonst fallen leicht die Blätter ab.

Pflege während der Überwinterung

Auch im Winterquartier ist eine Pflege der Pflanzen notwendig, allerdings in weit geringerem Ausmaß als während der warmen Zeit. Das Substrat muß man etwa einmal wöchentlich mittels Fingerprobe (siehe Seite 78) auf Feuchtigkeit kontrollieren, bei Bedarf wird gegossen. Dies sollte aber sehr zurückhaltend geschehen, vor allem bei niedrigen Temperaturen, denn die Lebensvorgänge der Pflanzen und somit auch die Wasseraufnahme sind dann stark verlangsamt. Überschüssiges Wasser würde lange im Topf bleiben und könnte leicht zu Wurzelfäulnis führen. Am besten wässert man die Pflanzen mit einer feinen Brause zuerst nur ganz wenig, wartet etwa eine Stunde, prüft nochmals die Feuchtigkeit und gießt gegebenenfalls nach.

Abhängig von der Temperatur im Überwinterungsraum ist der Wasserverbrauch höchst unterschiedlich. Je wärmer der Raum, desto häufiger muß gegossen werden. Immergrüne benötigen außerdem stets mehr Wasser als laubabwerfende Arten. Eine Düngung hat im Winter jedoch gänzlich zu unterbleiben, denn dadurch würde neuer, unerwünschter Triebzuwachs angeregt.

Sauberkeit ist ein weiterer wichtiger Faktor, der für eine erfolgreiche Überwinterung notwendig ist. Verletztes, weiches Gewebe, welke Blätter oder vertrocknende Triebteile sind ständig der Gefahr von Pilz- und Bakterieninfektionen ausgesetzt. Aus diesem Grund sollte man derartige Pflanzenteile ebenso wie herabgefallenes Laub immer baldmöglichst entfernen. Die Infektionsgefahr wird außerdem noch durch stehende Luft erhöht. Regelmäßiges Lüften des Winterquartiers trägt deshalb sehr zur Gesunderhaltung der Pflanzen bei, allerdings ist Zugluft zu vermeiden.

Das Ende der Winterzeit

Wenn sich das Frühjahr nähert und es draußen langsam heller und wärmer wird, geht für die Gewächse die kritische Winterperiode allmählich zu Ende, das Wachstum setzt wieder ein. Damit die Pflanzen im Winterquartier nun keine überlangen, vergeilenden Triebe bilden, müssen sie Ende Februar oder Anfang März an einen möglichst hellen, etwas wärmeren Platz geräumt werden. Dementsprechend sind die Wassergaben langsam zu erhöhen. Bei Bedarf wird umgetopft (siehe Seite 75 f.) und eventuell ein Rückschnitt vorgenommen (siehe Seite 85 ff.).

Ist das Wetter schließlich warm genug, dürfen die überwinterten Pflanzen wieder ins Freie. Wann dies erfolgen kann, richtet sich nicht nur nach der Frostempfindlichkeit der einzelnen Arten (siehe Pflanzenbeschreibungen Seite 124–229) und den regionalen Klimaverhältnissen, sondern ebenfalls nach der Temperatur des Winterquartiers. Je kälter die Pflanzen standen, desto früher kann und sollte man sie auch ausräumen; je wärmer sie gehalten wurden, desto vorsichtiger muß man vorgehen. Selbst wenn noch Nachtfröste zu erwarten sind, sollte man sie doch tagsüber an einen geschützten Platz stellen. Ihre Entwicklung wird dadurch wesentlich begünstigt.

Beim Ausräumen empfiehlt es sich, den Pflanzen genügend Zeit zu geben, sich wieder an die Freilandbedingungen zu gewöhnen. Insbesondere direkte Sonneneinstrahlung, die im Frühjahr bereits sehr kräftig ist, macht ihnen anfangs zu schaffen, so daß man sie zunächst an einen halbschattigen Platz stellt oder schattiert. Nach ein bis zwei Wochen haben sich die Pflanzen in der Regel wieder akklimatisiert.

Tip

Statt nachträglich einen Winterschutz anzubringen, kann man auch bereits beim Einpflanzen Vorsorge treffen. Man kleidet dazu das Gefäß innen mit Noppenfolie aus und verwendet lufthaltigen, isolierenden Blähton als Dränagematerial. Im Herbst muß der Kübel oder Kasten dann nur noch von oben geschützt werden.

Tip

Sehr hilfreich zur laufenden Überprüfung der Überwinterungsbedingungen sind ein Thermometer sowie ein Hygrometer im Winterquartier.

Tip

Damit sich die neugebildeten Triebe gleichmäßig entwickeln, sollte man die Pflanzen, solange sie im Haus stehen, immer wieder drehen.

Tip

Bei den im Freien überwinterten Pflanzen muß der Winterschutz rechtzeitig zum Triebbeginn entfernt werden, um der Bildung von Geiltrieben vorzubeugen. Dennoch sollte man das Isoliermaterial noch nicht endgültig forträumen, sondern es für plötzlich auftretende Kälteperioden griffbereit halten.

Tip

Besonders günstig ist es, überwinterte Pflanzen erstmals in einer milden Regenperiode im Frühjahr auszuräumen. Die hohe Luftfeuchtigkeit weckt sie dann richtig aus dem Winterschlaf und ist für das Eingewöhnen vorteilhaft.

Aus der Kinderstube

Anzucht und Vermehrung

Die sehr zahlreichen Samenkerne im Innern eines Granatapfels lassen auf eine ziemlich große Nachkommenschaft hoffen.

Damit Balkon und Terrasse vom Frühjahr bis zum Herbst unablässig in üppigem Blumenschmuck erstrahlen, ist eine Vielzahl von Pflanzen erforderlich. Lohnt sich aber angesichts des reichen Angebots im Handel überhaupt die Mühe, Balkon- und Kübelpflanzen selbst heranzuziehen? Nicht immer ist dies nur eine Frage der Kosten. Vielfach erhält man die gewünschten Arten nämlich gar nicht als Pflänzchen. Dann bleibt als Ausweg nur die eigene Anzucht aus Samen oder die Vermehrung aus Pflanzenteilen. Sehr bald wird man feststellen, daß dies eine überaus faszinierende Beschäftigung ist, und die selbstgezogenen Pflanzen mit Stolz präsentieren.

Anzucht aus Samen

Die großen, überaus attraktiven Samen des Wunderbaums enthalten hochwirksame Giftstoffe.

Es ist das Gesetz der Natur, daß jedes Lebewesen für den Fortbestand seiner Art sorgt. Die generative oder geschlechtliche Vermehrung stellt dabei einen äußerst effektiven Weg dar, zahlreiche Nachkommen hervorzubringen. Weil sich bei der Befruchtung das mütterliche mit dem väterlichen Erbgut vermischt, kann sich der Nachwuchs mehr oder weniger stark von den Eltern unterscheiden. Das gibt ihm eine Chance, sich auch unter möglicherweise veränderten Umweltbedingungen noch gut zu behaupten.

Die überaus umfangreichen genetischen Informationen, die das Wesen einer ganzen Pflanzenart und darüber hinaus die Merkmale des Individuums ausmachen, sind anfangs allein in den Zellen des Samenkorns gespeichert. Im Zuge des Wachstums werden sie aber ungezählte Male vervielfältigt, so daß aus den meist winzigen Fortpflanzungseinheiten schließlich Organismen entstehen, die in jeder Pflanzenzelle die gesamte Information ihrer Erbanlagen enthalten.

Die generative Vermehrung macht sich der Mensch zunutze, wenn er eine große Zahl von Jungpflanzen erhalten möchte. Unter seiner Obhut bekommen alle Sämlinge eine Chance, sogar schwächliche. Andererseits trifft der Mensch auch eine gezielte Auslese der Nachkommenschaft, dann nämlich, wenn er Züchtung betreibt und einzelne Merkmale zu verändern oder ganz bestimmte Eigenschaften zu verbessern sucht.

Viele Pelargoniensorten entwickeln keine Samen und müssen vegetativ vermehrt werden.

Das Saatgut

Prinzipiell kann man alle Pflanzen aus ihren Samen heranziehen, ausgenommen solche, die keinerlei keimfähigen Samen mehr entwickeln, etwa bestimmte Zuchtformen von Pelargonien. Da man die Samenbildung bei den prächtigen Zierpflanzen aber in den meisten Fällen unterbindet, indem man die verwelkten Blüten entfernt, muß man das Saatgut aus anderer Quelle beziehen. Dies empfiehlt sich auch noch aus einem anderen Grund: Damit die Zuchtsorten nicht schon in der ersten Folgegeneration Qualitätseinbußen erleiden, wird das Saatgut in den entsprechenden Fachbetrieben ständig einer strengen Auslese unterworfen.

Im März gesät, stehen der Gartenziertabak und die Männertreu beizeiten in voller Blüte.

Von der Mehrzahl der einjährigen oder einjährig kultivierten Sommerblumen für den Balkon erhält man in Gärtnereien, Gartencentern und sogar im Supermarkt Samen zur Selbstanzucht. Saatgut der meisten Kübelpflanzen dagegen bekommt man eher selten angeboten. Die Samen, die je nach Pflanzenart eine sehr unterschiedliche Größe und Gestalt haben, werden üblicherweise in Portionen gehandelt, wobei eine Portion eine gewisse Stückzahl oder auch eine bestimmte Gewichtsmenge umfaßt.

Da Saatgut möglichst frisch sein sollte, kauft man es entweder erst kurz vor der Aussaat oder aber solches in sog. Keimschutzpakkungen. Dabei sind die Samen in spezielle Tüten eingesiegelt. So bleiben sie längere Zeit geschützt vor Licht und Feuchtigkeit, verderben nicht und werden später mit großer Wahrscheinlichkeit aufgehen. Auf den Tüten findet sich neben Hinweisen zu Art und Sorte sowie zur Anzucht auch ein Haltbarkeitsdatum, bis zu dem die Keimfähigkeit garantiert wird.

Mit speziell präparierten Samen kann man sich die Aussaat erleichtern. Beim pillierten Saatgut etwa, das es z. B. von Eisbegonien *(Begonia-Semperflorens*-Hybriden) oder Freiland-Pantoffelblumen *(Calceolaria integrifolia)* gibt, liegen die Samen in Form von handlichen Pillen vor. Die Hüllmasse, mit der sie überzogen sind, schützt sie einerseits vor verfrühter Keimung, fördert andererseits aber die Keimung, sobald die Aussaat erfolgt ist. Bei sog. Saatsticks sind einzelne solcher Pillen oder Samenkörner in kleine Pappstreifen eingebettet. Man braucht die Sticks nur noch bis zur Markierung in die Anzuchtgefäße zu drükken – schon liegen die Samen in der richtigen Saattiefe.

Mehrere Sorten der hübschen Kaisernelken sind F_1-Hybriden mit herausragenden Eigenschaften.

Bisweilen gibt es auch granuliertes Saatgut, bei dem besonders feine Samen mit einer Hüllmasse vermischt und zu Granulatkörnern geformt sind. Die walzenförmigen Stückchen enthalten eine kleinere, leicht schwankende Anzahl von Samenkörnchen und sind bequem zu handhaben. Granulate eignen sich vor allem bei zierlichen, als Einzelexemplare nur wenig attraktiv wirkenden Arten wie Männertreu *(Lobelia erinus)* oder Duftsteinrich *(Lobularia maritima)* zur Anzucht von Pflanzentuffs, in denen von Beginn an mehrere Pflänzchen dicht beieinanderstehen sollen.

Bei vielen züchterisch stark beeinflußten Arten wie Fleißigen Lieschen *(Impatiens walleriana)*, Petunien, Eisbegonien oder Kaisernelken *(Dianthus-Chinensis*-Hybriden) sind einzelne Sorten oder Sortengruppen sog. F_1-Hybriden. Diese entstammen Kreuzungen aus zwei einheitlichen Elternlinien und zeichnen sich durch herausragende Qualitäten aus: Sie blühen nicht nur besonders reich, ihre Blüten weisen auch eine ungewöhnlich schöne Form und Farbe auf, die Pflanzen wachsen meist besser und bleiben gesünder als gewöhnliche Sorten. Allerdings zeigen sich die hochwertigen Merkmale nur in dieser einen, der Elterngeneration direkt folgenden F_1-Generation stabil; bei Nachkommen, die man aus ihrem Samen zieht, gehen sie überwiegend wieder verloren. Saatgut von F_1- Hybriden ist in der Regel etwas teurer – dieser Nachteil wird jedoch durch sehr üppig blühende Pflanzen mehr als aufgewogen.

Anzucht auf der Fensterbank

In den meisten Fällen wird man Balkon- und Kübelpflanzen auf der Fensterbank heranziehen, denn seltener steht ein Frühbeet, Kleingewächshaus oder beheizter Wintergarten zur Verfügung. Licht und Wärme hinter den Glasscheiben ermöglichen schon früh im Jahr die Keimung des Saatguts und das Wachstum der Sämlinge, so daß die Balkonsaison ab Mitte Mai mit kräftigen, oft bereits blühenden Pflanzen starten kann. Günstig ist eine breite Fensterbank an einem Nord-, Ost- oder Westfenster in einem normal geheizten Raum, wo die Saat vor praller Sonne und mittäglicher Hitze verschont bleibt, aber dennoch die nötige Wärme herrscht.

Zur Aussaat, die je nach Art schon ab Januar beginnen kann, gewöhnlich jedoch im März erfolgt, benötigt man geeignete Gefäße, z. B. eine Anzuchtschale, eine Multitopfplatte oder kleine Einzeltöpfe. Ersatzweise kann man sich mit Quark- und Joghurtbechern oder ähnlichem behelfen. Die Behälter werden gleichmäßig bis knapp unter den Rand mit Vermehrungserde (siehe Seite 61) gefüllt. Dabei sollte man jedes Gefäß ein paarmal auf die Tischfläche stoßen, damit sich die Erde wirklich gleichmäßig verteilt und keine Luftlöcher bleiben, die später das Wachstum der zarten Wurzeln beeinträchtigen würden. Zu guter Letzt wird

Tip

Damit Balkon- und Kübelpflanzen prächtiger erscheinen, wurden vielfach Formen mit üppig gefüllten Blüten gezüchtet. Solche Sorten wirken nicht nur auffälliger, sondern ihre Blüten halten auch länger, da im Lauf der Züchtung Staubblätter in Blütenblätter umgewandelt wurden und eine Samenbildung daher kaum noch stattfindet.

Tip

Saatgut von seltenen Balkon- und Kübelpflanzen bekommt man bei spezialisierten Fachbetrieben. Erfolgreich ist oft auch der Weg über Kleinanzeigen. Etliche Gartenzeitschriften bieten einen Leserservice mit der Möglichkeit, kostenlos zu inserieren.

Tip

Schon angebrochene Samentüten bewahrt man am besten in Schraubgläsern oder Dosen auf, die man dunkel und trocken lagert. Spätestens im folgenden Jahr sollten die Samen jedoch verbraucht werden.

Tip

Fensterbänke aus Stein sind oft sehr kalt, vor allem wenn das Fenster nicht dicht schließt. Günstig wirkt sich eine isolierende Styropor- oder Schaumstoffplatte als Unterlage für die Saatgefäße aus, notfalls helfen auch einige Lagen Zeitungspapier.

Tip

Qualitätszeichen für besonders leistungsfähige Blumensorten sind u. a. die Fleuroselect-Medaille oder das Fleuroselect-Testsiegel von der europäischen Gesellschaft zur Neuheitenprüfung von Blumen aus generativer Vermehrung. Die Zeichen findet man üblicherweise auf den Samentüten.

Aussaat und Pikieren

Die Samen streut man auf dem vorbereiteten Saatbett möglichst dünn und gleichmäßig aus.

Danach werden sie leicht mit Substrat übersiebt, sanft angedrückt und gründlich befeuchtet.

Um eine günstige Gewächshausatmosphäre zu schaffen, deckt man die Saatschale mit Glas ab.

Wenn die Sämlinge neben den Keimblättern Laubblätter entwickelt haben, werden sie pikiert.

Damit feine Samen nicht weggeschwemmt werden, kann man sie mit Zeitungspapier abdecken und dann sehr ausgiebig besprühen.

Tip

Von einigen Arten, z. B. von Fleißigem Lieschen, Duftsteinrich oder auch von Palmen, findet man im Handel oft Samen mitsamt den zur Aussaat erforderlichen Utensilien wie Minigewächshaus und Torfpreßtöpfen angeboten. Solche Sets sind vor allem für denjenigen empfehlenswert, der zum ersten Mal eine Selbstaussaat probieren möchte.

noch die Oberfläche mit einem Holzbrettchen oder der Hand geglättet.

Auf das Substrat kommen nun die Samen. Entweder streut man sie dünn in die Schalen aus oder legt sie einzeln so in die Töpfchen, daß sie rundum mindestens 1 cm Abstand voneinander haben. Dann wird die Saat mit einem Holzbrettchen oder dem Handrücken vorsichtig angedrückt, damit alle Samen innigen Kontakt mit dem Substrat bekommen.

Das weitere Vorgehen hängt vom Keimverhalten der verschiedenen Samen ab. Bei den meisten Arten spielt das Licht in dieser Hinsicht keine Rolle, d. h., sie keimen sowohl bei Helligkeit wie auch im Dunkeln. Bei Dunkelkeimern, etwa Petunien, Studentenblumen *(Tagetes)* oder Buntnesseln *(Coleus-Blumei*-Hybriden), startet das Wachstum jedoch nur, wenn die Samen dunkel liegen. Die Saat von Pflanzen dieser beiden Kategorien übersiebt man dünn mit Substrat, wobei die Deckschicht in etwa so stark sein sollte, wie die Samen groß sind. Bei Dunkelkeimern hält man das Licht zusätzlich ab, indem man einen Pappkarton überlegt, der allerdings entfernt werden muß, sobald das erste Grün erscheint.

Lichtkeimer, etwa Begonien, Trompetenzunge *(Salpiglossis sinuata)*, Gartenziertabak *(Nicotiana* x *sanderae)*, Männertreu *(Lobelia erinus)*, Spanisches Gänseblümchen *(Erigeron karvinskianus)*, Vanilleblume *(Heliotropium arborescens)* oder Fleißiges Lieschen *(Impatiens walleriana)*, benötigen dagegen Licht, um aus ihrer Samenruhe zu erwachen. Ihre Samen dürfen deshalb nicht mit Substrat übersiebt werden. Die Gefäße stellt man an einem hellen Ort auf, wo man sie durch Überlegen eines dünnen Seidenpapiers oder eines Stücks Netzgewebe, z. B. einem Gardinenrest, vor praller Sonne schützt.

Zuletzt wird das Substrat befeuchtet, denn Wasser ist eines der entscheidenden Signale für den Beginn des Wachstums. Am besten sprüht man abgestandenes, auf Zimmertemperatur erwärmtes Wasser so lange über das Substrat, bis es gründlich durchfeuchtet, aber noch nicht naß ist.

Verbena rigida gehört zu den Dunkelkeimern, ihre Samen muß man nach der Aussaat abdecken.

Eine praktische Alternative zu den substratgefüllten Anzuchtgefäßen stellen Torfquelltöpfe dar. Sie eignen sich besonders zur Anzucht von Einzelpflanzen. Man läßt die gepreßten Torftabletten zuerst einige Zeit in Wasser aufquellen, drückt dann jeweils ein Samenkorn hinein und stellt sie in eine Schale. Die Jungpflanzen können später samt dem Torftopf verpflanzt werden.

Spanische Gänseblümchen keimen nur bei reichlich Helligkeit, die Saat bleibt deshalb unbedeckt.

Keimung

Je nach den Ansprüchen der einzelnen Arten brauchen die Samen zur Keimung mehr oder weniger Wärme. Pflanzen tropischer Herkunft sollten dazu naturgemäß am wärmsten stehen, während solche aus gemäßigten Breiten eine eher temperierte oder sogar kühle Umgebung brauchen. Bei Wandelröschen *(Lantana)*, Blauen Gänseblümchen *(Brachycome)*, Begonien, Pelargonien, Schwarzäugiger Susanne *(Thunbergia alata)*, Korallenstrauch *(Erythrina crista-galli)*, Engelstrompeten *(Datura)* und Palmen wird der Stoffwechsel in den Samen erst bei Temperaturen um oder über 20 °C aktiviert, während bei Freiland-Pantoffelblume *(Calceolaria integrifolia)*, Hornveilchen *(Viola-Cornuta*-Hybriden) und Elfenspiegel *(Nemesia*-Hybriden) schon weniger als 15 °C ausreichen. Gewöhnlich gelten Temperaturen zwischen 15–20 °C als ideal für Saaten.

Neben der Wärme ist Feuchtigkeit vonnöten, damit die Samen quellen und die daraus hervorwachsenden Würzelchen Wasser aufnehmen können. Um starke Schwankungen sowohl hinsichtlich der Wärme als auch der

Bewährte Hilfsmittel zur Anzucht aus Samen sind flache Schalen mit passender Abdeckhaube.

Wasserversorgung zu vermeiden, schafft man der Saat durch Auflegen einer Glasscheibe oder das Überspannen mit einer durchsichtigen Folie oder einer speziellen Abdeckhaube ein günstiges Kleinklima. Bei Dunkelkeimern übernimmt die Pappe weitgehend diese Funktion, man kann anstelle des Kartons aber auch

Die Samen des Elfenspiegels keimen schon bei relativ niedriger Temperatur.

Tip

Die Samen von Palmen, Engelstrompeten, Zierbanane und einigen anderen Kübelpflanzen keimen häufig nur sehr langsam. Schneller geht es, wenn man die Samen vor der Aussaat etwa 24 Stunden in lauwarmem Wasser einweicht bzw. hartschalige Samen etwas anfeilt.

Tip

Sehr gleichmäßige, bei Bedarf auch hohe Temperaturen erreicht man mit speziellen elektrischen Wärmematten, die es im Fachhandel zu kaufen gibt. Sie werden unter die Anzuchtgefäße gelegt und auf die gewünschte Temperatur eingestellt.

Tip

Die einzelnen Samen von Drachenbaum, Granatapfelbaum und von einigen anderen Kübelpflanzen brauchen oft unterschiedlich lange, bis sie keimen. Man darf keinesfalls die Geduld verlieren, wenn der Keimerfolg zunächst gering ist, sondern sollte die Bedingungen zur Keimung weiterhin möglichst ideal halten.

Tip

Stehen die Anzuchtgefäße auf einer Fensterbank, unter der ein Heizkörper in Betrieb ist, fördert die Wärme zwar allgemein die Keimung, doch trocknet die Saat rasch aus. An einem solchen Platz sollte man die Feuchtigkeit des Substrats in besonders kurzen Abständen sorgfältig prüfen.

Beim Leberbalsam zeigt sich schnell neues Leben, er keimt schon wenige Tage nach der Aussaat.

Tip

Da nicht immer alle Samen aufgehen oder einzelne Sämlinge sich als recht schwach erweisen, sollte man auch in Einzelgefäße stets mehrere Samen ausbringen, die dann später vereinzelt werden.

Tip

Während und kurz nach der Keimung sind die Pflanzen extrem empfindlich und anfällig für Krankheiten, z. B. die Umfallkrankheit, bei der die Sämlinge plötzlich umfallen und absterben. Vorbeugend sollte man alle Gefäße vor der Aussaat gründlich reinigen, nur sterile Substrate benutzen, eventuell das Gießwasser abkochen, die Anzuchtgefäße beizeiten belüften und die Saat sorgsam pflegen.

eine andere lichtundurchlässige Abdeckung verwenden.

Bis sich das erste zarte Grün über der Substratoberfläche zeigt, vergehen je nach Art wenige Tage oder aber etliche Wochen. Optimale Bedingungen vorausgesetzt, haben z. B. Leberbalsam *(Ageratum houstonianum)*, Zigarettenblümchen *(Cuphea ignea)*, Gartennelken *(Dianthus caryophyllus)*, Gazanie *(Gazania*-Hybriden), Pelargonien, Zinnien und Gelbes Gänseblümchen *(Dyssodia tenuiloba)* eine ausgesprochen kurze Keimdauer von nur sechs bis zehn Tagen. Mit über drei Wochen besonders lange brauchen dagegen Abessinische Banane *(Ensete ventricosum)*, Korallenstrauch *(Erythrina crista-galli)*, Engelstrompete *(Datura)*, Freiland-Pantoffelblume *(Calceolaria integrifolia)*, Mutterkraut *(Tanacetum parthenium)*, Verbenen und viele Palmen. Bei der Mehrzahl der Arten muß man mit etwa zwei Wochen Keimzeit rechnen.

Haben sich die ersten Blättchen entwickelt, muß frische Luft zu den Keimlingen dringen können, damit sie zügig weiterwachsen und nicht faulen. Dazu wird die Abdeckung erst nur wenig, allmählich jedoch immer mehr angehoben, z. B., indem man ein Holzstäbchen unterklemmt. Erhöhen oder ganz entfernen muß man die Abdeckung in jedem Fall, wenn die Blätter daran anstoßen, denn durch die sich an der Haube niederschlagende Feuchtigkeit könnten sie sonst leicht faulen. Haben sich nach den Keimblättern bereits die ersten Laubblätter vollständig entfaltet, wird die Abdeckung endgültig abgenommen. Während der gesamten Zeit muß man auf eine gleichmäßige Feuchtigkeit des Substrats achten, bei Bedarf also vorsichtig nachgießen.

Pikieren und Vereinzeln

Über kurz oder lang bedrängen sich die Keimlinge gegenseitig, sofern sie nicht einzeln gesät wurden. Etwa drei bis fünf Wochen nach der Aussaat wird es gewöhnlich Zeit, die zarten Pflänzchen zu vereinzeln und umzutopfen, um ihr weiteres Wachstum zu fördern.

Zum Pikieren, bei dem vornehmlich die stärksten Pflänzchen in neue Gefäße umgesetzt werden, faßt man die Keimlinge sacht zwischen Daumen und Zeigefinger und hebelt sie mit Hilfe eines speziellen Pikierholzes – ein Bleistift oder ein Holzstäbchen tut es auch – nacheinander vorsichtig aus dem Substrat. Sofort anschließend setzt man sie in vorbereitete Einzeltöpfe mit Pikiererde (siehe Seite 61), in die man mit dem Holz Pflanzlöcher gedrückt hat. Die Wurzeln sollen ohne Krümmung gerade nach unten zu liegen kommen, sehr lange Wurzelfäden allerdings kann man mit der Schere etwas einkürzen. Der Sämling

Richtig pikieren: ideal umgesetzt (links), zu hoch gepflanzt (Mitte), zu tief (rechts).

muß insgesamt um einige Millimeter tiefer als vorher im Substrat stehen. Abschließend drückt man ihn behutsam fest und gießt dann vorsichtig an.

Auch das Vereinzeln, bei dem man insbesondere schwache Pflänzchen aus der zu dicht stehenden Saat ausdünnt oder auslichtet, verfolgt den Zweck, den Sämlingen mehr Platz zum Weiterwachsen zu verschaffen, nur brauchen sie hierbei nicht umgetopft zu werden. Hat man, wie bei feinen Samen fast unvermeidlich, in Saatschalen zu dicht gesät oder mehrere Samen pro Einzeltopf ausgebracht, so daß sich die Keimlinge gegenseitig behindern, zieht man die schwächeren heraus und läßt lediglich den bzw. die kräftigsten stehen. Die überschüssigen Pflänzchen kann man wie beim Pikieren umtopfen und weiterkultivieren, andernfalls werden sie verworfen.

Mit zunehmendem Wachstum verlangen die jungen Pflanzen mehr Wasser und Nahrung. Auch reichlich Licht, jedoch keine sengende Sonne, ist erforderlich, damit sie kompakt und buschig wachsen. Etwa ein bis zwei Wochen nach dem Pikieren oder Vereinzeln sollte man erstmals schwach düngen, indem man dem Gießwasser einen flüssigen Volldünger in geringer Konzentration (höchstens der Hälfte der üblichen Dosis) zusetzt. Von nun an werden die Düngergaben alle zwei bis drei Wochen verabreicht, und allmählich kann die Dosis dann auf die normale Nährstoffmenge gesteigert werden.

Vorbereitung für das Umpflanzen

Bis zum Mai sollen sich die Pflanzen zu gedrungenen, reich verzweigten und schon üppig mit Knospen besetzten Exemplaren entwickelt haben. Um die Verzweigung anzuregen, wird man sie entspitzen, d. h. die Triebspitzen kappen, damit die Seitenknospen austreiben. Dazu werden von den Haupttrieben, aber auch von kräftigen Seitentrieben ein- oder mehrmals ein paar Zentimeter bis zu einer Seitenknospe abgeschnitten.

Etwa ab Ende April beginnt man außerdem mit der Abhärtung, d. h., man gewöhnt die Sämlinge an die Bedingungen im Freiland. Im Grund fand eine erste Abhärtungsphase bereits nach der Keimung statt, als man die schützende Haube allmählich entfernte. In der zweiten Phase nun stellt man die Pflanzen zuerst nur an bedeckten und vor allem milden Tagen stundenweise, später dann länger und auch an sonnigen Tagen ins Freie, bis sie schließlich sogar in nicht zu kühlen Nächten draußen bleiben können.

Direktsaat

Möchte man sich die Vorkultur ersparen und nimmt dafür in Kauf, daß die Pflanzen nicht gleich zu Saisonbeginn kräftig entwickelt sind, kann man einige Arten auch direkt in die Pflanzgefäße säen. Allerdings ist dies nur dann empfehlenswert, wenn der Kasten oder Kübel lediglich mit einer einzigen Pflanze oder mit wenigen, sich gegenseitig durchdringenden Exemplaren ausgestattet werden soll.

Die Samen von Portulakröschen *(Portulaca grandiflora)*, Kapuzinerkresse *(Tropaeolum)*, Duftwicke *(Latyrus odoratus)*, Mittagsblume *(Dorotheanthus bellidiformis)* sowie einigen anderen, die sich rasch zu blühfähigen Pflanzen entwickeln, bringt man ab Ende April/ Anfang Mai direkt in das vorgesehene Gefäß aus. Als Substrat eignet sich in diesen Fällen am besten Einheitserde Typ T (siehe Seite 61) bzw. eine vergleichbare Mischung, die man zu einem Drittel mit Sand vermengt hat. Die Saat muß gleichmäßig leicht feucht gehalten werden, zu dicht stehende Keimlinge vereinzelt man später.

Bei Portulakröschen kann man sich eine Vorkultur sparen, sie werden direkt in Gefäße ausgesät.

Eine Direktsaat bietet sich auch an, wenn man Hochstämmchen oder große Kübelpflanzen hübsch unterpflanzen möchte, deren Wurzelbereich aber nicht durch das Ausheben eines Pflanzlochs stören will. Duftsteinrich *(Lobularia maritima)*, Männertreu *(Lobelia erinus)*, Elfenspiegel *(Nemesia*-Hybriden) oder andere Arten werden dann unmittelbar in das Substrat des Kübels gesät.

Tip

Besonders günstig zum Abhärten von selbstgezogenen Pflanzen ist ein Frühbeet. Nachts geschlossen, gewährt es einerseits den noch notwendigen Schutz vor Kälte, tagsüber geöffnet, läßt es andererseits reichlich Frischluft und Helligkeit an die Pflänzchen.

Um die Verzweigung anzuregen, sollten Jungpflanzen mehrfach entspitzt werden (oben). Ein wiederholtes Kappen der Triebspitzen während des ganzen Sommers wirkt sich vorteilhaft auf die Form und den Blütenansatz aus (unten).

Vermehrung durch Pflanzenteile

Kopfstecklinge (oben) schneidet man von der Triebspitze, Teilstecklinge (unten) dagegen von einem tiefer gelegenen Triebabschnitt.

Da die Vermehrung durch Samen mit vielen Unwägbarkeiten und Risiken behaftet ist, verfügen Pflanzen über eine weitere Möglichkeit, um den Fortbestand der Art zu sichern: die vegetative oder ungeschlechtliche Vermehrung. Wie auf einem Mikrochip sind in jeder einzelnen Pflanzenzelle sämtliche Informationen zum Wachstum der gesamten Pflanze gespeichert und können jederzeit abgerufen werden. Wird etwa die Samenreife unmöglich, weil Tiere die Blüten abgefressen haben, aktivieren die Zellen z. B. Programme zur Bildung von Tochterpflanzen, um den Verlust wenigstens teilweise wieder auszugleichen.

Pflanzen können sich selbst aus kleinsten Teilen regenerieren, was der Gärtner wohl zu nutzen weiß. Er greift darauf zurück, wenn die Anzucht aus Samen mühselig oder langwierig oder gar unmöglich ist, weil die durch Menschenhand veränderte Pflanze keine Samen mehr ansetzt. Eine extrem rationalisierte und raffinierte Technik dieser Art von Pflanzenvermehrung ist die sog. Meristemkultur im Labor, bei der auf speziellen Nährböden aus winzigen Gewebeteilen neue, komplette Pflanzen entstehen. Auch um Abkömmlinge zu ziehen, die mit den Elternpflanzen völlig identisch sind, sind Methoden der vegetativen Vermehrung notwendig, da das Erbgut nur hierbei unverändert weitergegeben wird.

Stecklingsvermehrung

Bei der Vermehrung durch Stecklinge macht man sich zunutze, daß Pflanzen direkt unter der Außenhaut ihrer Triebe und vielfach ebenso der Blätter ein Gewebe besitzen, dessen Zellen sehr teilungsaktiv sind. An der Stelle einer Verletzung können durch Umpolung eines Teils dieser Zellen auch wieder Wurzeln entstehen, die den isolierten Pflanzenteil dann am Leben halten. Eine entsprechende Verletzung fügt man künstlich zu, indem man einen Trieb oder ein Blatt als Steckling abschneidet und diesem günstige Wachstumsbedingungen bietet. Da aber die Wurzelbildung bei jeder Pflanzenart etwas unterschiedlich verläuft, bedient man sich dabei verschiedener Techniken.

Bei allen Methoden der Stecklingsvermehrung sind folgende Punkte zu beachten:

- Eine Vermehrung ist nur bei blühfreudigen und wuchsstarken Exemplaren wirklich lohnend.
- Stecklinge sollte man ausschließlich von kräftigen Pflanzen schneiden, die frei von Krankheiten und Schädlingsbefall sind.

Die Gelben Strauchmargeriten vermehrt man durch halbreife Kopfstecklinge.

- Es ist auf peinliche Sauberkeit zu achten; man sollte nur gründlich gereinigte Gefäße, sterile Substrate und möglichst desinfizierte Schnittwerkzeuge verwenden.
- Die Schnittstellen müssen ganz glatt sein, deshalb sind scharfe Schnittwerkzeuge vonnöten.
- Die Schnittflächen dürfen keinesfalls berührt werden. Um das Anwachsen zu fördern, kann man sie in ein spezielles Bewurzelungsmittel tauchen, das im Fachhandel erhältlich ist.
- Die Stecklinge sind empfindlich, deshalb sollten sie sofort eingetopft und gewässert bzw. entsprechend weiterbehandelt und an einen geeigneten Platz gebracht werden.

Kopfstecklinge

Die häufigste Methode, neue Pflanzen aus Stecklingen zu ziehen, ist das Abschneiden und Eintopfen junger Triebspitzen. Erfolgt dies im Frühjahr, spricht man von weichen, krautigen oder Frühjahrsstecklingen, im Sommer, wenn sich die Triebe bereits ziemlich kräftig entwickelt haben, von halbreifen oder Sommerstecklingen.

Beim Mottenkönig schneidet man zur Vermehrung kräftige, blütenlose Triebspitzen ab.

Bei Schönmalve *(Abutilon)*, Zylinderputzer *(Callistemon citrinus)*, Kassien *(Cassia)*, Bartblume *(Caryopteris x clandonensis)*, Veilchenstrauch *(Iochroma)*, Ölbaum *(Olea europaea)*, Strauchmargerite *(Argyranthemum frutescens)*, Wandelröschen *(Lantana)*, Fuchsien, Pelargonien, aber auch von frisch ausgetriebenen Knollenbegonien und anderen trennt man einige Zeit nach der Überwinterung weiche Triebspitzen knapp unterhalb eines Blattansatzes ab. Sie sollten etwa fingerlang sein und ungefähr vier voll ausgebildete Blätter bzw. Blattpaare umfassen. Die untersten Blätter werden entfernt, dann steckt man den Steckling bis nahe zum nächsten Blattansatz in einen Topf mit Vermehrungserde (siehe Seite 61), drückt ihn leicht fest und gießt an.

Bei verholzenden Kübelpflanzen, etwa Kamelien *(Camellia)*, Flanellstrauch *(Fremontodendron)*, Jasmin *(Jasminum)*, Kreppmyrte *(Lagerstroemia indica)*, Bleiwurz *(Plumbago auriculata)*, Nachtschatten *(Solanum)* und Sternjasmin *(Trachelospermum jasminoides)*, werden dagegen erst im Juni oder Juli halbreife Kopfstecklinge geschnitten, die 10–20 cm lang sein sollten. Man kappt sie ebenfalls knapp unterhalb eines Blattpaars, entfernt wiederum die untersten Blätter und steckt sie etwa zur Hälfte ins Substrat.

Durch Eintauchen in Hormonpräparate läßt sich die Bewurzelung eines Stecklings fördern.

Damit Stecklinge auch gut einwurzeln, müssen sie sachgemäß getopft werden: richtige Tiefe (links), zu tief (Mitte), zu hoch (rechts).

Teilstecklinge

Verwendet man einen Triebteil ohne Spitze zur Vermehrung, spricht man von Teil- oder Triebstecklingen. Diese werden meist im Frühjahr – und zwar bevorzugt z.B. bei Engelstrompete *(Datura)*, Bleiwurz *(Plumbago auriculata)*, Klebsame *(Pittosporum)*, Prinzessinnenblume *(Tibouchina urvilleana)* und Bartblume *(Caryopteris x clandonensis)* – von schon

Tip

Bei Fleißigem Lieschen, Buntnessel, Schönmalve, Engelstrompete und Oleander kann man die Stecklinge zur Bewurzelung auch in ein schmales Glas oder eine weithalsige Flasche mit lauwarmem Wasser stellen. Das Wasser muß alle zwei bis drei Tage erneuert werden. Nachdem sich kräftige Wurzeln gebildet haben, topft man die Stecklinge ein.

etwas älteren, aber noch nicht völlig verholzten Zweigen geschnitten. Sie sollten die gleiche Länge wie Kopfstecklinge haben, jedoch entfernt man in diesem Fall die Triebspitzen, die man verwirft oder auch als Kopfstecklinge nutzen kann.

Tip

Auch Stammstücke können als eine Art Teilstecklinge fungieren. Bei Palmlilie und Drachenbaum lassen sich daraus neue Pflanzen ziehen. Man verwendet hierzu mindestens 30 cm lange Stammabschnitte, die etwa zur Hälfte in das Substrat gesteckt werden.

Pflege der Stecklinge

Die frisch eingetopften Stecklinge sind auf sehr hohe Luftfeuchtigkeit angewiesen, weil sie ja noch keine Wurzeln haben, über die sie Wasser aufnehmen könnten. Man schafft ihnen deshalb, ähnlich wie der Saat, ein günstiges Kleinklima, indem man z. B. eine durchsichtige Plastikhaube über den Topf stülpt und zubindet. In dieser gewächshausar-

Unter einem umgestülpten Glas oder einer Folienhaube bewurzeln sich Stecklinge ausgezeichnet.

tigen Atmosphäre an geschützter Stelle hell, aber nicht in der prallen Sonne aufgestellt, finden die Pflanzenteile optimale Bedingungen, um sich wunschgemäß zu entwickeln.

Die Blätter dürfen allerdings wiederum nicht an die Folie stoßen oder gar daran kleben, denn sonst faulen sie leicht. Man sollte deshalb vorher einige dünne Holzstäbe oder Drahtbügel in den Topf stecken, welche die Folie stützen. Ab und zu hebt man die Abdekkung für einige Minuten an, um den Innenraum zu belüften. Zeigen sich schließlich neue Blätter an den Stecklingen, weiß man, daß die Bewurzelung erfolgreich war. Im allgemeinen ist dies nach vier bis sechs Wochen der Fall. Allmählich kann man dann die Pflanzen abhärten (siehe Seite 99), zur Anregung der Verzweigung entspitzen (siehe Seite 99) und zu guter Letzt dem übrigen Pflanzenschmuck zugesellen.

Tip

Ein warmer Boden ist für alle Stecklinge unabdingbar, denn Wärme kurbelt den Stoffwechsel an und beschleunigt die Wurzelbildung. Man sollte die Gefäße also auf einen warmen Untergrund stellen bzw. auf eine isolierende Styroporplatte oder eine Heizmatte.

Abtrennung von Tochterpflanzen und Teilung

Nur in seltenen Fällen bilden Kübelpflanzen von selbst auf vegetativem Weg Tochterpflanzen, die man dann einfach abtrennen und neu

Bei der Agave trennt man Ableger von der Mutterpflanze ab und topft sie wieder ein.

einsetzen kann. So schieben sich z. B. beim Echten Feigenbaum *(Ficus carica)* und bei den Agaven nahe der Basis der Mutterpflanze kleine Jungpflänzchen aus dem Boden. Diese auch als Ableger, Ausläufer oder Kindel bezeichneten Nachkommen werden, wenn sie mehrere Blätter und vor allem eigene Wurzeln entwickelt haben, vorsichtig freigegraben, von den Wurzeln der Mutterpflanze abgetrennt und sofort wieder eingetopft. Entnimmt man sie zu früh, d. h. noch unbewurzelt, kann man

Knollenbegonien werden vervielfältigt, indem man die Knollen in zwei oder mehr Stücke zerschneidet.

Abmoosen

Der Stamm wird 3–5 cm tief schräg eingeschnitten und ein Hölzchen dazwischen geklemmt.

Unterhalb des Schnitts befestigt man tütenförmig eine dunkle Folie und füllt sie mit Torfmoos.

Dann wird das Moos angefeuchtet und die Folientüte oberhalb des Schnitts zugeklebt.

Nach der Wurzelbildung trennt man den Blattschopf ab und pflanzt ihn neu in ein Gefäß.

sie wie Stecklinge eintopfen und unter einer Folienhaube zur Bewurzelung bringen.

Einige wenige Arten, die in Gefäßkultur gehalten werden, lassen sich auch durch Teilung vermehren, so z. B. der Neuseeländer Flachs *(Phormium tenax)* oder Knollenbegonien *(Begonia*-Knollenbegonien-Hybriden). Die Pflanzen werden dazu aus dem Substrat genommen, dann zerschneidet man den Wurzelballen bzw. die Knolle und pflanzt die Teilstücke, von denen jedes mindestens eine Triebknospe aufweisen muß, unverzüglich wieder ein.

Abmoosen

Schon ältere, wenig oder gar nicht verzweigte Pflanzen, von denen sich keine Stecklinge gewinnen lassen, kann man durch eine andere Methode vermehren: durch Abmoosen. Im Grund dient das Abmoosen eher der Verjüngung zu groß gewordener Exemplare, denn durch eine künstlich zugefügte Verletzung bringt man den oberen Pflanzenteil dazu, an neuer Stelle Wurzeln zu schlagen. Der kräftig bewurzelte untere Teil treibt oft aus ruhenden Knospen wieder aus, so daß man letztendlich zwei neue Pflanzen erhält.

Anwenden läßt sich das Abmoosen z. B. bei Kamelien *(Camellia)*, Drachenbaum *(Dracaena draco)*, Zitrusgewächsen *(Citrus)* und Kumquat *(Fortunella)*, und der beste Zeitpunkt dafür ist der Frühsommer. Ein Versuch lohnt sich unter Umständen auch bei anderen Arten, etwa beim Chinesischen Roseneibisch *(Hibiscus-Rosa-Sinensis*-Hybriden), bei Engelstrompeten *(Datura)* oder beim Oleander *(Nerium oleander)*. Man wählt eine Stelle am Haupt- oder an einem kräftigen Seitentrieb in der Höhe, in der später der Wurzelansatz liegen soll. Auf einer Länge von etwa 10 cm ober- und unterhalb dieser Stelle müssen dann alle Blätter entfernt werden. Anschließend bringt man eine dunkle Kunststoffolie in Form einer Tüte an, die man am unteren Ende des präparierten Bereichs mit Bast oder Klebeband dicht am Trieb befestigt. An der Stelle, die sich bewurzeln soll, schneidet man schließlich mit einem scharfen Messer die Rinde etwa 3–5 cm lang ein. Der Schnitt sollte möglichst bogenförmig zum Triebinnern gerichtet sein und mindestens ein Drittel des Triebs durchtrennen. Alternativ kann man die Rinde am Trieb vorsichtig ringsum in einem etwa 1 cm breiten Streifen abschälen.

Die Wundflächen werden mit einem Bewurzelungsmittel überstäubt. Bei einem Einschnitt klemmt man anschließend ein Holzstückchen oder etwas angefeuchtetes Sphagnum-Moos, ein im Fachhandel erhältliches Torfmoos, in den Spalt, damit dieser sich nicht mehr schließen kann. Nun füllt man die Folientüte dicht mit feuchtem Sphagnum-Moos auf und bindet sie auch am oberen Ende fest um den Stamm oder Trieb.

Die Pflanze wird dann wieder an einen günstigen Standort gebracht und sorgsam gepflegt. Nach etwa sechs bis acht Wochen haben sich in der Regel reichlich Wurzeln in das Sphagnum-Moos hinein gebildet. Jetzt kann man die Folientüte entfernen, den Pflanzenschopf unterhalb der neuen Wurzeln abschneiden und eintopfen.

Tip

Auch tuffartig gezogene Einjährige, z. B. Duftsteinrich oder Männertreu, lassen sich teilen. Bereits bei der Pflanzung, jedoch auch noch später, kann man dichte Pflanzenbüsche aufteilen, um so den Schmuck zu vervielfältigen.

Hilfe für die Schützlinge

Krankheiten und Schädlinge

Angelockt durch so farbenprächtige Blüten wie die der Gazanie, stellen sich auch auf dem Balkon und der Terrasse bald nützliche Schwebfliegen ein.

Prächtige Balkon- und Kübelpflanzen wollen nicht nur gut gepflegt, sondern auch vor Schädlingen und Krankheiten geschützt sein. Damit es erst gar nicht zu größerem Unheil kommt, kann man eine ganze Reihe einfacher Vorbeugungsmaßnahmen ergreifen. Treten dennoch Krankheiten oder ein Schädlingsbefall auf, so gilt es, unverzüglich gezielt zu reagieren, um den Schaden frühzeitig einzudämmen. Es stehen verschiedene Methoden zur Verfügung, sich lange an einer gesunden Pflanzenpracht zu erfreuen.

Vorbeugung und Schadenverhütung

Tip

Schnittwerkzeug muß nicht nur peinlich sauber, sondern auch tadellos scharf sein, damit Triebe nicht gequetscht und die Wunden dadurch unnötig noch vergrößert werden.

Tip

Ist man über die Ursache einer Krankheit oder die Identität eines Schädlings im Zweifel, sollte man mit einem Teil der befallenen Pflanze das örtliche Pflanzenschutzamt aufsuchen oder sich in einem Fachgeschäft beraten lassen.

Am richtigen Standort und bei sorgsamer Pflege treten nur selten Probleme durch Krankheiten und Schädlinge auf.

Die Möglichkeiten, gegen Pflanzenschädlinge und Krankheitserreger vorzugehen, sind heute äußerst vielfältig. Sie reichen von verschiedenen Vorbeugungs- und Stärkungsmaßnahmen über eine mechanische Bekämpfung bis hin zum Einsatz von Nützlingen oder ungiftigen Spritzmitteln. Chemische Pflanzenschutzpräparate, früher weit verbreitet, stehen erst ganz am Ende dieser Reihe. Ziel ist es, mit Hilfe eines möglichst umweltverträglichen Pflanzenschutzes die Freude an der sommerlichen Blumenpracht auf Balkon und Terrasse ungetrübt zu erhalten.

Standortbedingungen und Pflege

Ebenso wie bei ausgepflanzten Gewächsen ist ein richtig gewählter Standort auch bei Balkon- und Kübelpflanzen die erste Voraussetzung dafür, daß sie sich üppig entwickeln und zugleich ihre volle Widerstandskraft gegen Schaderreger entfalten. Die zweite Bedingung für dauerhaft gesunde Pflanzen besteht in einer an den jeweiligen Bedürfnissen orientierten Pflege. Einzelne grobe Fehler oder kleinere, aber fortgesetzte Unzulänglichkeiten sind gerade bei den Balkon- und Kübelpflanzen, die auf die Versorgung durch den Menschen angewiesen sind, häufiger die Ursache von Erkrankungen als ein direkter Befall durch Erreger oder Schädlinge. Und nicht selten treten diese gerade bei Pflanzen auf, die infolge mangelhafter Pflege geschwächt sind. Da sie sog. Sekundärschäden verursachen, spricht man in solchen Fällen von Schwächeparasiten.

Ausschlaggebend für die Gesunderhaltung ist es in erster Linie, die Pflanzen in genau dem Maß zu gießen und zu düngen, wie es ihren aktuellen Bedürfnissen entspricht. Während die Schäden einer unangemessenen Bewässerung offensichtlich sind – bei Trockenheit welken die Blätter und schlaffen die Triebe ab, bei zu feuchten Bedingungen kommt es zu Wurzelfäulnis (siehe Seite 110) –, sind Fehler bei der Düngung nicht so leicht zu erkennen. Allgemein gilt, daß eine ungenügende Nährstoffversorgung weit weniger schädlich ist als eine Überdüngung, durch die zwar übermäßiges Trieb- und Blattwachstum angeregt wird, die Pflanzenorgane jedoch nicht ihre übliche Festigkeit ausbilden können. Sowohl pilzlichen Krankheitserregern als auch saugenden Schädlingen wird dadurch das Eindringen in den Pflanzenkörper erleichtert und somit ein Befall geradezu herausgefordert.

Darüber hinaus wird die Gefahr von Pilz- oder Bakterieninfektionen verringert, indem man die Pflanzen und ihre Umgebung sauberhält. Vor allem regelmäßiges Ausputzen und das Entfernen erkrankter oder von Schädlingen befallener Pflanzenteile ist unerläßlich. Viele Krankheitserreger siedeln sich nämlich mit Vorliebe auf welkenden Trieben und Blüten an, von denen aus sie dann auf gesunde Teile übergreifen können.

Nicht nur den Sommer über, auch im Winter besteht Ansteckungsgefahr, vor allem durch Pilzerreger. Das Winterquartier ist daher vor dem Einräumen gut zu reinigen, und während der Überwinterung muß man den Pflanzen ebenfalls eine sorgfältige Pflege angedeihen lassen (siehe Seite 91). Auch sollten die Gewächse nicht zu dicht stehen und ihre Triebe sich möglichst nicht berühren. So wird die Ausbreitung von Krankheiten erschwert und die Luftzirkulation verbessert.

Vor sämtlichen Schnittmaßnahmen sollte das Werkzeug äußerst sorgfältig gesäubert, eventuell sogar desinfiziert werden, damit keine Krankheitskeime in die Schnittwunden der Pflanzen gelangen können. Unbedingt erforderlich ist dies insbesondere beim Entfernen erkrankter Teile.

Manchmal kommt es jedoch trotz aller Vorbeugungsmaßnahmen zu einem Befall. Dann ist entscheidend, möglichst frühzeitig, aber zielgerichtet, d. h. erst nach Klärung der Ursache, einzugreifen – denn so ist die Chance am größten, den Schaden klein zu halten. Am besten gelingt dies, wenn man seine Pflanzen laufend sorgfältig beobachtet. Ein Schädlingsbefall ist meist relativ leicht zu erkennen, da sich bei genauem Absuchen der Pflanze das entsprechende Tier finden läßt. Krankheitserreger sind dagegen oft weit schwieriger zu bestimmen. Doch zumindest die häufiger vorkommenden verursachen recht eindeutige Symptome.

Pflanzliche Stärkungsmittel

Pflanzen helfen Pflanzen – mit diesem Motto läßt sich der Einsatz von Stärkungsmitteln, die aus Pflanzen gewonnen werden, umschreiben. Sie dienen nicht nur der direkten Schädlings- und Krankheitsbekämpfung, sondern helfen vor allem vorbeugend, da sie die Pflanzen widerstandsfähiger und robuster machen. Brennesseljauche wirkt darüber hinaus auch als wertvoller Dünger. Wenn auch durch die Verwendung der Stärkungsmittel kein absoluter Schutz vor Infektionen und Schädlingen gewährleistet ist, so läßt sich damit doch der Einsatz anderer, giftiger Pflanzenschutzmittel deutlich reduzieren.

Die Anwendung der Stärkungsmittel, deren Wirkungsweise wissenschaftlich noch kaum erforscht ist, stützt sich auf langjährige Praxiserfahrung des biologischen Gärtnerns. Je nach Pflanzenart, aus der das Mittel hergestellt wurde, basiert die Wirksamkeit auf unterschiedlichen Inhaltsstoffen. Beim Ackerschachtelhalm etwa sind es Silicate, die die Zellwände verstärken und sie dadurch für Pilzfäden und die Mundwerkzeuge von Insekten und Milben weniger leicht durchdringbar machen.

Man unterscheidet bei den Stärkungsmitteln verschiedene Zubereitungsarten von frischen oder von getrockneten Kräutern. Am besten verwendet man zum Ansetzen einen ganz einfachen 10-l-Kunststoffeimer, außer für Pflanzenbrühen, die nur in emaillierten Gefäßen erhitzt werden sollten. Metallbehälter eignen sich nicht, weil sich daraus für die Pflanzen im Zuge des Herstellungsprozesses schädliche Stoffe lösen und zudem die Gefäße beschädigt werden können. Die fertigen Mittel werden zur Vorbeugung dem Gießwasser zugesetzt, als Schutzmittel jedoch ganz gezielt an die befallenen Stellen gespritzt.

Für einen Tee werden die Kräuter mit kochendem Wasser übergossen. Man läßt sie etwa 10–15 Minuten ziehen und seiht dann den Tee ab.

Für Kaltwasserauszüge legt man die entsprechenden Pflanzen ein bis zwei Tage (sie dürfen aber nicht gären) in kaltes Wasser ein und seiht den Auszug dann durch.

Für eine Brühe wird das Frischmaterial 24 Stunden in kaltem Wasser eingeweicht. Dann kocht man die Brühe auf und läßt sie 20–30 Minuten sieden. Nach dem Abkühlen und Durchsieben kann sie verwendet werden.

Für eine Jauche zerkleinert man die Pflanzen grob, schichtet sie locker bis zur halben Höhe in das Gefäß und übergießt sie mit kaltem Wasser. Das Gefäß bleibt unverschlossen, sollte aber mit einem Drahtgitter abgedeckt werden, damit keine Fremdkörper oder Insekten hineinfallen können. In die Sonne gestellt, beginnt der Inhalt nach einigen Tagen zu gären und muß täglich gut umgerührt werden, damit der Gärungsprozeß gleichmäßig verläuft. Wenn die Jauche nach ein bis drei, bei kühler Witterung manchmal erst nach vier bis sechs Wochen nicht mehr schäumt, kann sie abgeseiht und verwendet werden.

Als Stärkungsmittel eignen sich besonders:

- Ackerschachtelhalm *(Equisetum arvense)* als Brühe oder Jauche (im Verhältnis 1:5 verdünnt) gegen Mehltau und andere Pilzkrankheiten sowie gegen Blattläuse und Spinnmilben; Menge: 1 kg Frisch- oder 150 g Trockenmaterial auf 10 l Wasser;
- Brennessel *(Urtica dioica* und *Urtica urens)* als Jauche (im Verhältnis 1:10, bei Spritzung auf die Blätter noch stärker verdünnt) gegen Pilzkrankheiten, Blattläuse und Spinnmilben; Menge: 1 kg Frisch- oder 200–500 g Trockenmaterial auf 10 l Wasser;
- Rainfarn *(Tanacetum vulgare)*, blühende Pflanzen als unverdünnte Brühe gegen Mehltau und Rost sowie gegen Blattläuse; Menge: 300–500 g Frisch- oder 30 g Trockenmaterial auf 10 l Wasser;
- Knoblauch *(Allium sativum)* als unverdünnter Tee gegen Pilzkrankheiten, Spinnmilben und Blattläuse, auch mit Zwiebeln gemischt; Menge: 75 g auf 10 l Wasser.

Unverändert und entweder in trockener Form oder aufgelöst in Wasser wird dagegen Algenkalk verwendet. Das mehlartige Pulver streut oder sprüht man auf die Blätter, die dadurch widerstandsfähiger gegen Pilzkrankheiten wie Mehltau oder Grauschimmel, aber auch gegen Schädlinge werden.

Tip

Die pflanzlichen Grundstoffe für die Stärkungsmittel erhält man in getrockneter Form in der Apotheke oder im Kräuterladen; Frischmaterial sammelt man am besten selbst oder baut es im Garten an. Es gibt im Gartenfachhandel auch fertige Konzentrate zu kaufen, die einfach nach Anleitung mit Wasser verdünnt werden und dann sofort verwendbar sind.

Tip

Am besten werden Pflanzenstärkungsmittel am Abend gespritzt oder gegossen, denn in der Sonne könnte es zu Verbrennungsschäden auf den benetzten Pflanzenteilen kommen. Für eine wirksame Vorbeugung sind die Mittel mehrmals im Abstand von etwa einer Woche auszubringen.

Aus Rainfarn läßt sich ein hilfreiches Präparat gegen Pilze und Blattläuse herstellen.

Tip

Algenkalk sollte nicht für Pflanzen benutzt werden, die ein kalkfreies Substrat benötigen.

Tip

Nützlinge für den gezielten Einsatz bei der Schädlingsbekämpfung erhält man meist in Form von Eiern oder Larven, die auf kleinen Kartonstreifen fixiert sind. Die Streifen werden einfach in die befallene Pflanze gehängt. Man kann sie im Gartenfachhandel oder von Spezialanbietern per Versand erwerben.

Schnecken an Pflanzen werden einfach abgesammelt.

Tip

Nach der neuen Gesetzeslage sind gefährlichere Pflanzenschutzmittel nicht mehr frei verkäuflich, sondern nur noch in entsprechenden Fachabteilungen erhältlich. Dies hat den Vorteil, daß man anhand der geschilderten Schadsymptome sachkundig über geeignete Mittel beraten wird. Am besten nimmt man sogar eine Probe der befallenen Pflanze mit.

Tip

Allgemein unterscheidet man folgende Pflanzenschutzmittel:

- **Insektizide wirken gegen Insekten,**
- **Akarizide bekämpfen Milben,**
- **Nematizide töten Fadenwürmer ab,**
- **Fungizide dienen der Pilzbekämpfung,**
- **Bakterizide werden gegen Bakterien eingesetzt.**

Mechanische Bekämpfung

Die einfachsten und für Pflanzen und Umwelt unschädlichsten Pflanzenschutzmaßnahmen bestehen in der manuellen Bekämpfung der Krankheitserreger und Schädlinge. Darunter versteht man z. B. das Absammeln von Schnecken, Raupen oder Dickmaulrüßlern, das Abstreifen kleiner Schadinsekten, etwa von Blatt- oder Schmierläusen, aber auch das Entfernen stark befallener Pflanzenteile.

Wichtig ist, daß kranke Pflanzenteile keinesfalls auf den Komposthaufen gebracht werden. Die Keime können dort überleben und beim Ausbringen des Komposts im Garten oder bei der Verwendung selbst erstellter Erdmischungen mit einem Kompostanteil leicht zu Neuinfektionen führen. Nicht einmal in einem Schnellkomposter ist gewährleistet, daß die darin entwickelten Temperaturen für eine sichere Abtötung der Krankheitserreger hoch genug sind. Gleiches gilt für Pflanzenteile, die von Schädlingen befallen sind. Die Tiere gehen zwar meist rasch zugrunde, nachdem ihnen die Nahrungsgrundlage entzogen wurde – aber eben nur meist. Sicherheitshalber sollte man auch solche Teile daher in die Biotonne, die Restmülltonne oder in die öffentliche Kompostieranlage eines Wertstoffhofes geben, wo die Verrottungsbedingungen genau kontrolliert werden.

Auch das Aufhängen mit Leim bestrichener Gelb- (siehe Seite 121) oder Blautafeln (siehe Seite 119), die recht effektiv sind, um Weiße Fliege bzw. Thripse von den Pflanzen fernzuhalten, gehört zu den Maßnahmen, die einfach durchzuführen und unproblematisch sind. Die Farbfläche wirkt als starker Reiz auf die Tiere und wird dementsprechend gern angeflogen.

Einsatz von Nützlingen

Immer beliebter wird die Anwendung sog. Nützlinge zur biologischen Schädlingsbekämpfung. In erster Linie für Gewächshäuser und Wintergärten angeboten, können sie aber ebenso im Freiland, auf Balkon oder Terrasse zum Einsatz kommen. Es handelt sich dabei um verschiedene, oftmals nicht heimische Tierarten, meist Insekten, jedoch auch Milben und Fadenwürmer, die sich als Larven oder auch als ausgewachsene Tiere fast ausschließlich oder zumindest überwiegend von bestimmten Schädlingen ernähren. So lassen sich beispielsweise Raubmilben gegen Spinnmilben und Thripse einsetzen, Schlupfwespen gegen die Weiße Fliege, der Australische

Der Australische Marienkäfer wird als Nützling gezielt gegen verschiedene Läuse eingesetzt.

Marienkäfer gegen Schild- und Wolläuse sowie Blattläuse und räuberische Nematoden gegen den Dickmaulrüßler.

Hundertprozentig helfen die Nützlinge allerdings nicht, schließlich handelt es sich um lebende Tiere, die vielfältigen Einflüssen unterliegen. Damit ihr Einsatz zum gewünschten Erfolg führt, sollten einige Voraussetzungen erfüllt sein. Setzt man die Nützlinge z. B. aus, ohne daß zumindest eine gewisse Zahl von Schädlingen vorhanden ist, verhungern sie schlicht. Sie eignen sich also nicht zum vorbeugenden Einsatz. Eine wichtige Rolle spielen außerdem die herrschenden Temperatur- und Luftfeuchtigkeitsverhältnisse. Die Nützlinge benötigen oft etwas mehr Wärme als die zu bekämpfenden Schädlinge, um voll aktiv zu sein und sich bestmöglich zu entwickeln. Teil-

Die Larven der Raupenfliege leben als Parasiten in gefräßigen Schmetterlingsraupen.

weise ist auch eine bestimmte Mindestluftfeuchtigkeit notwendig.

Neben den eigens gezüchteten Nützlingen leisten auch etliche heimische Tiere einen großen Beitrag zur Schädlingsbekämpfung. Marienkäfer, Florfliegen und Schwebfliegen sind die wichtigsten und bekanntesten darunter. Sowohl als voll entwickelte Tiere wie als Larven vertilgen sie große Mengen von Blattläusen. Viel unauffälliger gehen z. B. kleine Schlupfwespen oder Raupenfliegen ans Werk, deren Larven als Parasiten von verschiedenen Schadtieren leben.

Auf dem Balkon oder der Terrasse kann man zwar wenig zur direkten Förderung dieser nützlichen Kleintiere tun, doch sollte man nicht jedes Insekt unbesehen sofort vertreiben oder töten. Noch viel weniger sollte man jeden Schädlingsbefall gleich mit chemischen Spritzmitteln bekämpfen, die allen Insekten, schädlichen wie nützlichen, gleichermaßen den Garaus machen.

Schließlich kann man Nützlinge auch fördern, indem man auf eine struktur- und artenreiche Bepflanzung in der Umgebung hinarbeitet. So kann man etwa im eigenen Garten eine bunte Wildblumenwiese statt eines grünen Rasens anlegen, Totholzhaufen aufschichten und Hecken aus Wildsträuchern schaffen. Oder aber man versucht durch aufklärende Gespräche mit Gartenbesitzern in der Nachbarschaft solche Maßnahmen anzuregen.

Umweltschonender Pflanzenschutz

Eine ganze Reihe von Mitteln, die gegen Schädlinge und Krankheiten eingesetzt werden können, sind pflanzlichen Ursprungs oder aus anderen natürlichen Rohstoffen hergestellt. Als harmlos kann man sie nicht bezeichnen, sonst würden sie ihren Zweck nicht erfüllen. Doch belasten sie die Umwelt deutlich weniger als die meisten synthetisch-chemischen Pflanzenschutzmittel, und zwar sowohl in der Herstellung als auch durch ihre bedeutend schnellere Abbaubarkeit.

Wie bei allen Pflanzenschutzmitteln gilt auch bei den umweltschonenden Mitteln, daß

- sie nur einzusetzen sind, wenn tatsächlicher Bedarf besteht, also ein starker Befall vorliegt;
- zunächst die Schadensursache genau bestimmt und dann das mildeste geeignete Mittel ausgewählt werden muß;
- ihre Anwendung auf die betroffenen Teile zu beschränken ist.

Zu den bekanntesten und verbreitetsten Mitteln dieser Gruppe gehören Pyrethrum-Präparate, deren Wirkstoff aus den Blütenköpfen bestimmter *Tanacetum*-Arten, Verwandten der Margerite, gewonnen wird. Sie werden gegen Insekten und Milben eingesetzt, wirken allerdings unspezifisch, töten also ebenfalls Nützlinge ab und werden z. B. Fischen gefährlich. Auch für den Menschen sind sie nicht völlig unbedenklich. Wesentlich giftiger noch sind synthetisch hergestellte Varianten des Wirkstoffs, die sog. Pyrethroide, die sich außerdem erwiesenermaßen in der Nahrungskette anreichern.

Vergleichsweise ungiftig sind dagegen Mineralölpräparate, die auch als Sommer- oder Weißöl im Handel geführt und gegen saugende Schadinsekten angewandt werden. Als Lösung auf die geschädigten Pflanzenteile versprüht, überziehen sie die Tiere mit einem feinen, gut haftenden Ölfilm. Sie verstopfen so deren Atemporen und bringen die Schädlinge samt ihren Eiern und Larven zum Absterben. Auch die wasserabweisenden Oberflächen von Wolläusen oder Schildläusen werden davon benetzt, so daß diese Schädlinge, denen mit wäßrigen Spritzmitteln kaum beizukommen ist, damit ebenfalls erfolgreich bekämpft werden können. Ähnlich wirksam ist Rapsöl, das erst seit jüngster Zeit in den Fachgeschäften angeboten wird.

Gegen saugende Schadinsekten wie Blattläuse oder Weiße Fliege sowie gegen Spinnmilben lassen sich überdies natürliche Fettsäuren sprühen, die in Form von Kaliumsalzen im Handel erhältlich sind. Manchmal findet man sie auch unter der Bezeichnung Kaliseife. Wichtig ist bei der Verwendung all dieser Öle und Fette, daß die befallenen Teile vollständig und intensiv benetzt werden, um gute Resultate zu erzielen.

Chemische Pflanzenschutzmittel

Grundsätzlich sollte im Haus und im Garten die Verwendung chemischer Spritzmittel der letzte Ausweg sein, um Krankheiten oder Schädlinge in den Griff zu bekommen. Nur ein wirklich starker Befall und das Versagen aller anderen möglichen Mittel kann ihren Einsatz rechtfertigen. Wo immer es geht, sollte man jedoch auf stark giftige Präparate, die mit einem Totenkopf und dem Buchstaben T gekennzeichnet sind, ganz verzichten. Um weder die eigene Gesundheit noch die der Mitbewohner und Nachbarn zu gefährden, ist es außerdem wichtig, beim Gebrauch der Spritzmittel entsprechend umsichtig vorzugehen und die angegebene Dosierung genau einzuhalten.

Larven des Marienkäfers machen sich nützlich, indem sie Blattläuse in großer Zahl vertilgen.

Tip

Wenn irgend möglich, sollte man bienenschonende Pflanzenschutzmittel wählen. Diese sind auf der Packung mit B3 oder B4 gekennzeichnet.

Tip

Was beim Umgang mit Pflanzenschutzmitteln unbedingt zu beachten ist:

- **die Gebrauchsanleitung genau befolgen;**
- **stets Schutzkleidung und Schutzhandschuhe, eventuell auch einen Atemschutz tragen;**
- **niemals dabei essen, trinken oder rauchen;**
- **nicht bei windigem Wetter spritzen, sonst wird ein Teil des Mittels verblasen;**
- **Spritzer auf der Haut möglichst sofort mit reichlich Wasser abwaschen;**
- **Spritzgeräte gleich nach der Anwendung gut mit Wasser reinigen;**
- **Reste angesetzter Spritzlösungen nicht wiederverwenden, da sie rasch an Wirksamkeit verlieren, sondern ebenso wie die Behälter als Sondermüll entsorgen;**
- **Pflanzenschutzmittel immer gut verschlossen in den Originalbehältern und für Kinder unerreichbar an einem kühlen, frostfreien Ort aufbewahren.**

Pflegefehler und abiotische Schäden

Nicht alle Schäden, die man an Balkon- oder Kübelpflanzen feststellt, sind auf Krankheitserreger oder Schädlingsbefall zurückzuführen. Auch andere Auslöser können dafür verantwortlich sein. In erster Linie sind es Pflegefehler, seltener bestimmte Umwelteinflüsse, welche die sog. abiotischen Schäden verursachen. Diese lassen sich natürlich nicht durch Pflanzenschutzmittel beheben, vielmehr müssen die Ursachen beseitigt werden.

Schäden an den Wurzeln (links) ziehen unweigerlich ein Kümmern oder gar ein Absterben der ganzen Pflanze nach sich.

Wurzelfäulnis

Die wohl am häufigsten auftretende Folge eines Pflegefehlers ist die Wurzelfäulnis, die bei fast allen Arten vorkommen kann. Besonders gefährdet sind jedoch solche mit einem fleischigen Wurzelstock wie Schmucklilien *(Agapanthus)*, Indisches Blumenrohr *(Canna-Indica*-Hybriden) und andere Zwiebel- und Knollengewächse sowie Pflanzen, die aus Trockengebieten stammen. Die Ursache liegt in länger andauernder Staunässe und dadurch bedingtem Luftmangel des Substrats.

Stehen Stiefmütterchen dauernd im Nassen, faulen ihre Wurzeln.

Wenn man zu reichlich oder in zu kurzen Abständen gegossen hat, kann das vor allem während der Überwinterung fatale Folgen haben. Verstärkt wird ein solcher Fehler häufig noch durch eine mangelnde Dränage sowie ungünstige, d. h. zu dichte, porenarme Erde. Der anhaltende Wasserstau bewirkt, daß den Wurzeln die Luft zum Atmen fehlt und sie zu faulen beginnen.

Bei Wurzelfäulnis zeigen sich recht unspezifische Symptome wie allgemein schlechter Wuchs, mangelhafte Blüte und geringer Wasserverbrauch. Oft bemerkt man den Schaden erst anhand eines später auftretenden Schädlings- oder Krankheitsbefalls oder anderer Folgeschäden, die sich aufgrund der verringerten Abwehrkraft der Pflanze einstellen. Betrachtet man jedoch die Wurzeln, dann weisen deren schwammige Konsistenz, die braune Farbe – gesunde junge Wurzeln sind weiß – und ein kompakter, feuchter Erdklumpen zumindest im unteren Gefäßbereich eindeutig auf die Ursachen hin. Zur Abhilfe topft man die Pflanzen in ein durchlässigeres Substrat (siehe Seite 62 f.) mit einer dickeren Dränageschicht am Gefäßgrund um, wobei man die erkrankten Wurzeln scharf zurückschneidet. Fürs erste stellt man die Pflanzen dann an einem halbschattigen Ort auf. Bis zur Erholung, die man am wieder einsetzenden normalen Zuwachs erkennt, wird nur mäßig gegossen.

Weitere Folgen von Pflegefehlern

Eine stark schwankende Wasserversorgung kann bei empfindlicheren Arten ebenfalls Schäden verursachen. Ist zugleich die Belichtung sehr gering, reagieren z. B. Hängepelargonien *(Pelargonium-Peltatum*-Hybriden) darauf mit der Ausbildung von braunen oder grünen Korkflecken auf den Blattunterseiten, der sog. Korksucht. Abhelfen bzw. vorbeugen kann man hier, indem man nur bei ausreichender Sonneneinstrahlung reichlich gießt, bei stark bedecktem Himmel das Gießen jedoch einschränkt. Auch Kamelien *(Camellia)* können infolge zu feuchter Bedingungen bei gleichzeitig schwachem Licht, insbesondere also während der Winterzeit, auf der Blattunterseite Korkwarzen entwickeln.

Abgestorbene, braune Blattspitzen, die wie vertrocknet aussehen, wobei sich die Braunfärbung meist am Rand und entlang des Mittelnervs des Blatts stärker ausdehnt, sind häufig die Folge von Salzschäden. Ursache ist eine zu hohe Konzentration an Mineraldünger. Dieser besteht aus Salzen, die sich, wenn sie nicht von der Pflanze verbraucht werden,

Auf stark schwankende Wasserversorgung reagieren Pelargonien mit der Bildung von Korkflecken.

im Substrat ansammeln und in dieser konzentrierten Form zu Schäden an den Wurzeln bis hin zum Absterben von Feinwurzeln führen. Besonders gefährlich ist eine Düngung zur Winterzeit, in der die Pflanzen kaum wachsen. Abhilfe bei Salzschäden schafft Umtopfen oder das Ausschlämmen des überschüssigen Düngers durch reichliches Gießen.

Chlorose

Zu den wichtigsten abiotischen Schäden zählt die Chlorose oder Gelbsucht. Darunter ist eine Gelbfärbung der Blätter aufgrund eines einseitigen Nährstoffmangels zu verstehen. Am häufigsten tritt diese Erscheinung bei Arten auf, die eine saure, kalkfreie Erde benötigen wie z. B. Hortensien *(Hydrangea)*, Kamelien oder Zitrusgewächse, aber dennoch mit kalkhaltigem Wasser gegossen wurden oder in einem Substrat mit einem zu hohen pH-Wert (siehe Seite 63) wurzeln. Bei dieser sog. Kalk- oder Eisenchlorose nehmen die Pflanzen zuwenig Eisen auf. Als Folge zeigen sich zwischen den zunächst noch grünen Blattadern immer größere gelbgrüne Felder, bei starker Ausprägung erscheint das ganze Blatt weißgelb. Als sofortige Maßnahme kann gezielt mit einem Eisendünger gegossen werden. Sinnvoller ist aber, die Pflanze in ein besser geeignetes Substrat umzutopfen und das Gießwasser stets zu entkalken (siehe Seite 79 f.).

Kalkhaltiges Substrat ist die Ursache für Blattvergilbungen bei der Hortensie.

Auch wenn andere Nährstoffe fehlen, entwickeln Pflanzen chlorotische Symptome. Herrscht z. B. Magnesiummangel, so zeigt sich ein ähnliches Schadbild wie bei Eisenmangel, doch bleibt typischerweise um die Blattnerven ein breiterer grüner Rand. Oft sind Chlorosen nur für den Spezialisten eindeutig einem bestimmten Nährstoffmangel zuzuordnen, weshalb man sich in solchen Fällen beraten lassen sollte. Die besten Vorbeugungsmittel sind ein geeignetes Substrat, der richtige pH-Wert und eine optimale Versorgung mit Nährstoffen und Spurenelementen.

Sonnenbrand

Überwinterte und gerade ausgeräumte Balkon- und Kübelpflanzen, aber auch frisch gekaufte Gewächse sind anfangs recht empfindlich gegen direkte Sonne. Im Frühjahr kann die Sonneneinstrahlung bereits sehr kräftig sein und Schäden an den noch weichen Blättern verursachen. Diese zeigen zunächst helle Flecken, die bald pergamentartig eintrocknen und sich meist bräunlich, seltener auch silbrig verfärben. Derartige Schäden lassen sich nicht mehr beheben, ihnen kann nur grundsätzlich vorgebeugt werden. Treten sie auf, ist die Pflanze möglichst schnell an einen weniger stark besonnten Platz zu räumen, bis sie sich nach ein bis zwei Wochen an die Sonne gewöhnt hat.

Eine intensive Besonnung kann insbesondere auf nassen Blättern schnell zu Sonnenbrand führen.

Tip

Besonders staunässegefährdet sind laubabwerfende Pflanzen, die mit feuchtem Ballen in einem kühlen Winterquartier stehen. Wenn sie erst einmal kahl sind, verbrauchen die Pflanzen kaum noch Wasser, so daß die Erde übermäßig lange naß bleibt. Beim Einräumen wie auch während der gesamten Überwinterung darf man solche Pflanzen daher keinesfalls zuviel gießen.

Tip

Die gleichen Symptome wie bei substratbedingtem Eisenmangel können bei Staunässe auftreten. Auch in diesem Fall hilft Gießen mit einem Eisenpräparat.

Tip

Pflanzen, die nach der Überwinterung erstmals wieder ins Freie kommen, entwickeln oft rötlich verfärbte Blätter. Dies ist eine Schutzreaktion gegen die UV-Strahlung und kein Grund zur Sorge. Am besten stellt man die Pflanze etwas schattiger. Nach einiger Zeit bildet sich die ungewöhnliche Farbe von selbst wieder zurück.

Krankheiten an Balkon- und Kübelpflanzen

Die Bakterienwelke, bei der einzelne Blätter von Pelargonien ohne einen ersichtlichen Grund absterben, ist gefürchtet.

Unter Pflanzenkrankheiten versteht man die Schäden, die durch Pilze, Bakterien oder Viren hervorgerufen werden. Doch so unterschiedlich die Erreger sind, so ähnlich fallen manchmal die Symptome aus.

Viruskrankheiten

Viren sind sehr einfach gebaute Organismen, die nur in einem anderen Körper zum Leben erwachen und sich vermehren können. Einige Arten vermögen auch in Balkon- und Kübelpflanzen einzudringen und dort Krankheiten auszulösen, die man als Virosen bezeichnet. Viele Gewächse können davon betroffen sein, und es sind wohl noch gar nicht alle Viruskrankheiten bekannt. Obwohl sich die Symptome bei allen Pflanzenarten leicht unterscheiden, sind die deutlichsten Anzeichen für einen Befall meist eine sog. Mosaikfärbung der Blätter. Es zeigen sich scheckige Muster aus zahlreichen kleinen, meist gelben Flecken, seltener auch Linien oder Kreise. Häufig sind die Blätter dabei gekräuselt oder eingerollt, und in der Regel ist das Wachstum der ganzen Pflanze gehemmt. Bezeichnet wird eine Viruskrankheit nach dem typischen Symptom und der Pflanzenart, an der sie auftritt, etwa Hortensienmosaik oder Pelargonienblattkräuselung. Teilweise können Pflanzenarten von mehreren Virosen befallen werden, wie etwa Pelargonien, bei denen allein 20 verschiedene Viren nachgewiesen wurden.

Die krankheitsauslösenden Viren können sich ausschließlich mit Hilfe fremder Überträger ausbreiten – seien es Insekten oder Milben, die beim Saugen Viren mit dem Pflanzensaft aufnehmen und zur nächsten Pflanze tragen, seien es Schnittwerkzeuge, mit denen man zunächst an erkrankten und anschließend an gesunden Pflanzen hantierte. Für die Virenbekämpfung sind daher saubere Geräte (siehe Seite 106) und ein Vorgehen gegen mögliche Überträger, z. B. Blattläuse, Thripse oder Milben, unerläßlich. Die erkrankte Pflanze kann dadurch zwar nicht geheilt werden, doch wird eine Ausbreitung der Schaderreger eingedämmt. Spezielle Präparate, mit denen man gegen Viren vorgehen könnte, gibt es bisher nicht. So bleibt bei geringem Befall einzig der Rückschnitt bis in gesunde Bereiche, bei starkem Befall jedoch nur die Vernichtung der ganzen Pflanze.

Bakterienerkrankungen

Einige wenige Krankheiten an Balkon- und Kübelpflanzen werden durch Bakterien verursacht, die über Pflanzenporen oder Wunden in die Gewächse eindringen, sich in ihnen stark vermehren und sie dadurch schädigen. Solche sog. Bakteriosen äußern sich recht verschiedenartig, etwa durch welkende oder faulende Pflanzenorgane, durch Wucherungen oder durch verfärbte oder verformte Blätter. Ähnlich wie bei den Viren lassen sich auch gegen die bakteriellen Krankheitserreger nur vorbeugende Maßnahmen ergreifen. Befallene Triebe werden so rasch wie möglich ausgeschnitten, bei starkem Befall ist die ganze Pflanze zu entfernen und zu vernichten, um eine weitere Ausbreitung der Krankheit zu verhindern.

Die wohl häufigste Bakteriose bei Kübelpflanzen ist der Oleanderkrebs, ausgelöst

Unnatürlich gekräuselte, mosaikartig verfärbte Blätter sind Zeichen für einen Virusbefall.

Der Oleanderkrebs äußert sich in charakteristischen Blattflecken, die das Laub absterben lassen.

durch das Bakterium *Pseudomonas tonelliana*. Zunächst erscheinen auf den Blättern kleine braune, kreisrunde, oft aufgewölbte Flecken abgestorbenen Gewebes, die sich bald vergrößern und das ganze Blatt zum Absterben bringen. Bei stärkerem Befall entwickeln die verholzten Triebe krebsartige Wucherungen; auch die Blüten können deformiert und dann meist schwarz gefärbt sein.

Bei Pelargonien verursacht das Bakterium *Xanthomonas campestris* eine Krankheit mit zwei grundverschiedenen Symptomen, die als Bakterienwelke sowie Blattflecken- oder Ölfleckenkrankheit bekannt sind. Zum einen können hierbei die Blätter im unteren Bereich der Pflanzen plötzlich welken, ohne jedoch abzufallen, die Blattstengel sind dann meist schwärzlich gefärbt, und beim Anschnitt der Triebe tritt bei starkem Befall ein zähflüssiger Schleim aus. Zum andern kommt es vor, daß sich auf den Blattunterseiten kleine runde, wäßrig durchscheinende Flecken zeigen, die im Zentrum ölig und bräunlich oder hell erscheinen, am Rand von einer diffusen anders gefärbten Zone umgeben sind. Die Blätter bleiben dabei zwar intakt, doch wenn die Bakterien sich ausbreiten, stirbt bald die ganze Pflanze ab.

Pilzkrankheiten

Pilzliche Erreger verursachen bei weitem die meisten und häufigsten Pflanzenkrankheiten. Im Unterschied zu Virosen und Bakteriosen zeigen sich dabei typischerweise entweder ein schimmelartiger Pilzrasen, der die betroffenen Teile überzieht, oder aber die Fruchtkörper des Pilzes, die jedoch oft winzig klein und nicht immer mit bloßem Auge erkennbar sind. Bei Pilzen handelt es sich um eine Gruppe von Lebewesen, die weder Tiere noch Pflanzen sind. Zu ihnen zählen so verschiedene Formen wie Speisepilze, Schimmelpilze, Bier- und Bäkkerhefe und eben auch zahllose Krankheitserreger. Sie bestehen aus einem feinen Geflecht dünner Zellfäden, das nur unter bestimmten Bedingungen, etwa als Schimmelrasen, gut zu sehen ist, und pflanzen sich durch staubfeine Sporen fort, die in den Fruchtkörpern gebildet werden. Diese Sporen werden mit Wassertropfen oder dem Wind verbreitet und können an geeigneter Stelle ein neues Pilzgeflecht entwickeln.

Pilzfäden dringen einerseits ähnlich wie Bakterien über Wunden oder Poren in die Pflanze ein, können aber andererseits aktiv Zellwände auflösen. Sie entziehen ihrem Wirtsorganismus wertvolle Nährstoffe, geben

Weiße Pilzrasen auf Blattober- und -unterseiten sind das Schadbild des Echten Mehltaus.

teilweise auch Giftstoffe ab oder verstopfen die Leitungsbahnen, so daß es zur Welke kommt. Viele Pilze sind Schwächeparasiten, die also nur dann gefährlich werden, wenn die Pflanze durch einen ungünstigen Standort, mangelhafte Pflege oder anhaltend schlechte Witterungsverhältnisse geschwächt ist und somit nicht über ihre volle natürliche Abwehrkraft verfügt.

Bestmögliche Standortwahl und Pflege stellen daher auch gegen Pilzkrankheiten den besten vorbeugenden Schutz dar. Insbesondere ist auf ausreichend große Pflanzabstände in Kästen und größeren Gefäßen zu achten, da es bei zu dichter Bestückung leicht zu einer Unterversorgung mit Wasser und Nährstoffen kommt. Überdies beschatten sich die Pflanzen dann gegenseitig stark und können sich dadurch nicht optimal entwickeln. Welkende oder herabgefallene Pflanzenteile muß man immer rasch entfernen, weil viele infektiöse Pilzarten darauf siedeln oder überdauern, so daß davon ein Neubefall ausgehen kann.

Mehltau

Kennzeichen des Mehltaubefalls sind mehlig weiße oder graue, dichte Beläge auf den Blättern. Man unterscheidet zwei Formen dieser Pilzkrankheit. Der Echte Mehltau wird meist durch *Erysiphe*-Arten verursacht. Hier zeigt sich der Pilzrasen auf beiden Blattseiten sowie

Tip

Die Übertragungsmöglichkeiten für Bakterien sind vielfältig, sie reichen von unsauberem Werkzeug bis zu Spritzwasser. Hygiene bei der Pflanzenpflege und Gießen am Morgen, so daß die Blätter rasch abtrocknen können, zählen daher zu den entscheidenden Vorbeugungsmaßnahmen.

Tip

Manchmal sind bereits Jungpflanzen von Viren oder Bakterien befallen, zumeist bedingt durch mangelnde Sauberkeit bei der Stecklingsvermehrung. Diese Arbeit sollte man daher nur mit gut gereinigten Messern und sauberen Händen vornehmen.

Tip

Besonders an seltenen oder neu im Handel befindlichen Balkon- und Kübelpflanzen können Krankheitssymptome auftreten, die man zwar als typisch pilzliche Schäden erkennt, deren verursachende Arten jedoch oft selbst dem Fachmann noch nicht bekannt sind. Sofern ein kräftiger Rückschnitt nicht hilft, muß man in einem solchen Fall zu Mitteln greifen, die bei Krankheiten mit ähnlichen Symptomen wirksam sind.

Tip

Zur Bekämpfung des Echten Mehltaus eignen sich umweltschonende Präparate auf Lecithin-Basis, die im Fachhandel erhältlich sind. Man spritzt sie gewöhnlich einmal pro Woche auf die befallenen Teile.

Tip

Überwinternde Pflanzen sind durch Grauschimmel besonders gefährdet. Im Winterquartier ist daher durch möglichst häufiges Lüften dafür zu sorgen, daß keine „stehende Luft" auftritt, in der sich der Pilz ausgesprochen wohl fühlen würde.

Tip

Da der Grauschimmelpilz vorwiegend von abgestorbenem Pflanzenmaterial lebt, sind welke und bereits abgefallene Pflanzenteile laufend – vor allem auch im Winterquartier – zu entfernen, um dem Pilz keine Ansiedelungsmöglichkeit zu geben.

Ausgewogene Düngung und richtiges Gießen beugen dem Grauschimmel vor.

seltener auch auf Knospen, Blüten und Trieben. Dagegen findet man beim Falschen Mehltau, der durch *Peronospora-*, *Phythophthora-*, *Pythium-* und andere Pilze ausgelöst wird, den typischen Belag nur auf den Unterseiten der Blätter, doch sind auf den Oberseiten manchmal gelbbraune Flecken erkennbar. Bei beiden Krankheiten rollen sich die betroffenen Blätter ein und fallen ab, das Wachstum der Pflanze läßt merklich nach.

Während der Echte Mehltau besonders bei trockener, heißer Witterung auftritt, breitet sich der Falsche Mehltau nur bei feuchtkühlem Wetter stärker aus. Erkrankte Pflanzenteile sollten rasch und großzügig entfernt und vernichtet werden. In beiden Fällen empfiehlt sich eine Spritzung mit Stärkungsmitteln wie z. B. Ackerschachtelhalm- oder Rainfarnbrühe (siehe Seite 107), bei Falschem Mehltau auch mit Brennesseljauche. Außerdem sollte man für einen luftigen Stand sorgen und Überdüngung vermeiden, die vor allem den Befall mit Echtem Mehltau fördert. Nur bei sehr starkem Auftreten der Krankheit und nach Beratung kann der Einsatz spezieller chemischer Präparate erwogen werden.

Grauschimmel

Durch *Botrytis*-Pilze wird der Grauschimmel verursacht, an dem praktisch alle Balkon- und Kübelpflanzen erkranken können. Bei geringem Befall zeigen sich zunächst einzelne faulige Stellen, die sich rasch in einen grauen, wattigen Schimmelbelag ausweiten. Sämtliche oberirdischen Pflanzenteile können davon betroffen sein. Der Pilz findet sich jedoch fast ausschließlich an Pflanzen, die auf irgendeine Weise geschwächt sind, und bildet gewöhnlich nur bei erhöhter Luftfeuchtigkeit einen Rasen aus. Aber auch eine zu stark stickstoffbetonte Düngung, zu enge Pflanzabstände und mangelhafte Lichtverhältnisse begünstigen den Befall. Bei gut gepflegten Gewächsen tritt Grauschimmel dagegen fast nie auf, allenfalls in sehr feuchten Sommern.

Bemerkt man den Pilzrasen, sind die betroffenen Pflanzenorgane sogleich abzuschneiden und zu entfernen und luftigere Verhältnisse zu schaffen, indem man z. B. die Bepflanzung etwas ausdünnt. Außerdem sollte man durch morgendliches Gießen und einen entsprechenden Standort dafür sorgen, daß die Pflanzen immer so schnell wie möglich abtrocknen können.

Rost

Zeigen sich auf den Blattunterseiten zahlreiche kleine rötliche oder gelbliche, warzenartige Pusteln, die nach einiger Zeit aufplatzen und staubfeine Sporen entlassen, handelt es sich fast immer um den Befall durch einen Rostpilz. Häufig finden sich dabei auch auf der Blattoberseite gelbe oder orangefarbene Flecken. Der Name rührt von der rostroten Färbung, mit der stärker betroffene Blätter vielfach überzogen sind. Bei den Erregern handelt es sich um verschiedene Pilzarten, meist aus der Gattung *Puccinia*, die überwiegend streng wirtsspezifisch sind, also nur ganz bestimmte Pflanzenarten befallen. So gibt es etwa den Pelargonien-, den Fuchsien- und den Nelkenrost.

Die Rostpilze zählen zu den am höchsten entwickelten Pilzen mit sehr komplizierter Lebens- und Fortpflanzungsweise. Kennzeichnend ist die Ausbildung unterschiedlicher Sporenformen. Bei manchen Arten erscheinen an derselben Pflanze sowohl die orangefarbenen

Ein Befall mit Rostpilzen läßt sich durch Ausputzen betroffener Teile recht gut eindämmen.

Sommersporen als auch die braunschwarzen Wintersporen. Andere Rostpilze machen im Lauf ihres Lebens einen sog. Wirtswechsel durch. Das bedeutet, sie befallen zunächst spezielle Pflanzen, z. B. eine bestimmte Glockenblumenart, vermehren sich dort und erzeugen Sporen, die nun auf Pflanzen einer anderen Art, z. B. Kiefern, übergehen. Auf diesen werden die Sporen des zweiten Typs gebildet, die dann wiederum die Glockenblumen infizieren.

Beim Nelkenrost verfärben sich die anfangs noch hellen Blattflecken schnell dunkel.

Rostpilze treten im allgemeinen häufiger bei anhaltend feuchtwarmem Wetter auf. Bemerkt man die Erkrankung, sind die befallenen Blätter sofort abzusammeln und zu vernichten. Vorbeugend sollte man auf eine ausgewogene Ernährung der Pflanzen achten und z. B. Ackerschachtelhalmbrühe (siehe Seite 107) spritzen. Bei Pilzarten mit Wirtswechsel ist die Bekämpfung schwieriger, denn es müssen beide betroffenen Pflanzenarten behandelt werden. Ist die zweite Wirtspflanze bekannt, stellt man sie weit von der ersten entfernt und möglichst so auf, daß die Sporen nicht vom Wind übertragen werden können. Notfalls muß man sich für eine der beiden Pflanzenarten entscheiden und sich von der anderen trennen.

Wurzelhals-, Wurzel- und Stengelgrundfäule

Als Wurzelhals-, Wurzel- und Stengelgrundfäule, oft auch als Fußkrankheit werden Erkrankungen bezeichnet, die durchweg ähnliche Symptome zeigen und von *Pythium*-Arten und anderen Pilzen hervorgerufen werden. Davon betroffen sind etwa Kamelien *(Camellia)*, Pelargonien oder Doppelsporn *(Diascia barberae)*. Man bemerkt diesen Pilzbefall gewöhnlich erst in fortgeschrittenem Stadium, wenn sich die Pflanzen trotz gleichbleibender Pflege nicht mehr wie gewohnt entwickeln.

Bei genauerer Untersuchung finden sich braune oder grünschwarze Faulstellen am Grund der Stengel oder am Wurzelhals, die Wurzeln selbst sind meist glasig verfault. Die befallenen Pflanzen müssen sofort vernichtet werden. Häufig erfolgt die Infektion durch Pilzsporen, die in der Erde überdauern. Den besten Schutz bieten die Verwendung keimfreier Erde und sorgfältige Pflege.

Welkekrankheiten

Einige Pilze, z. B. *Verticillium*-Arten, dringen über die Wurzeln in die Pflanze ein und leben zunächst unbemerkt in den Leitungsbahnen, wo sie sozusagen direkt an der Quelle von Wasser und Nährstoffen sitzen, die in diesen Bahnen transportiert werden. In späteren Befallsstadien verstopfen schließlich dicke Knäuel aus Pilzfäden die Leitungsbahnen und führen dazu, daß vorerst nur ein bestimmter Bereich der Pflanze, z. B. nur eine Hälfte, zu welken beginnt, bis binnen kurzem das ganze Gewächs abgestorben ist. Diese sog. Welkekrankheiten können Gartenchrysanthemen *(Dendranthema)*, selten auch Begonien, Nelken *(Dianthus)*, Fetthennen *(Sedum)* oder Fleißige Lieschen *(Impatiens walleriana)* erfassen. Befallene Exemplare sind mitsamt den Wurzeln und dem Substrat umgehend zu entfernen und zu vernichten. Eine direkte Bekämpfung des Pilzes ist nicht möglich, und eine Infektion kann man nur vorbeugend durch keimfreie Erde und möglichst gute Wachstumsbedingungen verhindern.

Welkekrankheiten, die durch *Sclerotinia*-Pilze verursacht werden, zeigen zunächst etwas andere Symptome, führen jedoch später zu den gleichen Auswirkungen. Beispielsweise zeigen sich beim Gartenlöwenmaul *(Antirrhinum majus)* oder bei Zinnien *(Zinnia)* im unteren Stengelbereich und auch an den Seitentrieben helle Verfärbungen, die aufweichen und von denen aus sich bald ein weißer Pilzbelag ausbreitet. Nach kurzer Zeit welken die Pflanzen und sterben ab. In dem Überzug finden sich die harten, schwarzen Überdauerungsorgane des Pilzes, sog. Sklerotien, die dort längere Zeit unbeschadet überstehen, bis sie schließlich Fruchtkörper und Sporen bilden und über verletzte Stellen erneut in Pflanzen eindringen. Für die Bekämpfung gilt dasselbe wie für die anderen Welkekrankheiten.

Tip

Oftmals sind nur gewisse Sorten einer Pflanzenart gegen Rostpilze empfindlich. Tritt daher an einer bestimmten Balkonblumensorte die Krankheit immer wieder auf, sollte man im nächsten Jahr eine andere wählen.

Tip

Werden Balkon- und Kübelpflanzen häufiger von Pilzkrankheiten befallen, sollte man von der Verwendung einer selbsthergestellten Erdmischung, vor allem mit Bestandteilen aus dem eigenen Garten, absehen und statt dessen ein sterilisiertes Substrat kaufen, das mit Sicherheit keimfrei ist.

Blattfleckenkrankheiten

An zahlreichen Balkon- und Kübelpflanzen, etwa bei Nelken *(Dianthus)*, Aukube *(Aucuba japonica)*, Chinesischem Roseneibisch *(Hibiscus-Rosa-Sinensis*-Hybriden) oder Hortensien *(Hydrangea)*, können sog. Blattfleckenkrankheiten auftreten, die durch verschiedene Pilze hervorgerufen werden. Typisches Kennzeichen sind meist braune, seltener auch gelbliche, rötliche oder schwärzliche, runde oder eckige Flecken auf den Blättern. Diese breiten sich aus, vertrocknen manchmal in ihrem Zentrum und bringen die Blätter schließlich zum Absterben. Teilweise greifen sie sogar auf die Stengel über. Wie bei anderen Pilzkrankheiten verhindert auch hier eine frühzeitige Entfernung der befallenen Blätter die weitere Ausbreitung. Vorbeugend sollte man für ausgewogene Ernährungsbedingungen sorgen und die Pflanzen laufend ausputzen.

Um Blattfleckenkrankheiten von vornherein zu begegnen, sollte man stets angemessen düngen und alle welken Teile regelmäßig beseitigen.

Oleander *(Nerium oleander)* wird in Mitteleuropa häufig von der Ascochyta-Krankheit befallen, die ebenfalls zu den Blattfleckenkrankheiten zählt. Bei Staunässe im Wurzelbereich leiden auch Aukuben bisweilen darunter. Die Sporen des *Ascochyta*-Pilzes werden durch Wassertropfen verbreitet, die sich in Blattachseln oder Blütenteilen sammeln. Als erstes bemerkt man gewöhnlich, daß die Blätter eines einzelnen Triebs schlaff herabhängen, obwohl alle anderen straff aufrecht stehen. Bald krümmen sie sich auch ein, färben sich vom Ansatz her braun und vertrocknen. Als Abhilfe bleibt nur, die befallenen Triebe bis in den gesunden Bereich hinein kräftig auszuschneiden.

Zur Vorbeugung sollte Oleander unbedingt an einem möglichst warmen, offenen und luftigen Standort stehen, an dem herabtropfendes Wasser rasch abtrocknen kann. Das vermindert die Befallsgefahr durch *Ascochyta*-Pilze ganz erheblich.

Weitere Pilzerkrankungen

Einige pilzliche Erreger kommen nur bei bestimmten Balkon- oder Kübelpflanzen vor und rufen ganz charakteristische Schadbilder hervor.

- Nelkenschwärze

An Nelkenblättern, seltener auch an deren Trieben oder Blüten, können bei anhaltend feuchter Witterung runde bis ovale Flecken auftreten, die graubraun gefärbt und von einem rotbraunen bis violetten Rand umgeben sind. Stärker befallene Blätter und Triebe sterben meist ab. Die Krankheit wird durch

Von der Nelkenschwärze heimgesuchte Pflanzenteile sollte man schnellstens entfernen.

den Pilz *Heterosporium echinulatum* verursacht und kann sich bei andauernder Feuchtigkeit sehr rasch ausbreiten. Betroffene Pflanzenteile müssen daher umgehend entfernt und vernichtet werden. Vorbeugend empfiehlt sich, mit einer Jauche aus Brennesseln oder auch Ackerschachtelhalm (siehe Seite 107) zu spritzen.

- Wollmispelschorf

Bei Wollmispeln *(Eriobotrya japonica)*, die dem Regen direkt ausgesetzt sind, finden sich auf den Blättern häufig punktartige, helle Flecken, die sich bald zu schwarzen, absterbenden Zonen vergrößern. Auf den Flecken, hervorgerufen durch einen *Venturia*-Pilz, bilden sich die Sporen, die mit dem Regen leicht auf andere Blätter übertragen werden können. Tritt die Krankheit auf, sollte man stark befallene Blätter abzupfen und vernichten sowie die Pflanze unbedingt an einen regengeschützten Ort umstellen.

- Phytophthora-Fäule

Wurden Kamelien *(Camellia)* und Nachtschatten *(Solanum)* wiederholt von oben gegossen und dabei ihr Laub benetzt, zeigen sich unter Umständen braune bis schwarze Flecken auf den Blättern, die von verschiedenen Arten von *Phytophthora*-Pilzen hervorgerufen werden. Die Krankheit beginnt bei den älteren Blättern und breitet sich alsbald auch auf die jüngeren aus; das betroffene Laub stirbt schließlich ab. Die beste Vorbeugung gegen diese Erkrankung besteht in richtigem Gießen, bei dem die Blätter ausgespart bleiben. Auch Spritzungen mit Brennesseljauche oder Ackerschachtelhalmbrühe (siehe Seite 107) helfen gut weiter. Ist die Krankheit bereits zum Ausbruch gekommen, sind die befallenen Blätter sofort zu entfernen und zu vernichten, in sehr starken Fällen muß man notfalls zu speziellen im Fachhandel erhältlichen Mitteln greifen.

Schädlinge an Balkon- und Kübelpflanzen

Wie im Garten können auch auf Balkon und Terrasse tierische Schädlinge auftreten, die verschiedene Pflanzenteile anfressen oder die Gewächse auf andere Art und Weise beeinträchtigen. Bei einer sorgfältigen Pflege und guten Standortbedingungen halten sich die Schäden jedoch gewöhnlich in engen Grenzen, nur selten kommt es zu größeren Ausfällen. Genaue Beobachtung der Pflanzen ist die beste Voraussetzung dafür, die Schadtiere anhand der von ihnen hervorgerufenen Symptome schon frühzeitig und eindeutig feststellen und dann entsprechend eingreifen zu können.

Älchen

Nematoden, die ihrer schlängelnden Bewegungsweise und der schlanken Gestalt wegen auch Älchen oder Fadenwürmer genannt werden, sind überwiegend winzige, oft nur 1–2 mm große, je nach Art farblose, weißliche oder bräunliche Würmer. Sie leben meist im Boden und sind in der Mehrzahl völlig harmlos. Einige von ihnen können jedoch auch Wurzeln, Stengel oder Blätter schädigen.

Blattälchen saugen Pflanzensäfte und können dadurch großen Schaden an Pflanzen anrichten.

Diese Arten dringen ins Pflanzengewebe ein, saugen Pflanzensaft und scheiden dabei Giftstoffe aus, die z. B. Anschwellungen der Wurzeln hervorrufen. Älchen können bereits beim Kauf in den Pflanzen vorhanden sein und sich von dem Neuzugang aus auf andere Pflanzen ausbreiten. Eine Übertragung ist aber auch durch verseuchte Erde und durch Arbeitsgerät, das beim Umtopfen, Schneiden oder anderen Pflegemaßnahmen benützt wird, möglich.

Am häufigsten werden Balkon- und Kübelpflanzen von Blattälchen (*Aphelenchoides*-Arten) befallen. Diese saugen in den Blättern, gern z. B. von Gartenchrysanthemen *(Dendranthema)* und Zwergmargeriten *(Coleostephus)*, worauf sich meist zunächst glasig-helle oder gelbgrüne, später schwärzliche Flecken bilden, die in der Regel durch die Blattadern scharf begrenzt sind. Stark befallenes Laub stirbt ab. Stengel- oder Stockälchen (meist *Ditylenchus*-Arten) saugen dagegen in den Trieben, z. B. von Nelken *(Dianthus)*. Betroffene Pflanzen reagieren darauf mit verkrüppeltem oder gekrümmtem Wuchs, oft sind auch die Blätter verdreht und bleiben ungewöhnlich schmal.

Älchen, insbesondere ihre Larven, sind sehr widerstandsfähig und daher schwer zu bekämpfen. Von der Anwendung chemischer Mittel ist im und am Haus allerdings abzuraten. Deuten die Schadsymptome auf einen Befall mit Älchen hin, so empfiehlt es sich, die Pflanzen mitsamt der Erde möglichst rasch und vollständig zu vernichten. Hat man mit Werkzeug an betroffenen Pflanzen hantiert, ist dieses unbedingt sorgfältig zu säubern.

Milben

Die winzigen, ungeheuer artenreichen Milben gehören zu den Spinnentieren, was unschwer an ihren acht Beinen kenntlich ist. Die häufigste und bekannteste Gruppe ist die der Spinnmilben *(Tetranychidae)*, deren Vertreter unter der Bezeichnung Rote Spinne zusammengefaßt werden. Es sind knapp 0,5 mm große, überwiegend rötlich oder gelblich gefärbte Tiere, die meist auf der Unterseite der Blätter saugen, wo sie sich in einem sehr feinen Gespinst aufhalten. Deutliches Zeichen für einen Spinnmilbenbefall sind außer dem Gespinst die feinen, silbrig oder hellgelb gefärbten Punkte, die durch die Saugtätigkeit hervorgerufen werden und sich auf der Blattoberseite zeigen. Bei starker Schädigung können sich die Blätter auch einrollen, sie vergilben dann und fallen ab.

Tip

Befand sich eine von Älchen befallene Pflanze zusammen mit anderen Gewächsen in einem gemeinsamen Gefäß, sollte man diese nach dem Entfernen der geschädigten Pflanze einige Zeit genau beobachten, um sicherzugehen, daß sich die Schädlinge nicht ausgebreitet haben.

Im Anfangsstadium eines Befalls mit Spinnmilben kann man nur winzige, silbrige Fäden erkennen.

Tip

Treten an einer Pflanze immer wieder Spinnmilben auf, sollte man unbedingt die Standortbedingungen überprüfen und den Platz gegebenenfalls wechseln. Eine Stelle direkt vor einer nach Süden gerichteten Mauer, an der sich die Hitze staut, begünstigt den Befall geradezu und ist daher ungeeignet.

Tip

Eine Schmierseife-Spiritus-Lösung läßt sich auf einfache Weise selbst herstellen und gut gegen Spinnmilben, Thripse und Blattläuse einsetzen. Man löst etwa 30 g Schmierseife in 1 l heißem Wasser auf, gibt einen Schuß Spiritus dazu und bespritzt die Schädlinge mit der abgekühlten Lösung.

Tip

Bei Spritzungen gegen Spinnmilben ist es besonders wichtig, daß vor allem die Blattunterseiten gut benetzt werden, da sich die Tiere in der Regel dort aufhalten.

Asseln verstecken sich gern unter Töpfen und Kübeln; dort können sie leicht abgesammelt werden.

Tip

Man kann Asseln von Töpfen und Kübeln leicht fernhalten, wenn man diese in Untersetzer oder Übertöpfe stellt. Auf diese Weise sind die Wasserabzugslöcher verdeckt und damit für die Tiere unerreichbar.

Kräftige, gesunde Pflanzen sind im allgemeinen nur selten von diesen Schädlingen betroffen. Bei warmer, trockener Witterung können sich Spinnmilben jedoch rasch ausbreiten und an einer Vielzahl von Balkon- und Kübelpflanzen auftreten, wenn diese durch Hitze oder Wassermangel geschwächt sind. Vorbeugend ist deshalb auf eine angemessene Wasserversorgung zu achten, besonders bei heißem Wetter. Auch häufigeres Überbrausen – am besten in den frühen Morgenstunden – wirkt sich dann sehr günstig aus.

Bei Schädigungen durch Milben empfehlen sich Spritzungen mit Ackerschachtelhalmbrühe (siehe Seite 107) oder Schmierseife-Spiritus-Lösung (siehe Tip links) sowie biologische Spritzmittel wie Pyrethrum oder andere, nützlingsschonende Mittel, etwa Kaliumsalze natürlicher Fettsäuren (siehe Seite 109). Auch durch den gezielten Einsatz von Raubmilben lassen sich die Spinnmilben gut eindämmen.

Eine zweite wichtige Gruppe unter den Milben, die Weichhautmilben (*Aculus*-Arten), treten bevorzugt bei feuchter Witterung oder hoher Luftfeuchtigkeit auf. Diese mit nur 0,2 mm noch kleineren, durchsichtigen Tiere leben gut versteckt, oft in den Blattachseln, und sind lediglich mit einer Lupe zu erkennen. Typische Symptome eines Befalls, der z. B. bei Knollenbegonien (*Begonia*-Knollenbegonien-Hybriden), Pelargonien oder Vanilleblume (*Heliotropium arborescens*) auftritt, sind gekräuselte, verkrüppelte und klein bleibende Blätter, gestauchter Wuchs oder auch die Bildung von grünlichen oder bräunlichen, korkigen Flecken. Eine Bekämpfung der saugenden Schädlinge ist schwierig, bei stärkerem Befall muß man die Pflanze vernichten.

Asseln

Die 1–2 cm großen, vielfüßigen, dunkelgrauen oder braunen Asseln sind lichtscheue Bodentiere, die sich bei Gefahr sofort zusammenrollen und wie leblos liegenbleiben. Sie sind durch einen schuppenartigen Panzer geschützt und können sich selbst durch engste Ritzen zwängen. Normalerweise leben sie vor allem von abgestorbenen Pflanzenresten und sind daher auf dem Komposthaufen oft in großer Zahl zu finden. Doch suchen sie gern auch andere dunkle, feuchte Orte auf, etwa die Unterseite von Töpfen und Kübeln. Schäden können sie verursachen, wenn sie nachts durch die Abzugslöcher kriechen und junge Pflanzenwurzeln annagen. Auch zarte Jungpflanzen oder frische Blätter und Triebe werden manchmal angefressen.

Asseln lassen sich – wie auch Tausendfüßer, die ähnliche Schäden bewirken – leicht durch ausgelegte Köder fangen und dadurch von den Pflanzen fernhalten. Dazu eignen sich z. B. Möhren- oder Kartoffelscheiben, die man an einen dunklen Ort legt, etwa unter einen Blumentopf oder einen Stein. Die sich dort einfindenden Tiere kann man einsammeln und zum Kompost bringen. Doch bereits durch Sauberkeit und regelmäßige Kontrolle der Topfunterseiten sowie anderer Verstecke – alter Bretter, Steine, Mauerritzen – läßt sich ein Schaden weitgehend verhindern.

Thripse

Thripse oder Blasenfüße sind als Schädlinge von Zimmerpflanzen recht bekannt, können aber ebenso im Freien an Balkon- und Kübelpflanzen auftreten, etwa bei Knollenbegonien (*Begonia*-Knollenbegonien-Hybriden), Portulakröschen (*Portulaca grandiflora*), Nelken (*Dianthus*) oder Verbenen. Die länglichen, nur 1–2 mm großen Insekten haben schlanke, federartig gefranste Flügel – daher auch der Name Fransenflügler. Überwiegend sind sie braun oder schwarz gefärbt, bei mehreren Arten tragen die Flügel einen typischen dunklen Querstreifen. Sowohl die voll entwickelten Tiere als auch die winzigen Larven saugen meist auf der Unterseite von Blättern, aber ebenfalls an Blüten und verursachen silbrig glänzende Punkte auf den betroffenen Pflanzenteilen. Bei starkem Befall erscheint das ganze Blatt leicht silbrig und fällt dann in der Regel ab. Manchmal verkorken die Saugstellen, besonders bei Pelargonien. Auch verkrüppelte Blüten sind nicht selten, da die Thripse

Verkrüppelte Blüten mit silbrig verfärbten Punkten deuten auf einen Thripsbefall hin.

oft schon in den Knospen saugen. Außerdem besteht bei einem Thripsbefall immer die Gefahr, daß beim Saugen Viruskrankheiten übertragen werden.

Gehäuft treten Thripse bei heißer Witterung und an durch Trockenheit geschwächten Pflanzen auf. Einem leichten Befall läßt sich beikommen, wenn man die Schädlinge wiederholt abstreift und auf eine gute Wasserversorgung der Gewächse achtet. Auch das Umstellen an einen etwas weniger stark besonnten oder hitzestauenden Platz hilft oft bereits. Bei stärkerem Befall sollte man betroffene Pflanzenteile entfernen und bei Bedarf mit einer Schmierseife-Spiritus-Lösung (siehe Seite 118) oder Pyrethrum-Präparaten (siehe Seite 109) spritzen. Und nicht zuletzt sind im Fachhandel spezielle Raubmilben erhältlich, die als lebende Waffe gegen die Thripse eingesetzt werden können.

Blattwanzen

Eher selten treten sog. Blattwanzen – im zoologischen System gehören sie zu den Weichwanzen *(Miridae)* – als Schädlinge auf, beispielsweise an Engelstrompeten *(Datura)*, Amarant *(Amaranthus)* oder Gärtnerchrysanthemen (*Dendranthema-Grandiflorum*-Hybriden). Die etwa 4–7 mm großen, grünlichen oder bräunlichen, schlanken und flachen, käferähnlichen Insekten (überwiegend *Lygus*- oder *Lygocoris*-Arten) saugen mit Hilfe eines feinen, langen Stechrüssels verschiedene Pflanzenteile an und scheiden dabei teilweise auch Giftstoffe aus. Die betroffenen Stellen zeigen zunächst kleine gelbliche Flecken, die sich später braun färben und schließlich absterben. Da das umgebende Gewebe weiterwächst, kommt es zu Verkrümmungen, welligen Verbiegungen oder ähnlichen Mißbildungen an den Pflanzenorganen, manchmal brechen die abgestorbenen Teile auch aus, so daß durchlöcherte Blätter zurückbleiben. Eine Bekämpfung der Blattwanzen ist mit speziellen Spritzmitteln möglich – eine Maßnahme, die jedoch nur bei wirklich sehr starkem Befall zu erwägen ist.

Blattläuse

Zu den häufigsten Schadinsekten an Zierpflanzen gehören die Blattläuse, die fast alle Balkon- und Kübelpflanzen befallen können. Die kleinen, geflügelten oder flügellosen, eiförmigen Tiere von schwarzer, grüner, gelber oder brauner Färbung haben zwei stachelförmige Röhren am Hinterleib und rüsselartige Mundwerkzeuge. Von den unzähligen Arten sind viele auf ganz bestimmte Wirtspflanzen spezialisiert. Meist sitzen sie in großen Massen dicht an dicht an den Pflanzenteilen, etwa an Knospen oder jungen Blättern, und saugen daraus den Pflanzensaft. Die betroffenen Blätter oder Triebe sind bei stärkerem Befall oft gedreht, verkrüppelt oder verformt.

Blattläuse scheinen allgegenwärtig zu sein und bilden in kurzer Zeit riesige Kolonien.

Ihre komplizierte Fortpflanzungsweise ermöglicht den Blattläusen, unter günstigen Bedingungen in kürzester Zeit viele Generationen hervorzubringen. Daher entdeckt man auch immer unterschiedlich große Tiere in einer Kolonie zusammen. Um ihren Bedarf an Eiweiß zu decken, saugen Blattläuse reichlich Pflanzensaft. Den stark zuckerhaltigen Überschuß scheiden sie als sog. Honigtau wieder aus. Dieser klebrige Saft, der sich auf den darunterliegenden Pflanzenteilen oder auch am Boden findet, gibt einen deutlichen Hinweis auf den Befall durch Blattläuse oder andere honigtaubildende Schadinsekten.

Bei geringem Auftreten hält sich der Schaden meist in engen Grenzen, und es genügt, die Läuse einfach mit den Fingern zu zerdrükken oder abzustreifen, die Pflanzen mit einem scharfen Wasserstrahl abzuspritzen und zu versuchen, Ameisen von ihnen fernzuhalten. Übermäßig betroffene Teile schneidet man unter Umständen besser ab. Bei einer Massenvermehrung empfiehlt sich eine Spritzung mit Brennesseljauche (siehe Seite 107) oder aber auch mit Schmierseife-Spiritus-Lösung (siehe Seite 118).

Vielfach tritt ein stärkerer Blattlausbefall allerdings nur zeitlich begrenzt auf. So finden

Blattwanzen sind bisweilen an Engelstrompeten zu finden; sie verursachen Verkrüppelungen.

Tip

Thripse werden durch die Farbe Blau angelockt. Zu ihrer Bekämpfung sind blaue Leimtafeln erhältlich, die genau wie die Gelbtafeln (siehe Seite 121) an den Pflanzen aufgehängt werden.

Tip

Da sich die flinken Blattwanzen bei jeder kleinen Störung sofort auf der Blattunterseite verstecken oder sich fallen lassen, vermag man sie nur schwer zu entdecken und noch schwerer zu fangen. Am ehesten gelingt dies in den kühlen Abend- und Morgenstunden, wenn sie weniger beweglich sind.

Tip

Auf dem von Blattläusen ausgeschiedenen Honigtau siedeln sich häufig Rußtaupilze an und färben die entsprechenden Pflanzenteile schwarz. Sie schädigen die Pflanze insofern, als der Belag die Fähigkeit der Blätter zur Photosynthese mindert. Daher sollte er mit Wasser und etwas Schmierseife abgewischt werden.

Tip

Der Befall durch Blattläuse und zahlreiche andere saugende Schadinsekten wird durch stickstoffreiche Düngung und eine übermäßige Nährstoffversorgung gefördert. Treten derartige Schädlinge häufiger auf, sollte man daher unbedingt auch auf eine ausgewogenere Ernährung der Pflanzen achten.

Tip

Gefährlicher als der direkte Schaden durch die Saugtätigkeit der Blattläuse ist das Risiko, daß dabei Viren übertragen werden. Wenn im Balkonkasten oder an den Kübelpflanzen Virosen aufgetreten sind, muß man deshalb auch die möglichen Überträger bekämpfen.

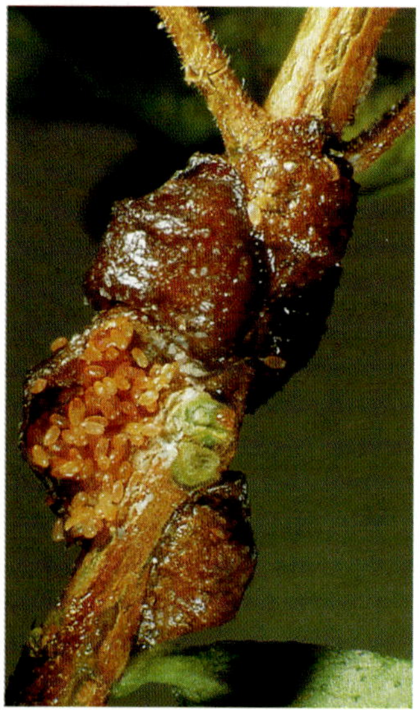

Schildlauseier liegen stets unter panzerartigen Deckeln verborgen.

Tip

Betupft man die Schilde von Schildläusen mit einem in Wundbenzin getauchten Wattestäbchen, so lassen sich diese Schädlinge sehr viel leichter abkratzen.

sich die Läuse etwa besonders häufig am frischen Austrieb von Kübelpflanzen nach der Überwinterung, da das Gewebe dann noch sehr weich ist und den feinen Saugrüsseln kaum Widerstand bietet. Doch schon kurz nachdem die Pflanzen ins Freie geräumt wurden, härten die Triebe zunehmend aus, und der Blattlausbefall nimmt rapide ab. Ebenso können bestimmte Witterungsbedingungen, etwa anhaltend feuchtwarmes Wetter, ein vorübergehendes Auftreten begünstigen. An einem der Pflanze angemessenen Standort und bei guter Pflege verschwinden die Schädlinge häufig auch ohne aufwendigere Maßnahmen von selbst. Gute Hilfsdienste leisten darüber hinaus Nützlinge wie etwa Marienkäfer, deren Larven unzählige Läuse vertilgen (siehe Seite 108 f.).

Schildläuse

Ein Befall durch Schildläuse kommt zwar bei Balkonblumen selten vor, kann jedoch an vielen Kübelpflanzen auftreten, z. B. bei Agaven, Kamelien, Zwergpalme *(Chamaerops humilis)*, Zitrusgewächsen, Oleander *(Nerium oleander)* oder Lorbeerbaum *(Laurus nobilis)*. Die kleinen, nur wenige Millimeter messenden, rundlichen oder länglichen Tiere sind kaum jemals sichtbar, denn sie halten sich unter einem meist glatten, manchmal auch fransigen Schild aus erhärteten Drüsenausscheidungen verborgen. Dieser bietet nicht nur dem unbeweglichen Weibchen Schutz vor Feinden, sondern auch dessen zahllosen Eiern. Die Jungtiere kriechen aus dem Schild hervor und setzen sich bald an anderer Stelle fest. Unter ihrem Schild sitzend, saugen die Läuse Pflanzensäfte und können dadurch Schäden sowohl an Blättern als auch an Trieben verursachen. Die vorwiegend braun gefärbten Schilde der Tiere sind oft schwer zu entdekken; gewöhnlich finden sie sich dicht an den Blattrippen auf der Blattunterseite oder an der ebenfalls braunen Rinde.

Bei leichtem Befall kann man versuchen, die Schilde möglichst vollständig und restlos abzukratzen, um auch die daruntersitzenden Eier und eventuell vorhandene Jungtiere zu entfernen. Wiederholte Kontrollen sind unerläßlich. Bei starkem Befall ist der Einsatz geeigneter Spritzmittel anzuraten. Da die Schilde mit Wasser schwer benetzbar sind, eignen sich nur öl- oder fetthaltige Präparate wie solche auf Mineralölbasis (siehe Seite 109), welche die Atemporen der Tiere verstopfen, so daß diese ersticken und abfallen. Auch durch den Einsatz eines Nützlings, des Australischen Marienkäfers (siehe Seite 108), lassen sich Schildläuse bekämpfen.

Wolläuse schützen sich durch watteähnliche, meist weißliche „Pelze" aus Wachsfäden.

Woll- oder Schmierläuse

Auf dieselbe Weise wie gegen Schildläuse geht man auch gegen Woll- oder Schmierläuse vor. Diese Verwandten der Schildläuse sind beweglich und von einem auffälligen, watteartigen, meist weißlichen oder rötlichen Überzug bedeckt, der wie die derben Schilde der Schildläuse wasserabweisend ist. Die Tiere saugen an Blättern oder Trieben und können an zahlreichen Kübelpflanzen Schäden verursachen, etwa an Zitrusgewächsen, Japanischem Palmfarn *(Cycas revoluta)*, Echtem Feigenbaum *(Ficus carica)* oder Brautmyrte *(Myrtus communis)*.

Weiße Fliege

Ebenfalls um eine Verwandte der Schildläuse, nicht etwa um eine Fliege, handelt es sich bei der Weißen Fliege *(Trialeurodes vaporariorum)*, die oft auch als Mottenschildlaus bezeichnet wird. Dieser aus Mittelamerika eingeschleppte Schädling ist vor allem in Gewächshäusern weit verbreitet. Charakteristisch für die etwa 1–2 mm großen Tiere sind die milchig weißen Flügel sowie das Auffliegen bei Störungen. Auf Balkon und Terrasse befallen sie häufig Pflanzen aus der Familie der Nachtschattengewächse, beispielsweise Engelstrompeten *(Datura)*, Hammersträucher *(Cestrum)* oder Nachtschatten *(Solanum)*, aber auch Fuchsien, Pelargonien, Freiland-Pantoffelblumen *(Calceolaria integrifolia)* oder Salbei *(Salvia)*, bevorzugt Arten mit weichen Blättern.

Die Pflanzen werden zum einen durch die Saugtätigkeit der Weißen Fliegen direkt geschädigt, zum andern scheiden die Tiere große Mengen an Honigtau aus, auf dem sich wie bei einem Blattlausbefall Rußtaupilze ansiedeln (siehe auch Seite 119). Bei warmer Witterung und gutem Nahrungsangebot kommt es nicht selten zu einer Massenvermehrung der Tiere. Anders als im Gewächshaus oder an Zimmerpflanzen halten sich Schäden durch die Weiße Fliege im Freiland allerdings in Grenzen. Am stärksten gefährdet sind Pflanzen in warmen, windgeschützten Ecken.

Weiße Fliegen schwirren bei der kleinsten Störung auf, sie können mit Gelbtafeln gefangen werden.

Weiße Fliegen lassen sich einfach und erfolgreich durch das Anbringen von sog. Gelbtafeln oder Gelbstickern an oder in der Nähe der befallenen Pflanzen bekämpfen, wenn auch die Wirksamkeit der Fallen im Freien geringer ist als in geschlossenen Räumen. Diese Leimtafeln sind für wenig Geld im Fachhandel erhältlich. Durch die gelbe Farbe stark angezogen, fliegen die Tiere die Tafeln an und bleiben dort kleben. Sobald die Gelbtafeln dicht mit Weißen Fliegen besetzt sind, muß man sie austauschen. Daneben ist bei stärkerem Befall eine Spritzung mit Brennesseljauche (siehe Seite 107) zu empfehlen. Außerdem können bestimmte Schlupfwespenarten als Nützlinge eingesetzt werden. Chemische Spritzmittel sind nicht zuletzt wegen der raschen Resistenz problematisch.

Raupen

Mitunter treten an den Blättern von Balkon- und Kübelpflanzen rundliche Löcher auf, die von Raupenfraß herrühren. Selten kommt es dabei jedoch zu größeren Beeinträchtigungen. Wenn man die Raupen, die von verschiedenen Schmetterlingsarten stammen können, entdeckt, sammelt man sie einfach ab. Bemerkt man solche Schäden häufiger, empfiehlt es sich, die Blattunterseiten und Triebe stets nach den meist in kleinen Gruppen abgelegten Eiern abzusuchen und diese zu entfernen.

Minierfliegen

Weisen einzelne Blätter helle, gewundene, linienartige, oft auch verästelte Streifen auf, wenn man sie gegen das Licht hält, dann handelt es sich dabei meist um die Fraßgänge der winzigen Larven von Minierfliegen *(Agromyzidae)*, die in den Blättern leben. Sie können an vielen Pflanzenarten auftreten und finden sich häufiger z.B. an der Blauen Fächerblume *(Scaevola saligna)* oder beim Kreuzkraut *(Senecio)*. Durch Absammeln der Blätter lassen sie sich leicht bekämpfen.

Die Larven der Minierfliegen fressen sehr bizarre Gangmuster in Pflanzenblätter.

Dickmaulrüßler

Kerbige; oft gezähnte Fraßspuren an den Blatträndern sind Anzeichen dafür, daß dort der Dickmaulrüßler *(Otiorhynchus sulcatus)*, ein etwa 1 cm großer, schwarzer Käfer, sein Unwesen getrieben hat. Seltener befällt er auch Knospen oder junge Triebe. Die ausgewachsenen Tiere sind nachtaktiv und können in den späten Abendstunden mit Hilfe einer Taschenlampe entdeckt und entfernt werden.

Doch schädlicher sind ihre blaßgelben, etwa 1 cm langen Larven, die in der Erde leben und an den Wurzeln nagen. Meist werden sie mit gekauften Pflanzen im Topf eingeschleppt. Sie lassen sich durch das Ausbringen spezieller, im Fachhandel erhältlicher Fadenwürmer *(Nematoden)* bekämpfen.

Tip

Stark von Weißer Fliege heimgesuchte Blätter muß man rasch entfernen und vernichten, da sich darauf auch zahlreiche Eier befinden, aus denen bald neue Nachkommen schlüpfen werden.

Tip

Sollen von Weißer Fliege befallene Balkon- oder Kübelpflanzen überwintert werden, stellt man sie tunlichst getrennt von anderen Gewächsen an einem sehr luftigen, möglichst kühlen Ort auf, damit sich der Schädling nicht weiter ausbreitet. Bei wertvollen Exemplaren kann vor dem Einräumen eine Spritzung sinnvoll sein.

Tip

Die Gelbtafeln und Gelbsticker, die gegen die Weiße Fliege erhältlich sind, kann man auch gegen Minierfliegen einsetzen.

Tip

Wenn Ameisen durch das Abzugsloch in einen Topf eingedrungen sind und sich darin eingenistet haben, stellt man diesen so lange in ein Gefäß mit Wasser, bis die Tiere herauskommen.

Die Larven des Dickmaulrüßlers fressen an den Wurzeln.

Prunkstücke für Balkon und Terrasse

Balkon- und Kübelpflanzen von A–Z

Im reichen Angebot an Gefäßpflanzen gibt es eine Vielzahl solcher Prachtexemplare wie die Trompetenblume, die man auch Brokatblume nennt.

Exotische Farbenpracht, eine überschäumende Blütenfülle oder klassische Pflanzenarrangements – die schier unerschöpfliche Palette der Gewächse, die sich für die Gefäßgärtnerei eignen, läßt kaum Wünsche offen. Das Angebot zur Verschönerung des eigenen Heims reicht von anmutigen Hängepflanzen über üppige Blütenbüsche bis hin zu fast schon baumähnlichen Gehölzen, von prunkvollen Kostbarkeiten bis hin zu schlichten, jedoch überaus eleganten Begleitern.

Die Pflanzen in diesem Kapitel sind alphabetisch nach ihren botanischen Namen geordnet. In den Katalogen, Fachbüchern und auch in Gärtnereien und Blumengeschäften kommt man mit diesen Namen am schnellsten und sichersten zu der tatsächlich gewünschten Art, denn viele Gewächse haben eine ganze Reihe volkstümlicher Namen, die sich des öfteren von Gegend zu Gegend unterscheiden. Darüber hinaus kommt es auch vor, daß mit demselben deutschen Namen völlig unterschiedliche Pflanzen benannt werden. Man wird sich schnell an diese Anordnung gewöhnen, zumal das ausführliche Register auch die gängigen deutschen Namen enthält. Besonders wichtig, aber nicht immer einfach ist die richtige Zusammenstellung von Balkon- und Kübelpflanzen. Deshalb sind in diesem Kapitel unter der Rubrik „Verwendung" geeignete Nachbarpflanzen genannt. Handelt es sich dabei um andere hier beschriebene Balkon- und Kübelpflanzen, so sind sie nur mit ihrem gebräuchlichsten deutschen Namen aufgeführt; bei den in diesem Band nicht enthaltenen Pflanzenformen ist dann zusätzlich ihr botanischer Name angegeben.

A

Abutilon megapotamicum

Abutilon

Schönmalve, Samtpappel, Samtmalve, Zimmerahorn

Arten: A.-Hybriden (auch *A.* x *hybridum*), *A. megapotamicum* (auch *A. vexillarium*, Rio-Grande-Abutilon), *A. pictum* (auch *A. striatum*)
Familie: Malvengewächse *(Malvaceae)*
Herkunft: tropische und subtropische Gebiete in Brasilien
Blütenfarbe: *A.*-Hybriden weiß, gelb, orange, rosa oder rot, *A. megapotamicum* rot mit Gelb, *A. pictum* orange oder rot
Blütezeit: April bis Oktober, *A. pictum* Juli bis Oktober
Höhe: 1–3 m
Merkmale: Schönmalven begeistern vor allem durch ihre großen, zarten, seidig anmutenden Blütenkelche, die unablässig neu gebildet werden und in vorwiegend kräftigen Farben leuchten. Die sparrig verzweigten Sträucher wachsen aufrecht, nur das Rio-Grande-Abutilon weist locker überhängende Triebe auf. Die Blätter der immergrünen bis halbimmergrünen Pflanzen sind bis zu 15 cm lang, grob gelappt bis ahornartig und kräftig dunkelgrün, bei manchen Sorten auch weiß oder gelb gescheckt. Die schalenförmigen, bei einigen Formen auch gefüllten Blüten der *A.*-Hybriden hängen an dünnen Stielen. Aus der Mitte der sich stark überdeckenden Kronblätter leuchtet ein Büschel gelber Staubgefäße hervor. *A. pictum*, das an der Entstehung der Hybriden beteiligt war, blüht sehr ähnlich, seine Blumen bleiben jedoch etwas kleiner. Ganz anders sehen dagegen die schlankeren, an langen Stielen hängenden Blüten des Rio-Grande-Abutilons aus. Hier bildet der große, wie aufgeblasen wirkende, leuchtend rote Kelch einen schönen Kontrast zu den kräftig gelben, spitzen Kronblättern, aus deren Mitte ein rotviolettes Staubblattbüschel ragt.
Sorten: Von den *A.*-Hybriden sind im Handel u. a. erhältlich 'Moonchimes' (kräftig gelb, kleinwüchsig, Höhe 1–2 m), 'Crimson Belle' (karminrot, Höhe 1,5–3 m), 'Souvenir aus Bonn' (lachsorange, großblütig, Blätter teilweise weißlich gefleckt, Höhe 1,5–3 m). Häufig werden die Sorten nicht mit einem eigenen Namen, sondern nur mit ihrer Blütenfarbe bezeichnet, etwa *A.*-Hybride gelb oder gelbe *A.*-Hybride. Von *A. megapotamicum* wird 'Variegatum' (Blätter goldgelb gefleckt, Höhe 1,5–3 m) häufig angeboten; von *A. pictum* 'Thompsonii' (gelborange, Blätter weißlichgelb gescheckt, Höhe 1,5–2,5 m).
Standortansprüche: Schönmalven bevorzugen einen hellen und warmen, halbschattigen bis sonnigen, aber stets vor praller Sonne geschützten Platz. Als Substrat eignet sich Einheitserde oder eine lehmige Erdmischung.
Verwendung: Die Sträucher sind prächtige Kübelpflanzen mit üppigem Blütenschmuck, die sich als Blickfang und Solitär eignen. Sie werden häufig als Hochstamm gezogen und wirken – je nach Blütenfarbe – gut neben Arten wie Bleiwurz, Pantoffelblume, Nachtschatten oder Petunien. Das Rio-Grande-Abutilon kann man auch als Ampelpflanze verwenden. Alle Schönmalven lassen sich ab Mitte Mai in den Garten auspflanzen, wo sie bis Ende September bleiben können.
Pflege: Während der Wachstumszeit sollte man auf eine gleichmäßige, gute Wasserversorgung der Pflanzen achten und etwa alle 2 Wochen mäßig düngen. Standschwache Exemplare benötigen eine

Abutilon-Hybride

Abutilon pictum

Stütze, an der man bei Bedarf auch stark herabhängende Triebe aufbindet. Schönmalven werden entweder beim Einräumen ins Winterquartier oder auch erst im Frühjahr zurückgeschnitten, wobei sie selbst einen kräftigen Rückschnitt vertragen.
Überwinterung: Vor dem ersten Frost räumt man die Schönmalven ein. Sie werden hell und kühl, am besten bei 5–10 °C, überwintert. Liegen die Temperaturen höher, lassen sie leicht ihre Blätter fallen. Ab und zu muß gegossen werden, damit der Ballen nicht austrocknet. Nach den letzten Spätfrösten können die Pflanzen dann wieder ins Freie.
Vermehrung: Neue Pflanzen gewinnt man durch Aussaat ab Februar unter Glas bei etwa 18 °C oder im Frühjahr durch Kopfstecklinge, die sich bei hoher Bodenwärme gut bewurzeln.
Schädlinge und Krankheiten: Spinnmilben, Weiße Fliege, Blattläuse; Sonnenbrand
Tip: Wenn die Standortbedingungen, etwa Temperatur oder Wasserversorgung, stark schwanken, aber auch durch Zugluft sowie nach einem Standortwechsel werfen Schönmalven häufig ihre Blätter und Knospen ab. In solchen Fällen sollte man dafür sorgen, daß wieder gleichmäßige Wuchsvoraussetzungen herrschen, und die Pflanzen eventuell leicht zurückschneiden.

Acalypha
Katzenschwanz, Nesselblatt

Art: *A. hispaniolae* (auch *A. pendula*)
Familie: Wolfsmilchgewächse *(Euphorbiaceae)*
Herkunft: Große Antillen, in vielen tropischen Gebieten verwildert
Blütenfarbe: rot
Blütezeit: Mai bis Oktober
Höhe: 10–20 cm, einzelne kriechende oder hängende Triebe 20–40 cm lang
Merkmale: Aus dem dichten, hellgrünen Laubwerk des Katzenschwanzes quellen zur Blütezeit langgestreckte Blütenstände hervor, die leuchtend rot gefärbt sind und wie samtig behaarte Schwänzchen wirken. Es fallen jedoch ausschließlich die männlichen Blüten auf, die weiblichen bleiben klein und unscheinbar und sitzen versteckt in den Blattachseln. Mit ihren teils langen, kriechenden Trieben bildet die häufig einjährig gehaltene, ihrer Natur nach aber ausdauernde Pflanze dichte Tuffs, die an einem entsprechenden Standort schön überhängen. Der kleine Strauch ist in allen seinen Teilen giftig.
Standortansprüche: Der Katzenschwanz gedeiht am besten an hellen bis halbschattigen Standorten, wo er vor direkten Sonnenstrahlen geschützt ist. Das Substrat sollte lehmig-humos beschaffen sein und eine saure bis allenfalls neutrale Reaktion zeigen, wie es z. B. auf Einheitserde zutrifft. Eine gute Dränage des Pflanzgefäßes ist wichtig.

Acalypha hispaniolae

Verwendung: Die farbintensiven, exotisch anmutenden Blütenstände des Katzenschwanzes kommen in einer Ampel ganz besonders gut zur Geltung. Im Balkonkasten sollte man die Pflanze möglichst an den äußeren Rand setzen, damit ihre Triebe dekorativ herabhängen können. Hübsche Ergänzungen sind Blattschmuckpflanzen wie der Harfenstrauch oder auch gelbblühende Pantoffelblumen.
Pflege: Katzenschwänze setzt man stets mit reichlich Abstand zu den Nachbarpflanzen (etwa 30 cm) in die Gefäße ein. Sie müssen mit Fingerspitzengefühl gegossen werden, da sie zu trockene Erde ebensowenig vertragen wie stauende Nässe. Um den pH-Wert des Substrats im sauren bis neutralen Bereich zu halten, gießt man nicht mit kalkhaltigem Wasser, sondern besser mit Regenwasser oder entkalktem Wasser. Während der Wachstumsperiode sollten die Pflanzen alle 1–2 Wochen mit Volldünger versorgt werden. Wie die Düngergaben unterstützt auch ein regelmäßiges Entfernen verwelkter Blütenstände die Blühfreudigkeit der Gewächse.
Überwinterung: Will man die Pflanzen überwintern, muß man sie vor den ersten Frösten ins Haus bringen. Sie werden an einem hellen Ort bei 10–15 °C aufgestellt und

gleichmäßig feucht gehalten. Häufiges Übersprühen ist empfehlenswert. Zu Beginn des Neuaustriebs entspitzt man die Zweige. Ab Mitte Mai können überwinterte Pflanzen wieder ins Freie kommen.
Vermehrung: Im Herbst läßt sich der Katzenschwanz durch Kopfstecklinge vermehren, die warm (bei etwa 20 °C) zur Bewurzelung gebracht werden können. Vor dem Auspflanzen im Frühjahr werden die Jungpflanzen gestutzt, damit sie sich gut verzweigen.
Schädlinge und Krankheiten: Weiße Fliege, Spinnmilben, Blattläuse; Wurzelfäulnis bei Staunässe

Agapanthus
Schmucklilie, Afrika-Lilie, Doldenlilie, Liebesblume

Arten: *A. africanus* (auch *A. umbellatus*), *A. praecox* (auch *A. umbellatus*)
Familie: Liliengewächse *(Liliaceae)*
Herkunft: Südafrika
Blütenfarbe: blau, auch weiß

Agapanthus praecox

Blütezeit: Juli bis August
Höhe: 80–100 cm
Merkmale: Schmucklilien bestechen durch ihre blauen, bei einigen Sorten auch weiß getönten, doldenartigen Blütenstände, in denen stets zahlreiche schlanke Blüten zusammengefaßt sind. Während sich die Blütentrichter bei *A. africanus* nur allmählich erweitern, stehen bei *A. praecox* die tief zerteilten Kronblätter weiter auseinander. Die üppigen Blütenbälle erheben sich bei beiden Arten an straff aufrechten, unbeblätterten Stengeln weit über einen Schopf riemenförmiger, glatter Blätter, deren Enden schwungvoll überhängen. Das sich aus einem fleischig verdickten Wurzelstock bildende Laub ist immergrün.
Sorten: von *A. africanus* 'Blue Giant' (dunkelblau, Höhe 80–100 cm); von *A. praecox* 'Albus' (auch 'Albidus'; weiß, Höhe 80–100 cm)
Standortansprüche: Schmucklilien bevorzugen einen möglichst sonnigen, warmen und geschützten Platz. Als Substrat eignet sich Einheitserde oder eine entsprechende Erdmischung. Damit die äußerst fleischigen Wurzeln nicht faulen, müssen die Gefäße unbedingt mit einer Dränageschicht ausgestattet sein.
Verwendung: Die auffällig und üppig, allerdings nicht sehr lange blühenden Prachtstauden werden überwiegend als Solitäre im Kübel gezogen und dienen zur Blütezeit als attraktiver Blickfang. Einen reizvollen Kontrast finden sie in gelbblühenden Pflanzen, z. B. Kassien. Wegen ihres überhängenden Laubs sind Schmucklilien nur schlecht zu unterpflanzen.
Pflege: Den Sommer über benötigen Schmucklilien viel Wasser, dürfen jedoch nicht naß stehen. Auch ihr Nährstoffbedarf ist hoch. Man sollte sie vom Frühjahr bis zur Blüte alle 1–2 Wochen düngen, dann bis zum Herbst nur noch monatlich. Doch darf die Düngung nicht zu stickstoffbetont ausfallen, da die Pflanzen sonst weniger reich blühen. Umgetopft wird erst, wenn die Wurzeln nach 4–6 Jahren den Kübel fast vollständig ausfüllen. Das neue Gefäß wählt man nur geringfügig größer als das alte, andernfalls läßt die Blühfreudigkeit für einige Jahre nach. Die fleischigen Wurzeln müssen beim Umtopfen äußerst vorsichtig behandelt werden, da sie leicht verletzt werden können oder gar abbrechen. Wunden sollte man gleich mit Holzkohlenpulver bestäuben, um das Eindringen von Krankheitserregern zu verhindern.
Überwinterung: Rechtzeitig vor dem ersten Frost werden die Schmucklilien in ein helles, trockenes und kühles Winterquartier gebracht, in dem die Temperatur 5–7 °C, höchstens 10 °C beträgt. Während des Winters wird lediglich sehr sparsam gegossen. Man sollte besonders auf die neuen Blütenknospen achten, da diese leicht abbrechen. Bei zu warmer Überwinterung reifen sie zudem nicht aus, so daß die Blüte im nächsten Jahr nur recht spärlich ausfällt. Zu hohe Feuchtigkeit im Winterlager führt meist ganz leicht zu Schimmelbefall, bei zu dunklem Stand vergilben die Blätter und werden krankheitsanfällig. Nach den letzten Spätfrösten können die Pflanzen wieder im Freien aufgestellt werden.
Vermehrung: Schmucklilien lassen sich im Frühjahr durch Aussaat unter Glas vermehren. Allerdings dauert es mindestens drei Jahre, bis zum erstenmal Blüten erscheinen. Leichter und vor allem rascher gewinnt man neue Pflanzen durch Teilung, die man im Frühjahr oder auch nach der Blüte vornimmt.
Tip: Gefäße für Schmucklilien müssen recht massiv sein, da sie sonst von den kräftigen Wurzeln gesprengt werden können.

Agave
Agave

Arten: *A. americana* (Amerikanische Agave, Hundertjährige Aloe), *A. attenuata* (Drachenbaumagave)
Familie: Agavengewächse *(Agavaceae)*
Herkunft: Trockengebiete in Mexiko, *A. americana* im Mittelmeerraum eingebürgert
Blütenfarbe: gelb
Blütezeit: Juni bis September, kommt aber nur sehr selten zur Blüte
Höhe: *A. americana* 50–200 cm, *A. attenuata* 50–100 cm (jeweils die Höhe der Blattrosette ohne den Blütenstand)

Agave americana

Merkmale: Der Zierwert der Agaven liegt vor allem in der eindrucksvollen Gestalt ihrer markanten Blattrosetten, weniger in den Blüten. Nur selten wird man erleben, daß eine Kübelagave ihren stattlichen Blütenstand treibt. Doch wenn es geschieht, stirbt die Mutterpflanze danach ab. Agaven bilden eine dichte Rosette aus großen, immergrünen, sukkulenten, d. h. wasserspeichernden Blättern. Bei der Amerikanischen Agave sind sie breitlanzettlich und oft etwas eingerollt. Sie enden in einem langen, harten Dorn, und auch ihre Ränder tragen Dornen. Die Rosette aus bläulich graugrünen Blättern sitzt keinem Stamm auf, sondern wächst direkt aus dem Boden. Bei alten Exemplaren können die Blätter fast 200 cm Länge erreichen. Daß die Amerikanische Agave auch als Hundertjährige Aloe bezeichnet wird, rührt zum einen von der früheren Zuordnung der Pflanzen zur Gattung *Aloë*, zum andern von dem Irrglauben, bis zur Blüte würde ein Jahrhundert vergehen. Tatsächlich dauert es in ihrer Heimat etwa 10–15 Jahre, bei Kübelpflanzen oft mehrere Jahrzehnte. Bei Wildpflanzen schiebt sich aus der Mitte der Rosette ein bis zu 8 m hoher, langgestielter und am oberen Ende reich verzweigter Blütenstand empor, der die zahlreichen großen gelben Blüten trägt. Bei Exemplaren im Kübel bleibt der Blütenschaft, sofern er überhaupt gebildet wird, deutlich niedriger. Alle Teile dieser Art sind giftig, der Saft kann bei Kontakt zu Hautreizungen und Bindehautentzündungen führen.
Bei der Drachenbaumagave entspringt die Blattrosette einem bis zu 100 cm hohen, meistens etwas gebogenen Stamm. Die hell graugrünen, bis zu 70 cm langen Blätter sind elliptisch geformt und an beiden Enden stark verjüngt, ihre Spitze trägt einen weichen Dorn. Auch diese Art blüht im Kübel sehr selten. Wenn doch, erreicht der bogenförmig nach unten gekrümmte Blütenstand mit den gelbgrünen Blüten in der Regel nicht annähernd die 4 m Höhe, auf die er es bei Wildpflanzen bisweilen bringt.
Sorten: Von *A. americana* sind im Handel u. a. erhältlich (Höhe der Blattrosette jeweils 50–200 cm) 'Alba' (Blätter cremefarben gerandet), 'Marginata' (auch *A. americana* var. *marginata*; Blätter am Rand mit breitem gelbem Streifen), 'Mediopicta' (Blätter mit blaßgelbem Streifen in der Mitte).
Standortansprüche: Die Pflanzen brauchen einen möglichst sonnigen bis allenfalls halbschattigen Platz, der vorwiegend trocken und vor direktem Regen geschützt sein sollte, da bei zuviel Nässe die Wurzeln faulen können. Als Substrat wählt man ein durchlässiges, sandig-lehmiges, humoses Erdgemisch. Die Gefäße müssen mit einer wirksamen Dränageschicht versehen werden.
Verwendung: Agaven sind beliebte Blattschmuckpflanzen, die auffällige Akzente im Garten und auf der Terrasse setzen. Sie lassen sich mit vielerlei anderen Kübelpflanzen kombinieren. Besonders zu empfehlen sind dabei solche Arten, die entweder in kräftigen Farbtönen blühen, etwa blaue Schmucklilien, rote Mittagsblumen, Oleander und Kreppmyrte, oder aber durch stark strukturiertes Laub, wie es z. B. die Zypressen haben, einen spannungsvollen Kontrast zu den kompakten Agavenblättern bilden.
Pflege: Die Pflanzen benötigen nur mäßige Feuchtigkeit, man sollte sie eher zuwenig als zuviel gießen. Bei anhaltenden Regenfällen ist es ratsam, die Agaven an einen überdachten Ort zu bringen. Größere Exemplare können auch mit einem provisorischen Regenschutz versehen werden, etwa einer übergehängten Plastikfolie oder einem alten Regenschirm. Während der Wachstumszeit kann man alle 3–4 Wochen schwach düngen.
Die Gefäße sollten eher klein, dabei aber sehr standfest sein. Beim Umtopfen, was bei Agaven recht selten notwendig wird, beläßt man lediglich einen geringen Gießrand, damit überschüssiges Wasser eher über den Rand abfließt als in das Substrat versickert.

Agave attenuata

Überwinterung: Bereits vor den ersten Frösten werden die Pflanzen in ein kühles (5–10 °C), helles Winterquartier geräumt. Man gießt nur, wenn der Ballen fast ganz trocken ist. Leider werden die prächtigen Amerikanischen Agaven mit der Zeit so groß

und sperrig, daß ihre Überwinterung und vor allem das Einräumen zu einem Problem werden kann. Da Agaven kurzzeitig durchaus einige Minusgrade und ebenso zeitweilige Dunkelheit aushalten, kann man eine Überwinterung in der Garage oder einem Schuppen versuchen. Den Kübel sollte man dann auf Latten stellen und zum Schutz vor Frost dick mit Styropor, Noppenfolie oder Stroh umhüllen. Nach den letzten Spätfrösten werden die Pflanzen wieder ins Freie gebracht.
Vermehrung: Agaven lassen sich besonders leicht durch Abnahme bewurzelter Seitensprosse vermehren, aber auch eine Anzucht aus Samen ist möglich.
Schädlinge und Krankheiten: Schildläuse; bei zu nasser Erde Wurzelfäulnis
Tip: Im Umgang mit Agaven sollte man große Vorsicht walten lassen, da man sich an deren harten, spitzen Blattdornen leicht verletzen kann. Kleine Korkscheiben, die man z. B. beim Einräumen der Pflanzen auf die Dornen steckt, mindern die Gefahr. Außerdem knicken Agavenblätter, obwohl sie so robust wirken, relativ leicht ab. Die Wunden verheilen zwar, die dabei gebildeten Narben bleiben aber sehr lange sichtbar und verunzieren die attraktiven Blattrosetten.

Ageratum
Leberbalsam

Art: *A. houstonianum* (auch *A. mexicanum*)
Familie: Korbblütler *(Compositae)*
Herkunft: tropisches Mittel- und Südamerika
Blütenfarbe: blau, violett, auch weiß oder rosa
Blütezeit: Mai bis Oktober
Höhe: 10–20 cm
Merkmale: Der überwiegend nur einjährig kultivierte Halbstrauch schmückt sich den ganzen Sommer über mit feinblättrigen Korbblüten, die an den Enden der Triebe in üppigen Trugdolden zusammenstehen. Sie sind meist blau oder violett gefärbt, doch gibt es auch Sorten mit weißen oder altrosafarbenen Blüten. Darunter sind die Stiele dicht mit herz- bis eiförmigen Laubblättern besetzt, die etwas ledrig wirken.

Ageratum houstonianum

Sorten: Zur Balkonbepflanzung eignen sich am besten niedrige bis mittelhohe Sorten, die zu breitbuschigen Pflanzen heranwachsen, u. a. 'Blaue Kugel' (dunkelblau, Höhe 10–15 cm), 'Madison' (mittelblau, großblumig, Höhe 10–15 cm), 'Royal Hawaii' (dunkelblau, Höhe 10–15 cm), 'White Hawaii' (rein weiß, Höhe 10–15 cm), 'Pacific' (purpurviolett, Höhe 10–20 cm), 'Blaue Donau' (mittelblau, Höhe 15–20 cm), 'Nordmeer' (violett, Höhe 15–20 cm).
Standortansprüche: Der Leberbalsam blüht am schönsten an sonnigen Plätzen, doch verträgt er auch Halbschatten noch recht gut. Man pflanzt ihn am besten in Einheitserde oder eine vergleichbare Substratmischung. Um Staunässe vorzubeugen, bringt man ins Pflanzgefäß eine Dränageschicht ein.
Verwendung: Als unaufdringlicher Begleiter harmoniert der Leberbalsam mit vielen anderen Balkonblumen, z. B. mit gelb- oder orangeblühenden wie Studentenblumen, Pantoffelblumen oder Kapkörbchen, paßt aber ebenso zu weiß- oder blaublühenden Pflanzen wie Duftsteinrich und Männertreu.
Pflege: Die Pflanzen werden im Abstand von 10 cm in die Gefäße gesetzt. Sie müssen gleichmäßig feucht gehalten werden, es darf jedoch keine Staunässe entstehen. Etwa alle 2 Wochen empfiehlt sich eine Düngung. Abgeblühtes entfernt man regelmäßig.
Überwinterung: Die kleinen Halbsträucher können in einem hellen, temperierten Raum bei 10–15 °C überwintert werden. Während dieser Zeit sollte man regelmäßig, doch zurückhaltend gießen. Erscheint der Austrieb, kürzt man alle Triebe um etwa ein Drittel ein. Nach den Eisheiligen können die Pflanzen wieder ins Freie.
Vermehrung: Leberbalsam läßt sich gut aus Samen – meist im Februar/März – anziehen; die optimale Keimtemperatur liegt bei etwa 20 °C. Erscheinen die Sämlinge, stellt man sie kühler (16 °C) und pikiert sie bald. Etwas aufwendiger ist die vegetative Vermehrung durch Kopfstecklinge, die von überwinterten Exemplaren oder gekauften Jungpflanzen im zeitigen Frühjahr geschnitten werden.
Schädlinge und Krankheiten: Weiße Fliege, Spinnmilben, Blattläuse; Wurzelfäulnis bei Staunässe

Aloysia
Aloysia

Art: *A. triphylla* (auch *Lippia citriodora*, *L. triphylla*, Zitronenstrauch, Zitronenblatt)
Familie: Eisenkraut- oder Verbenengewächse *(Verbenaceae)*
Herkunft: subtropische Gebiete im südlichen Südamerika
Blütenfarbe: weiß
Blütezeit: Juli bis September
Höhe: 50–100 cm, gelegentlich auch höher
Merkmale: Dieser herrlich erfrischend nach Zitronen duftende Strauch war als Kübelpflanze früher äußerst beliebt. Sein Wohlgeruch entströmt kleinen Drüsen, die sich auf der Unterseite der frischgrünen, lanzettlichen Blätter befinden und beim Berühren oder leichten Reiben sofort das angenehme Aroma freisetzen.
Die Blätter stehen jeweils zu dritt oder viert in Quirlen an den Trieben. Im Sommer erscheinen an den Zweigenden und teilweise auch in den Blattachseln rispenförmige Blütenstände mit zahlreichen kleinen weißen Blüten, die zartviolett überhaucht sind und ebenfalls duften.
Standortansprüche: Zitronensträucher benötigen einen sonnigen bis halbschattigen Platz. Dort müssen sie in Einheitserde oder einem gleichwertigen lehmig-humosen, gut wasserdurchlässigen Erdgemisch stehen.
Verwendung: Damit man den Duft der attraktiven Kübelpflanzen in vollen Zügen genießen kann, stellt man sie am besten möglichst nahe am Sitzplatz auf. Sie können sehr gut mit verschiedenen Zitrusgewächsen kombiniert werden.

Aloysia triphylla

Pflege: Während der Wachstumszeit braucht der Zitronenstrauch relativ viel Wasser und sollte etwa alle 3 Wochen mäßig gedüngt werden. Es hat sich bewährt, die Pflanzen in jedem Frühjahr umzutopfen oder zumindest die lokkere verbrauchte Erde aus dem Ballen zu schütteln und den alten Topf mit frischem Substrat aufzufüllen. Neu erworbene oder selbst vermehrte Jungpflanzen sollte man im ersten Jahr mehrmals entspitzen, damit sie sich buschig verzweigen.
Überwinterung: Schon vor den ersten Frösten werden die Pflanzen in ein helles, kühles (5–10 °C) Quartier eingeräumt. Während der Wintermonate benötigen sie nur sehr wenig Wasser, der Ballen darf jedoch nicht ganz austrocknen. Meist verlieren die Pflanzen in dieser Zeit den Großteil ihrer Blätter. Ab März gießt man nach und nach wieder kräftiger und schneidet ältere Exemplare auf etwa die halbe Höhe zurück. Dann stellt man die Zitronensträucher auch heller. Sie treiben frisch aus und können nach den letzten Spätfrösten ins Freie umgesiedelt werden.
Vermehrung: Neue Pflanzen gewinnt man durch Kopfstecklinge, die meist im Sommer geschnitten werden. Die dann noch weichen Zweige sollten auf Höhe der Schnittstelle möglichst fest und bereits leicht verholzt sein. Damit sich die hohlen Triebe leichter bewurzeln, führt man den Schnitt direkt unterhalb eines Blattknotens. Solche beblätterte Sommerstecklinge welken rasch, sie müssen daher sofort nach dem Schneiden ins Substrat kommen. Ein Zitronenstrauch kann auch im Winter durch harte, bereits verholzte Kopfstecklinge vermehrt werden.

Amaranthus
Amarant, Fuchsschwanz

Arten: *A. caudatus* (Gartenfuchsschwanz), *A. cruentus* (auch *A. hybridus*)
Familie: Amarant- oder Fuchsschwanzgewächse *(Amaranthaceae)*
Herkunft: Tropen und Subtropen in Südamerika
Blütenfarbe: gelb, rot, grün
Blütezeit: Juli bis Oktober
Höhe: *A. caudatus* 50–100 cm, *A. cruentus* 30–50 cm
Merkmale: Die auffälligen Blütenstände der einjährigen Amarantarten zeichnen sich durch eine außergewöhnlich lange Blütezeit von mehreren Wochen aus. Von hohem Zierwert sind zudem die großen, länglichovalen Laubblätter, die ganz dicht an den langen Trieben sitzen. Der Gartenfuchsschwanz erhielt seinen Namen aufgrund der Ähnlichkeit seiner herabhängenden, dunkelroten Blütenähren mit einem Fuchsschwanz. Ein völlig anderes Bild bietet *A. cruentus*. Obwohl seine Blütenstände bis zu 50 cm lang werden, stehen sie zwischen dem Laubwerk straff nach oben. Das variable Farbspektrum seiner Sorten reicht von verschiedenen Grüntönen bis hin zu einem kräftigen Dunkelrot.
Sorten: von *A. caudatus* 'Salicifolius Flaming Fountain' (rote Blütenstände, rötliches, schmales Laub, Höhe 50 cm), 'Feuer' (rote Blütenstände, bronzefarbene Laubblätter mit roter Zeichnung, Höhe 70 cm), 'Viridis' (gelbgrüne Blütenstände, Höhe bis 75 cm); von *A. cruentus* 'Green Thumb' (hellgrüne Blütenstände, Höhe 35–50 cm), 'Fackel' (rotgrüne Blütenstände, grünes Laub, Höhe 40 cm), 'Pygmy Torch' (leuchtend rote Blütenstände, Höhe 40–50 cm), 'Oeschberg' (dunkelrote Blütenstände, rotbraunes Laub, Höhe 50–70 cm), 'Vertus' (grüne Blütenstände, Höhe bis 70 cm)
Standortansprüche: Am schönsten blühen Amarantarten an vollsonnigen, warmen Plätzen. Als Substrat eignet sich Einheitserde oder eine vergleichbare Erdmischung. Um den hohen Wärmeanspruch der Pflanzen besser zu erfüllen, kann etwas Rindenhumus untergemischt werden, der aufgenommene Wärme länger speichert.
Verwendung: Die wuchsfreudigen Amarantarten können nicht nur in Balkonkästen und Ampeln, sondern auch in Kübeln ihre ganze Pracht entfalten. Sie fügen sich in vielerlei Pflanzkombinationen gut ein. Zu großen Exemplaren wirken Blattschmuckpflanzen schön, etwa ein Harfenstrauch als Unterpflanzung oder eine Zierbanane als ebenbürtiger Begleiter. Zu rotblühenden Sorten im Kasten sind gelbblühende Pantoffelblumen oder Strandsterne eine attraktive Ergänzung.

Amaranthus caudatus

Amaranthus caudatus

Pflege: Die tropischen Pflanzen sollten erst nach den letzten Spätfrösten, Ende Mai, gepflanzt werden. Dabei ist ein Abstand von 30–40 cm einzuhalten. Zu den regelmäßigen Pflegemaßnahmen gehören Gießen und Entfernen verwelkter Blütenstände. Eine schwache Düngung im Abstand von 2–4 Wochen unterstützt das Wachstum.
Vermehrung: Beide Arten und ihre Sorten können aus Samen nachgezogen werden. Man beginnt zwischen März und April mit der Vorkultur oder sät ab April direkt in die Pflanzgefäße aus.
Schädlinge: Blattläuse, Blattwanzen

Anisodontea
Scheinmalve

Art: *A. capensis* (auch *Malva capensis*, *Malvastrum capense*, Kapmalve, Echtes Fleißiges Lieschen)
Familie: Malvengewächse *(Malvaceae)*
Herkunft: Südafrika
Blütenfarbe: rosa
Blütezeit: Juni bis September, bei günstiger Überwinterung auch schon ab April
Höhe: 70–150 cm
Merkmale: Die immergrünen Kapmalven bilden reich verzweigte Sträucher, deren Triebe mit tief dreigeteilten, am Rand gezähnten, dunkelgrünen Blättern besetzt sind. In üppiger Fülle treiben sie den ganzen Sommer über ihre etwa 3 cm breiten, tellerförmigen, rosafarbenen Blüten. Diese bestehen jeweils aus fünf Kronblättern, sind lang gestielt und weisen im Zentrum eine dunkelrote Äderung auf.
Standortansprüche: Kapmalven stehen am besten an einem sonnigen bis halbschattigen, warmen Platz. Als Substrat eignet sich Einheitserde oder eine gleichwertige Erdmischung.

Anisodontea capensis

Verwendung: Die reich und lange blühenden Kapmalven sind als einfach zu kultivierende Kübelpflanzen, die sich ebenso für die Zimmerkultur eignen, äußerst beliebt. Man kann sie aber auch als Hochstämmchen oder als Pyramide erziehen. Besonders gut kommen sie in Kombination mit Gewächsen, die in der Blütenfarbe harmonieren, wie z. B. Lavendel, oder etwa mit Blattschmuckpflanzen zur Geltung. Schön wirkt auch eine Zusammenstellung mit Arten, die ähnliche Blütenformen aufweisen, etwa mit verwandten Malvengewächsen wie dem Hibiskus.
Pflege: Kapmalven benötigen für eine üppige Blüte viel Wasser und reichlich Nährstoffe, so daß man sie regelmäßig gießen muß. Der Ballen darf nie ganz austrocknen, sonst erholen sich die Pflanzen meist nicht mehr. Während der Wachstumszeit wird etwa alle 2 Wochen mäßig gedüngt, alternativ kann man die Pflanzen im Frühjahr mit einem Langzeitdünger versorgen. Verblühtes sollte stets sorgsam entfernt werden, um die Nachblüte zu fördern. Werden die Sträucher sparrig oder weisen sie nach zu dunkler Überwinterung viele nur dünne Triebe auf, schneidet man sie kräftig zurück. Dies kann sowohl im Sommer als auch vor oder nach der Überwinterung geschehen. Sie treiben dann jedesmal wieder willig aus.
Überwinterung: Vor den ersten Frösten werden die Pflanzen in ein kühles, helles und trockenes Winterquartier eingeräumt. Die Temperatur sollte dort etwa 5–10 °C betragen. Während der Wintermonate wird nur mäßig gegossen, der Ballen darf jedoch auch dann nicht austrocknen. Nach den letzten Spätfrösten schließlich stellt man die kleinen Sträucher wieder ins Freie.
Vermehrung: Kapmalven können durch Aussaat im Frühjahr oder durch Kopfstecklinge, die man im Frühjahr oder Frühsommer schneidet, vermehrt werden. Die Jungpflanzen kommen sehr rasch zur Blüte.
Schädlinge: Weiße Fliege

Antirrhinum
Löwenmaul

Art: *A. majus* (Gartenlöwenmaul, Löwenmäulchen)
Familie: Braunwurzgewächse oder Rachenblütler *(Scrophulariaceae)*
Herkunft: Südeuropa, Nordafrika
Blütenfarbe: weiß, gelb, orange, rosa, rot, auch zweifarbig
Blütezeit: Mai bis Oktober
Höhe: 10–25 cm
Merkmale: Das Gartenlöwenmaul, dessen niedrige Sorten gern im Balkonkasten gezogen werden, begeistert durch eine breite Palette an Blütenfarben, von reinem Weiß bis hin zu kräftigem Karminrot. Auf leichten seitlichen Druck hin öffnen sich die Blüten wie ein kleines Maul. Bei zweifarbigen Sorten ist dessen Rachen meist auch farblich hervorgehoben. Zusammengefaßt zu aufrechten Kerzen, schmücken die farbenfrohen Blüten die Pflanzen über einen beträchtlichen Zeitraum hinweg. Wirkungsvoll untermalt werden sie von dunkelgrünen, länglichen Laubblättern. Obwohl die Art eigentlich ausdauernd wächst, zieht man sie doch gewöhnlich nur einen Sommer lang.
Sorten: Es werden vor allen Dingen Farbmischungen von F_1-Hybriden angeboten, oft aber auch Sorten in Einzelfarben, so beispielsweise 'Floral Showers' (polsterbildend, Höhe 10–20 cm), 'Tahiti' (in 6 verschiedenen Einzelfarben, Höhe 15–20 cm), 'Floral Carpet' (Höhe 15–25 cm), 'Kimosy-Prachtmischung' (Höhe 15–25 cm).

Antirrhinum majus

Standortansprüche: Die Pflanzen vertragen zeitweise Beschattung, blühen aber am schönsten in voller Sonne. Sie gedeihen in Einheitserde ebensogut wie in vergleichbaren anderen Substraten.
Verwendung: Die bunten Farbmischungen passen ausgezeichnet zu neutralen, weißblühenden Partnern, z. B. Duftsteinrich oder Strauchmargerite, oder aber zu Blütenpflanzen, die einzelne Nuancen aus der Mischung aufgreifen, etwa Pelargonien, Petunien oder Pantoffelblumen. Einzelfarben kombiniert man mit Pflanzen, die in ähnlichen Tönen oder in Kontrastfarben blühen.

Pflege: Jungpflanzen werden ab Mitte Mai mit etwa 20 cm Abstand in die Gefäße gesetzt. Sie müssen im weiteren regelmäßig, jedoch so zurückhaltend gegossen werden, daß keinerlei Staunässe entsteht. Um den Blütenflor bis in den Herbst hinein zu verlängern, sollte man Verblühtes immer gleich abschneiden. Die daraufhin einsetzende kurze Blühpause wird rascher überwunden, wenn man die starkzehrenden Stauden anschließend schwach düngt.
Vermehrung: Das Gartenlöwenmaul kann durch Aussaat vermehrt werden. Es empfiehlt sich eine Vorkultur auf der Fensterbank oder im Frühbeet ab Februar. Einen buschigen Wuchs erzielt man durch mehrmaliges Entspitzen der Jungpflanzen.
Schädlinge und Krankheiten: Blattläuse, Spinnmilben; Rost, Sklerotinia-Welke, Echter und Falscher Mehltau, Grauschimmel

Argyranthemum
Margerite

Art: *A. frutescens* (auch *Chrysanthemum frutescens*, Strauchmargerite, Strauchige Wucherblume)
Familie: Korbblütler *(Compositae)*
Herkunft: Gebüsche an trockenen oder felsigen Küstenabschnitten der Kanarischen Inseln
Blütenfarbe: weiß mit gelber Mitte, auch ganz gelb und rosa mit roter Mitte
Blütezeit: Mai bis Oktober, bei günstiger Überwinterung auch ganzjährig
Höhe: 25–100 cm
Merkmale: Strauchmargeriten sind immergrüne Halbsträucher, die blaugrüne, tief zerteilte Blätter tragen. Bei einigen Sorten ist das Laub auch rein grün oder fast silbergrau gefärbt. Ihre langgestielten Korbblüten, die über viele Monate in sehr großer Zahl erscheinen, ähneln denen der Wiesenmargerite (*Leucanthemum vulgare*, auch *Chrysanthemum leucanthemum*): Jede Blume stellt genaugenommen einen ganzen Blütenstand dar, in dem ein Strahlenkranz schmaler Zungenblüten ein Zentrum aus dichtgedrängten Röhrenblüten umgibt.
Sorten: Im Handel werden meist nur wenige Sorten angeboten, obwohl deutlich mehr zur Verfügung ständen. Teilweise führt man die Pflanzen sogar ohne Sortennamen und gibt lediglich die Blütenfarbe an. Bei allen Sorten ist zudem umstritten, ob es sich tatsächlich um Züchtungen dieser einen Pflanzenart handelt oder vielmehr eher um *A.*-Hybriden, an deren Entstehung außer *A. frutescens* noch weitere Arten beteiligt waren. Häufiger erhältlich sind z. B. 'Liliput' (weiß mit gelber Mitte, grün belaubt, schwachwüchsig, Höhe 25–60 cm) sowie (Höhe jeweils 25–100 cm) 'Butterfly' (gelb, großblütig, grün belaubt, dichter, kompakter Wuchs), 'Flamingo' (rosa mit roter Mitte, silbergrau belaubt, kompakter und leicht herabhängender Wuchs), 'Schöne von Nizza' (auch 'Beauty of Nice'; gelb, großblütig, starkwüchsig), 'Silver Leaf' (weiß mit gelber Mitte, silbergrau belaubt).
Standortansprüche: Die robusten und nicht sehr anspruchsvollen Pflanzen blühen am reichsten, wenn sie in voller Sonne stehen. Als Substrat eignet sich Einheitserde oder eine Mischung aus lehmiger Gartenerde, Kompost und Sand im Verhältnis 3:2:1.

Argyranthemum frutescens

Verwendung: Strauchmargeriten in Form von üppigen Büschen oder Hochstämmchen sind beliebte Kübelpflanzen für die Terrasse oder andere Stellen rund ums Haus. Schwachwüchsige Sorten oder durch kräftigen Schnitt kompakt gehaltene Pflanzen eignen sich auch gut für den Balkonkasten. Weißblütige Strauchmargeriten lassen sich problemlos in die verschiedensten Arrangements einpassen, zu rosafarbenen und gelben Sorten machen sich blaue Partner besonders hübsch. Im Kübel gezogene Exemplare kann man mit kleinen Hängepflanzen untermalen, z. B. mit Mittagsblumen, Männertreu oder Hornklee, aber auch mit Petunien oder Pelargonien.
Pflege: Den Sommer über brauchen die Pflanzen viel Wasser, so daß man häufig gießen muß. Um ihren hohen Nährstoffbedarf zu decken, sollte man sie während der Wachstumsphase etwa alle 2 Wochen düngen. An einem nahezu ununterbrochenen Flor kann man sich nur erfreuen, wenn man Abgeblühtes regelmäßig bis zum darunterstehenden Laubblatt oder bis zur ersten Verzweigung herausnimmt. Oder man schneidet die gesamte Pflanze um etwa ein Drittel zurück, sobald gegen Ende Juli die erste Hauptblüte nachläßt. Ein solcher Rückschnitt, der den Neuaustrieb kräftig anregt, ist auch dann zu empfehlen, wenn der Halbstrauch zu verkahlen beginnt. Nur vor der Überwinterung sollte man Strauchmargeriten nicht mehr zurückschneiden. So läßt sich die Gefahr verringern, daß sie während der kritischen Wintermonate verdorren. In ihren Trieben ist zum Schutz gegen Austrocknung stets ein gewisser Wasservorrat gespeichert, der nach einem Rückschnitt durch die erhöhte Verdunstung aus den Schnittflächen deutlich gemindert wird.
Überwinterung: Im Spätherbst, auf jeden Fall vor dem ersten Frost, kommen die Pflanzen ins Winterquartier. Dort sollten sie möglichst hell und kühl bei etwa 5–10 °C stehen. Man gießt sie sparsam, jedoch darf der Ballen keinesfalls austrocknen. Nach den letzten Spätfrösten stellt man die Pflanzen wieder ins Freie. In jedem Frühjahr wird

dann ein Rückschnitt durchgeführt, bei dem man alle Triebe um etwa ein Drittel einkürzt. Dabei sollte man darauf achten, daß die Büsche oder Hochstämmchen eine schöne Form erhalten.
Vermehrung: Strauchmargeriten vermehrt man gewöhnlich durch Kopfstecklinge, die im Spätsommer oder Spätwinter geschnitten und an einem möglichst hellen Ort herangezogen werden. Um die Bildung von Seitentrieben anzuregen, sollte man die Jungpflanzen frühzeitig entspitzen.
Schädlinge: Blattläuse, Minierfliegen

Asarina
Maurandie, Kletterlöwenmaul

Arten: *A. barclaiana* (auch *Maurandya barclaiana*), *A. scandens* (auch *Maurandya scandens*)
Familie: Braunwurzgewächse oder Rachenblütler *(Scrophulariaceae)*
Herkunft: Gebüsche und Waldränder in Mexiko
Blütenfarbe: *A. barclaiana* rosa, seltener weiß, *A. scandens* lavendelfarben, rotviolett
Blütezeit: Juni bis Oktober
Höhe: 2–3 m

Asarina scandens

Asarina barclaiana

Merkmale: Die einjährig kultivierten Maurandien klimmen mit Hilfe ihrer langen Blattstiele an Spalieren oder anderen Kletterhilfen rasch nach oben. Ab Juni schmücken sich die drüsig behaarten Triebe mit trompetenförmigen Röhrenblüten, deren behaarte Außenseite seidig schimmert. *A. barclaiana* besitzt herzförmige Blätter, die an das Laub von Efeu erinnern. Ihre Blüten sind überwiegend rosafarben mit violettem Hauch, manchmal treten auch rein weiße Blüten auf. In allen Teilen etwas zierlicher wirkt *A. scandens*, vor deren stark zugespitzten Blättern lavendelfarbene bis rotviolette Blüten leuchten.
Standortansprüche: Ideal sind vollsonnige, südseitige Hauswände, doch wird auch zeitweilige Beschattung recht gut vertragen. Als Substrat eignet sich Einheitserde oder aber eine vergleichbare Erdmischung.
Verwendung: Mit Kletterhilfen versehene Wände werden von Maurandien schnell begrünt. Sehr apart sieht es aus, wenn ihre langen Ranken aus Ampeln gleichsam herabfließen. Kombinieren lassen sich die Pflanzen mit anderen Kletterern, auch eine Vorpflanzung aus Duftsteinrich oder Blauen Gänseblümchen wirkt hübsch.
Pflege: Nach Mitte Mai werden die Maurandien einzeln bzw. mit etwa 40 cm Abstand in Gefäße gepflanzt. Gleichzeitig sollte man ihnen eine Kletterhilfe, z. B. ein Drahtnetz, Gitter oder Spalier, bereitstellen, damit sie von klein auf nach oben klimmen können. Die Pflanzen vertragen zwar kurzzeitige Trockenheit, vor allem in länger andauernden Trockenperioden sollte man jedoch ausgiebig wässern. Regelmäßige Düngergaben in ein- bis zweiwöchigen Abständen fördern den Blütenreichtum.
Vermehrung: Maurandien können aus Samen angezogen werden. Ausgesät wird zwischen Februar und März unter Glas. Die Anzuchttöpfe sollten in ausreichendem Abstand voneinander aufgestellt werden, damit sich die schnell wachsenden Triebe der Jungpflanzen nicht miteinander verwirren. Einen kompakteren Wuchs erzielt man durch mehrmaliges Entspitzen.

Asteriscus
Asteriscus

Art: *A. maritimus* (auch *Odontospermum maritimum, Buphthalmum maritimum*, Strandstern, Goldaster, Goldtaler, Dukatenblume)
Familie: Korbblütler *(Compositae)*
Herkunft: küstennahe felsige Gebiete im westlichen Mittelmeerraum, auf den Kanarischen Inseln, in Portugal und Griechenland
Blütenfarbe: gelb
Blütezeit: April bis Oktober/November
Höhe: 25–35 cm
Merkmale: Einige der verschiedenen deutschen Namen des Strandsterns spielen auf die Ähnlichkeit seiner flachen, goldgelben Strahlenblüten mit Geldstücken an. Tatsächlich ist diese Art ein wahrer Schatz auf dem Balkon, entfaltet sie doch ihre Blütenpracht bereits ab April und blüht dann unermüdlich bis

Asteriscus maritimus

zu den ersten Frösten. Zudem sind ihre goldgelben Blüten äußerst wetterfest und bleiben auch bei Regen geöffnet. Die aufrechten Stiele hängen mit der Zeit leicht über und sind mit dunkelgrünen, silbrig behaarten Blättern bedeckt. Aufgrund ihrer mangelnden Winterhärte wird die breit ausladende Staude in der Regel nur einjährig kultiviert.
Sorten: Die weitverbreitete Sorte 'Gold Coin' ist robuster und einfacher zu kultivieren als die Wildform. Sie wird 25–30 cm hoch, bringt allerdings keine Samen hervor. Kaum von ihr zu unterscheiden ist 'Gold Dollar'.
Standortansprüche: Die Pflanze bevorzugt einen vollsonnigen Standort sowie nährstoffreiches, lockeres Substrat. Gut geeignet ist Einheitserde oder eine vergleich-

bare Mischung. Eine Dränage im Pflanzgefäß ist empfehlenswert.
Verwendung: In Balkonkästen macht sich die Art ebenso gut wie in Blumenampeln. Das Goldgelb ihrer Blüten paßt zu fast allen andersfarbigen Balkonpflanzen. Besonders schön sind Kombinationen mit Blauen Gänseblümchen, Karpaten-Glockenblume, Kapkörbchen und Spanischem Gänseblümchen.
Pflege: Strandsterne werden in der zweiten Maihälfte im Abstand von 20–25 cm eingepflanzt. Den hohen Nährstoffbedarf der Pflanzen deckt man durch Düngergaben in ein- bis zweiwöchigen Abständen. Will man die Pflanzen überwintern, muß die Düngung jedoch ab August eingestellt werden. Ebenso wichtig ist regelmäßiges Gießen, wobei es aber nicht zu Staunässe kommen darf. Das Abschneiden verwelkter Blüten garantiert eine stetige Blütenneubildung.
Überwinterung: Die Stauden können in einem hellen, kühlen Raum bei 5–10 °C gut über den Winter gebracht werden. In dieser Zeit sollte man sie nur wenig gießen und regelmäßig auf Schädlingsbefall kontrollieren. Im Februar oder März werden sie umgetopft und leicht zurückgeschnitten. Ab Mitte Mai kommen sie wieder ins Freie.
Vermehrung: Im zeitigen Frühjahr können von überwinterten Pflanzen Kopfstecklinge gewonnen werden. Läßt man die Pflanzen nicht überwintern, kann man auch von gekauften Exemplaren im Frühsommer weiche, blütenlose Kopfstecklinge zur Anzucht von Jungpflanzen nutzen.
Schädlinge und Krankheiten: Weiße Fliege, Blattläuse, Thripse; Grauschimmel

Aucuba japonica

Aucuba
Aukube

Art: *A. japonica* (Aukube, Japanischer Lorbeer, Goldorange)
Familie: Hartriegelgewächse *(Cornaceae)*
Herkunft: immergrüne Wälder in Ostasien
Blütenfarbe: rötlich
Blütezeit: März bis Mai
Höhe: 0,5–2,5 m
Merkmale: Die Aukube ist ein immergrüner Strauch, der mit seinem dichten und gleichmäßigen, lorbeerähnlichen Laub stets einen hübschen Anblick bietet. Die sich paarweise gegenüberstehenden ovalen Blätter fühlen sich ledrig an. In pyramidenförmigen Rispen sitzen die unscheinbaren, vierzipfeligen, rötlichen Blütchen an den Triebenden und in den Blattachseln des Strauchs. Sie sind eingeschlechtig, und die männlichen und weiblichen Blüten befinden sich jeweils an verschiedenen Pflanzen. Vorausgesetzt, in der Nähe wächst eine männliche Aukube, entwickeln sich im Sommer an den weiblichen Pflanzen leuchtend rote, eiförmige Beeren, die lange am Strauch hängen bleiben. Es gibt auch Formen, die gelbe (*A. japonica* f. *luteocarpa*) oder weiße Beeren (*A. japonica* f. *leucocarpa*) hervorbringen. Alle genannten Aukuben enthalten in sämtlichen Teilen Giftstoffe.
Sorten: (Höhe jeweils 50–200 cm) 'Crotonifolia' (Blätter dicht und fein gelb gepunktet und gefleckt), 'Picturata' (Blätter mit großem gelben Mittelfleck), 'Variegata' (Blätter groß, dicht mit gelben kleineren und größeren Punkten und Flecken versehen)
Standortansprüche: Die Pflanzen bevorzugen einen halbschattigen bis schattigen Platz. Er sollte vor Hitze, austrocknendem Wind und direktem Regen oder Tropfwasser geschützt sein. Als Substrat eignet sich Einheitserde oder ein vergleichbares lehmighumoses Erdgemisch.
Verwendung: Die Aukuben sind unauffällige, optisch eher im Hintergrund bleibende Begleitpflanzen, die mit ihrem schmucken Blattwerk die leuchtenden Farben anderer Blütenpflanzen erst richtig zur Geltung bringen. Man verwendet sie daher als neutrale Kulisse oder beruhigend wirkende Elemente eines Pflanzarrangements. Gelb gefleckte Sorten allerdings entwickeln durchaus ihren eigenen Charakter. Sie bringen etwas Licht und Farbe in dunkle Terrassen- und Mauerecken und sehen zusammen mit gelbblühenden Pflanzen besonders attraktiv aus.
Pflege: Jungpflanzen sollte man in den ersten Jahren häufiger entspitzen oder stutzen, um einen buschigen Wuchs zu erzielen. Bei älteren Exemplaren beschränkt sich der Schnitt auf das Entfernen zu lang gewordener Triebe. Während der Wachstumszeit brauchen Aukuben relativ viel Wasser, sie müssen daher regelmäßig und durchdringend gewässert werden. Ihr Ballen darf keinesfalls ganz austrocknen. Der Nährstoffbedarf ist dagegen recht niedrig, eine mäßige Düngung etwa alle 4 Wochen reicht aus.
Überwinterung: Im Herbst braucht man Aukuben erst relativ spät einzuräumen, denn sie halten leichten Frost ohne weiteres eine Weile aus. Das Winterquartier kann hell oder dunkel sein und ist im Idealfall zwar frostfrei, mit 1–5 °C aber sehr kühl. Auch während der Überwinterung müssen die Pflanzen ab und zu etwas gegossen werden, da ihr immergrünes Laub ständig Wasser verdunstet. Im April, bei milder Witterung sogar bereits im März, dürfen die Pflanzen dann schon wieder ins Freie umziehen. In milden Gegenden können Aukuben an einem geschützten Platz auch draußen überwintern. Die Gefäße sind dann jedoch mit Reisig, Laubstreu oder ähnlichem wärmedämmenden Material gut abzudecken.
Vermehrung: Aukuben können durch halbreife Kopfstecklinge vermehrt werden, am besten im Frühherbst oder im Frühjahr. Die Stecklinge bewurzeln sich auch in einem Vermehrungsbeet im Freiland, das an einer vor allzu strengem Frost geschützten Stelle angelegt ist.
Schädlinge und Krankheiten: Schildläuse; bei Staunässe Ascochyta-Krankheit sowie Wurzelfäulnis und Schwarzfärbung der Triebe, bei zu warmer und zu dunkler Überwinterung Blattfleckenkrankheiten
Tip: Man kann den Fruchtansatz fördern, indem man bei der Bestäubung nachhilft und mit einem Pinsel Blütenstaub aus den männlichen Blüten der einen auf die weiblichen Blüten der anderen Pflanze überträgt.

B

Begonia-Knollenbegonien-Hybriden

Begonia
Begonie, Schiefblatt

Arten: *B.*-Knollenbegonien-Hybriden (auch *B.* x *tuberhybrida*, Knollenbegonie), *B.-Semperflorens*-Hybriden (auch *B.* x *semperflorens-cultorum*, *B.* x *hortensis*, Eisbegonie, Beetbegonie, Sommerbegonie, Immerblühendes Schiefblatt, Gottesauge)
Familie: Begonien- oder Schiefblattgewächse *(Begoniaceae)*
Herkunft: Die Urformen der *B.*-Knollenbegonien-Hybriden stammen aus den Hochgebirgen in Südamerika, die Stammformen der *B.-Semperflorens*-Hybriden aus Brasilien.
Blütenfarbe: alle Farben außer Blau und Violett, auch zweifarbig
Blütezeit: Mai bis Oktober
Höhe: 15–50 cm

Merkmale: Die Gattung der Begonien umfaßt etwa 150 Arten, von denen vor allem zwei Hybridgruppen in der Balkonpflanzenkultur Verwendung finden. Allen Sorten gemeinsam sind die asymmetrischen, „schiefen" Laubblätter, die von der Mittelrippe in zwei verschieden große Hälften geteilt werden und an dicken, fleischigen Trieben sitzen. Knollenbegonien sind mehrjährige Pflanzen, die in ihren verdickten Wurzelorganen Reservestoffe einlagern und so Zeiten mit ungünstiger Witterung in einer ausgeprägten Ruhephase überdauern. Die Vielfalt dieser Hybridgruppe ist überwältigend und erfüllt nahezu jeden Gestaltungswunsch. Neben aufrecht wachsenden gibt es auch hängende Formen, ihre Blüten können einfach oder gefüllt sein, die Blütenblätter sind manchmal stark gekräuselt oder gefranst. Besonders apart sehen die verschiedenen zweifarbigen Sorten der Knollenbegonien aus. Sehr variantenreich ist auch die Hybridgruppe der Eisbegonien. Zu ihren auffälligsten Merkmalen zählen die wachsartig wirkenden Triebe und Blüten sowie die dunkelgrünen bis bräunlichen Laubblätter, die sehr leicht abbrechen. Die Blüten bestehen meist aus einem einfachen Kranz von Blütenblättern, aus deren Mitte gelbe Staubgefäße hervorleuchten. Die unermüdlichen Dauerblüher überzeugen mit einer reichen Farbpalette verschiedenster Rosatöne neben Weiß und leuchtendem Rot. Auch unter ihnen gibt es zweifarbige Varianten. Eisbegonien werden gewöhnlich nur einjährig kultiviert, obgleich sie in ihrer Heimat ausdauernd wachsen. Die Pflanzen beider Hybridgruppen enthalten möglicherweise Giftstoffe.

Begonia-Knollenbegonien-Hybride

Sorten: Knollenbegonien werden aufgrund ihrer Wuchs- und Blüteneigenschaften in mehrere Sortengruppen unterteilt. Für den Balkon eignen sich folgende Gruppen: Mit höchstens 20 cm Wuchshöhe bleiben die Kleinblumigen Knollenbegonien (*Multiflora*-Gruppe) am niedrigsten. Sie bestechen durch kleine, doch in überreicher Fülle erscheinende Blüten und sehr gute Sonnenverträglichkeit. Die Mittelblumigen Knollenbegonien (*Multiflora-Maxima*-Gruppe und *Floribunda*-Gruppe) besitzen größere Blüten, wachsen kompakt und verzweigen sich gut von der Basis weg. Sie werden 20–30 cm hoch. Großblumige Knollenbegonien (*Grandiflora-Compacta*-Gruppe) zeichnen sich durch Standfestigkeit und besonders große Blüten aus. Neben einfachblühenden gibt es auch gefülltblühende Sorten und bei beiden Varianten solche mit glatten, gekrausten, gefransten, gerüschten oder zweifarbigen Blütenblättern. Ihre Wuchshöhe liegt bei 30–50 cm. Ampel- oder Hängebegonien (*Flore-Pleno-Pendula*- oder *Pendula*-Gruppe) schließlich bilden verhältnismäßig dünne, hängende Triebe aus und eignen sich damit hervorragend für die Bepflanzung von Blumenampeln. Man kann auch in dieser Gruppe zwischen ungefüllten und gefüllten Sorten wählen.
Von Eisbegonien existiert ebenfalls ein reichhaltiges Sortenangebot. U.a. werden im Handel angeboten 'Juwel-Flamingo' (zweifarbig, Höhe 15 cm), 'Bicola' (zweifarbig, Höhe 15–20 cm), 'Tausendschön' (weiß, rosa und rot, grünlaubig, Höhe 15–25 cm) sowie (Höhe jeweils 20 cm) 'Cocktail' (weiß, rosa oder scharlachrot, braunes Laub), 'Diable' (weiß, rosa und rot, dunkellaubig), 'Olympia' (weiß, rosa, lachsorange und rot, grünlaubig), 'Wodka' (scharlachrot, schwarzbraunes Laub), 'Vision' (weiß, rosa, lachsfarben und rot, braunes bis dunkelgrünes Laub).
Standortansprüche: Früher waren Knollenbegonien als ausgesprochene Schattenpflanzen bekannt. Die heute angebotenen Sorten vertragen jedoch meist auch Sonne, auf jeden Fall aber halbschat-

Begonia-Semperflorens-Hybride

Begonia-Knollenbegonien-Hybride, Hängebegonie

tige Plätze. Die Pflanzgefäße sollten möglichst windgeschützt stehen, denn bei Wind knicken die fleischigen Stiele leicht ab. Die robusteren Eisbegonien bevorzugen sonnige bis halbschattige Lagen. Beide Hybridgruppen gedeihen gut in Einheitserde oder einem vergleichbaren Substrat. Für Knollenbegonien empfiehlt sich das Einbringen einer Dränage in die Gefäße.
Verwendung: Verschiedenfarbige Sorten harmonieren wunderbar miteinander. Kombiniert mit Fuchsien, Petunien und Fleißigen Lieschen, ergeben sich abwechslungsreiche Pflanzungen. Zur Begrünung von Ampeln eignen sich vor allem die hängenden Sorten der Knollenbegonien.
Pflege: Ab Februar/März muß mit dem Antreiben der Knollen begonnen werden. Man legt sie eng aneinander in Kisten mit Pikiererde, stellt sie bei etwa 20 °C hell auf und wässert sie vorsichtig. Erscheinen die ersten Triebe, können die Knollen direkt in Balkonkästen oder -ampeln umgepflanzt werden, bleiben aber noch im Haus. Sobald sich die ersten Blätter gebildet haben, stellt man die Begonien zum Abhärten nach draußen, holt sie aber bei Frostgefahr wieder herein. Erst nach den Eisheiligen werden die vorgetriebenen oder gekauften Jungpflanzen endgültig ins Freie gebracht. Als Pflanzabstand sollte man etwa 25 cm einhalten. Begonien müssen zwar reichlich gewässert werden, bei Staunässe entsteht jedoch leicht Wurzelfäule. Deshalb ist ein lockeres Substrat so wichtig wie ausgewogenes Gießen. Um die Blühfreudigkeit zu erhalten, versorgt man die Pflanzen alle 2–3 Wochen mit niedrig dosiertem Dünger, der aber nicht zu stickstoffbetont sein darf, sonst werden die Triebe weich und knicken leicht um und es besteht eine erhöhte Schädlings- und Krankheitsanfälligkeit. Auch das regelmäßige Entfernen von Verblühtem unterstützt einen üppigen und anhaltenden Flor. Die Triebe Großblumiger Knollenbegonien sollten rechtzeitig mit Holzstäben abgestützt werden, um zu vermeiden, daß sie unter der Last der Blüten abbrechen.
Überwinterung: Will man Knollenbegonien überwintern, so muß bereits ab Mitte August das Gießen allmählich vermindert und die Düngung eingestellt werden. Das Laub läßt man langsam vergilben. Es ist, obwohl unansehnlich, zur Bildung von Reservestoffen notwendig. Nach den ersten Nachtfrösten kann man die krautigen Pflanzenteile auf wenige Zentimeter zurückschneiden. Die Knollen werden aus der Erde genommen, von Erdresten gesäubert und dann locker in flache Kisten geschichtet. So bewahrt man sie an einem dunklen, kühlen und trockenen Ort auf, bis sie im Februar/März wieder vorgetrieben werden.
Vermehrung: Knollenbegonien lassen sich kurz nach dem Austrieb leicht durch Teilung ihrer Knollen vermehren, wobei jedes Teilstück über wenigstens eine kräftige Knospe verfügen muß. Die Schnittstellen sollten sofort mit Holzkohlenpulver desinfiziert werden. Schwieriger hingegen ist eine Anzucht aus Samen, die meist nur im Gewächshaus und mit künstlichem Zusatzlicht gelingt. Einige neuere Sorten kann man jedoch sogar auf der Fensterbank anziehen. Vor allem Eisbegonien erwirbt man allerdings besser als Jungpflanzen im Fachhandel.
Schädlinge und Krankheiten: Echter Mehltau; bei Knollenbegonien Blattläuse, Blattälchen, Thripse, Weichhautmilben sowie Grauschimmel

Bellis
Maßliebchen

Art: *B. perennis* (Tausendschön, Gänseblümchen, Maßliebchen)
Familie: Korbblütler *(Compositae)*
Herkunft: Wiesen und Rasen in Europa und Kleinasien
Blütenfarbe: weiß, rosa, rot
Blütezeit: März bis Juni
Höhe: 12–20 cm
Merkmale: Das wohlbekannte wildwachsende Gänseblümchen ist der Urahn dieser sehr reizvollen Frühlingsblumen. Der Wildart und den Zuchtsorten gemeinsam ist eine bodenständige Blattrosette, aus deren Mitte sich aufrechte, blattlose Stiele erheben, die endständig jeweils eine Blüte tragen. Die zweijährig kultivierten Gartenformen sind jedoch deutlich wuchskräftiger als die ausdauernd wachsende Stammform und besitzen meist dicht bis pomponartig gefüllte Blüten. Ihre Blütenblätter sind weiß, rosa oder rot gefärbt, bei manchen Sorten umschließen sie ein goldgelbes Zentrum.
Sorten: Viele Sorten werden nicht nur in einzelnen Blütenfarben, sondern auch als Farbmischung angeboten, z. B. 'Teppich' (gefüllte Blüten, Höhe 12 cm), 'Habanera' (dichtgefüllte Blüten, kompakt wachsend, Höhe 15 cm), 'Pomponette' (pomponartig gefüllte Blüten, Höhe 15 cm), 'Roggli' (dichtgefüllte Blüten, Höhe 15 cm), 'Tasso' (pomponartig gefüllte Blüten, Höhe 15–20 cm).

Bellis perennis

Standortansprüche: Die Pflanzen gedeihen in sonnigen Lagen ebenso wie im Halbschatten. Als Substrat eignet sich nährstoffreiche, lehmige Erde, aber auch Einheitserde.
Verwendung: Das Tausendschön wirkt am hübschesten in rustikalen Tongefäßen oder nicht zu großen Blumenkästen zusammen mit anderen

Frühjahrsblühern wie Stiefmütterchen oder Vergißmeinnicht. Außerdem macht es sich ganz besonders gut zwischen frühblühenden Zwiebel- und Knollengewächsen.
Pflege: Die zweijährigen Pflanzen werden im Frühjahr oder Herbst mit 5–10 cm Abstand in die Erde gesetzt und blühen dann im darauffolgenden Frühjahr. Bei einer Herbstpflanzung empfiehlt es sich, die Gefäße durch geeignetes Isoliermaterial vor Frost zu schützen oder an einer kühlen, aber frostfreien Stelle aufzustellen. Während der Wachstumszeit müssen die Pflänzchen mäßig, bei anhaltender Trockenheit vermehrt gegossen werden. Wichtig sind Düngergaben in ein- bis zweiwöchigen Abständen und baldiges Abknipsen verwelkter Blütenköpfe, um den Blütenflor zu verlängern.
Vermehrung: Tausendschön kann aus Samen vorgezogen oder direkt in die Pflanzgefäße gesät werden. Der beste Aussaattermin liegt zwischen Juni und Juli. Die Samen dürfen als Lichtkeimer immer nur ganz dünn mit Erde übersiebt werden.
Schädlinge und Krankheiten: Blattläuse, Spinnmilben; Echter Mehltau, Grauschimmel, Rost

Bidens
Zweizahn

Art: *B. ferulifolia* (auch *Coreopsis ferulifolia*, Zweizahn, Samsana, Goldmarie)
Familie: Korbblütler *(Compositae)*
Herkunft: Gräben, Ufer und feuchte Senken in Südarizona und Mexiko
Blütenfarbe: gelb
Blütezeit: Juni bis September
Höhe: 15–30 cm
Merkmale: Der erst seit kurzer Zeit im Handel angebotene Zweizahn hat rasch an Beliebtheit gewonnen, denn er zeichnet sich durch sehr kräftigen, nach kurzer Zeit schon überhängenden Wuchs aus und bereichert mit seinen gelben, unermüdlich erscheinenden Blüten das Angebot an einjährigen Balkon- und Ampelpflanzen. Die Blüten bestehen aus einem einfachen Kranz goldgelber, zugespitzter Blütenblätter, die um eine etwas dunklere Mitte angeordnet sind. Sie sitzen an den Enden langverzweigter Triebe, die vor allem an ihren bodennahen Abschnitten dicht mit frischgrünen, stark zerschlitzten Laubblättern besetzt sind. Die reichen Blütenteppiche des Zweizahns trotzen selbst länger anhaltenden Regenfällen und sorgen mit ihren äußerst reizenden Blütenköpfchen für sonnige Farbtupfer.
Sorten: Die im Handel befindlichen Sorten 'Goldmarie' und 'Goldfieber' zeigen einen kräftigen Wuchs mit überreicher Blütenfülle. Sie werden 15–30 cm hoch, doch erreichen einzelne Triebe eine Länge von bis zu 60 cm.
Standortansprüche: An sonnigen Plätzen und in Einheitserde oder vergleichbarem nährstoffreichem Substrat blüht der Zweizahn besonders üppig.
Verwendung: Die überhängenden Triebe des Zweizahns tauchen Balkonkästen und Blumenampeln fast den ganzen Sommer lang in sonniges Gelb. Seine Blütenfarbe harmoniert schön mit roten oder violetten Petunien sowie dem violetten Flor von Vanilleblumen oder Fächerblumen. Reizvolle Kombinationen in Ampeln ergeben sich außerdem mit Blauer Mauritius und Blauen Gänseblümchen, zusammen mit weißblühenden Hängepelargonien.
Pflege: In der zweiten Maihälfte werden die Sommerblumen mit 20–30 cm Abstand an den vorderen Rand der Kästen oder Ampeln gepflanzt, damit sie schnell überhängen. Während ihrer Wachstumszeit müssen die Pflanzen sehr intensiv gegossen und etwa alle 2 Wochen mit niedrig dosiertem Dünger versorgt werden. Gelegentlich sollte man verwelkte Blüten entfernen, doch erneuert der Zweizahn Abgeblühtes auch ohne fremde Hilfestellung unermüdlich.
Vermehrung: Jungpflanzen lassen sich am einfachsten durch Direktaussaat gewinnen, kräftigere Exemplare erhält man jedoch durch Vorkultur ab März.

Bidens ferulifolia

Bougainvillea
Bougainvillee, Drillingsblume

Arten: *B. glabra*, *B. spectabilis*, *B.* x *buttiana* (auch *B.*-Hybriden, *B. glabra* x *B. peruviana*)
Familie: Wunderblumengewächse *(Nyctaginaceae)*
Herkunft: Bergwälder im tropischen und subtropischen Brasilien
Blütenfarbe: cremeweiß, Hochblätter purpurviolett, bei *B. glabra* und *B.* x *buttiana* auch weiß, gelb, orange, rot und violett
Blütezeit: Mai bis August
Höhe: 1–3 m, einzelne Triebe auch länger, jedoch als Spalier selten höher gezogen
Merkmale: Mit kaum einer anderen Kübelpflanze ist die Vorstellung vom sonnigen Süden so eng verknüpft wie mit der Bougainvillee. Ihr üppiger, prächtig gefärbter Blütenflor entwickelt sich an langen, bedornten und allmählich verholzenden Trieben und wird von eiförmigen, scharf zugespitzten Laubblättern untermalt. Was gemeinhin als Blüte angesehen wird, sind in Wirklichkeit 3 große, intensiv gefärbte Hochblätter, welche die 3 eigentlichen, jedoch unscheinbaren, cremeweißen Blüten umstehen. Alle Arten können sich mit Hilfe ihrer Dornen an einer Unterlage verhaken und daran in die Höhe klettern. *B. glabra* und *B. spectabilis* ähneln sich zwar sehr, doch sind die Laub- und Hochblätter von *B. glabra* überwiegend kahl, die von *B. spectabilis* dagegen dicht behaart. Bei *B.* x *buttiana* finden sich beide Blattvarianten, für die Kübelkultur sind aber vor allem die kahlblättrigen Sorten zu empfehlen. Diejenigen mit behaarten Blättern, zu deren Züchtung stets

Bougainvillea glabra

B. spectabilis verwendet wurde, zeigen zwar größere Blüten, stellen jedoch höhere Wärmeansprüche und sind daher empfindlicher.

Sorten: Von *B. glabra* sind im Handel u. a. erhältlich (Höhe jeweils 1–3 m) 'Sanderana' (tief purpurviolett, sehr robust), 'Snow White' (weiß), 'Variegata' (purpurviolett, Blätter weißlich gefleckt); von *B. x buttiana* (Höhe jeweils 1–3 m) 'Golden Yellow' (orangegelb), 'Mrs. Butt' (purpurfarben), 'Scarlet Queen' (scharlachrot). Häufig werden die Pflanzen auch nur unter Angabe ihrer Hochblattfärbung angeboten, z. B. Bougainvillee weiß oder weißblühende Bougainvillee.

Standortansprüche: Die Pflanzen benötigen einen sonnigen und warmen, wind- und regengeschützten Standort. Als Substrat eignet sich Einheitserde. Eine dicke Dränageschicht am Boden der Gefäße ist unabdingbar, bei Bedarf sollte das Substrat mit lokkerndem Material, etwa Sand oder Styroporflocken, vermischt werden.

Verwendung: Bougainvilleen werden überwiegend als Hochstämmchen oder als Kübelspalier gezogen. Zur Blütezeit ziehen sie schon aus der Ferne alle Blicke auf sich. Ihre leuchtenden Farben lassen sich gut mit vielerlei anderen Blütenschmuckpflanzen kombinieren, die ebenfalls kräftige Tönungen aufweisen sollten. Geeignet sind etwa farblich abgestimmte Sorten von Oleander oder Hibiskus sowie Bleiwurz und Kassien, aber auch Blattschmuckpflanzen wie Palmen oder Zierbananen.

Pflege: Die Pflanzen klettern nach Art der Spreizklimmer. Ihre Triebe benötigen daher stets einen Halt in Form eines Spaliers oder einiger kräftiger Stützstäbe, an denen man sie aufbindet. Auch wenn Bougainvilleen als Hochstämmchen gezogen werden, müssen sie einen Bambusstab oder eine vergleichbare Stütze erhalten.
Die Pflanzen sollten nur etwa alle 3–4 Jahre umgetopft werden. Dabei dürfen die empfindlichen Wurzeln keinesfalls abbrechen. Die Gefäße werden besser etwas größer als üblich gewählt.
Während der Wachstumszeit brauchen die langtriebigen Pflanzen relativ viel Wasser. Jedoch muß beim Gießen darauf geachtet werden, daß der Ballen zwischenzeitlich wieder abtrocknen kann und nicht ständig durchnäßt ist. Auch der Nährstoffbedarf der wüchsigen Klimmer ist recht hoch, gedüngt wird daher etwa alle 2 Wochen. Zum Herbst hin wird das Gießen allmählich eingeschränkt, so daß der Ballen eintrocknet und die Pflanzen ihre Blätter abwerfen.
Bougainvilleen sind sehr gut schnittverträglich. Unschöne, zu lang gewordene oder spärlich beblätterte Triebe werden am besten im Spätsommer oder Herbst um etwa zwei Drittel gestutzt oder ganz herausgeschnitten. Auch zu groß gewordene Pflanzen kann man dann durch stärkeren Rückschnitt verjüngen. Meist wirkt es sich günstig auf den Blütenansatz des Folgejahres aus, wenn man vor dem Einräumen ins Winterquartier zusätzlich alle Triebe um ein Drittel oder die Hälfte zurückschneidet. Spätestens im Frühjahr, bevor die Pflanzen neu austreiben, kann diese Arbeit noch nachgeholt werden.

Überwinterung: Vor den ersten Frösten bringt man die Bougainvilleen in ein helles oder auch dunkles Winterquartier. Die Temperatur darin sollte bei *B. glabra* und *B. x buttiana* ungefähr 5–10 °C betragen, bei *B. spectabilis* 10–15 °C. Wichtig ist, daß die Pflanzen mit relativ trockenem Ballen eingeräumt werden. Sollte die Erde noch feucht sein, bringt man die Kübel zuvor in ein warmes Zimmer, damit der Ballen ganz rasch abtrocknen kann. Während der Überwinterung werden die nunmehr kahlen Pflanzen fast ganz trocken gehalten, allerdings ist das völlige Austrocknen des Ballens durch vorsichtiges, sporadisches Gießen zu vermeiden. *B. spectabilis*, die man wärmer überwintert, verliert nur einen Teil ihrer Blätter und muß, je nach Helligkeit und Temperatur im Winterquartier, häufiger, aber dennoch sparsam gegossen werden. Ab März stellt man die Bougainvilleen dann heller und wärmer und steigert allmählich auch die Wassergaben. Nach den letzten Spätfrösten kommen die Pflanzen schließlich wieder ins Freie.

Vermehrung: Die Vermehrung von Bougainvilleen ist nicht ganz einfach und gelingt nicht immer. Man versucht es am besten mit halbreifen Triebstecklingen, die im Sommer oder Frühherbst von gut entwickelten Seitentrieben gewonnen werden. Wenn man die Stecklinge so abschneidet, daß ein zungenartiges Stück Rinde an der Ansatzstelle verbleibt, bewurzeln sie sich leichter. Sie werden von der Spitze her auf höchstens 20 cm Länge gekürzt, in ein sehr sandreiches Substrat (Anzuchterde und Sand im Verhältnis 1:5) gesteckt und an einen luftfeuchten Platz mit etwas Bodenwärme gestellt. Man kann auch eine Plastikhaube über das Gefäß stülpen. Vor direkter Sonne sollten die Stecklinge geschützt werden.

Schädlinge und Krankheiten: Spinnmilben, Blattläuse; bei Staunässe Wurzelfäulnis

Bougainvillea spectabilis

Tip: Wenn die Blüte in einem Jahr nur sehr spärlich ausfällt und die Pflanzen kümmern, liegt das oft an einer zu kühlen und feuchten Witterung im Sommer. Pflegt man die Bougainvilleen dennoch sorgsam weiter und achtet vor allem bei der Überwinterung darauf, sie keinesfalls zu feucht zu halten, dann wird man im nächsten heißen Sommer kaum von ihnen enttäuscht werden.

Brachycome
Blaues Gänseblümchen

Arten: *B. iberidifolia* (auch *Brachyscome iberidifolia*, Kurzschopf, Blaues Gänseblümchen), *B. multifida* (auch *Brachyscome multifida*, Australisches Gänseblümchen, Blaues Gänseblümchen)
Familie: Korbblütler *(Compositae)*
Herkunft: Grasländer in Australien
Blütenfarbe: *B. iberidifolia* weiß, rosa, blau, violett, *B. multifida* hellblau bis violett
Blütezeit: Mai bis September
Höhe: 20–30 cm
Merkmale: Blaue Gänseblümchen bezaubern mit unermüdlich erscheinenden Blüten, die von fein zerschlitztem Laub zart umspielt werden. Ihre dünnen Triebe verzweigen sich buschig und hängen nach der Pflanzung bald anmutig über. Der Kurzschopf wird schon seit längerer Zeit zur Balkonbepflanzung verwendet. Diese Art zeigt eine breite Farbpalette von Weiß über Rosa bis hin zu verschiedenen Blau- und Violettönen. Ihre Blüten in überreicher Fülle verströmen einen leichten, angenehmen Duft. Auch das Australische Gänseblümchen erfreut sich als unermüdlicher und recht anspruchsloser Dauerblüher großer Beliebtheit. Seine Blüten ähneln denen der zuvor genannten Art, die hellblauen bis violetten Strahlen umgeben aber eine goldgelbe Mitte. Im Unterschied zum einjährigen Kurzschopf ist das Australische Gänseblümchen ausdauernd und kann überwintert werden.
Sorten: Von *B. iberidifolia* sind neben Farbmischungen u. a. erhältlich (Höhe jeweils 30 cm) 'Blauglanz' (Mischung blauer und violetter Blüten), 'Purple Splendour' (rötlich bis lila); von *B. multifida* (Höhe jeweils 20–25 cm) 'Harmony' (intensiv violett), 'Stammform' (kleine lavendelblaue Blüten), 'Ultra' (blauviolett, buschig).
Standortansprüche: Blaue Gänseblümchen blühen am üppigsten in voller Sonne. Als Substrat kommt Einheitserde oder spezielle Balkonblumenerde in Frage.
Verwendung: Mit den verspielt überhängenden Trieben der Blauen Gänseblümchen lassen sich duftige Arrangements in Blumenkästen und Ampeln gestalten. Schöne Partner sind gelbblühende Pantoffelblumen und weißblühende Balkonblumen wie Spanisches Gänseblümchen oder Duftsteinrich.
Pflege: Jungpflanzen werden ab Mitte Mai im Abstand von etwa 15 cm an den Rand des Balkonkastens gesetzt, damit ihre Triebe bald überhängen. Die Pflanzen sollten stets gleichmäßig feucht gehalten werden, doch ist Staunässe zu vermeiden. Alle 2–4 Wochen versorgt man sie mit niedrig dosiertem Volldünger. Entfernt man Verwelktes regelmäßig, erscheinen die Blütensternchen unermüdlich den ganzen Sommer über.

Brachycome iberidifolia

Brachycome multifida

Überwinterung: Soll das Australische Gänseblümchen überwintert werden, wird es vor den ersten Frösten eingeräumt. Das Quartier sollte kühl (5–10 °C), hell und trokken sein. Während der Wintermonate wird nur gegossen, wenn der Ballen fast vollständig ausgetrocknet ist. Ab März stellt man die Pflanzen heller und wärmer und schneidet alle Triebe etwas zurück.
Vermehrung: Von überwinterten Exemplaren des Australischen Gänseblümchens können im zeitigen Frühjahr Kopfstecklinge geschnitten werden. Bei ungefähr 20 °C bewurzeln sie sich am schnellsten. Beide Arten lassen sich aus Samen anziehen, die man im März in eine Saatschale aussät und warm bei etwa 20 °C aufstellt.
Schädlinge: Weiße Fliege

Buxus
Buchsbaum, Buchs

Art: *B. sempervirens* var. *sempervirens* (auch *B. sempervirens* var. *arborescens*, *B. sempervirens*, Gewöhnlicher Buchsbaum)
Familie: Buchs- oder Buchsbaumgewächse *(Buxaceae)*
Herkunft: Laubmischwälder und lichte Gebüsche in Mittel- und Südeuropa, Nordafrika und Westasien
Blütenfarbe: gelblich
Blütezeit: April bis Mai
Höhe: 30–200 cm, selten auch höher, meist jedoch durch Schnitt niedrig gehalten
Merkmale: Der Gewöhnliche Buchsbaum wird nicht nur als schönes Ziergehölz und für Beeteinfassungen verwendet, sondern traditionell auch als Kübelpflanze geschätzt, insbesondere wenn er kunstvoll in Form geschnitten ist. Am Naturstandort entwickelt er sich zu einem kleinen Baum oder großen Strauch, der oft vielstämmig und kriechend wächst und mehr als 7 m Höhe erreichen kann. Im Kübel bleibt er, aufgrund des begrenzten Wurzelraums, jedoch deutlich kleiner. Seine Zweige stehen ungewöhnlich dicht und sind sehr reich belaubt. Die immergrünen, ledrigen, dunkelgrün glänzenden Blätter sind klein, eiförmig oder elliptisch und meist löffelartig gewölbt. Sie verströmen einen charakteristischen, etwas strengen Geruch und enthalten ein giftiges Alkaloid, das Erbrechen und Durchfall verursachen, schlimmstenfalls sogar zum Tod führen kann. Unscheinbar bleiben die gelblichen Blüten, die in kleinen Büscheln in den Blattachseln sitzen. Sie sind eingeschlechtig, meist steht in der Mitte des Blütenstands eine weibliche Blüte, die von mehreren

männlichen umgeben wird. Auffälliger und länger an den Zweigen sind die dreiklappigen Früchte, die sich gelegentlich als grünliche bis bräunliche, verholzende, krugförmige Kapseln aus den weiblichen Blüten bilden.

Sorten: 'Suffruticosa' (Einfassungsbuchs, Zwergbuchs; gedrungener, kompakter Wuchs, Blätter mittelgroß, kräftig frischgrün, Höhe 60–80 cm, selten bis 100 cm), 'Bullata' (auch 'Latifolia Bullata'; Blätter groß, blasig aufgetrieben, dunkel bläulichgrün, Höhe 80–120 cm), 'Latifolia Maculata' (auch 'Japonica Aurea'; Blätter groß, unregelmäßig blaßgelb gefleckt, Austrieb leuchtend gelb, benötigt einen geschützten Überwinterungsplatz, Höhe 80–120 cm), 'Myrtifolia' (Blätter schmal länglich, im Winter manchmal bronzefarben, Höhe 100–120 cm), 'Elegantissima' (Blätter dunkelgrün und unregelmäßig cremeweiß gerandet, Höhe 100–150 cm)

Standortansprüche: Das Gehölz ist anspruchslos und sehr anpassungsfähig. Es gedeiht sowohl an sonnigen wie an halbschattigen Plätzen und sogar im Schatten. Das Substrat sollte sandig-humos und kalkhaltig sein, normale Einheitserde oder eine entsprechende Erdmischung ist gut geeignet.

Verwendung: Aufgrund seiner geringen Ansprüche ist der Gewöhnliche Buchsbaum für jeden denkbaren Platz geeignet und bildet einen neutralen, aber stets frischgrünen Hintergrund und Begleiter für Blütenschmuckpflanzen aller Art. Er kommt am besten zur Geltung, wenn man ihn in seinem Kübel allein hält und nicht mit einer Unterpflanzung versieht. Man kann die Pflanze zu einer kunstvollen Form erziehen, z. B. zu einem Kegel, einer Kugel oder gar einer Spirale, was sie zu einem einzigartigen Blickfang werden läßt, aber auch aufwendig ist und viele Jahre Schnittarbeit erfordert.

Pflege: Die Pflege von Buchsbäumen ist einfach und problemlos. Während der Wachstumszeit brauchen sie nur mäßige Wassergaben, doch sollten die Pflanzen nicht über längere Zeit stark austrocknen. Auch der Nährstoffbedarf ist gering, eine Düngerration alle 4 Wochen reicht aus. Ab August wird dann nicht mehr gedüngt, da sich sonst die Winterhärte der Gehölze verringert. Hingegen hilft man den Pflanzen durch mehrmaliges durchdringendes Wässern im Herbst vor den ersten Frösten, gut über den Winter zu kommen.

Buxus sempervirens var. *sempervirens*

Buchsbäume können ganzjährig geschnitten und dadurch kompakt gehalten werden. Es empfiehlt sich, Jungpflanzen zunächst im Frühjahr oder Frühsommer mehrmals radikal zurückzuschneiden, um einen besonders dichten Wuchs zu erzielen, und erst nach einigen Jahren mit dem Formschnitt zu beginnen. Fertig formierte Pflanzenkunstwerke sollten mehrmals im Jahr leicht geschnitten und dadurch in Form gehalten werden. Da die Gehölze die Gefäße sehr stark durchwurzeln, bereitet das Austopfen oft Schwierigkeiten. Manchmal bleibt keine andere Wahl, als den Topf zu zerschlagen bzw. zu zerschneiden. In wertvolle Gefäße sollte man daher nur größere, bereits ausgewachsene Pflanzen setzen und den Kübel dann auch nicht zu knapp bemessen. Die Gefäße müssen außerdem frostbeständig sein.

Überwinterung: Die Buchsbäume können den Winter über im Freien bleiben, am besten an einer Stelle, wo sie vor austrocknendem Wind und direkter Sonne geschützt sind. Als Immergrüne verbrauchen sie ganzjährig Wasser und müssen dementsprechend auch während der kalten Jahreszeit gegossen werden. Die Wassermenge richtet sich dabei nach dem Standort und den Wetterverhältnissen: Bei sonnigem Winterwetter taut der Boden oberflächlich auf, so daß man dann gießen sollte; bei strengem Dauerfrost wird dagegen nicht gewässert.

Vermehrung: Die Pflanzen können im Frühjahr oder Frühsommer leicht durch halbreife Triebstecklinge, die man in sandreiches, humoses Substrat steckt, vermehrt werden. Mehrtriebige Exemplare lassen sich auch einfach teilen, wobei die einzelnen Teilstücke etwas tiefer gesetzt werden, als sie vorher im Kübel standen.

Schädlinge: Spinnmilben, Schildläuse

C

Calceolaria integrifolia

Calceolaria

Pantoffelblume

Art: *C. integrifolia* (auch *C. rugosa*, Freiland-Pantoffelblume)

Familie: Braunwurzgewächse oder Rachenblütler *(Scrophulariaceae)*

Herkunft: Chile

Blütenfarbe: gelb

Blütezeit: von Mai bis zum September

Höhe: 25–40 cm

Merkmale: Mit ihren eigenwilligen, blasig aufgetriebenen Blüten in leuchtendem Gelb setzt die Freiland-Pantoffelblume auffällige Akzente auf Balkon oder Terrasse. In ihrer Heimat wächst die Pflanze als Halbstrauch und erreicht dabei eine stattliche Größe. Die im Handel angebotenen

F_1-Hybriden hingegen bleiben vergleichsweise zwergig, wachsen aber buschig verzweigt. Ihre aufrechten, später leicht überhängenden Triebe sind dicht mit frischgrünen, runzeligen Laubblättern besetzt. Diese bilden einen hübschen Hintergrund für die in üppigen Büscheln stehenden Blüten. Die frostempfindliche Freiland-Pantoffelblume wird gewöhnlich nur einjährig kultiviert, kann bei geeigneter Überwinterungsmöglichkeit jedoch jährlich erneut ausgepflanzt werden.

Sorten: Als F_1-Hybriden sind u. a. im Handel 'Goldbukett' (großblumig, Höhe 25 bis 30 cm), 'Goldari' (frühblühend, Höhe 30 cm) und 'Leila' (Höhe 30 cm); samenecht ist die Sorte 'Triomphe du Nord' (leicht überhängende Blütenstände, Höhe 35–40 cm).

Standortansprüche: Die Pflanzen bevorzugen einen sonnigen bis halbschattigen, wind- und regengeschützten Platz. Das Substrat sollte humos, doch nicht zu nährstoffreich sein, Einheitserde ist gut geeignet.

Verwendung: Mit Freiland-Pantoffelblumen lassen sich Gewächse in nahezu allen Blütenfarben gut kombinieren. Zusammen mit blaublühenden Partnern wie Mehligem Salbei, Vanilleblume oder Fächerblume sowie mit rotblühenden Pelargonien, Nelken und Feuersalbei verwandeln sich Balkone in ein farbenfrohes Blütenmeer.

Pflege: Die Pantoffelblumen sollten erst nach den Eisheiligen mit 20–30 cm Abstand in Balkonkästen gepflanzt werden. Man muß sie reichlich gießen und regelmäßig düngen. Es ist jedoch ratsam, den Dünger äußerst niedrig zu dosieren, da die Pflanzen auf zu hohe Konzentrationen an Nährstoffen im Boden sehr empfindlich reagieren. Wenn man Abgewelktes laufend entfernt, wird die Blütenneubildung angeregt.

Überwinterung: Pflanzen, die man über den Winter bringen möchte, werden vor den ersten Frösten eingeräumt. An einem kühlen (5–10 °C) und möglichst hellen Ort hält man sie weitgehend trocken, im Frühjahr schneidet man sie kräftig zurück.

Vermehrung: In der Regel werden Freiland-Pantoffelblumen aus Samen angezogen, den man zwischen Dezember und Februar aussät. Wichtig für eine erfolgreiche Keimung ist, daß die Temperatur nicht über 15 °C steigt, weil sonst eine Keimhemmung eintritt. Eine Vermehrung durch Kopfstecklinge, die man von überwinterten Exemplaren am besten zwischen Mitte Januar und Ende Februar schneidet, ist nur bei samenechten Sorten anzuraten.

Schädlinge: Blattläuse, Weiße Fliege, Spinnmilben

Callistemon

Zylinderputzer, Schönfaden, Flaschenputzer

Callistemon citrinus

Art: *C. citrinus* (auch *C. lanceolatus, Metrosideros citrina, M. semperflorens, M. lanceolata*)

Familie: Myrtengewächse *(Myrtaceae)*

Herkunft: Grassteppen in Australien

Blütenfarbe: karminrot

Blütezeit: Mai bis Juli

Höhe: 1–2,5 m

Merkmale: Zylinderputzer wachsen vorwiegend strauchartig und werden vor allem ihrer ungewöhnlichen Blütenstände wegen gezogen, die an Flaschenbürsten erinnern. Die schmalen, ledrigen, graugrünen Laubblätter sind immergrün und verströmen beim Zerreiben einen würzigen Duft nach Zitronen. Die kleinen Einzelblüten kommen ohne auffällige Kronblätter aus, statt dessen stellen sie ein dichtes Büschel sehr langer, kräftig karminroter Staubfäden zur Schau. Doch erst die Gesamtheit des üppigen Blütenstands, der das Zweigende schmückt, macht sie zur augenfälligen Attraktion. Eigenartig ist, daß die Triebe oberhalb der Blütenstände oft weiterwachsen, so daß die Blütenpinsel dann häufig wie ein bürstenartiger Reif den Zweig umstehen. Bisweilen entwickeln sich aus den Blüten auch Früchte: kleine, verholzende Kapseln, die in dichten Reihen an den Trieben sitzen und lange am Strauch haften bleiben.

Sorte: 'Splendens' (Staubfäden der Blüten besonders lang, schon als Jungpflanze blühend, Höhe 150–200 cm)

Standortansprüche: Üppige Blütenpracht kann man nur an einem vollsonnigen oder zumindest sehr hellen, warmen und geschützten Platz erwarten. Das Substrat muß nährstoffreich und gut durchlässig sein und sollte möglichst einen sauren pH-Wert aufweisen. Einheitserde, die mit etwas Sand und ansäuerndem Material wie Rindensubstrat versetzt wurde, oder eine gleichwertige selbst hergestellte Erdmischung ist gut geeignet. Auch reine Einheitserde erfüllt die Ansprüche der Zylinderputzer, vorausgesetzt, es wird kalkfrei gegossen und sauer gedüngt. Eine Dränageschicht am Boden der Gefäße ist unbedingt notwendig.

Verwendung: Mit ihren auffälligen Blütenständen stellen Zylinderputzer einen außergewöhnlichen Blickfang dar. Sie können mit sonnenliebenden mediterranen Kübelpflanzen, etwa Brautmyrte oder weißblühendem Oleander, ebenso kombiniert werden wie auch mit anderen australischen Gewächsen, beispielsweise mit Eukalyptus oder aber Strauchveronika.

Pflege: Die Pflanzen benötigen während der Wachstumszeit reichlich Wasser und Dünger, es muß daher regelmäßig gegossen und etwa alle 2 Wochen gedüngt werden. Da sie kalkhaltiges Gießwasser schlecht vertragen, ist es ratsam, stets entkalktes Wasser oder Regenwasser zu verwenden. Der Dünger sollte sauer wirken, empfehlenswert ist z. B. Rhododendrondünger. Die Jungpflanzen wachsen buschiger heran und blühen reicher, wenn man sie häufiger entspitzt oder stutzt. Ältere Pflanzen schneidet man nur noch bei Bedarf etwas in Form, am besten gleich nach der Blüte.

Überwinterung: Vor den ersten Frösten räumt man die Pflanzen in ein helles oder halbschattiges, kühles

(5–10 °C) Winterquartier ein. Während der Überwinterung wird weniger gegossen, der Ballen darf jedoch keinesfalls austrocknen. Erst nach den letzten Spätfrösten stellt man die Pflanzen wieder ins Freie.
Vermehrung: Die Sträucher können durch halbreife Kopfstecklinge, die man im Spätsommer schneidet, vermehrt werden. Die Bewurzelung der Stecklinge erfolgt am besten bei etwa 15–20 °C. Auch eine Samenvermehrung kann man versuchen, doch gelingt sie nicht immer. Ausgesät werden im Herbst nur wirklich vollreife Samen, bevorzugt aus den unteren Kapseln der Fruchtstände. Am Naturstandort keimen die Samen erst, nachdem sie der Glut eines Buschbrands ausgesetzt waren. Es kann hilfreich sein, die Kapseln für einige Minuten in den voll aufgeheizten Backofen zu legen und die Samen anschließend herauszulösen und auszusäen. Sie dürfen nicht mit Erde abgedeckt werden, da es sich um sog. Lichtkeimer handelt. Bis dann bei viel Wärme (15–20 °C) endlich die ersten Blättchen erscheinen, können 1–3 Monate vergehen.
Schädlinge: Schildläuse

Callistephus
Sommeraster

Art: *C. chinensis* (auch *Aster chinensis*)
Familie: Korbblütler *(Compositae)*
Herkunft: Brachland, Schuttflächen und Wegränder in Mittel-, Nord- und Ostasien
Blütenfarbe: weiß, gelb, rosa, rot, blau, violett, auch zweifarbig
Blütezeit: Juni bis Oktober
Höhe: 15–40 cm
Merkmale: Aus der einfachblühenden, schlichten Urform der Sommeraster hat man durch anhaltende Züchtungsarbeit ein riesiges Farben- und Formensortiment geschaffen. Zur Balkonbepflanzung finden vor allem die buschig wachsenden, einjährig kultivierten Zwergsorten Verwendung, die oft auch als Topf- oder Beetastern bezeichnet werden. Ihre Blütenköpfe sind meist dicht gefüllt und sitzen endständig an aufrechten, drahtigen Stielen. Untermalt werden sie von länglichen, kräftig grünen Laubblättern.

Callistephus chinensis

Sorten: Auf dem Markt sind vor allem Sortengruppen, die man sowohl als Farbmischung wie in Einzelfarben erhält, z. B. 'Tausendschön' (große, dichtgefüllte Blüten, spätblühend, breitbuschig, Höhe 15–20 cm), 'Farbenteppich' (große, dichtgefüllte Blüten, Höhe 20 cm), 'Nebelungs Troll' (große, strahlenförmige Blüten, Höhe 20 cm), 'Pinocchio' (kleine, gefüllte Blüten, sehr reich blühend, gedrungener Wuchs, Höhe 20–25 cm), 'Zwerg-Königin' (dichtgefüllte Blüten, breiter Wuchs, Höhe 20–25 cm), 'Milady' (halbkugelige Blüten, reich verzweigter Wuchs, Höhe 25–30 cm).
Standortansprüche: Um ihre volle Blühkraft entfalten zu können, brauchen Sommerastern sonnige Plätze. Als Pflanzsubstrat eignet sich Einheitserde.
Verwendung: Da die Sommerastern erst im Hochsommer zu farbenprächtiger Schönheit erblühen, werden sie vorwiegend als Ersatz für bereits abgeblühte Frühjahrsblumen in Balkonkästen und Schalen gepflanzt. Mit ihren kräftigen Blütenfarben und kompakt erscheinenden Formen wirken sie leicht dominierend, weshalb sie häufig allein verwendet werden – als interessante Ton-in-Ton-Mischung oder in bunten Farbkombinationen. Hübsche Begleiter sind jedoch auch Duftsteinrich und Salbeiarten.
Pflege: Sommerastern können von April bis Juni mit etwa 20 cm Abstand ausgepflanzt werden. Von späteren Pflanzterminen ist abzuraten, weil die Blütezeit damit zu weit hinausgezögert würde. Vor allem während Hitzeperioden müssen die Sommerblumen kräftig gewässert werden, allerdings vertragen sie keine Staunässe. Während der Wachstumszeit empfehlen sich regelmäßige Düngergaben in zwei- bis vierwöchigem Abstand. Um den Flor zu verlängern, sollte Abgeblühtes laufend entfernt werden.
Vermehrung: Die Pflanzen können zwischen April und Mai direkt ausgesät oder ab Februar in Anzuchtschalen vorkultiviert werden.
Schädlinge und Krankheiten: Blattläuse; Grauschimmel

Calluna
Besenheide, Heidekraut, Herbstheide

Art: *C. vulgaris* (Gewöhnliches Heidekraut)
Familie: Erika- oder Heidekrautgewächse *(Ericaceae)*
Herkunft: Heiden, Magerwiesen und lichte Wälder in Europa und Kleinasien
Blütenfarbe: weiß, rosa, rot, violett
Blütezeit: Juni bis Oktober
Höhe: 25–40 cm
Merkmale: Die lange blühende Besenheide kommt besonders im Herbst zur Geltung, wenn die meisten Sommerblumen bereits verblüht

Calluna vulgaris

sind. In ihr verbirgt sich jedoch mehr als nur ein stimmungsvoller Herbstbote, denn der immergrüne Zwergstrauch kann bei richtiger Pflege viele Jahre auf dem Balkon überdauern. Im Erscheinungsbild ist er der Heide *(Erica)* zwar recht ähnlich, doch bei genauerem Hinsehen lassen sich die beiden Gattungen gut voneinander unterscheiden. Während die Heide nadelförmige Blätter und glockenartige Blüten trägt, erweisen sich die Blätter der Besenheide als schuppenförmig und ihre Blüten als weit geöffnet wie kleine Schalen. Neben einfachblühenden Sorten gibt es auch gefüllte in reinem Weiß und verschiedenen Rosatönen bis hin zu dunklem Violett, die ihre Leuchtkraft lange behalten. Die grünen, goldfarbenen oder grauen Schuppenblätter verfärben sich im Winter oft bräunlich, bleiben aber ganzjährig haften.
Sorten: Im Handel werden u. a. geführt 'J. H. Hamilton' (lachsrosa, gefüllt, bronzefarbene Herbst- und Winterfärbung, Höhe 30 cm), 'Tib' (purpurviolett, gefüllt, frühblühend, Höhe 30 cm), 'Darkness' (karminrot, spätblühend, Höhe 30–35 cm), 'Marleen' (rosaviolett, spätblühend, Höhe 30–40 cm) sowie (Höhe jeweils 40 cm) 'Alba Plena' (weiß, gefüllt), 'Annemarie' (dunkelrosa, gefüllt, spätblühend), 'Cuprea' (hellrosa, gelbgrüne Blätter), 'Gold Haze' (weiß, goldgelbe Blätter), 'Silver Knight' (hellila, silbrige Blätter).
Standortansprüche: Die Besenheide gedeiht in Sonne und Halbschatten gleichermaßen. Das Substrat muß einen sauren pH-Wert aufweisen. Gut geeignet ist Rhododendronerde, vermischt mit etwas Sand, um die Durchlässigkeit zu erhöhen.
Verwendung: Dank der variantenreichen Auswahl lassen sich allein mit verschiedenen Sorten der Besenheide abwechslungsreiche Pflanzungen gestalten. Hübsch wirken aber auch Kombinationen mit Strauchveronika, Torfmyrte und Efeu, z. B. in schweren Pflanzkübeln oder -trögen.
Pflege: Setzt man die Pflanzen mit nur 10–20 cm Abstand dicht nebeneinander, ergibt sich ein schönes Bild. Während der Wachstumszeit sollte die Besenheide gleichmäßig feucht gehalten, doch keinesfalls zu stark gewässert werden. Zum Gießen darf man nur Regenwasser oder entkalktes Wasser verwenden, da das Substrat sonst zu basisch für sie wird. Düngergaben sind nicht erforderlich.
Überwinterung: Über die kalte Jahreszeit sollten die Pflanzgefäße frostsicher verpackt werden, damit der Wurzelraum nicht durchfriert. Es ist darauf zu achten, daß auch während der Wintermonate die Erde nicht austrocknet. Damit mehrjährig kultivierte Pflanzen ihren buschigen Wuchs behalten und nicht von unten her verkahlen, empfiehlt sich im Frühjahr ein Rückschnitt um ein Drittel ihrer Wuchshöhe. Zu diesem Zeitpunkt ersetzt man außerdem die verbrauchte Erde ganz oder teilweise durch frisches Substrat.
Vermehrung: Die Besenheide läßt sich durch Kopfstecklinge vermehren, die man im Spätsommer von halbverholzten Trieben schneidet.
Krankheiten: Rost
Tip: Verbraunende Blätter und welkende Triebspitzen sind Anzeichen des sog. Erikasterbens, das durch Staunässe und Überdüngung verursacht wird. Befallene Pflanzen sollte man vernichten, ebenso das Substrat.

Camellia japonica

Camellia
Kamelie, Teestrauch

Arten: *C. japonica*, *C.*-Hybriden, *C.* x *williamsii* (auch *C. japonica* x *C. saluenensis*), *C.-Reticulata*-Hybriden
Familie: Teestrauchgewächse *(Theaceae)*
Herkunft: feuchte Berg- und Nebelwälder in Ostasien
Blütenfarbe: rosa, rot, weiß, auch zweifarbig
Blütezeit: Februar bis April
Höhe: 1–3 m, mitunter auch höher
Merkmale: Kamelien sind bereits seit dem 18. Jh. vielgepriesene Kübelpflanzen, um deren atemberaubende Schönheit sich zahlreiche Geschichten ranken. Am häufigsten werden Sorten von *C. japonica* gezogen. Diese durchweg immergrünen Sträucher tragen ledrige, glänzend dunkelgrüne, überwiegend breitovale und zugespitzte, am Rand leicht gezähnte Blätter. Man kann mehrere Wuchsformen unterscheiden: Es gibt Kamelien mit aufrechten wie auch solche mit überhängenden oder mit flachstreichenden, breit ausladenden Trieben.
Was die Gehölze so attraktiv macht, sind ihre großen Blüten, die sich aus den dicken Knospen entwickeln. Am häufigsten trifft man intensiv rote und rosa Farben in den verschiedensten Tönungen an, aber auch weiße Blüten sind nicht selten. Im Zentrum steht, ähnlich wie bei Rosen, ein dichtes Büschel von Staubblättern. Auch die Mannigfaltigkeit der Blütenformen läßt sich am ehesten mit derjenigen von Rosen *(Rosa)* oder aber von Dahlien *(Dahlia)* vergleichen. Die Blumen können ungefüllt oder halb gefüllt sein, so daß ihre Staubblattbüschel deutlich sichtbar bleiben, es gibt jedoch ebenso Sorten mit dichtgefüllten, rosen- oder päonienförmigen Blüten, die stark gewellte oder gekrauste Blütenblätter aufweisen. Schließlich finden sich noch Formen mit überaus dicht stehenden, sich regelmäßig überlappenden Blütenblättern, bei denen überhaupt keine Staubblätter mehr erkennbar sind.
Eine spezielle Gruppe unter den Formen von *C. japonica* stellen die sog. Higo-Kamelien dar, die in der gleichnamigen japanischen Provinz – heute heißt sie Kumamoto – gezüchtet wurden. Sie tragen überwiegend ungefüllte, weit geöffnete Schalenblüten in aparten, teils zarten, teils kräftigen Farben. Auch mehrfarbige Blumen sind darunter, aber aus ihrer Mitte leuchtet

stets ein gelbes Staubblattbüschel hervor.
Neben den unzähligen Sorten von *C. japonica* gibt es auch ein breites Spektrum von *C.*-Hybriden. Diese entstanden überwiegend durch Kreuzungen einzelner Sorten von *C. japonica* mit *C. saluenensis* und werden dann auch als *C. x williamsii* oder *C.-Williamsii*-Hybriden bezeichnet. Sie stechen durch besonders große Blüten hervor, und sie zeigen sich in ebenso vielen Farben und Formen wie die Sorten von *C. japonica*.

Camellia japonica

Die *C.-Reticulata*-Hybriden sind aus Kreuzungen von *C. reticulata* mit anderen Kamelien hervorgegangen. Sie tragen faszinierende, überaus große, meist mehr oder weniger stark gefüllte Blüten in Weiß und allen Rot- und Rosatönen, die im Gegensatz zu denen anderer Kamelien jedoch nicht duften. Ihre Blätter sind wie bei der Stammart *C. reticulata* netzartig geädert. Meist sind *C.-Reticulata*-Hybriden sehr starkwüchsig, so daß sie binnen kurzer Zeit viel Platz beanspruchen.
Sorten: Das Kameliensortiment ist unüberschaubar groß, weltweit gibt es Tausende von Sorten. Auch wechselt das Angebot immer wieder, das sich überdies von Anbieter zu Anbieter erheblich unterscheiden kann.
Eine relativ große Sortenauswahl hat man vor allem in solchen Gärtnereien, die sich auf Kamelien spezialisiert haben.
Standortansprüche: Kamelien bevorzugen einen halbschattigen oder absonnigen, geschützten Platz, am besten vor einer Mauer. Sie brauchen ein nährstoff- und zudem sehr humusreiches, saures, durchlässiges Substrat. Man kann sie z. B. in Rhododendronerde oder in Einheitserde P setzen.
Verwendung: Die eindrucksvollen Kübelpflanzen verdienen es, als Solitäre an ausgewählten Plätzen zu stehen, an denen sie gut zur Geltung kommen. Besonders vorteilhaft ist ein dunkler Hintergrund, von dem sich die Blüten deutlich abheben, etwa eine Hecke, eine Ziegelmauer oder eine Holzwand. Als schöne Begleiter zu den herrlichen Blütengehölzen bieten sich Blattschmuckpflanzen an, etwa Lorbeer, Buchsbaum oder Ölbaum.
Pflege: Während der Wachstumszeit benötigen Kamelien reichlich Wasser, jedoch nur mäßige Düngergaben. Man gießt regelmäßig mit kalkfreiem Wasser, am besten mit Regenwasser, und zwar gerade so viel, daß der Wurzelballen stets leicht feucht bleibt. Sowohl Staunässe als auch Ballentrockenheit sind schädlich und müssen unbedingt vermieden werden. Für ein gelegentliches Überbrausen zeigen sich die Sträucher dankbar, allerdings sollten sie nach einer solchen Dusche an einem luftigen Platz gut abtrocknen können. Gedüngt wird etwa alle 2 Wochen mit einem sauer wirkenden, salzarmen Dünger oder alternativ mit einem normalen Blumendünger, von dem man dann jedoch nur die Hälfte der sonst üblichen Menge im angegebenen Anteil Wasser auflöst. Besonders prächtig gedeihen Kamelien, wenn man die Töpfe den Sommer über in die Erde einsenkt.
Ab August gießt man weniger und stellt das Düngen ganz ein, bis sich in den Blattachseln erste Knospenansätze für das nächste Jahr zeigen. Anschließend wird bis zum herbstlichen Einräumen wieder vermehrt gegossen.

Camellia x williamsii

Zurückschneiden lassen sich Kamelien am besten nach der Blüte. Indem man zu lange, während des Sommers übermäßig gewachsene Triebe einkürzt, bringt man die Pflanzen in Form. Umtopfen sollte man sie nur etwa alle 3 Jahre.

Camellia-Reticulata-Hybride

Überwinterung: Die meisten Kameliensorten sind ziemlich frostverträglich und werden recht spät eingeräumt, empfindlichere, z. B. die *C.-Reticulata*-Hybriden, indes unbedingt vor den ersten Frösten. Die Pflanzen kommen in ein kühles, helles und luftfeuchtes Winterquartier, in dem Temperaturen von 5–8 °C herrschen. Während der Überwinterung sollte der Raum häufig gelüftet werden, ohne daß jedoch die Pflanzen kalter Zugluft ausgeliefert sind. Hält man Kamelien zu warm und bei zu trockener Luft, werfen sie leicht die bereits angesetzten Knospen ab. Ab und zu werden sie während der Wintermonate gegossen, denn der Ballen darf nicht austrocknen. Weniger frostempfindliche Sorten können bereits ab März wieder an einem geschützten Platz im

Freien stehen. Die übrigen Kamelien räumt man nach den letzten Spätfrösten aus. Alle Pflanzen müssen allmählich an die Bedingungen im Freiland gewöhnt, also langsam abgehärtet werden.
Vermehrung: Kamelien vermehrt man überwiegend durch halbreife oder reife Kopfstecklinge, die im Früh- bis Spätsommer gewonnen werden. Man schneidet sie möglichst so, daß unten noch ein Stück Rinde, eine sog. Rindenzunge oder Platte, am Steckling verbleibt. In ein Gemisch aus gleichen Teilen Sand und Torf oder Rindenhumus gesteckt, bewurzeln sie sich am besten bei etwa 20 °C und leichter Beschattung. Man kann Kamelien aber auch im Frühjahr aus Samen anziehen, die jedoch frisch sein sollten. Man drückt pro Topf jeweils einen Samen in das gleiche Substratgemisch, wie es zur Stecklingsvermehrung verwendet wird.
Schädlinge und Krankheiten: Schildläuse, Blattläuse; Viruskrankheiten, Grauschimmel, Stengelgrundfäule
Tip: Wenn man nach der Blüte die Spitzen der Triebe einige Male auskneift, läßt sich der nächstjährige Blütebeginn etwas verzögern.

Campanula
Glockenblume

Arten: *C. carpatica* (Karpaten-Glockenblume), *C. cochleariifolia* (auch *C. pusilla*, Zwergglockenblume), *C. garganica* (auch *C. elatines* var. *garganica*), *C. isophylla*, *C. poscharskyana* (Hängepolsterglocke)
Familie: Glockenblumengewächse *(Campanulaceae)*
Herkunft: Felshänge und Geröllfelder europäischer Gebirge und des Kaukasus
Blütenfarbe: blau, violett, auch weiß oder rosa
Blütezeit: von Mai bis zum September
Höhe: 10–30 cm
Merkmale: Glockenblumen bezaubern mit ihren zarten Blüten in kühlen Farbtönen, die sich bei den hier angeführten niedrigen Arten fast den ganzen Sommer lang über buschige Kissen erheben oder entlang herabhängender Triebe entfalten. Das frischgrüne, meist rundlich bis herzförmig gestaltete Laub der Stauden ist unter der Blütenfülle dann kaum zu erkennen. Die Karpaten-Glockenblume bringt ab Juni zart durchscheinende, schalenförmig geöffnete Blüten hervor. Sie treibt keine Ausläufer, sondern wächst zu dichtbuschigen Horsten heran. Kaum höher als 15 cm wird die Zwergglockenblume, doch kann sie durch ihre unterirdischen Ausläufer in kurzer Zeit zu recht ausladenden Polstern heranwachsen. Ihre zierlichen Glöckchenblüten stehen einzeln oder höchstens zu dritt an den aufrechten Blütenstielen. Als Immergrüne behält *C. garganica* ihre gezähnten

Campanula garganica

Campanula isophylla

Laubblätter auch im Winter. Ihre volle Schönheit entfaltet sie aber erst ab Mai, wenn ihre sternförmigen Blüten erscheinen und die Polster über und über bedecken. Im Unterschied zu den anderen Arten ist *C. isophylla* nicht winterhart. Die bisher weitgehend nur als Zimmerpflanze bekannte Art erobert jedoch zunehmend den Balkon. Grund dafür ist ihre enorme Blühfreudigkeit. Über Wochen hinweg schmückt sie sich mit auffallend großen, blauen oder weißen Glocken. Die Hängepolsterglocke bleibt sehr niedrig, die Triebe werden aber bis zu 60 cm lang und lassen flächige Blütenteppiche entstehen, die stets leicht zerzaust wirken. Ihre sternartigen Blumen sind gewöhnlich blauviolett gefärbt, doch gibt es auch weiße und rosa Sorten.
Sorten: von *C. carpatica* 'Blaue Clips' (hellblau, samenvermehrbar, Höhe 20 cm), 'Weiße Clips' (weiß, samenvermehrbar, Höhe 20 cm); von *C. cochleariifolia* 'Alba' (weiß, Höhe 10 cm); von *C. isophylla* 'Stella' (weiß, blau oder als Farbmischung, Höhe 10–20 cm); von *C. poscharskyana* 'E. H. Frost' (weiß mit blauer Mitte, Höhe 15 cm), 'Blauranke' (hellblau, sehr lange Triebe, Höhe 20 cm)
Standortansprüche: Alle genannten Arten bevorzugen warme, sonnige Standorte, aber auch halbschattige Lagen sind geeignet. Zum guten Gedeihen benötigen die Glockenblumen Einheitserde oder ein vergleichbares durchlässiges Substrat. Auf eine wirksame Dränage des Pflanzgefäßes ist zu achten.
Verwendung: Die langen Triebe der Hängepolsterglocke sind ideal für Blumenampeln, aus denen sie überreich hervorquellen können, jedoch sehen auch die übrigen Arten darin hübsch aus. Als Unterpflanzung von Hochstämmchen entfalten

Campanula poscharskyana

Glockenblumen ebenfalls ihre Stärken. In Kästen und Schalen haben Ton-in-Ton-Pflanzungen mit Fächerblume, Blauen Gänseblümchen, Männertreu und Kaskadenblume eine romantische Ausstrahlung. Frisch wirken die Glockenblumen zu weißblühenden Partnern.
Pflege: Überwinterte Exemplare können ab April nach draußen gebracht werden. Gekaufte oder selbst angezogene Glockenblumen setzt man ebenfalls im Frühjahr in die Gefäße, wobei man einen

Abstand von 30–40 cm wahren sollte, damit sich die Einzelpflanzen schön buschig entwickeln können. Die Arten vertragen keine Staunässe und brauchen nur sehr mäßig gegossen zu werden. Ebenso genügsam sind sie, was die Nährstoffzufuhr betrifft: Eine niedrig dosierte Düngung in vierwöchigem Abstand ist völlig ausreichend. Abgeblühtes sollte regelmäßig entfernt werden.
Überwinterung: Obwohl mit Ausnahme von *C. isophylla* alle genannten Arten winterhart sind, empfiehlt es sich doch, sie im Herbst einzuräumen und in einem hellen Raum bei 0–5 °C zu überwintern, wobei sie nur wenig gegossen werden. Mit Beginn des Neuaustriebs entspitzt man die Triebe. Alternativ kann man die Pflanzen zum Überwintern auch in den Garten auspflanzen, sollte sie jedoch mit Reisig abdecken.
Vermehrung: Von polsterbildenden Glockenblumen kann man leicht Ausläufer abtrennen und zu neuen Pflanzen heranziehen. Auch eine Teilung des Wurzelballens ist möglich, die am besten im Frühjahr vorgenommen wird. Die reinen Arten und einige Sorten lassen sich problemlos durch Anzucht aus Samen vermehren.
Schädlinge und Krankheiten: Blattläuse; Rost

Cardiospermum
Ballonwein

Art: *C. halicacabum* (Ballonpflanze, Ballonrebe, Herzsame)
Familie: Seifenbaum- oder Sapindusgewächse *(Sapindaceae)*
Herkunft: Tropen und Subtropen in Amerika, Bermudainseln

Cardiospermum halicacabum

Blütenfarbe: grünlichweiß
Blütezeit: Juli bis August
Höhe: 2,5–3 m
Merkmale: Namengebend für die einjährige Kletterpflanze waren die ballonartig aufgeblasenen Früchte sowie die dreiteiligen, tief gesägten Laubblätter, die an Weinblätter erinnern. Ihre weißen, grünlich überhauchten Blüten besitzen kaum Zierwert, erst die sich daraus entwickelnden grünen Früchte ziehen alle Blicke auf sich.
Standortansprüche: Der Ballonwein gedeiht nur an vollsonnigen, geschützten Stellen gut. Als Substrat eignet sich Einheitserde oder ein vergleichbares Erdgemisch.
Verwendung: Klettergerüste wie Pergolen oder Spaliere, die sowohl an einer Wand wie auch in größeren Gefäßen befestigt werden können, werden vom Ballonwein rasch erobert. Durch seine unauffällige Grünfärbung liefert er einen schlichten, stets passenden Hintergrund für bunte Balkonpflanzen. Anmutige Ergänzung findet der skurrile Kletterer beispielsweise in Maurandien, Glockenreben oder in der Kletternden Kapuzinerkresse.
Pflege: Erst nach den Eisheiligen wird der frostempfindliche Ballonwein einzeln oder mit einem Abstand von 50 cm ins Freie gepflanzt. Dabei sollte ihm von Anfang an eine Kletterhilfe angeboten werden. Der schnellwüchsige Klimmer ist auf gute Wasserversorgung und regelmäßige Düngergaben angewiesen. Bereits 2 Wochen nach der Pflanzung sollte erstmals schwach gedüngt werden, was dann alle 2–4 Wochen zu wiederholen ist.
Vermehrung: Eine Aussaat ist ab Februar/März möglich; zur Keimung ist viel Wärme (20–25 °C) erforderlich.
Schädlinge: Spinnmilben, Blattläuse

Caryopteris
Bartblume

Art: *C.* x *clandonensis* (*C. incana* x *C. mongholica*)
Familie: Eisenkraut- oder Verbenengewächse *(Verbenaceae)*
Herkunft: Die Elternarten stammen aus Trockengebüschen in China und Japan.
Blütenfarbe: himmelblau, Sorten auch violettblau
Blütezeit: von August bis zum September
Höhe: 50–100 cm
Merkmale: Bartblumen bringen mit ihren leuchtend blauen Blüten eine bei Kübelpflanzen eher seltene Farbe auf die Terrasse oder den Balkon. Die Pflanzen bilden niedrige Sträucher, deren Triebe locker verzweigt sind und graugrüne, spitz zulaufende, aromatisch duftende Blätter tragen. Die kleinen, röhrenförmigen Blüten sind intensiv himmelblau gefärbt und entwickeln sich in kurzen, reich verzweigten Blütenständen an den Zweigenden und in den oberen Blattachseln.
Sorten: Im Handel sind u. a. erhältlich (Höhe jeweils 50–100 cm) 'Arthur Simmonds' (leuchtend violettblau, in der Farbe leicht variabel), 'Heavenly Blue' (leuchtend violettblau), 'Kew Blue' (dunkel violettblau).
Standortansprüche: Die Pflanzen bevorzugen einen sonnigen bis halbschattigen, hellen und windgeschützten Platz. Als Substrat eignet sich Einheitserde oder eine entsprechende, sandig-lehmige, humose Erdmischung. Eine gute Dränage des Pflanzgefäßes ist unerläßlich.
Verwendung: Was Bartblumen als Kübelpflanzen so attraktiv macht, ist das strahlende Lichtblau ihrer kleinen Blütenstände. Es bringt Raum und Tiefe in ein Kübelpflanzenarrangement und wirkt besonders gut in Kombination mit anderen kleinblütigen, gelb- oder rotblühenden Gewächsen – traumhaft etwa zusammen mit roten Rosen *(Rosa)* – sowie mit silberlaubigen Blattschmuckpflanzen.
Pflege: Bartblumen sind recht trockenheitsverträglich, deshalb sollte man sie eher sparsam, aber doch regelmäßig gießen. Auch der Nähr-

Caryopteris x *clandonensis*

stoffbedarf ist mäßig, eine Düngergabe alle 3–4 Wochen reicht vollkommen aus. Ein leichter Rückschnitt im Frühjahr ist sehr zu empfehlen. Man erzielt dadurch einen kompakteren Wuchs und fördert den Blütenansatz. Durch Schnitt lassen sich die Pflanzen auch gut in Form halten.
Überwinterung: Bartblumen können an einer geschützten Stelle im Freien überwintern. Man sollte dazu die Kübel etwas erhöht stellen, z. B. auf Holzlatten, und zumindest die unteren Triebteile mit Reisig oder Laub abdecken. Meist frieren die Sträucher bis auf die gut verholzten Partien zurück, diese treiben aber im Frühjahr neu aus. In rauheren Gegenden allerdings sollten die Pflanzen besser im Haus überwintert werden, entweder hell oder dunkel, jedoch stets kühl bei etwa 5–10 °C. Man gießt sie dann nur spärlich, läßt sie aber nicht ganz austrocknen. Im März oder April wird von den im Freiland überwinterten Pflanzen die Winterschutzabdeckung entfernt; im Haus einquartierte Pflanzen können im April wieder ausgeräumt werden.

Vermehrung: Die Pflanzen lassen sich im Sommer durch weiche oder halbreife Stecklinge vermehren.

Cassia
Kassie

Arten: *C. didymobotrya* (auch *Senna didymobotrya*, Kerzenstrauch), *C. corymbosa* (auch *Senna corymbosa*, Gewürzrinde), *C. corymbosa* var. *plurijuga* (auch *C. floribunda*, *C.* x *floribunda*)
Familie: Schmetterlingsblütler *(Leguminosae)*
Herkunft: *C. didymobotrya* tropisches Afrika, *C. corymbosa* mittleres Südamerika
Blütenfarbe: goldgelb
Blütezeit: Juli bis Oktober, bei günstiger Überwinterung auch bis zum Frühjahr
Höhe: 75–200 cm, gelegentlich auch höher
Merkmale: Kassien sind immergrüne Sträucher, die sich durch sehr auffällige, große, intensiv gelb gefärbte Schmetterlingsblüten auszeichnen. Die des Kerzenstrauchs ragen in langen, aufrechten, dichtblütigen Trauben, die an den Triebenden

Cassia didymobotrya

Cassia corymbosa

stehen, weit über das Laubwerk hinaus. Seine vielfach gefiederten Blätter klappen über Nacht ihre elliptischen Blattfiedern nach oben zusammen. Bei der Gewürzrinde dagegen erscheinen die Blütenstände in den Blattachseln zwischen dem ebenfalls fiederteiligen Laub. Besonders üppige Trauben aus sehr großen Blüten trägt die Varietät *C. corymbosa* var. *plurijuga*.
Standortansprüche: Die Kassien verlangen einen vollsonnigen, warmen und windgeschützten Platz. Als Substrat eignet sich Einheitserde oder eine vergleichbare Mischung.
Verwendung: Die aparten, reichblühenden Kübelsträucher lassen sich mit vielerlei farblich passenden Arten kombinieren, z. B. anderen aus den Tropen stammenden Blütenpflanzen wie Bougainvilleen oder Engelstrompeten. Die Gewürzrinde kann auch gut als Hochstamm gezogen werden.
Pflege: Während der ganzen Wachstumszeit benötigen die Pflanzen mäßige Wasser- und Nährstoffmengen, es genügt, sie nur stets leicht feucht zu halten und etwa alle 2 Wochen zu düngen.
Die Gewürzrinde schneidet man am besten schon im Herbst, vor dem Einräumen, zurück, den Kerzenstrauch jedoch erst im Frühjahr. Bei älteren, schön geformten Kerzensträuchern kann der Rückschnitt aber auch ganz unterbleiben.
Überwinterung: Vor den ersten Frösten werden die Sträucher in ihr Winterquartier geräumt. Nur die Gewürzrinde verträgt kurzzeitig auch leichten Frost. Sie kann im Winter dunkel und sehr kühl stehen, bei etwa 1–5 °C. Der Kerzenstrauch benötigt dagegen einen hellen, trockenen Raum, in dem die Temperatur ungefähr 10–15 °C betragen sollte. Bei kälterem Stand verliert er seine Blätter und blüht im Folgejahr deutlich verzögert. Beide Arten und auch die Varietät werden im Winterquartier nur wenig gegossen, gerade so viel, daß der Ballen nicht austrocknet. Nach den letzten Spätfrösten bringt man die Pflanzen wieder ins Freie.
Vermehrung: Kassien können im Frühjahr leicht aus Samen herangezogen werden. Etwas schwieriger ist die Vermehrung durch halbreife Kopfstecklinge, die man im Sommer schneidet und bei mäßiger Wärme in nicht allzu feuchter Erde heranzieht.
Schädlinge und Krankheiten: Blattläuse, bei zu warmer Überwinterung Weiße Fliege; Wurzelfäulnis bei Staunässe, Grauschimmel bei zu hoher Luftfeuchtigkeit während der Überwinterung

Centradenia
Centradenie

Art: *C.*-Hybride (auch *Heterocentron*-Hybride, Kaskadenblume)
Familie: Schwarzmundgewächse *(Melastomataceae)*
Herkunft: Stammformen aus Mittelamerika
Blütenfarbe: pink
Blütezeit: April bis September
Höhe: 20–25 cm, einzelne Triebe bis 70 cm
Merkmale: Die ausdauernde Kaskadenblume schmückt sich im Frühjahr wie im Sommer mit pinkfarbenen, aus einem einfachen Blütenblattkranz bestehenden Blumen.

Centradenia-Hybride

Zwar gönnt sie sich zwischenzeitlich kurze Blühpausen, doch nur, um danach wieder unzählige neue Blüten hervorzubringen. Ihre überhängenden Triebe sind dicht mit weich behaarten Laubblättern besetzt, deren Unterseite kupferfarben leuchtet. So bietet die Staude auch während ihrer Blühpausen einen hübschen Anblick.
Sorte: Im Handel wird fast ausschließlich die Sorte 'Cascade' mit pinkfarbenen Blüten angeboten.
Standortansprüche: Die Kaskadenblume verlangt einen sonnigen bis halbschattigen Platz in nährstoffreicher Einheitserde oder spezieller Balkonblumenerde. Setzt man sie in Ampeln, sollten diese an geschützten Stellen aufgehängt werden. Die Pflanzgefäße müssen über eine gute Dränage verfügen.
Verwendung: Die kaskadenartig herabwallenden Triebe schmücken Balkonkästen und Blumenampeln. Abwechslungsreiche Bilder ergeben sich durch Kombinationen mit gelbblühenden Pflanzen wie Zweizahn, Husarenknöpfchen oder Studentenblumen sowie mit den kühlen Farben von Blauen Gänseblümchen, Fächerblume oder Männertreu. Ideal sind Kaskadenblumen zur Unterpflanzung von Hochstämmchen geeignet, da sie zusammen mit ihnen überwintert werden können. Hübsch wirken sie auch als Unterwuchs von Zitrusgewächsen und farblich harmonierenden Fuchsien oder Wandelröschen.
Pflege: Kaskadenblumen pflanzt man ab Mitte Mai mit etwa 30 cm Abstand aus. Sie müssen stets gleichmäßig feucht gehalten werden, doch ist Staunässe ebenso schädlich wie ein Austrocknen des Wurzelballens. Verwelktes wird von der Pflanze selbständig abgeworfen. Abgeblühte Triebe sollten während der Blütezeit niemals abgeschnitten werden, da sich daran immer wieder neue Knospen bilden. Alle 2 Wochen führt man der Pflanze niedrig dosierten Volldünger zu.
Überwinterung: Vor dem Einräumen, Ende September, werden die Triebe stark zurückgeschnitten. Anschließend bringt man die Pflanzen an einen hellen und kühlen (5–10 °C) Ort. Während der Ruhephase wird nur schwach gegossen. Wenn die Stauden im Frühjahr neu auszutreiben beginnen, gießt man häufiger und stellt sie tagsüber zum Abhärten nach draußen. Erst nach den letzten Spätfrösten werden überwinterte Pflanzen an ihren Sommerplatz geräumt oder umgetopft.
Vermehrung: Von überwinterten Kaskadenblumen können im zeitigen Frühjahr Kopf- und Triebstecklinge geschnitten werden, die sich bei etwa 20 °C schnell bewurzeln. Die Jungpflanzen entspitzt man ein- bis zweimal, damit sie sich gut verzweigen.
Schädlinge: Weiße Fliege

Cestrum
Hammerstrauch

Arten: *C. aurantiacum*, *C. elegans* (auch *C. purpureum*, *C. paniculatum*, *Habrothamnus elegans*, *H. purpureus*), *C. fasciculatum* (auch *Habrothamnus fasciculatus*)
Familie: Nachtschattengewächse *(Solanaceae)*
Herkunft: tropische und subtropische Gebiete, *C. aurantiacum* Guatemala, *C. elegans* und *C. fasciculatum* Mexiko
Blütenfarbe: *C. aurantiacum* orangegelb, *C. elegans* purpurrot, *C. fasciculatum* karmin- bis purpurrot
Blütezeit: *C. aurantiacum* Juli bis Oktober, *C. elegans* Mai bis September, *C. fasciculatum* April bis Juni
Höhe: 1–3 m, *C. aurantiacum* 1–2 m
Merkmale: Die hübschen halbimmergrünen bis immergrünen Sträucher, die ihren seltsamen Namen aufgrund eines hammerähnlichen Fortsatzes an der Basis ihrer Staubblätter erhielten, wachsen anfangs sehr rasch in die Höhe und blühen überaus üppig. Später läßt das Wachstum nach, nicht aber ihre Blühfreudigkeit. Dank ihrer dichten Belaubung stellen alle Arten auch außerhalb der Blütezeit eine Zierde dar. Ihre Blätter sind vergleichsweise groß, breitlanzettlich und scharf zugespitzt, bei *C. elegans* dicht flaumig behaart. Besonders auffällig und charakteristisch sind jedoch die langgestreckten, röhrenförmigen Blüten, die in dichten, endständigen Trauben an den Trieben erscheinen und oft leicht herabhängen. Sie unterscheiden sich bei den einzelnen Arten vor allem in der Farbe. Als Früchte bilden sich große, kugelige bis eiförmige Beeren. Alle Hammerstrauch-

Cestrum aurantiacum

arten enthalten in sämtlichen Teilen Giftstoffe.
Sorte: von *C. fasciculatum* 'Newellii' (auch *C. newellii*, *C.* x *newellii*, *C.* 'Newellii', wahrscheinlich eine Kreuzung von *C. elegans* mit *C. fasciculatum*; Blüten leuchtend karminrot mit bauchiger Kronröhre, Höhe 150–200 cm)
Standortansprüche: Die Hammersträucher bevorzugen einen sonnigen, warmen Platz, gedeihen aber auch im Halbschatten, wo sie jedoch weniger reich blühen. Als Substrat eignet sich Einheitserde oder eine vergleichbare nährstoff- und humusreiche Mischung.
Verwendung: Die sehr verschwenderisch blühenden Sträucher bilden dank ihres anhaltenden Flors ungewöhnlich lange Zeit einen attraktiven Blickfang. Besonders apart sehen Hammersträucher aus, die als Hochstämmchen mit locker herabhängenden Trieben gezogen wurden. Was die Wahl passender Nachbarn betrifft, so wirkt es bereits sehr hübsch, wenn man nur Hammerstraucharten mit unterschiedlichen Blütenfarben kombiniert.

Cestrum elegans

Doch auch noch andere reichblühende Gewächse mit tropisch-subtropischem Flair, z. B. Kassien, Prinzessinnenblume, verschiedene Nachtschattenarten, Engelstrompeten oder Wandelröschen, harmonieren aufs beste mit ihnen. Sehr gut passen auch üppige Blattschmuckpflanzen wie Zierbanane, Wunderbaum oder verschiedene Palmen dazu.
Pflege: Während der Wachstumszeit benötigen Hammersträucher reichlich Wasser und Nährstoffe. Sie werden regelmäßig leicht feucht gehalten sowie zweimal wöchentlich gedüngt.
Nicht nur Hochstämmchen, sondern auch strauchig gezogene Exemplare lassen es bisweilen an Standfestigkeit mangeln, so daß besonders für *C. aurantiacum* und *C. fasciculatum* eine Stütze oder das Anbinden an einem Spalier zu empfehlen ist.
Die Pflanzen lassen sich problemlos zurückschneiden, wobei man ältere Triebe am besten bis zur Basis entfernt. *C. aurantiacum* und *C. elegans* nimmt man jährlich vor dem Einräumen zurück, die frühjahrsblühende Art *C. fasciculatum* sollte dagegen direkt nach der Blüte gestutzt werden.
Überwinterung: Rechtzeitig vor den ersten Frösten werden die Sträucher eingeräumt. Für die Überwinterung gibt es zwei Möglichkeiten: Entweder stellt man die Pflanzen relativ dunkel und kühl bei etwa 5–10 °C auf, wobei sie dann ihr Laub verlieren und ziemlich trocken gehalten werden müssen, ohne daß der Ballen jedoch vollständig austrocknet. Oder man überwintert sie sehr hell und temperiert, bei etwa 10–15 °C. Unter diesen Bedingungen behalten sie ihr Laub. Sie werden dann häufiger gewässert, so daß sie ständig leicht feucht sind.

Cestrum fasciculatum

Damit keine Fäulnis auftritt, sollte das Winterquartier unbedingt regelmäßig gelüftet werden. Erst nach den letzten Spätfrösten werden die Pflanzen wieder ins Freie gebracht.
Vermehrung: Hammersträucher können im Frühjahr gut durch Aussaat oder Kopfstecklinge vermehrt werden. Bei einer hohen Bodenwärme von 20–25 °C bewurzeln sich die Stecklinge meist relativ schnell.
Schädlinge und Krankheiten: Blattläuse, Weiße Fliege; Grauschimmel

Chamaerops
Zwergpalme

Art: *C. humilis*
Familie: Palmen *(Arecaceae, Palmae)*
Herkunft: offene, felsige oder sandige Stellen im westlichen Mittelmeerraum
Blütenfarbe: gelb
Blütezeit: März bis Juni
Höhe: 1–3 m, selten höher
Merkmale: Palmen sind überwiegend in den Tropen und Subtropen verbreitet. Die Zwergpalme bildet hierbei eine Ausnahme: Sie ist in Europa heimisch. Die im Vergleich zu anderen Palmen nur zwergwüchsige Art läßt sich problemlos als Kübelpflanze ziehen, wobei sie sich als sehr robust und sogar relativ frosthart erweist und auch regelmäßig zur Blüte kommt. Zwergpalmen wachsen recht langsam und bilden oft mehrere, dicht gedrängt stehende Blattschöpfe aus, jeder auf einem kurzen Stamm. Die Stämme sind über und über mit den braunen, faserigen Blattansätzen bereits abgestorbener Blätter bedeckt. Da die vertrockneten Blätter in Kultur meist säuberlich abgeschnitten werden, verbleibt ein regelmäßiges Narbenmuster. An der Spitze des Stamms sitzt ein Büschel langgestielter, fächerartiger, kräftig grün gefärbter Blätter. Der Blattstiel, der mit vielen scharfen, braunen Dornen besetzt ist, geht in die bis zu 60 cm große, in zahlreiche schmale Abschnitte tief zerteilte Blattspreite über. Zwischen den Blättern schiebt sich im Frühjahr nicht selten ein Blütenstand aus vielen kleinen, rundlichen, entweder rein männlichen oder rein weiblichen Blüten empor. Aus letzteren entwickeln sich oft kugelige bis länglichovale, gelbe bis braune, hartschalige Früchte.
Standortansprüche: Ideal ist ein vollsonniger, warmer Platz, obwohl die Zwergpalme auch Halbschatten verträgt. Als Substrat eignet sich Einheitserde oder ein anderes nährstoffreiches und durchlässiges Erdgemisch. Am Gefäßgrund muß eine Dränageschicht angelegt sein.
Verwendung: Mit ihrer attraktiven, graphisch wirkenden Belaubung ergeben Zwergpalmen sowohl einen ruhigen Hintergrund wie auch eine harmonische Begleitung

für reichblühende Kübelpflanzen, etwa Bougainvilleen, Oleander, Kassien, Wandelröschen und viele mehr. Größere Exemplare bilden an einem entsprechenden Platz auch als Solitär einen schönen Blickfang, der mediterranes Flair verbreitet.

Chamaerops humilis

Pflege: Während der Wachstumszeit ist reichliches und regelmäßiges Wässern sowie eine Düngung in zweiwöchentlichem Abstand empfehlenswert. Zwergpalmen vertragen jedoch auch deutlich trockenere Bedingungen recht gut, sie wachsen dann aber langsamer und brauchen daher lediglich alle 4 Wochen schwach gedüngt zu werden. Ein Umtopfen ist nur selten erforderlich, bei jüngeren Pflanzen etwa alle 3–4 Jahre, bei älteren alle 6–8 Jahre. Das Gefäß sollte, wie für Palmen üblich, eher tief als breit und sehr stabil sein. Am Grund muß eine wirksame Dränageschicht angelegt werden.
Überwinterung: Die Zwergpalme hält leichten Frost aus und braucht erst recht spät eingeräumt zu werden. Das Winterquartier sollte sehr kühl (1–5 °C), hell und unbedingt lufttrocken sein. Man kann die Pflanze aber auch dunkel überwintern. Sie wird in dieser Zeit nur spärlich gegossen, so daß der Ballen nicht austrocknet. Bereits im März oder April können Zwergpalmen wieder ins Freie gebracht werden. Wurden sie in einem warmen Raum überwintert, sollte man sie zur Abhärtung zunächst noch an einen geschützten Platz stellen.
Vermehrung: Zwergpalmen lassen sich – mit viel Geduld – ganzjährig aus Samen anziehen, allerdings nur aus wirklich frischem Saatgut. Man läßt die Samen einige Stunden in warmem Wasser quellen, bevor man pro Topf jeweils ein Korn etwa 2 Fingerbreit tief in das Anzuchtsubstrat drückt. Die Keimung erfolgt bei hoher Bodenwärme (etwa 25 °C) in etwa 2–3 Monaten. Die Keimlinge, die äußerst langsam wachsen, bleiben etwa 2 Jahre im Anzuchtgefäß, bevor sie das erste Mal umgetopft werden. Schneller kommt man zu neuen Pflanzen, wenn man bewurzelte Teilstämme vorsichtig von der Mutterpflanze abtrennt und einzeln einpflanzt.
Schädlinge und Krankheiten: Spinnmilben sowie Schildläuse; Wurzelfäulnis bei Staunässe

Cheiranthus
Goldlack

Art: *C. cheiri* (auch *Erysimum cheiri*)
Familie: Kreuzblütler *(Brassicaceae, Cruciferae)*
Herkunft: Felsspalten und steinige Hänge in Südgriechenland und im östlichen Mittelmeerraum
Blütenfarbe: gelb, orange, rot, violett oder braun
Blütezeit: April bis Juni
Höhe: 25–35 cm
Merkmale: Der in seiner Heimat aufrecht wachsende Halbstrauch wird in der Regel zweijährig kultiviert. Für die Balkonkastenkultur sind niedrige, sich stark verzweigende Sorten geeignet, die auch unter der Bezeichnung Buschlack geführt werden. Ihre einfachen oder gefüllten Blüten verströmen einen starken, süßlichen Duft und sind zu traubenartigen Blütenständen zusammengefaßt. Während

Cheiranthus cheiri

sich die obersten Blüten gerade erst öffnen, haben sich aus den unteren meist bereits längliche Schotenfrüchte entwickelt. Hübsch untermalt werden die farbkräftigen Blüten von frischgrünen, linealisch schmalen Laubblättern. Besonders die Samen, aber auch alle anderen Pflanzenteile des Goldlacks enthalten Giftstoffe. Bei empfindlichen Personen kann der Kontakt mit Pflanzensaft Hautreizungen verursachen.
Sorten: 'Bedder Formelmischung' (Mischung verschiedener Farbtöne, einfache Blüten, Höhe 25–30 cm), 'Zwerg-Goliath-Lack' (Farbmischung mit einfachen Blüten, Höhe 25–30 cm), 'Gefüllter Zwergbusch' (Farbmischung, gefüllte Blüten, Höhe bis 30 cm)
Standortansprüche: Goldlack gedeiht an sonnigen bis halbschattigen Plätzen. Das Substrat sollte lehmig und nährstoffreich sein, wie es z. B. Einheitserde ist.
Verwendung: Als eine der ersten Balkonblumen bringt der Goldlack nach langen, tristen Wintermonaten Farbe auf den Balkon. In Kombination mit Vergißmeinnicht, Tausendschön, Tulpen und Narzissen kommen seine warmen Farbtöne in Balkonkästen wunderbar zur Geltung. Neben dem Sitzplatz gepflanzt, kann man auch seinen angenehmen Duft genießen.
Pflege: In Töpfen überwinterte oder gekaufte Jungpflanzen werden im März ausgepflanzt. Der Pflanzabstand sollte 15–20 cm betragen. Während der Wachstumszeit muß der Goldlack gleichmäßig feucht gehalten und etwa alle 2 Wochen mit niedrig dosiertem Dünger versorgt werden. Um Grauschimmel vorzubeugen und die Blütezeit zu verlängern, sollte Verblühtes regelmäßig abgezupft werden.
Überwinterung: Selbst angezogene Jungpflanzen müssen an einem hellen, kühlen Ort bei 5–10 °C überwintert werden, bevor sie in ihrem zweiten Jahr zur Blüte kommen. Wichtig ist, daß die in Töpfe umgesetzten Pflanzen über die Wintermonate nicht austrocknen. In geschützten Lagen kann man die Pflänzchen auch schon im Herbst in den Balkonkasten setzen, allerdings sollte man sie dann mit einer Abdeckung aus Fichtenreisig vor Frost schützen. Im Freien aufgestellte Gefäße dürfen nur an frostfreien Tagen gegossen werden.

Vermehrung: Die Samen des Goldlacks werden von Mai bis Juni ausgesät. Da es sich um Dunkelkeimer handelt, müssen sie gut mit Erde bedeckt werden. Zusätzlich sollte man das Aussaatgefäß mit Papier abdunkeln.
Krankheiten: Falscher Mehltau, Grauschimmel

Choisya ternata

Choisya
Orangenblume

Art: *C. ternata*
Familie: Rauten- oder Weinrautengewächse *(Rutaceae)*
Herkunft: Mexiko und Südwesten der USA
Blütenfarbe: weiß
Blütezeit: März bis Juni, manchmal Nachblüte im September/Oktober
Höhe: 100–200 cm
Merkmale: Die Orangenblume ist ein immergrüner Strauch mit glänzend dunkelgrünen, dreizählig gefingerten Blättern. Ihre schneeweißen Blüten, die ebenso wie das Laub intensiv nach Orangen duften, erscheinen in Rispen an den Triebenden. Sie setzen sich aus je 5 sternförmig ausgebreiteten Kronblättern zusammen, die einen Kranz senkrechtstehender Staubblätter umgeben, und ähneln damit sehr den Blüten der Zitrusgewächse. Früchte bildet die Orangenblume in Kultur allerdings nicht.
Standortansprüche: Am besten gedeihen die Pflanzen an einem vollsonnigen, windgeschützten Platz, sie können aber auch im lichten Halbschatten stehen. Als Substrat eignet sich Einheitserde, und das Pflanzgefäß sollte eine gute Dränage enthalten.
Verwendung: Will die Kultur der allseits beliebten Zitrusgewächse nicht so recht gelingen, sollte man auf die Orangenblume ausweichen, die vor allem hinsichtlich der Überwinterung wesentlich anspruchsloser ist. Sie wirkt ebenfalls besonders schön in Gemeinschaft mit Kübelpflanzen aus mediterranen Gebieten, z. B. Oleander, Lorbeer, Bleiwurz, Klebsamen oder Granatapfel.
Pflege: In der Wachstumszeit benötigen die Pflanzen viel Wasser. Da ihnen kalkhaltiges Gießwasser auf Dauer sehr schlecht bekommt, empfiehlt es sich, möglichst nur entkalktes Wasser oder Regenwasser zu verwenden. Auch der Nährstoffbedarf ist ziemlich hoch, gedüngt werden sollte daher etwa alle 2 Wochen. Falls erforderlich, kann man Orangenblumen nach der Blüte beliebig zurückschneiden.
Überwinterung: Vor den ersten Frösten räumt man die Sträucher in ein kühles (5–10 °C), helles und trockenes Winterquartier ein. Sie lassen sich auch dunkel überwintern, dann sollten sie jedoch noch kühler, nämlich bei 1–5 °C gerade frostfrei stehen. Während der Winterzeit wird nur sparsam gegossen, aber das Austrocknen des Ballens muß man konsequent vermeiden. Nach den letzten Spätfrösten werden die Orangenblumen wieder ins Freie gebracht. Wurden sie dunkel überwintert, sollte man sie nicht sofort in die pralle Sonne stellen, sondern sie erst allmählich an Licht gewöhnen.
Vermehrung: Orangenblumen können im Spätsommer durch halbreife Stecklinge vermehrt werden. Bei einer Bodenwärme von etwa 20 °C bewurzeln sich diese recht gut.
Schädlinge: Spinnmilben, Schildläuse
Tip: Wenn man die Pflanzen nach ihrer Hauptblüte im Frühjahr für kurze Zeit fast austrocknen läßt, setzen sie häufig nochmals Knospen an, die sich dann im Spätsommer oder Herbst öffnen.

Cistus creticus

Cistus
Zistrose

Arten: *C. ladanifer* (Lackzistrose), *C.* x *aguilarii* (auch *C. ladanifer* x *C. populifolius*), *C. laurifolius*, *C. creticus* (auch *C. incanus* ssp. *creticus*, *C. incanus*, *C. villosus*, *C. polymorphus*), *C.* x *purpureus* (auch *C. creticus* x *C. ladanifer*)
Familie: Zistrosengewächse *(Cistaceae)*
Herkunft: immergrüne Gebüsche in Südeuropa und im übrigen Mittelmeerraum
Blütenfarbe: *C. ladanifer* weiß mit Rot, *C.* x *aguilarii* weiß, auch weiß mit Rot, *C. laurifolius* weiß, *C. creticus* rosa, *C.* x *purpureus* purpurrosa mit Rot
Blütezeit: Mai bis Juli, *C. laurifolius* Juli bis August
Höhe: 50–150 cm, selten auch höher
Merkmale: Zistrosen begeistern durch ihre großen, überaus zarten Blüten, deren seidig wirkende Blätter immer etwas zerknittert erscheinen. Die Einzelblüten halten nur kurz, oft nicht mehr als einen Tag, doch öffnen sich beständig neue an den Trieben. Alle Zistrosen sind immergrüne, reich verzweigte Sträucher, die ein typisches Element der Macchien im Mittelmeerraum – immergrüne Gebüsche mit vielen farbenfroh blühenden Gehölzen – darstellen. Sehr reizvoll ist auch der würzige Duft, den die Pflanzen verströmen. Die einzelnen Arten unterscheiden sich vor allem in der Form ihrer Blätter sowie in Farbe und Größe der Blüten. Die Lackzistrose ist mit ihren fast handtellergroßen Blumen eine der auffälligsten. Die Mitte ihrer 5 schneeweißen Blütenblätter zieren dunkelrote Tupfen. Im Zentrum der Blüten steht wie bei allen Zistrosen ein dichtes Büschel gelber Staubblätter um die Narbe. Die schmalen, dunkelgrünen, oberseits lackartig glänzenden Laubblätter sind klebrig behaart. Ähnlich große, jedoch rein weiße Blüten hat die Hybride *C.* x *aguilarii*, deren Zweige breitere Laubblätter mit gewelltem Rand tragen. Auch *C. laurifolius* besitzt rein weiße Blüten, die allerdings kleiner bleiben

Cistus ladanifer

als diejenigen der vorher genannten Formen. Ihre ebenfalls klebrigen Blätter sind eiförmig breit und unterseits dicht graufilzig behaart. Fast genauso große, aber rosafarbene Blüten und dicht behaarte, graugrüne, am Rand gewellte Laubblätter trägt *C. creticus*. Äußerst attraktiv erscheinen die leuchtend purpurrosa gefärbten Blüten von *C.* x *purpureus*, die dunkelrote Flecken tragen. Die Laubblätter dieser Art sind elliptisch, dunkelgrün und unterseits graugrün behaart.
Sorte: von *C.* x *aguilarii* 'Maculatus' (weiß mit dunkelroten Tupfen, der Lackzistrose sehr ähnlich, Höhe 50 bis 100 cm)
Standortansprüche: Die Pflanzen gedeihen am besten, wenn man sie in lehmiges, nährstoffreiches, kalkhaltiges und sehr gut durchlässiges Substrat pflanzt und an einen vollsonnigen, warmen Platz stellt. Einheitserde läßt sich verwenden, sofern man sie mit etwas Sand und Splitt oder ähnlich lockerndem Material mischt. Die Gefäße müssen über eine wirksame Dränage verfügen.
Verwendung: Zistrosen sind als attraktiver Blütenschmuck im Kübel wichtiger Bestandteil eines mediterranen Pflanzenensembles. Sie passen zu allen anderen Kübelpflanzen aus dem Mittelmeerraum, besonders gut jedoch zu Lavendel, Brautmyrte, Immergrünem Schneeball, Ölbaum, Mittelmeer-Zypresse und Palmlilie. Man kann sie auch als Hochstämmchen ziehen.
Pflege: Während der Wachstumszeit benötigen die Pflanzen relativ viel Wasser, aber nur mäßige Nährstoffgaben, und so gießt man sie regelmäßig und düngt sie etwa alle 3–4 Wochen. Nach der Blüte können sie trockener gehalten werden. Damit sich Jungpflanzen schön buschig entwickeln, sollte man sie anfangs häufiger entspitzen. Bei älteren Exemplaren empfiehlt sich ein nicht zu starker Rückschnitt alljährlich nach der Blüte. Umzutopfen braucht man Zistrosen lediglich etwa alle 4 Jahre.
Überwinterung: Vor den ersten Frösten werden die Sträucher in ein kühles, helles und trockenes Winterquartier eingeräumt, in dem die Temperatur ungefähr 5–10 °C betragen sollte. Während der Überwinterung werden die Pflanzen nur sparsam gegossen, der Ballen darf jedoch nicht austrocknen. Das Winterquartier sollte häufig gelüftet werden, da sich sonst leicht Grauschimmel bildet. Wenn keine Nachtfröste mehr zu erwarten sind, bringt man die Pflanzen wieder ins Freie.
Vermehrung: Zistrosen vermehrt man gewöhnlich durch Stecklinge, allein bei den reinen Arten ist im Frühjahr auch eine Anzucht aus Samen möglich. Als Stecklinge eignen sich weiche oder halbreife Kopfstecklinge, die im Sommer geschnitten werden.
Schädlinge und Krankheiten: Blattläuse; Grauschimmel

x Citrofortunella
(auch *Citrus* x *Fortunella*)
Calamondin-Orange

Art: x *C. microcarpa* (auch x *C. mitis*, *Citrus reticulata* x *Fortunella margarita?*)
Familie: Rauten- oder Weinrautengewächse *(Rutaceae)*
Herkunft: Kulturform
Blütenfarbe: weiß
Blütezeit: März bis August, bei idealen Bedingungen auch ganzjährig
Höhe: 50–150 cm
Merkmale: Calamondin-Orangen gelten als besonders einfach zu ziehende Vertreter der Zitrusgewächse. Die Triebe dieser reich verzweigten, kleinen Sträucher sind dicht mit immergrünen, ledrigen, glänzend dunkelgrünen Blättern besetzt. In den Blattachseln erscheinen Büschel weißer, relativ kleiner, aber angenehm duftender Blütensterne. Aus ihnen entwickeln sich mandarinenartige, zunächst gelbgrüne Früchte, die sich bei der Reife intensiv orange färben und lange am Strauch hängen bleiben. Sie sind zwar genießbar, aber ohne ausgeprägtes Aroma.

x *Citrofortunella microcarpa*

Standortansprüche, Verwendung und Pflege: wie bei den Zitrusgewächsen (siehe Seite 152 f.)
Überwinterung: wie bei den Zitrusgewächsen, jedoch temperiert bei 10–15 °C
Vermehrung: Die Pflanzen können im Frühjahr oder Sommer aus Samen, aber auch durch weiche oder halbreife Kopf- oder Triebstecklinge vermehrt werden.
Schädlinge und Krankheiten: wie bei den Zitrusgewächsen (siehe Seite 153)

Citrus limon

Citrus
Zitrusgewächse

Arten: *C. limon* (auch *C. limonum*, *C. medica* var. *limon*, *C. medica* var. *limonum*, Zitrone), *C. sinensis* (auch *C. aurantium* var. *sinensis*, *C. aurantium* ssp. *sinensis*, Orange, Apfelsine), *C. aurantium* (auch *C. aurantium* ssp. *aurantium*, *C. aurantium* ssp. *amara*, Pomeranze, Bitterorange, Sauerorange, Marme-

Citrus aurantium

ladenorange, Bigarade), *C. myrtifolia* (auch *C. aurantium* var. *myrtifolia*, Myrtenblättrige Bitterorange, Myrtenblättrige Sauerorange, Myrtenblättrige Pomeranze, Zwergbitterorange, Chinotto), *C. reticulata* (auch *C. nobilis*, Mandarine), *C.* x *paradisi* (auch *C. maxima* x *C. sinensis*, *C. decumana* var. *racemosa*, *C. racemosa*, Grapefruit, Pampelmuse)
Familie: Rauten- oder Weinrautengewächse *(Rutaceae)*
Herkunft: *C. limon* und *C. aurantium* stammen vermutlich aus den Bergwäldern an den Südhängen des Himalaja, *C. sinensis* aus Südchina, *C. myrtifolia* wahrscheinlich aus China, *C. reticulata* wohl aus Südostasien.
Blütenfarbe: weiß
Blütezeit: März bis August, bei guten Bedingungen auch ganzjährig
Höhe: 2–3 m, selten höher, *C. myrtifolia* 1–1,5 m
Merkmale: Zitrusgewächse gelten in Mitteleuropa schon seit dem 17. Jh. als Inbegriff des Traums vom Süden. Nicht nur Könige, auch wohlhabende Bürger bauten für diese Pflanzen große Gewächshäuser, sog. Orangerien, um sich an ihren betörend duftenden Blüten und den attraktiven Früchten zu erfreuen. Die einzelnen *Citrus*-Arten bilden Sträucher, jedoch Zitronen, Orangen und Grapefruits auch kleine Bäume. Ihre Zweige sind dicht mit immergrünem, ledrigem Laub beblättert und mehr oder weniger stark bedornt. Die Blüten aller Arten ähneln sich sehr: 5 sternförmig ausgebreitete, weiße Kronblätter umgeben einen Kranz gelber Staubblätter. Eine Besonderheit der Zitrusgewächse ist, daß Blüten und Früchte oft gleichzeitig an den Trieben stehen. Während der langen Reifezeit der Früchte, die auch ausgereift noch eine ganze Weile an den Zweigen haften, bilden sich nämlich häufig bereits neue Blüten.
Zitronen tragen längliche, zugespitzte Blätter, die oft etwas gedreht sind. Der Blattstiel ist schmal geflügelt, die Triebe sind mit kräftigen, steifen Dornen besetzt. Aus den unterseits rötlichen Blüten bilden sich die bekannten gelben Zitronenfrüchte.
Bei der Orange sind die Blätter gleichmäßig breitoval, der Blattstiel ist ebenfalls fein geflügelt, die Triebe weisen aber nur dünne, biegsame Dornen auf. Die runden bis leicht ovalen, hell orangefarbenen Früchte verbergen unter einer mehr oder weniger dicken Schale sehr süßes, schmackhaftes Fruchtfleisch.
Blätter und Dornen der Pomeranze ähneln denjenigen der Orange, doch ist der Blattstiel auffallend breit geflügelt. Die Pflanzen bilden überaus wohlriechende Blüten, ihre Früchte sind jedoch roh nicht genießbar. Die abgeflacht kugelförmigen, orangefarbenen Pomeranzen weisen, wie auch der deutsche Name Bitterorange sagt, bitter schmeckendes Fruchtfleisch auf, das aber zu delikaten Gelees, Marmeladen, Likören und kandierten Früchten verarbeitet wird.
Die ausgesprochen schwachwüchsige Myrtenblättrige Bitterorange bleibt zwar kleiner, doch blüht und fruchtet sie um so reicher. Ihre recht kleinen Blätter sind derb, eiförmig und lang zugespitzt, und die Früchte ähneln den größeren Pomeranzen.
Eine besonders edle, feinblättrige Art ist die Mandarine, von der verschiedene Formen wie die Clementine und die Satsuma im Handel sind. Sie trägt dünnere und elliptische Blätter, der Blattstiel ist kaum geflügelt. Kennzeichnend für ihre leuchtend orangeroten Früchte ist, daß sich die Schale sehr leicht vom Fruchtfleisch lösen läßt.
Besonders große, eiförmige bis elliptische Blätter mit breiten Blattflügeln weist die Grapefruit auf. Ihre Dornen sind dünn und relativ weich. Die Art bildet meist herb säuerlich schmeckende, gelbe Früchte, die sehr groß, abgeflacht kugelförmig und mit einer vergleichsweise dicken Schale versehen sind.

Citrus myrtifolia

Sorten: Von *C. limon* wird häufiger angeboten 'Meyer' (auch *C. meyeri*; buschiger, sehr kompakter Wuchs, rundliche Früchte, Höhe 2–2,5 m). Von den übrigen Arten bieten Spezialgärtnereien bisweilen einige Sorten an.
Standortansprüche: Die Pflanzen bevorzugen einen vollsonnigen, vor Wind und direktem Regen geschützten Platz. Sie benötigen ein nährstoffreiches, humoses, durchlässiges, leicht saures Substrat. Wird auf kalkarmes Gießwasser geachtet, kann man auch Einheitserde verwenden. Eine gute Dränage ist außerordentlich wichtig, deshalb mischt man der Erde am besten Styroporflocken, Perlit oder andere lockernde Stoffe zu.
Verwendung: Zitrusgewächse vermögen als Kübelpflanzen stets besondere Akzente zu setzen, und je älter bzw. größer, desto attraktiver werden sie. Außerordentlich schön wirken sie auch als Hochstämmchen. Alle Formen lassen sich gut mit anderen Kübelpflanzen, die mediterranen Charakter ausstrahlen, kombinieren, etwa mit Oleander, Zwergpalmen, Bougain-

Citrus reticulata

villeen, Zistrosen, Granatapfel, Sternjasmin oder Hibiskus, aber ebenso mit Rosen (*Rosa*) und vielen mehr. Hochstämmchen gewinnen noch an Ausstrahlung, wenn man sie mit einer hübschen Unterpflanzung versieht, etwa mit Mittagsblumen oder Hornklee.
Pflege: Während der Wachstumszeit benötigen die Pflanzen relativ viel Wasser und gleichmäßige Feuchtigkeit, sie müssen also regelmäßig gegossen werden, wobei Staunässe ebenso zu vermeiden ist wie Ballentrockenheit. Man sollte möglichst kalkarmes Wasser oder Regenwasser verwenden, da erhöhter Kalkgehalt auf Dauer zu Chlorose führt. Bei starkem Regen empfiehlt es sich, die Pflanzen kurzfristig umzustellen oder ein Regendach aufzuspannen. Überschüssiges Regen- oder Gießwasser muß aus den Töpfen abgegossen werden. Auch der Nährstoffbedarf ist recht hoch, man düngt daher etwa alle 2–3 Wochen, am besten mit einem stickstoffbetonten, phosphorarmen Spezialdünger. Zusätzlich sollte ein- oder zweimal jährlich ein eisen- und magnesiumhaltiger Spurenelementdünger verabreicht werden. Zitrusgewächse muß man nur selten umtopfen, ältere Pflanzen brauchen lediglich etwa alle 3–5 Jahre ein neues Gefäß. Sie bilden ein schwaches, flach verlaufendes Wurzelwerk aus, weshalb man die Größe der Töpfe eher knapp bemessen sollte. Auch flachere Behältnisse sind gut geeignet. Alle Kübel müssen aber unbedingt über mehrere große Wasserabzugslöcher verfügen.
Bei Bedarf können die Pflanzen zurückgeschnitten werden, am besten im Herbst vor dem Einräumen oder im Frühjahr.
Überwinterung: Vor den ersten Frösten werden die Pflanzen in ein kühles, helles, luftiges und trockenes Winterquartier eingeräumt. Die Temperatur darin sollte konstant etwa 4–8 °C betragen. Während der Überwinterung werden die Sträucher relativ trocken gehalten und nur ab und zu gegossen, gerade so viel, daß der Ballen nicht austrocknet. Keinesfalls dürfen sie in einem „Fußbad" oder in luftfeuchter Umgebung stehen. Nach den letzten Spätfrösten werden sie wieder ins Freie gebracht.
Vermehrung: Die meisten Zitrusgewächse können durch weiche und halbreife Kopf- oder Triebstecklinge im Frühjahr wie im Sommer vermehrt werden. Es gelingt jedoch nicht immer, denn einige Arten, etwa Orange, Grapefruit und Mandarine, bilden nur schwer Wurzeln aus. Diese Zitrusgewächse vermehrt man am besten durch das Abmoosen (siehe Seite 103), das leicht durchzuführen ist. Zwar kann man auch Pflanzen aus den Kernen gekaufter Früchte ziehen, besonders einfach etwa bei Zitronen, doch setzen diese häufig keine Blüten an. Um den reizvollen Flor zu erzielen, muß ein Trieb einer Edelsorte auf die angezogene Pflanze veredelt werden, die dann als Unterlage dient.
Schädlinge und Krankheiten: Spinnmilben, Schildläuse, Wolläuse, Weiße Fliege; Gelbfärbung der Blätter (Chlorose) und Blattfall bei zu nasser Überwinterung, zu kalkreichem Gießwasser oder bei Mangel an Spurenelementen, insbesondere an Magnesium, Wurzelfäulnis bei Staunässe, Grauschimmel bei zu hoher Luftfeuchtigkeit am Überwinterungsplatz
Tip: Neben den genannten gibt es noch eine Reihe weiterer Arten, vor allem auch zahlreiche Kreuzungen mit interessanten Fruchtformen. Sie unterscheiden sich in ihren Bedürfnissen nicht von den beschriebenen Zitrusgewächsen und werden ebenso gepflegt.

Cobaea scandens

Cobaea
Glockenrebe

Art: *C. scandens*
Familie: Sperrkrautgewächse *(Polemoniaceae)*
Herkunft: Gebirgswälder in Mexiko
Blütenfarbe: zunächst weißlichgrün, später violettblau
Blütezeit: Juli bis Oktober
Höhe: 2–4 m
Merkmale: Die in ihrer Heimat ausdauernd wachsende Glockenrebe wird gewöhnlich nur einjährig kultiviert, da sie schwierig zu überwintern ist. Das Hauptwachstum und damit die Blüte der Rankpflanze beginnt erst im Juli, doch vermag sie dann innerhalb weniger Wochen große Flächen zu begrünen. Ihre paarig gefiederten Laubblätter wickeln sich mit ihrem rankenden Ende um jede angebotene Kletterhilfe. Die großen Blütenglocken sind im Aufblühen weißlichgrün, im Lauf der Zeit wandelt sich ihre Farbe in ein Violettblau um. Sie erscheinen unermüdlich an den langen, stark verzweigten Trieben.
Sorten: 'Violettkönigin' (violett, Höhe 2–2,5 m), 'Alba' (auch als var. *alba* geführt; grünlichweiß, Höhe 2–4 m)
Standortansprüche: Die starkwüchsige Kletterpflanze braucht viel Sonne und ein humoses, durchlässiges, nährstoffreiches Substrat wie Einheitserde.
Verwendung: Die Glockenrebe wird in große Kübel oder Kästen gepflanzt und vor Mauern, Geländern oder sonstigen Kletterhilfen aufgestellt, die sie innerhalb kürzester Zeit begrünt. Damit die Kletterhilfen der kräftigen Pflanze

standhalten, sollten Drähte, Gitter oder Holzspaliere fest verankert sein. Vor dem hübschen Hintergrund der Glokkenrebe kommen nahezu alle Balkonpflanzen gut zur Geltung. Andere Kletterpflanzen hingegen werden in ihrer direkten Nachbarschaft häufig unterdrückt, weshalb man z. B. eine Kletternde Kapuzinerkresse besser als Gegenpol an einer gegenüberliegenden Kletterhilfe verwenden sollte.
Pflege: Selbst vorgezogene oder gekaufte Jungpflanzen pflanzt man erst nach den Eisheiligen aus, möglichst einzeln oder mit großzügigem Abstand (60–70 cm). Aufgrund ihres schnellen Wachstums braucht die Glockenrebe reichlich Wasser und muß alle 1–2 Wochen mit Volldünger versorgt werden. Empfehlenswert ist eine Anreicherung des Substrats noch vor der Pflanzung mit Langzeitdüngern, z. B. Hornspänen. Zahlreiche Verzweigungen erzielt man, wenn immer wieder einzelne Triebspitzen abgekniffen werden. Die Pflanze reinigt sich zwar im allgemeinen recht gut selbst, Verblühtes sollte man dennoch regelmäßig auszupfen.
Vermehrung: Die Glockenrebe kann man sehr leicht aus Samen anziehen. Bereits ab Februar wird unter Glas oder auf der Fensterbank ausgesät, damit sich möglichst schon im Juli die ersten Blüten zeigen.
Schädlinge: Blattläuse

Coleostephus
Zwergmargerite

Art: *C. multicaulis* (auch *Chrysanthemum multicaule*, Gelbe Zwergmargerite, Gelbe Zwergwucherblume)
Familie: Korbblütler *(Compositae)*
Herkunft: Algerien

Coleostephus multicaulis

Blütenfarbe: gelb
Blütezeit: von Mai bis zum September
Höhe: 20–25 cm
Merkmale: Die einjährige Gelbe Zwergmargerite bringt die gesamte Saison über unzählige langgestielte Blüten hervor. Sie sitzen einzeln am Ende biegsamer Triebe, die in Balkonkästen und Ampeln bald überhängen und ein dichtbuschiges Polster bilden. Die kleinen goldgelben Strahlenblüten öffnen sich bei sonnigem Wetter schalenförmig, bei Regen schließen sie sich. An den unteren Abschnitten der Triebe sitzen schmallanzettliche Laubblätter von blaugrüner Farbe.
Sorten: 'Goldzwerg' (goldgelb, Höhe 20 cm), 'Kobold' (goldgelb, reichblühend, Höhe 20–25 cm)
Standortansprüche: Die Gelbe Zwergmargerite bevorzugt einen sonnigen Standort. Gepflanzt wird sie in Einheitserde oder eine vergleichbare Substratmischung.
Verwendung: In Balkonkästen und Ampeln läßt sich die Gelbe Zwergmargerite gut mit anderen Blütengewächsen kombinieren. Ihr leuchtendes Gelb wird von rotblühenden Pelargonien oder orangefarbenen Studentenblumen noch betont. Hübsch wirkt auch ein Ensemble mit violetter Vanilleblume oder blauen Salbeiarten.
Pflege: In der zweiten Maihälfte werden die Zwergmargeriten im Abstand von 20 cm in ihre Pflanzgefäße gesetzt. Die Pflanzen halten längere Trockenperioden zwar aus, doch ist ihr Wuchs bei gleichmäßiger Wasserversorgung deutlich üppiger. Um den Blütenreichtum zu fördern, sollte bis August in zweiwöchigen Abständen gedüngt sowie Verblühtes regelmäßig entfernt werden.
Vermehrung: Jungpflanzen können sehr leicht aus Samen herangezogen werden, die man im März/April bei etwa 15–18 °C aussät.
Schädlinge und Krankheiten: Blattläuse, Spinnmilben, Weichhautmilben, Thripse, Blattälchen; Wurzelfäulnis bei Staunässe, Echter und Falscher Mehltau, Grauschimmel

Coleus
Buntnessel, Blumennessel, Buntlippe

Art: *C.-Blumei*-Hybriden (auch *C. blumei*)
Familie: Lippenblütler *(Lamiaceae, Labiatae)*
Herkunft: Stammformen aus den Tropen Afrikas und Asiens
Blütenfarbe: weiß-blau oder hellviolett
Blütezeit: Juni bis September
Höhe: 20–50 cm
Merkmale: *C.-Blumei*-Hybriden sind durch Kreuzungen verschiedener Buntnesselarten entstanden. Die eigentlich ausdauernden Halbsträucher werden meist nur als einjährige Blattschmuckpflanzen kultiviert. Ihre winzigen weißblauen oder hellvioletten Lippenblüten fallen kaum auf. Ganz anders dagegen die eirunden bis herzförmigen Laubblätter, die durch ein ungewöhnliches Farbspiel überraschen. Sie prunken in Gelb, Gelbgrün, Rosa, Rot

Coleus-Blumei-Hybriden

oder tiefem Purpur, die Farben fließen häufig in bizarren oder geometrisch wirkenden Mustern ineinander. Das Laub verdeckt fast völlig die vierkantigen Triebe, die sehr rasch ihre endgültige Wuchshöhe erreichen. Allerdings ist Vorsicht geboten, da die wunderschönen Blätter Giftstoffe enthalten.

Sorten: *C.-Blumei*-Hybriden sind meist als Farbmischungen erhältlich, z. B. 'Milkyway-Formelmischung' (leuchtende Farbzeichnungen, gekerbte Blätter, Höhe 20–25 cm), 'Fairway-Formelmischung' (besonders reiches Farbspiel, recht gedrungener Wuchs, Höhe 20–30 cm), 'Carefree-Mischung' (geschlitzte Blätter sowie gedrungener Wuchs, Höhe 30–50 cm), 'Rainbow-Mischung' (mittelgroße Blätter mit breitem Farbspektrum, Höhe 30–50 cm).

Standortansprüche: Die schmucken Buntnesseln brauchen einen sonnigen bis halbschattigen Standort in Einheitserde oder einem vergleichbaren humosen, durchlässigen Substrat.

Verwendung: Mit dem variationsreichen Farbspiel ihrer Blätter setzen Buntnesseln auffällige Akzente auf Balkon und Terrasse. Am schönsten wirkt ein Ensemble verschiedenfarbiger Exemplare. Blühende Balkonpflanzen dagegen kommen neben dem intensiv gefärbten Blattwerk der Buntnesseln kaum zur Geltung. Mit besonders niedrigen Formen lassen sich große Kübelpflanzen ausgezeichnet untermalen.

Pflege: Jungpflanzen werden nach den letzten Spätfrösten im Abstand von 20–25 cm in Balkonkästen oder in große Töpfe gepflanzt. Buntnesseln müssen häufig gegossen werden. Da sie kalkhaltiges Wasser nicht vertragen, verwendet man am besten Regenwasser oder auch entkalktes Wasser. Alle 2–4 Wochen sollten die Pflanzen mit stickstoffarmem Dünger versorgt werden. Da die Blütenstände nur geringen Zierwert haben, verzichtet man besser auf sie und bricht die Blütenansätze regelmäßig aus. Man bringt die Pflanze auf diese Weise dazu, ihre Energiereserven in die Entwicklung der schmückenden Laubblätter zu stecken. Eine längerfristige Kultur der Buntnesseln lohnt sich meist nicht, denn sie werden bald sparrig und unansehnlich.

Vermehrung: Buntnesseln können ab Februar aus Samen vorgezogen werden. Dabei muß man beachten, daß es sich um Dunkelkeimer handelt, d. h., die Saat muß gut mit Erde bedeckt sein. Auch eine Vermehrung durch Kopfstecklinge ist möglich. Sie werden im Frühjahr geschnitten und bewurzeln sich in Wasser schnell.

Schädlinge: Spinnmilben bei zu warmem und trockenem Stand

Tip: Buntnesseln sind auch attraktive Zimmerpflanzen für vollsonnige Fensterplätze.

Convolvulus
Winde

Arten: *C. sabatius* (auch *C. mauritanicus*, Blaue Mauritius, Trichterwinde), *C. tricolor* (Dreifarbige Winde, Teppichwinde, Niedrige Buschwinde)

Familie: Windengewächse *(Convolvulaceae)*

Herkunft: *C. sabatius* Küstenregionen in Nordwestitalien, Sizilien und Nordwestafrika, *C. tricolor* Wegränder und Brachflächen in Südeuropa und Nordafrika

Blütenfarbe: *C. sabatius* blau bis violett, *C. tricolor* weiß, rosa, blau, violett, stets mehrfarbig

Convolvulus sabatius

Blütezeit: *C. sabatius* Juni bis Oktober, *C. tricolor* Juni bis September

Höhe: *C. sabatius* 15–25 cm, einzelne Triebe bis 100 cm, *C. tricolor* 20–40 cm, einzelne Triebe bis 100 cm

Convolvulus tricolor

Merkmale: Die beiden für die Balkonpflanzenkultur bedeutenden Windenarten unterscheiden sich in vielen Merkmalen, gemeinsam ist ihnen jedoch die trichterförmige Gestalt ihrer Blüten. Die Blaue Mauritius schmückt sich mit hellblauen bis hellvioletten, überaus zart wirkenden Blüten, die nachts und bei regnerischem Wetter geschlossen sind. Die einzelne Blüte hält nicht sehr lange, doch werden laufend neue gebildet, so daß die ausdauernde, oft halbstrauchig wachsende, meist aber nur einjährig kultivierte Pflanze über einen großen Zeitraum hinweg im Flor steht. Eine ausgesprochen hübsche und harmonische Begleitung sind die breitovalen Laubblätter mit ihrer silbriggrünen Tönung. Sie sitzen kurzgestielt auf dünnen, lang herabhängenden Trieben. Die einjährige Dreifarbige Winde zeichnet sich durch große, mehrfarbige Blüten aus. Der breite, intensiv violette Rand ihres Blütentrichters geht nach innen zu in einen weißen Kranz und dieser wiederum in ein hellgelbes Auge über. Neben dieser ursprünglichen Form gibt es auch Sorten in verschiedenen Rosa-, Blau- oder Violetttönen. Die Blüten sind ebenfalls nur tagsüber geöffnet, sie schließen sich am Spätnachmittag sowie bei Regenwetter. Zunächst wächst diese Art niederliegend, später richten sich ihre Triebe auf und werden immer buschiger. Sie sind dicht mit breitlanzettlichen Laubblättern besetzt.

Sorten: Von *C. tricolor* werden sog. Prachtmischungen in verschiedenen Farbtönen sowie die enzianblaue Sorte 'Blaues Banner' angeboten (jeweils 20–40 cm hoch).
Standortansprüche: Winden blühen in voller Sonne am üppigsten und stellen an das Substrat keine besonderen Ansprüche; auch Kalk wird gut vertragen. Neben Einheitserde kann jede vergleichbare Substratmischung eingesetzt werden. Eine Dränage in den Pflanzgefäßen ist empfehlenswert.
Verwendung: In Balkonkästen oder Ampeln gesetzt, läßt die Blaue Mauritius ihre langen Zweige bald elegant überhängen. Wunderschön wirkt es, wenn sie in einer Pflanzschale auf eine frei stehende Säule gestellt wird, so daß ihre Triebe allseits ungehindert hinabwallen dürfen. Romantische Arrangements ergeben sich bei Ton-in-Ton-Pflanzung mit Bleiwurz und Blauen Gänseblümchen oder Spanischem Gänseblümchen. Kontrastreicher ist z. B. eine Kombination mit gelbem Zweizahn. Die Dreifarbige Winde findet ebenfalls in Kästen und Ampeln Verwendung. Ihre Nachbarn sollten eine ihrer Blütenfarben aufgreifen, damit die Pflanzung in sich harmonisch wirkt. Gut machen sich etwa violette Verbenen, weiße Petunien oder gelbe Pantoffelblumen.
Pflege: Jungpflanzen werden mit etwa 30 cm Abstand in der zweiten Maihälfte nach draußen gepflanzt. Das Substrat sollte gleichmäßig feucht, doch nicht zu naß gehalten werden, da die Winden auf Staunässe empfindlich reagieren. Bewährt haben sich monatliche Düngergaben mit schwach dosiertem Volldünger. Um die Neubildung von Knospen anzuregen, ist Abgeblühtes regelmäßig zu entfernen. Die Blaue Mauritius läßt sich zu Neuaustrieb und damit zu vermehrtem Blütenreichtum veranlassen, indem man einzelne verblühte Triebe ganz zurückschneidet.
Überwinterung: Um die Blaue Mauritius gut über den Winter zu bringen, werden ihre Triebe nach den ersten Herbstfrösten auf 10–15 cm Länge zurückgeschnitten. Anschließend räumt man sie an einen hellen, kühlen Ort bei 5–10 °C. Während der Überwinterung wird nur mäßig gegossen. Ab Mitte Februar sollten die Pflanzen zunächst etwas wärmer gestellt werden (10–15 °C), bevor sie ab Mitte Mai wieder nach draußen kommen.
Vermehrung: Die Blaue Mauritius wird durch Kopfstecklinge vermehrt, die man am besten schon im Herbst schneidet. Bei viel Wärme (18–20 °C) bewurzeln sie sich in Töpfen mit Vermehrungserde rasch und können zusammen mit den Mutterpflanzen überwintert werden. Größere Mutterpflanzen lassen sich zu Beginn der Überwinterung in Teilstücke zertrennen. Auch eine Anzucht aus Samen ist möglich. Die Dreifarbige Winde wird ab April direkt in die vorgesehenen Pflanzgefäße ausgesät.
Schädlinge und Krankheiten: Blattläuse, bei *C. sabatius* außerdem gelegentlich Weiße Fliege, Spinnmilben, Thripse sowie Grauschimmel

Crinodendron

Arten: *C. hookerianum* (auch *Tricuspidaria lanceolata*, Laternenbaum), *C. patagua* (auch *C. dependens*, *Tricuspidaria dependens*, Maiglöckchenbaum)

Crinodendron hookerianum

Familie: Ölfruchtbaumgewächse *(Elaeocarpaceae)*
Herkunft: Chile
Blütenfarbe: *C. hookerianum* dunkelrot, *C. patagua* weiß
Blütezeit: *C. hookerianum* Mai bis Juni, *C. patagua* Oktober bis Dezember
Höhe: 1–3 m, selten höher
Merkmale: Beide Arten bilden immergrüne, reich verzweigte Sträucher oder kleine Bäume, die sehr attraktiv blühen. Der Laternenbaum trägt ein dichtes Laubwerk aus schmalen, grob gesägten Blättern. Überaus hübsch sind seine laternenartigen, leuchtend dunkelroten Blüten, die in großer Zahl von den Zweigenden herabhängen. Der Maiglöckchenbaum dagegen hat kleinere, rundliche, gekerbte Blätter, zwischen denen weiße, am Rand gefranste Glöckchenblüten hervorstrahlen.
Standortansprüche: Die Pflanzen bevorzugen einen halbschattigen Platz, der allenfalls zeitweise vollschattig sein darf. Sie brauchen ein nährstoff- und humusreiches, schwach saures und kalkfreies, durchlässiges Substrat. Gut geeignet ist z. B. Rhododendronerde oder ein vergleichbares Gemisch.
Verwendung: Beide Gehölze sind zwar relativ selten angebotene, nichtsdestoweniger aber sehr hübsche Kübelpflanzen, die mit wenig Licht auskommen. Sie können mit anderen schattenverträglichen Arten kombiniert werden, etwa mit Schönmalven, Fuchsien oder kleinblütigen Petunien. Man sollte sie jedoch nicht mit sehr großblütigen oder überreich blühenden Arten zusammenstellen, da ihre zarten Blüten sonst an Ausstrahlung verlieren.
Pflege: Während der Wachstumszeit benötigen die Pflanzen nur mäßige Wassergaben, der Maiglöckchenbaum verträgt sogar zeitweilige Trokkenheit. Doch sollte man sie regelmäßig gießen, wozu man am besten entkalktes Wasser oder Regenwasser verwendet.

Crinodendron patagua

Auch der Nährstoffbedarf ist nicht sehr hoch, etwa alle 2–3 Wochen verabreicht man einen sauer wirkenden Dünger.
Überwinterung: Vor den ersten Frösten werden die Pflanzen in ein kühles oder temperiertes, helles und trockenes Winterquartier eingeräumt, in dem die Temperatur etwa 8–12 °C beträgt. Während der Überwinterung gießt man sehr sparsam, die Ballen dürfen jedoch nicht austrocknen. Da hohe Luftfeuchtigkeit leicht zu Pilzinfektionen führen kann, sollte man das Winterquartier ab und zu lüften. Nach den letzten Spätfrösten werden die Pflanzen dann wieder ins Freie gebracht.
Vermehrung: Beide Arten lassen sich im Frühjahr durch Aussaat oder im Sommer durch halbreife Kopfstecklinge vermehren.
Schädlinge: Spinnmilben

Cuphea
Köcherblümchen

Arten: *C. ignea* (auch *C. platycentra*, Zigarettenblümchen), *C. hyssopifolia* (Köcherblümchen, Japanische Myrte)
Familie: Weiderichgewächse *(Lythraceae)*
Herkunft: Dorngebüsche und Grassavannen in Mittelamerika
Blütenfarbe: *C. ignea* rot, *C. hyssopifolia* blau- bis rotviolett, weiß
Blütezeit: *C. ignea* Mai bis Oktober, *C. hyssopifolia* April bis November
Höhe: 25–30 cm
Merkmale: Köcherblümchenarten zeichnen sich durch dichte, glänzende Belaubung aus sowie durch röhrenförmige Blüten, die die Pflanze für einen sehr langen Zeitraum schmücken. Die leuchtend rot gefärbten Blüten des

Cuphea hyssopifolia

Zigarettenblümchens sind am äußeren Ende auffällig weiß und schwarz gesäumt und erwecken dadurch tatsächlich den Eindruck einer glimmenden Zigarette. Dunkelgrüne, ganzrandige Laubblätter bilden einen hübschen Kontrast zu dem überreich erscheinenden Blütenflor. Die frostempfindliche und daher nur einjährig kultivierte Staude wächst dicht verzweigt. Nicht winterhart, jedoch ausgesprochen robust und wetterbeständig ist das eigentliche Köcherblümchen, das aber ebenfalls meist nur einjährig kultiviert wird. Sein anderer Name, Japanische Myrte, weist auf das Wuchsbild des zierlichen, reich verzweigten Zwergstrauchs hin, dessen Zweige dicht mit schmalen, nadelartigen Blättern besetzt sind. Dazwischen entfalten sich unzählige blau- bis rotviolette oder weiße Blütchen, deren schmale Röhre sich am Ende zu einem filigranen Stern erweitert.
Sorte: von *C. ignea* 'Medaillon' (zierliche, granatrote Blüten, Höhe 25–30 cm)
Standortansprüche: Beide Arten bevorzugen sonnige bis halbschattige Standorte, doch gedeihen sie auch im Schatten noch. Das Zigarettenblümchen sollte windgeschützt stehen. Als Substrat ist Einheitserde oder jede andere humusreiche Erde geeignet.
Verwendung: Mit ihrem dichten Blattwerk und der länglichen Blütenform harmonieren die beiden Arten mit vielen Sommerblumen. Das Zigarettenblümchen wirkt vor allem neben den warmen Farbtönen von Pantoffelblume, Mittagsgold, Wandelröschen und Studentenblume gut. Seine dünnen Zweige hängen in Balkonkästen und Ampeln sehr bald über. Das strauchige eigentliche Köcherblümchen ist eine anmutige Ergänzung zu eleganten Ton-in-Ton-Kombinationen, z. B. mit Fächerblume, Männertreu oder Blauen Gänseblümchen, fügt sich aber ebenso in bunte Gemeinschaften ein oder kann zur Unterpflanzung von Kübelpflanzen dienen.
Pflege: Zigarettenblümchen kommen erst ab Mitte Mai ins Freie; das gegen Kälte widerstandsfähigere eigentliche Köcherblümchen kann man jedoch schon ab Ende April an einen geschützten Ort stellen. Bei Gruppenpflanzungen sollte man etwa 20 cm Abstand einhalten. Die in ihrer Heimat an Trockenheit angepaßten Pflanzen werden nur mäßig gegossen. Alle 2–4 Wochen empfiehlt sich eine Gabe niedrig dosierten Volldüngers. Beide Arten sind gut schnittverträglich und ohne Verlust ihrer Blühfreudigkeit auf einer bestimmten Wuchshöhe zu halten.
Überwinterung: Soll das eigentliche Köcherblümchen überwintert werden, braucht es erst recht spät eingeräumt zu werden, denn diese Art verträgt kurzzeitig leichten Frost. Über die Wintermonate stellt man die Pflanzen an einen hellen und kühlen Ort bei 5–10 °C und gießt sie nur sparsam.
Vermehrung: Damit die beiden Köcherblümchenarten möglichst früh blühen, beginnt man bereits Anfang März mit der Vorkultur beider Arten aus Samen. Mehrmaliges Entspitzen der Jungpflänzchen fördert einen buschigen Wuchs, gleichzeitig können die dabei anfallenden Triebspitzen als Kopfstecklinge verwendet und zu weiterem Nachwuchs herangezogen werden.
Schädlinge und Krankheiten: Blattläuse, Weiße Fliege; Grauschimmel

Cuphea ignea

Cupressus
Zypresse

Arten: *C. sempervirens* var. *sempervirens* (auch *C. sempervirens* f. *sempervirens*, *C. sempervirens* var. *stricta*, *C. sempervirens* 'Stricta', Mittelmeer-Zypresse, Italienische Zypresse), *C. macrocarpa* (auch *C. lambertiana*, Monterey-Zypresse, Kalifornische Zypresse), *C. cashmeriana* (auch *C. pendula*, *C. torulosa* 'Cashmeriana', *C. himalaica* var. *darjeelingensis*, Kaschmir-Zypresse)
Familie: Zypressengewächse *(Cupressaceae)*

Herkunft: *C. sempervirens* var. *sempervirens* südöstlicher Mittelmeerraum bis Westasien, im gesamten Mittelmeerraum eingebürgert, *C. macrocarpa* Kalifornien, *C. cashmeriana* Himalaja
Blütenfarbe: unscheinbar grünlichgelb
Blütezeit: Mai bis Juni
Höhe: 2–4 m, *C. macrocarpa* 1–3 m, alle genannten Arten mitunter auch höher
Merkmale: Die schlanken, hoch aufragenden Zypressen gehören ebenso zum Bild einer typischen Mittelmeerlandschaft wie Zitronen- und Orangenhaine oder Oleander. Das Laub dieser immergrünen Nadelgehölze besteht aus schuppenartigen, sich überlappenden Blättchen und umhüllt die Zweige dicht. Ihre eingeschlechtigen, sehr kleinen Blüten stehen in unscheinbaren, kugeligen oder länglichen Blütenständen beieinander. Aus den weiblichen Blütenständen entwickeln sich kugelige braune Zapfen. Am Naturstandort wachsen Zypressen oft zu mächtigen Gestalten heran, doch im Kübel bleiben sie wesentlich kleiner.
Bei der Mittelmeer-Zypresse und der Monterey-Zypresse stehen die Triebe steif aufrecht oder schräg abwärts. Erstere trägt dunkel graugrüne Nadelblättchen und graue Zapfen, bei zweiterer ist die Benadelung kräftig grün bis gelbgrün, die Zapfen sind braun gefärbt. Ganz anders wirkt dagegen die Kaschmir-Zypresse, eine besonders zierliche und elegante Art. Ihre schleierartig herabhängenden Zweige und die intensiv blaugrüne Färbung der Blättchen machen sie zu einer außergewöhnlichen Erscheinung.
Sorte: von *C. macrocarpa* 'Goldcrest' (langsam und kompakt wachsend, intensiv goldgelbe Schuppenblätter, Höhe 1–3 m)
Standortansprüche: Die Mittelmeer-Zypresse bevorzugt einen sonnigen bis halbschattigen Platz, die anderen Arten brauchen einen halbschattigen, hellen Standort. Alle Zypressenarten sollten windgeschützt stehen. Als Substrat eignet sich Einheitserde oder ein vergleichbares nährstoffreiches, humoses und durchlässiges Erdgemisch. Auf eine ausreichende Dränage der Gefäße ist zu achten.
Verwendung: Mittelmeer-Zypressen im Kübel sind ideale Ergänzung wie auch guter Hintergrund zu den verschiedensten Gewächsen mit mediterranem Charakter. Ihr dunkles Grün bringt die kräftigen Farben von Blüten und Früchten zum Leuchten, so daß Oleander, Bougainvilleen, Bleiwurz, Hibiskus und Zitrusgewächse dann besonders schön zur Geltung kommen. Auch Palmen passen hervorragend dazu.
Mit denselben oder ähnlichen Arten harmoniert auch die Monterey-Zypresse, sofern die Farbtöne aufeinander abgestimmt sind. Diese Art ist nämlich überwiegend als gelblaubige Form in Kultur. Sie läßt sich außerdem beliebig in Form schneiden und etwa als Kugelbäumchen oder als Pyramide ziehen.
Für die elegante Kaschmir-Zypresse sollte man einen besonderen Platz wählen, an dem ihre außergewöhnliche Wuchsform und Farbe die gebührende Beachtung finden. Sie kann mit anderen grau- oder blaugrün belaubten Gewächsen und mit rotblühenden Arten wie Zylinderputzer oder Schönmalven kombiniert werden.
Pflege: Während der Wachstumszeit benötigt die Mittelmeer-Zypresse nur mäßige Wasser- und Nährstoffgaben, sie verträgt auch Trockenperioden recht gut. Man wässert sie ab und zu durchdringend und läßt sie dazwischen abtrocknen, gedüngt wird etwa alle 3–4 Wochen. Die beiden anderen Arten brauchen gleichmäßigere Feuchtigkeit, sie müssen regelmäßige Wassergaben erhalten. Dünger verabreicht man ebenfalls nur alle 3–4 Wochen. Für größere Exemplare wählt man einen außerordentlich standfesten Kübel, da sie sonst bei Wind leicht umkippen. Bei sehr schweren Pflanzen sollte man das Gefäß zusätzlich mit Bodenhaken oder einer Wandverankerung sichern. Die Monterey-Zypresse ist schnittverträglich und läßt sich problemlos zurückschneiden.

Cupressus sempervirens var. *sempervirens*

Überwinterung: Die Gehölze vertragen leichten Frost und kommen daher erst relativ spät ins Winterquartier. Vor dem Einräumen sollten sie noch einige Male durchdringend gegossen werden. Ideal zum Überwintern ist ein kühler, heller oder auch dunkler Raum mit guter Luftfeuchtigkeit. Die Temperatur darin sollte für die Mittelmeer-Zypresse mit etwa 1–6 °C knapp über dem Gefrierpunkt liegen, für die beiden anderen Arten 5–10 °C betragen. Während der Überwinterung werden die Pflanzen sporadisch gegossen, je heller und wärmer ihr Quartier ist, desto häufiger. Der Ballen darf nicht austrocknen, aber ebenso nicht naß gehalten werden. Ab und zu sollte man den Raum lüften. Bereits im März oder im April können die Gehölze dann wieder ins Freie gebracht werden.
In milden Gebieten lassen sich Mittelmeer-Zypressen auch im Freien überwintern, wenn man den Kübel entsprechend winterfest macht, z. B. durch Umwickeln mit Noppenfolie. Sie sollten dazu an einem halbschattigen Platz stehen und müssen bei sonnigem Wetter unbedingt gegossen werden.
Vermehrung: Zypressen kann man leicht aus Saatgut anziehen, jedoch keimt nur frischer Samen gut. Die Anzuchtschalen werden mäßig warm bei 15–20 °C aufgestellt.
Schädlinge: Spinnmilben

Cycas
Palmfarn

Art: *C. revoluta* (Japanischer Palmfarn, Japanische Sagopalme)
Familie: Palmfarngewächse *(Cycadaceae)*
Herkunft: Japan
Blütenfarbe: gelbbraun
Blütezeit: ganzjährig
Höhe: 1–2 m, selten bis 3 m
Merkmale: Palmfarne gehören zu den ältesten noch lebenden Pflanzengruppen

der Erde. Obwohl sie äußerlich den Fiederpalmen ähneln, sind sie weder mit diesen noch mit den Farnen näher verwandt, wie es ihr Name vermuten lassen könnte, sondern eher mit den Vorfahren der Nadelbäume.
Alle Palmfarne wachsen sehr langsam und bilden im Alter einen Stamm, der von einer Rosette sehr dekorativer, immergrüner Blätter gekrönt wird. Beim Japanischen Palmfarn stehen diese aufrecht und biegen sich mit elegantem Schwung nach außen um. Seine steifen, derben, kräftig dunkelgrünen Wedel bestehen aus einem kurzen Stiel und einer langen, in viele linealisch schmale Fiedern zerteilten Blattspreite. Wie alle Palmfarne ist er getrenntgeschlechtig und zweihäusig, d. h., seine männlichen und weiblichen Blüten stehen jeweils auf verschiedenen Pflanzen. Bei weiblichen Exemplaren erscheinen im Zentrum der Blattrosette eigentümlich anmutende, braune, blattartige und dicht samtig behaarte Fruchtblätter, bei männlichen Pflanzen zapfenartige Staubblätter. Und zur Fruchtzeit zeigen sich die an den Fruchtblättern sitzenden, großen orangeroten Samen. Alle Teile der Palmfarne sind giftig.
Standortansprüche: Die Pflanzen fühlen sich an einem hellen, halbschattigen, vor Wind und Regen geschützten Platz wohl, gedeihen aber auch im Schatten. Sie benötigen eine nährstoff- und humusreiche, lehmige, gut durchlässige Erde. Wenn man Einheitserde verwendet, sollte man jedoch etwas Sand, Splitt oder ähnliches Material beimischen, um die Durchlüftung zu verbessern. Außerdem ist eine Dränageschicht am Gefäßboden notwendig.
Verwendung: Im Kübel gehaltene Palmfarne, vor allem große Exemplare, bilden einen sehr attraktiven Blickfang, der hauptsächlich auf ihren schönen, gleichmäßig gefiederten Blättern beruht. Man sollte ihnen daher unbedingt einen Platz zuweisen, an dem sie gut zur Geltung kommen. Sie können sowohl mit den verschiedensten Blattschmuckarten wie auch mit diversen Blütenpflanzen kombiniert werden.
Pflege: Während der Wachstumszeit brauchen Palmfarne nur mäßige Wassergaben, sollen aber nicht austrocknen. Anstatt sie häufig zu gießen, wässert man sie besser selten, dann allerdings durchdringend. Überschüssiges Gießwasser muß abfließen und die Erde vor dem nächsten Gießen gut abtrocknen können. Auch der Nährstoffbedarf ist nicht hoch. Etwa in zweiwöchigen Abständen wird schwach gedüngt, wobei organischer Dünger zu bevorzugen ist. Junge Palmfarne topft man alle 2–3 Jahre um, ältere Exemplare dagegen nur etwa alle 6 Jahre. Die Gefäße sollten relativ knapp bemessen sein. Da die empfindlichen Wurzeln leicht brechen, muß man beim Umtopfen äußerst vorsichtig vorgehen.
Überwinterung: Vor den ersten Frösten werden die Pflanzen in ein mäßig warmes (15–18 °C), helles und luftfeuchtes Winterquartier eingeräumt, wobei die Blätter sehr sorgsam zu behandeln sind. Während der Überwinterung werden die Pflanzen gerade so viel gegossen, daß sie weder austrocknen noch zu feucht stehen. Staunässe ist unbedingt zu vermeiden. Man kann die Palmfarne auch kühler, bei etwa 10–15 °C, überwintern, dann muß die Luft im Raum jedoch trockener sein, und man sollte noch sparsamer gießen. Nach den letzten Spätfrösten werden die Pflanzen ins Freie gebracht. Dies muß wiederum mit Vorsicht geschehen, da die Blätter leicht knicken und dann oberhalb der Knickstelle absterben.
Vermehrung: Grundsätzlich lassen sich Palmfarne aus Samen vermehren, doch gelingt dies nicht immer. Das Saatgut muß unbedingt ganz frisch sein. Man befreit die Körner von der roten Samenhülle bzw. ritzt diese an oder knackt sie auf. Anschließend steckt man sie einzeln in Töpfe mit sandreichem, gut durchlässigem Substrat. Zur Keimung ist eine Temperatur von 25–30 °C nötig, doch selbst wenn dies gewährleistet ist, erscheinen die Sämlinge meist unregelmäßig und erst nach etlichen Monaten. Manchmal bilden sich aber auch bewurzelte Ableger, die leicht abgetrennt und eingepflanzt werden können.

Cycas revoluta

Cycas revoluta

Schädlinge: Schildläuse, Wolläuse
Tip: Palmfarne sind in freier Natur selten geworden und stehen unter strengem Schutz. Man sollte sich deshalb durch Nachfrage beim Händler versichern, daß man nur gärtnerisch vermehrte Pflanzen erwirbt und keinesfalls Exemplare aus Wildbeständen.

Cytisus
Geißklee, Ginster

Arten: *C.* x *beanii* (auch *C. ardoini* x *C. purgans*, Duftender Kriechginster), *C. decumbens* (auch *Sarothamnus decumbens*, *Chorothamnus decumbens*, Kissenginster), *C.* x *kewensis* (auch *C. ardoini* x *C. multiflorus*, Niedriger Elfenbeinginster), *C. purpureus* (auch *Chamaecytisus purpureus*, Purpurginster, Rosenginster, Roter Geißklee), *C.* x *racemosus* (auch *C. canariensis* x

Cytisus purpureus

C. maderensis var. *magnifoliosus*), *C. canariensis* var. *ramosissimus* (auch *C. canariensis*, *C. ramosissimus*, *C. cattleyanus*, Kanarischer Geißklee)
Familie: Schmetterlingsblütler *(Leguminosae)*
Herkunft: Böschungen, Waldränder und Heiden in Europa, *C. canariensis* var. *ramosissimus* Kanarische Inseln
Blütenfarbe: gelb, *C.* x *kewensis* cremeweiß bis gelb, *C. purpureus* purpurrot bis rosa
Blütezeit: Mai bis Juni, *C.* x *racemosus* und *C. canariensis* var. *ramosissimus* April bis Juni
Höhe: *C.* x *beanii* 30–40 cm, *C. decumbens* 15–20 cm, *C.* x *kewensis* 30–50 cm, *C. purpureus* 40–60 cm, *C.* x *racemosus* und *C. canariensis* var. *ramosissimus* 100–200 cm
Merkmale: Die vielseitigen Zwerg- und Kleinsträucher schmücken sich zu Beginn des Sommers mit einer überreichen Fülle auffallend gefärbter Blüten. Begleitet werden diese von kleinen, dreiteiligen Laubblättern, die bei sämtlichen Arten wie alle übrigen Pflanzenteile Giftstoffe enthalten. Der Duftende Kriechginster bildet an seinen niederliegenden bis kriechenden Zweigen sonnengelbe Blüten aus. Ihm sehr ähnlich ist der Kissenginster, der aber nicht höher als 20 cm wird, doch mit den Jahren immer breitbuschiger wächst. Der Niedrige Elfenbeinginster ziert seine leicht überhängenden Triebe mit cremeweißen bis hellgelben Blüten. Auch er bleibt im Wuchs niedrig und wird breit ausladend. Der Purpurginster wächst zunächst aufrecht, später hängen seine Zweige elegant über. Wie schon sein Name verrät, ist die Farbe der Blüten ein Purpurrot, das sich aber häufig zu einem kräftigen Rosa aufhellt. Die Art *C.* x *racemosus* entwickelt sich zu einem vergleichsweise stattlichen Strauch, dessen Laub immergrün ist. Seine leuchtend gelben Blüten sitzen zu mehreren in traubenähnlichen Blütenständen zusammen und verströmen einen angenehmen Duft. Der Kanarische Geißklee ähnelt ihm stark, er ist eine der Elternarten der Hybridform *C.* x *racemosus*.
Sorten: von *C. purpureus* (Höhe jeweils 40–60 cm) 'Albus' (weiß), 'Atropurpureus' (dunkel purpurrot)
Standortansprüche: Alle Geißkleearten verlangen einen warmen, geschützten Standort in voller Sonne. Als Substrat eignet sich Einheitserde, der man etwas Sand untermischen sollte, um die Durchlässigkeit zu erhöhen. Eine zusätzliche Dränageschicht in den Gefäßen ist ratsam.
Verwendung: Mit ihrer leuchtenden Blüte zum Saisonstart setzen die Geißkleearten weithin auffällige Akzente auf Terrasse und Balkon. Nach dem überschäumenden, aber vergleichsweise nur kurz anhaltenden Flor treten die Sträucher als schlichte, zurückhaltende Begleiter anderer Blütenpflanzen auf, ihre Wuchsform gerät dann zum bestimmenden Merkmal. Niedrige Arten pflanzt man vorwiegend in Schalen und Tröge, höhere dagegen in eigene Kübel. Zur Blütezeit wirken sie in Kombination mit farbenfrohen Zwiebelblühern oder als Solitäre prächtig, später können sie vermittelnd zwischen allen anderen Arten stehen. Hübsch sind dann Polsterstauden, etwa Glockenblumen, als Unterwuchs im Kübel oder Zwerggehölze als Nachbarn in Kästen.

Cytisus x *racemosus*

Pflege: Beim Neukauf sollte man ausschließlich gut durchwurzelte Ballen- oder Containerware erwerben, da die Pflanzen sonst oft schlecht anwachsen. Die Sträucher sind sehr genügsam, sie müssen nur wenig gegossen und selten gedüngt werden. Der Duftende Kriechginster wie auch der Purpurginster vertragen keinen Kalk, man verwendet für sie daher am besten Regenwasser oder entkalktes Wasser zum Gießen. Nach der Blüte sollten alle Geißkleearten lediglich leicht ausgelichtet werden, da die Sträucher an den vorjährigen Trieben blühen. Bei zu starkem Rückschnitt würden sie im darauffolgenden Jahr an Blütenreichtum einbüßen.
Überwinterung: Geißklee kann draußen überwintert werden, doch sollte man die Gefäße zum Schutz vor Frost mit Fichtenzweigen abdecken. Gewässert wird während der Wintermonate nur wenig, und dies ausschließlich an frostfreien Tagen. *C.* x *racemosus* und der Kanarische Geißklee kommen jedoch allenfalls in wintermilden Gebieten sicher über die kalte Jahreszeit. Besser holt man sie im Spätherbst ins Haus und überwintert sie an einem hellen, kühlen (5–10 °C) Ort.
Vermehrung: Am besten werden nach der Blüte Kopfstecklinge geschnitten. Reine Arten kann man auch im Herbst in Saatschalen aussäen. Die Kaltkeimer stellt man den Winter über geschützt im Freien auf. Etwa im Februar holt man sie ins Haus, wo sie auf der Fensterbank rasch keimen.
Schädlinge und Krankheiten: Blattläuse, Spinnmilben; Falscher Mehltau, Rost
Tip: *C.* x *racemosus* und der Kanarische Geißklee wirken hübsch als Hochstämmchen.

D

Datura aurea

Datura

Engelstrompete, Datura, Stechapfel

Arten: *D. sanguinea* (auch *D. rosei*, *Brugmansia sanguinea*), *D. suaveolens* (auch *Brugmansia suaveolens*), *D.* x *candida* (auch *D. aurea* x *D. versicolor*, *Brugmansia* x *candida*), *D. aurea* (auch *Brugmansia aurea*)
Familie: Nachtschattengewächse *(Solanaceae)*
Herkunft: tropisches Südamerika
Blütenfarbe: *D. sanguinea* orangerot mit Gelb, auch vollständig gelb oder rosa, *D. suaveolens* weiß, gelb oder rosa, *D.* x *candida* weiß, auch gelb, rosa oder pfirsichfarben, *D. aurea* goldgelb, auch weiß oder rosa
Blütezeit: Juni bis September, *D. sanguinea* April bis Oktober, alle Arten bei günstigen Bedingungen auch ganzjährig
Höhe: *D. sanguinea* 1,5–2,5 m, *D. suaveolens* und *D.* x *candida* 2–3 m, bisweilen auch höher, *D. aurea* 2–4 m
Merkmale: Wegen ihrer zahlreichen sehr großen, bei den meisten Arten abends betörend duftenden Trichterblüten und der eindrucksvollen Wuchskraft, die binnen kurzem mächtige Exemplare heranwachsen läßt, halten viele Kübelpflanzenliebhaber die Engelstrompeten schlichtweg für unverzichtbar.
Alle hier genannten Arten wachsen als Sträucher oder kleine Bäume und tragen große dunkelgrüne, am Rand meist leicht gekrauste oder gezähnte, länglichovale Blätter. In den oberen Blattachseln erscheinen einzelnstehende, meist lang trichterförmige Blüten, deren verbreiterter, gewellter Saum zu 5 fadenförmigen, dünnen Zipfeln ausgezogen ist. Je älter die Pflanzen werden, desto üppiger fällt der Flor aus. Die einzelnen Arten unterscheiden sich in ihrer Wuchsstärke, vor allem aber in Größe, Farbe und Anordnung der Blüten.
D. sanguinea wächst im Vergleich zu den anderen Arten eher schwach und trägt röhrenförmige, meist orangerote und am Grund gelb gefärbte, hängende Blüten, die nicht duften. *D. suaveolens* bringt gewöhnlich weiße, bei einigen Sorten auch andersfarbige, schräg nach unten gerichtete, breite Trichterblüten hervor, die einen herrlichen Wohlgeruch verströmen. Die sehr großen, intensiv duftenden Blüten von *D.* x *candida* strahlen ebenfalls vorwiegend weiß, hängen aber senkrecht nach unten. Ihr Kronensaum ist im Gegensatz zu denjenigen von *D. suaveolens* nicht zwischen den Zipfeln eingeschnitten, sondern gleichmäßig ausgebreitet.
D. aurea wächst sehr stark und trägt hauptsächlich goldgelbe, schräg nach unten weisende, duftende Blüten.
Engelstrompeten enthalten in allen Teilen hochgiftige Stoffe.
Sorten: Im Handel sind u. a. erhältlich von *D. sanguinea* 'Flava' (rein gelb, Höhe 1,5–2,5 m); von *D. suaveolens* (Höhe jeweils 2–3 m) 'Goldtraum' (goldgelb), 'Rosa Traum' (rosa), 'Rosea' (rosa); von *D.* x *candida* 'Plena' (auch *D. cornigera* 'Knightii'; weiß, gefüllt, stark duftend, Höhe 2–3 m); von *D. aurea* (Höhe jeweils 2–4 m) 'Goldenes Kornett' (goldgelb), 'Grand Marnier' (goldorange), 'Ocre' (pfirsichfarben). Daneben werden Sorten nur unter Angabe der Blütenfarbe gehandelt.
Standortansprüche: An einem sonnigen bis halbschattigen, windgeschützten, hellen und warmen Platz fühlen sich die Pflanzen besonders wohl. Als Substrat eignet sich eine nährstoff- und humusreiche, lehmige Erdmischung oder auch Einheitserde.
Verwendung: Wie wohl kaum eine andere Kübelpflanze verbreitet die Engelstrompete tropisches Flair im Garten, auf dem Balkon und der Terrasse. Sie sollte an einem Platz stehen, an dem sie ihre Blütenpracht uneingeschränkt zur Schau stellen kann. Man kombiniert sie am besten mit anderen tropischen und subtropischen Kübelpflanzen, die in kräftigen Farben blühen, etwa mit Bougainvilleen, Kassien, Nachtschatten, Fuchsien oder Hammersträuchern, sowie mit üppigen Blattschmuckpflanzen wie z. B. der Zierbanane oder verschiedenen Palmen.

Datura x *candida*

Pflege: Engelstrompeten benötigen während der Wachstumszeit reichlich Wasser und Nährstoffe, sie müssen regelmäßig ausgiebig gegossen und etwa alle 1–2 Wochen gedüngt werden. Abgeblühtes und welke Blätter entfernt man laufend. Beim Umtopfen wählt man für die wuchsstarken Pflanzen ein relativ großes und auch sehr standfestes Gefäß.

Datura sanguinea

Überwinterung: Vor den ersten Frösten räumt man die Engelstrompeten ein. Da sie sehr sparrig sind und viel Platz benötigen, empfiehlt es sich, alle starken Triebe bis auf etwa 25–30 cm Länge abzuschneiden bzw. abzusägen. Das Winterquartier kann hell oder dunkel, sollte aber auf jeden Fall kühl (5–10 °C) und trocken sein. Man wässert die Gehölze nur, wenn der Ballen fast ganz trocken ist. Gießt man zuviel oder ist der Raum zu warm, treiben sie zu früh aus und entwickeln überlange, schwächliche Triebe. Im Normalfall zeigen sich im März die ersten Neutriebe. Die Pflanzen werden nun möglichst hell gestellt, bleiben aber noch eine ganze Weile in kühler Umgebung. Man beginnt jedoch, etwas häufiger zu gießen, um den Triebzuwachs weiter anzuregen. Engelstrompeten lassen sich – ungestutzt – auch in einem temperierten Raum bei etwa 12–15 °C überwintern. Sie blühen unter diesen Bedingungen sogar im Winter, müssen aber regelmäßig gegossen werden, und den Raum sollte man ab und zu lüften. Allerdings fällt in diesem Fall die Sommerblüte weit weniger üppig aus.
Ab Mitte Mai können die Engelstrompeten ins Freie geräumt werden. Man stellt sie zunächst an einen halbschattigen Platz und gewöhnt sie erst allmählich an die volle Sonne.
Vermehrung: Jungpflanzen gewinnt man am einfachsten durch halbreife Kopfstecklinge, die in ein humoses, torf- oder rindenhumushaltiges Substrat gesteckt werden. Sie bewurzeln sich aber auch in einem Glas Wasser ziemlich leicht. Man kann die Stecklinge vom Frühjahr bis zum Herbst schneiden. Bei einem Herbstschnitt ist es günstig, sie in Sand einzuschlagen und wie die eingeräumten Pflanzen möglichst kühl und trocken zu überwintern und erst im Frühjahr zu stecken. Auch eine Anzucht aus Samen ist möglich, am besten im Frühjahr. Das Saatgut wird 2–3 Tage in lauwarmem Wasser eingeweicht und keimt bei etwa 20 °C am besten. Zur Weiterkultur der Sämlinge ist eine hohe Luftfeuchtigkeit nötig.
Schädlinge und Krankheiten: Spinnmilben, Blattwanzen, Blattläuse, Weiße Fliege; Viruskrankheiten
Tip: Engelstrompeten wachsen besonders gut, wenn sie den Sommer über in den Garten ausgepflanzt werden. Den Pflanzplatz sollte man vorher mit Kompost anreichern und nach dem Einpflanzen mit einer Mulchschicht versehen.

Dendranthema
Gartenchrysantheme, Chrysantheme

Arten: *D.-Grandiflorum*-Hybriden (auch *Chrysanthemum-Grandiflorum*-Hybriden, *C.-Indicum*-Hybriden, Gärtnerchrysanthemen, Topfchrysanthemen, Winterastern), *D.-Koreanum*-Hybriden (auch *Chrysanthemum-Koreanum*-Hybriden)
Familie: Korbblütler *(Compositae)*
Herkunft: Die Elternarten stammen aus Ostasien.
Blütenfarbe: alle Farben außer Blau und Violett
Blütezeit: August bis November
Höhe: 30–90 cm
Merkmale: Wenn im Spätsommer die Blüte anderer Pflanzen allmählich zu Ende geht, trumpfen die ausdauernden Gartenchrysanthemen erst richtig auf und entfachen ein buntes Farbenfeuerwerk. Ihre einfachen, halb- oder stark gefüllten Blüten sind in lockeren Rispen angeordnet und werden von tief eingeschnittenen, häufig streng aromatisch duftenden Laubblättern begleitet. Die Gärtnerchrysanthemen besitzen meist gefüllte Blüten, die in ihrer reichen Farbauswahl kaum Wünsche offenlassen. Sie bezaubern mit ihrer Blütenpracht bis in die Wintermonate hinein. In Farbenreichtum und Blühfreudigkeit stehen ihnen die *D.-Koreanum*-Hybriden nicht nach. Ihre Blütenköpfchen sind meist weniger stark gefüllt, doch zeichnen sich diese

Dendranthema-Grandiflorum-Hybride

Pflanzen ebenfalls durch besondere Frosthärte aus. Sie bilden ihre Blüten schon mehrere Wochen vor den Gärtnerchrysanthemen und beenden ihre Blütezeit auch dementsprechend früher. Die Pflanzen beider Hybridgruppen enthalten in allen ihren Teilen Stoffe, die Hautreizungen und Allergien verursachen können.
Sorten: Zur Bepflanzung von Kästen und Schalen eignen sich in erster Linie niedrige, gedrungen wachsende Sorten, die zahlreich im Handel erhältlich sind. Nicht weniger reich ist auch das Angebot an höher wachsenden Sorten, die vor allem für die Bepflanzung größerer Töpfe und Kübel verwendet werden.
Standortansprüche: Gartenchrysanthemen brauchen sonnige Plätze sowie lockeres Substrat. Einheitserde wird gut vertragen, ebenso spezielle Balkonpflanzenerde.
Verwendung: Aufgrund ihrer späten Blütezeit bleiben Gartenchrysanthemen vielfach unter sich, doch lassen sich dank ihres breiten Formen- und Farbensortiments trotzdem abwechslungsreiche Pflanzungen gestalten. Besonders hübsch wirkt es, wenn in Kübeln höhere Sorten mit niedrigen, buschigen Formen kombiniert werden. Passende Partner sind auch Zwerggehölze, etwa spätblühende Besenheide, oder die auflockernd wirkenden gelben Blüten des Husarenknopfs.
Pflege: Die Pflanzen werden im Frühjahr im Abstand von 20–30 cm in Gefäße eingesetzt. Das Substrat sollte man immer leicht feucht halten. Um einen kräftigen Wuchs zu erzielen, empfiehlt sich eine Düngung in zweiwöchigen Abständen. Bewährt hat sich auch ein Stutzen der Triebe im Frühsommer um ein Viertel bis ein Drittel ihrer Länge. Durch regelmäßiges Entfernen verwelkter Blütenstände läßt sich die Zeit des Flors ausdehnen.
Überwinterung: Will man Gartenchrysanthemen über den Winter bringen, sollte man sie nach der Blüte stark zurückschneiden und an einem hellen, trockenen und kühlen Raum (bei 5–10 °C) aufstellen. Während der Überwinterungszeit brauchen die Pflanzen kaum gegossen zu werden.
Vermehrung: Ältere Exemplare lassen sich nach der Überwinterung durch Teilung

ihrer Wurzelballen vermehren. Ganzjährig kann man Grundstecklinge zum Heranziehen von Jungpflanzen gewinnen.
Schädlinge und Krankheiten: Blattälchen, Spinnmilben, Blattläuse; Echter Mehltau, Grauschimmel, Verticillium-Welke

Dianthus
Nelke

Arten: *D. barbatus* (Bartnelke), *D. caryophyllus* (Gartennelke, Landnelke, Gebirgshängenelke), *D.-Chinensis*-Hybriden (Kaisernelke, Sommernelke, Heddewigsnelke, Chinesische Nelke, Chinesennelke)
Familie: Nelkengewächse *(Caryophyllaceae)*
Herkunft: *D. barbatus* Gebirge in Südeuropa und in Asien, *D. caryophyllus* ursprünglich vermutlich Mittelmeerraum, heute nur noch in Kultur bekannt, Stammformen der *D.-Chinensis*-Hybriden China und Korea
Blütenfarbe: weiß, gelb, rosa, rot, violett, auch zwei- oder mehrfarbig

Dianthus barbatus

Dianthus caryophyllus

Blütezeit: *D. barbatus* Juli bis Oktober, *D. caryophyllus* Mai bis Oktober, *D.-Chinensis*-Hybriden Mai bis September
Höhe: 15–40 cm
Merkmale: Nelken sind Klassiker unter den Balkonblumen. Von den Bartnelken finden meist die einjährigen, niedrigwüchsigen Sorten Verwendung. Ihre Blüten entwickeln sich endständig in schirmartigen Blütenständen. Als Farben herrschen Weiß, Rosa oder unterschiedliche Rottöne vor. Neben einfachen Formen gibt es auch gefülltblühende, allen gemeinsam aber ist ein angenehmer Duft. Zur Gruppe der Gartennelken gehören die edelnelkenähnlichen Chabaud-Nelken, Reginanelken und Enfant-de-Nice-Nelken ebenso wie die meist einjährig kultivierten Hänge- bzw. Gebirgshängenelken. Für die Balkon- und Terrassenbepflanzung spielen vor allem letztere eine wichtige Rolle, da sie mit ihren langen Trieben hübsch über Kästen und Ampeln wallen. Während Gebirgshängenelken nur in Regionen mit sehr hohem UV-Licht-Anteil, ab etwa 800 m ü.M., befriedigend gedeihen, sind neuere Züchtungen, die sog. Hängenelken, auch für niedrigere Lagen bestens geeignet. Die Blüten beider Formen besitzen leicht bis stark gezähnte Blütenblätter und verströmen einen angenehm aromatischen Duft. Mit ihrem niedrigen Wuchs und langanhaltenden Blütenflor sind Kaisernelken ebenfalls hervorragende Balkonpflanzen. Ihre aufrechten Stiele werden von den für Nelken typischen schmallanzettlichen Laubblättern begrünt. Endständig sitzen zierlich gefranste Blüten, die meist in kräftigen Farben leuchten. Oftmals sind die einfachen oder gefüllten Blüten in der Mitte andersfarbig gezeichnet oder besitzen einen schmalen weißen Saum.
Sorten: von *D. barbatus* 'Indianerteppich' (Farbmischung, ungefüllt, Höhe 25 cm), 'Red Empress' (scharlachrot, Höhe 30–40 cm); von *D. caryophyllus* (jeweils etwa 20 cm hoch und überhängend) 'Balkanfeuer' (scharlachrot, auch für niedrig gelegene Regionen), 'Feuerkönig' (rot, nur für höher gelegene Regionen), 'Gruß vom Chiemgau' (hellrot, nur für höher gelegene Regionen), 'Julia' (rosa, auch für niedrig gelegene Regionen), 'Romeo' (rot, auch für niedrig gelegene Regionen), 'Tiroler Gebirgshängenelke' (karminrot, nur für höher gelegene Regionen); von den *D.-Chinensis*-Hybriden 'Charm'-Serie (weiß, lachsfarben, hellrosa, scharlachrot und dunkelrot, Höhe 20 cm), 'Princess'-Serie (in 6 Farben, Höhe 20 cm), 'Color Magician' (auffälliges Farbspiel, Höhe 25–30 cm), 'Telstar'-Serie (rosa, lachsfarben und scharlachrot, teilweise mit Auge, Höhe 25–30 cm)
Standortansprüche: Nelken bevorzugen allgemein sonnige Standorte, Gebirgshängenelken und die Hängenelken vertragen jedoch keine direkte Mittagssonne und gedeihen am besten an einem wind- und regengeschützten, halbschattigen Ort. Das Substrat sollte ausreichend Nährstoffe enthalten, gut geeignet ist Einheitserde oder eine vergleichbare mittelschwere Erdmischung. Eine wirksame Dränage des Pflanzgefäßes ist empfehlenswert.
Verwendung: Nelken sorgen für hübsche Farbtupfer in Balkonkästen, Schalen und Töpfen, Hängenelken eignen sich auch zur Bepflanzung von Blumenampeln. Die vorherrschend roten Farbtöne der Nelkenblüten entfachen in

Dianthus-Chinensis-Hybride

Kombination mit Gelber Zwergmargerite, blauer Männertreu und weißem Gartenziertabak ein leuchtendes Farbfeuerwerk. Zurückhaltendere, doch nicht weniger attraktive Pflanzungen ergeben sich zusammen mit weißblühenden Partnern wie Duftsteinrich oder Weißer Zwergmargerite.
Pflege: Nelken werden nach den Eisheiligen ins Freie gesetzt. Sie brauchen ein gleichmäßig feuchtes Substrat, allerdings darf keine Staunässe entstehen. Gebirgshängenelken und Hängenelken können ruhig etwas kräftiger gewäs-

sert werden. Um ihren relativ hohen Nährstoffbedarf zu decken, versorgt man Nelken alle 2 Wochen mit niedrig dosiertem Volldünger. Die Blütenneubildung kann man unterstützen, indem man Verwelktes regelmäßig entfernt.
Überwinterung: Da viele Nelkenarten und -sorten ausdauernde Gewächse sind, lohnt sich der Versuch, sie über den Winter zu bringen. Als Überwinterungsort sollte ein heller und kühler (5–10 °C) Raum gewählt werden. Der Wurzelballen darf in dieser Zeit nicht vollständig austrocknen. Zu Beginn des Neuaustriebs schneidet man lange Triebe stark zurück, die übrigen entspitzt man.
Vermehrung: Alle Nelkenarten und -sorten können problemlos aus Samen angezogen werden. Die Aussaat erfolgt zwischen Februar und April in handelsübliche Anzuchterde; für die Keimung optimal ist eine Temperatur von 15–20 °C.
Schädlinge und Krankheiten: Blattläuse, Spinnmilben, Thripse, Stengelälchen; Viruskrankheiten, Rost, Nelkenschwärze, Blattfleckenkrankheit

Diascia
Elfensporn, Diascie

Art: *D. barberae* (Doppelsporn)
Familie: Braunwurzgewächse oder Rachenblütler *(Scrophulariaceae)*
Herkunft: Südafrika
Blütenfarbe: rosa oder rosaviolett
Blütezeit: April bis Oktober
Höhe: 25–30 cm
Merkmale: Noch recht selten trifft man den einjährigen Doppelsporn auf Balkon und Terrasse an; dabei kann man sich an seinen anmutigen Blüten bei richtiger Pflege den ganzen Sommer über erfreuen. Seine schlanken Stiele ragen aus einer dichten Rosette dunkelgrün glänzender Blätter nach oben, teilweise hängen sie auch leicht über. Jeder Stiel trägt mehrere rosafarbene oder rosaviolette Blüten, die durch einen gelben, grün getüpfelten Schlund sowie durch zwei hornförmige Sporne an ihrer Unterseite charakterisiert sind. Trotz ihrer zarten Erscheinung zeichnen sie sich durch ziemlich gute Wetterfestigkeit aus.
Sorte: 'Rosalie' (rosaviolett, Höhe bis 30 cm)
Standortansprüche: Der Doppelsporn braucht einen vollsonnigen Platz, um seine ganze Blütenzierde entfalten zu können. Das Substrat sollte durchlässig sein, Einheitserde oder spezielle Balkonpflanzenerde kann zur Pflanzung gut verwendet werden. Empfehlenswert ist die Anlage einer Dränageschicht aus Kies oder Sand im Pflanzgefäß.
Verwendung: Die zarten Blüten des Doppelsporns kombiniert man besser nicht mit wuchtig wirkenden Blumen. Farblich passen blau- und violettblühende Nachbarn wie Nierembergien, Blaue Mauritius oder Blaue Gänseblümchen ebenso gut wie gelbblühende Sterntaler oder Husarenknöpfe.
Pflege: Die frostempfindlichen Pflanzen sollten erst Ende Mai nach draußen kommen. Wichtig ist ausgewogenes Gießen, da Staunässe genauso schlecht vertragen wird wie ein Austrocknen des Substrats. Niedrig dosierte Düngergaben in monatlichen Abständen sind für die genügsame Sommerblume völlig ausreichend. Damit der Doppelsporn den ganzen Sommer über blüht, müssen abgeblühte Stiele bis kurz über

Diascia barberae

dem Laubpolster abgeschnitten werden. Die Bildung neuer Blütenstände läßt dann nicht lange auf sich warten.
Vermehrung: Der Doppelsporn kann im Frühjahr sowohl durch Stecklinge als auch durch Aussaat vermehrt werden. Aus Samen angezogene Pflanzen blühen allerdings erst einige Wochen nach den stecklingsvermehrten.
Krankheiten: Grauschimmel, Wurzel- und Stengelgrundfäule bei Staunässe

Dimorphotheca
Kapkörbchen, Kapringelblume

Arten: *D. pluvialis* (auch *D. annua, Calendula pluvialis*), *D. sinuata* (auch *D. calendulacea, D. aurantiaca*), *D.*-Hybriden
Familie: Korbblütler *(Compositae)*
Herkunft: Grasländer in Südafrika
Blütenfarbe: weiß, gelb, aprikosenfarben, orange, Mitte stets andersfarbig
Blütezeit: Juni bis September
Höhe: 25–50 cm
Merkmale: Die einjährigen Kapkörbchen bestechen durch ihre Strahlenblüten in pastelligen bis kräftigen Farbtönen. Die teilweise sehr großen Blüten sitzen am Ende aufrechter Stiele und werden von lanzettlichen Laubblättern begleitet. Da sich ihre Triebe gut verzweigen, wachsen Kapkörbchen schön buschig, bleiben dabei aber doch kompakt. *D. pluvialis* besitzt weiße Blütenblätter, die einen Strahlenkranz um eine dunkelviolette Mitte bilden; ihre Unterseite ist ebenfalls violett. *D. sinuata* zeigt leuchtend orangefarbene Blüten, die seidig schimmern. Auch sie weisen eine dunklere, meist violette Mitte auf. Aus Kreuzungen dieser beiden Arten sind zahlreiche farben- und formenreiche Hybriden hervorgegangen, die teilweise mit ausgefallenen Blütenformen überraschen, die durch

Dimorphotheca sinuata

abschnittsweise Verjüngungen ihrer Blütenblätter zustande kommen.
Sorten: Die Zuordnung der einzelnen Sorten zu den verschiedenen Arten ist nicht immer eindeutig, vielfach werden sie kurzerhand als Hybriden bezeichnet. Angeboten werden u. a. von *D. pluvialis* (Höhe jeweils 35 cm) 'Pink Polarstern' (lilarosa mit blauer Mitte), 'Polarstern' (weiß mit dunkelblauer Mitte); von *D. sinuata* 'Sommermode' (verschiedene Pastelltöne, Höhe 30 cm), 'Tetra Goliath' (orangefarben mit brauner Mitte, Höhe 35–40 cm); von den *D.*-Hybriden 'Grand-Prix-Hybriden' (pastellige bis orangefarbene Töne, Höhe 40– 50 cm).
Verwendung: Als prächtige Blütenpflanzen verschönern Kapkörbchen jeden Blumenkasten sowie größere Töpfe oder Kübel. Passende Nachbarn sind beispielsweise Gazanien, Husarenknöpfe, Sterntaler, Verbenen oder auch Feuersalbei.
Pflege: Erst nach den letzten Spätfrösten kommen die Pflanzen ins Freie. Bei einer Gruppenpflanzung ist ein Abstand von 20–30 cm einzuhalten. Kapkörbchen dürfen keinesfalls zu feucht stehen, deshalb wird nur sehr sparsam gegossen. Alle 2–4 Wochen versorgt man sie mit schwach dosiertem Volldünger. Regelmäßiges Entfernen von Verwelktem fördert die Nachblüte.

Dimorphotheca-Hybride

Standortansprüche: Das Kapkörbchen braucht einen vollsonnigen, regengeschützten Platz auf Balkon oder Terrasse. Das Substrat darf nicht zu schwer sein; geeignet ist Einheitserde, die am besten mit ein wenig Sand vermischt wird, damit sie leichter und noch durchlässiger wird.
Vermehrung: Ab Mitte März kann man mit der Anzucht von Jungpflanzen aus Samen beginnen. Ab Mai ist auch Direktaussaat in das Pflanzgefäß möglich, allerdings blühen diese Pflanzen etwas später.
Schädlinge und Krankheiten: Blattläuse; Echter Mehltau

Dorotheanthus
Mittagsblume

Art: *D. bellidiformis* (auch *D. criniflorus, Mesembryanthemum criniflorum*)
Familie: Eiskraut- oder Mittagsblumengewächse *(Aizoaceae)*
Herkunft: Wüsten und Halbwüsten in Südafrika
Blütenfarbe: weiß, gelb, orange, rot, lila
Blütezeit: Juni bis August
Höhe: 10–15 cm
Merkmale: Die gänseblümchenähnlichen Strahlenblüten der Mittagsblume sitzen auf flach kriechenden Stengeln. Mit der Zeit bilden sich dichte Polster, deren blaugrüne Laubblätter die Fähigkeit zur Wasserspeicherung besitzen und daher fleischig verdickt sind. Die feinstrahligen Blüten in meist pastelligen Farbschattierungen öffnen sich nur bei Sonnenschein und gaben damit der einjährigen Pflanze ihren bezeichnenden Namen Mittagsblume.
Standortansprüche: Die Mittagsblume braucht einen warmen, regengeschützten Standort in voller Sonne. Im Unterschied zu den meisten anderen Balkonblumen gedeiht sie bevorzugt in nährstoffarmem Substrat. Nimmt man zur Pflanzung Einheitserde oder eine vergleichbare Substratmischung, sollte reichlich Sand untergemischt werden.
Verwendung: Am besten kann sich die Mittagsblume entfalten, wenn man sie einzeln in schöne Schalen oder andere Pflanzgefäße setzt. Möchte man sie mit anderen Pflanzen kombinieren, so sollte man nur solche mit geringem Nährstoffverbrauch wählen, z. B. Kapkörbchen. Hübsch wirkt die kriechende Blume auch als Unterpflanzung von Palmen, Kakteen oder Drachenbaum.

Dorotheanthus bellidiformis

Pflege: Erst in der zweiten Maihälfte setzt man die Jungpflanzen in Gefäße, wobei man jeweils etwa 25 cm Abstand beläßt. Als trockenheitsliebende Pflanzen brauchen sie nur mäßig gegossen zu werden, Düngergaben sind völlig überflüssig. Um den Flor zu verlängern, sollte man Abgeblühtes regelmäßig entfernen.
Vermehrung: Mittagsblumen werden gewöhnlich aus Samen vermehrt. Sicherer als bei Direktaussaat kommen die Pflanzen nach einer Vorkultur ab März/April zur Keimung.

Dracaena
Drachenbaum, Drachenlilie, Drazäne

Art: *D. draco* (Drachenbaum)
Familie: Agavengewächse *(Agavaceae)*
Herkunft: felsige, halbwüstenartige Plätze auf den Kanarischen Inseln
Blütenfarbe: grünlichweiß
Blütezeit: Mai bis August
Höhe: 1–3 m, selten bis 4 m
Merkmale: Drachenbäume sind sehr langlebig und ent-

wickeln sich zu beeindruckenden Pflanzengestalten. Ihr deutscher Name leitet sich von der bereits im Altertum bekannten Erscheinung ab, daß ihr zunächst farbloses Harz an der Luft eine blutrote Färbung annimmt. Das Harz wurde damals als „Drachenblut“ für medizinische Zwecke gehandelt.
Die markanten Schopfbäume bilden einen dicken, palmenartigen Stamm, der von einem großen Schopf langer, derber, schwertförmiger, blaugrüner Blätter gekrönt wird. Bei älteren Drachenbäumen ist der Stamm mehrfach gabelig verzweigt, wobei jeder Ast am Ende einen Blattschopf trägt. Zusammengenommen formen diese ein charakteristisches, sehr dichtes, breites, schirmartiges Kronendach. Ältere Pflanzen können sogar blühen. Sie entwickeln dann zahlreiche weiße, grünlich überhauchte Blüten, die in großen, vielfach verzweigten Rispen stehen. Im Spätsommer bilden sich daraus kugelige, orangefarbene Beerenfrüchte.
Standortansprüche: Der Drachenbaum sollte an einen sonnigen bis halbschattigen, wind- und regengeschützten Platz gestellt werden. Als Substrat eignet sich Einheitserde oder ein vergleichbares nährstoffreiches, humoses Erdgemisch. Die Kübel müssen mit einer guten Dränage versehen sein.
Verwendung: Vor allem größere Drachenbäume sind auffällige Solitäre, die hervorragend in ein Pflanzenensemble passen, das an Trockensteppen und Wüsten erinnert. Wegen ihrer palmenartigen Erscheinung können sie aber auch mit subtropischen oder tropischen Arten, die in leuchtenden Farben blühen, zusammengestellt werden, etwa mit Kassien, Ruhmesblume oder dem Korallenstrauch.
Pflege: Während der Wachstumszeit brauchen die Pflanzen mäßig bis reichlich Wasser. Sie werden daher regelmäßig gegossen, sollten dazwischen aber immer wieder gut abtrocknen können. Ihr Nährstoffbedarf ist nicht sehr hoch, es reicht aus, etwa alle 3–4 Wochen zu düngen. Insbesondere ältere Pflanzen sollten in einem schweren, standfesten Gefäß stehen, da sie durch ihre großen Blattschöpfe recht kopflastig werden und bei Wind leicht umkippen.
Überwinterung: Die Pflanzen sind sehr frostempfindlich, sie müssen daher rechtzeitig in ein kühles (5–10 °C), helles und trockenes Winterquartier eingeräumt werden. Bis zum Frühjahr werden sie nur spärlich gegossen, dürfen aber nicht ganz austrocknen. Jungpflanzen hält man in den ersten Jahren auch im Winter etwas wärmer, vorzugsweise bei etwa 15 °C, und gießt sie dementsprechend häufiger. Nach den letzten Spätfrösten werden Drachenbäume wieder ins Freie gebracht.
Vermehrung: Drachenbäume können im Frühjahr durch Kopfstecklinge vermehrt werden, die sich am besten bei einer Bodenwärme von 20–25 °C bewurzeln. Auch eine Aussaat ist möglich; man verwendet vorzugsweise gekauftes Saatgut. Als Lichtkeimer dürfen die Samen nur ganz leicht mit Erde bedeckt werden.
Schädlinge: Spinnmilben

Dracaena draco

Dyssodia
Gelbes Gänseblümchen

Art: *D. tenuiloba* (auch *Thymophylla tenuiloba*, *Chrysanthemum tenuilobum*)
Familie: Korbblütler *(Compositae)*
Herkunft: trockene und steinige Gebiete im Süden der USA und in Mexiko
Blütenfarbe: gelb
Blütezeit: Juni bis September
Höhe: 15–20 cm
Merkmale: Das beliebte Blaue Gänseblümchen findet im noch relativ unbekannten Gelben Gänseblümchen sein direktes Gegenstück: Dessen sehr ähnlich geformte, allerdings strahlend gelb gefärbte Blüten erheben sich ebenfalls über duftig wirkendem, fein zerschlitztem Laub. Die einjährige Pflanze wird nicht besonders hoch, jedoch in kurzer Zeit sehr breit. In Gefäßen hängen ihre dünnen, biegsamen Triebe bald locker über. Den ganzen Sommer lang blühen sie unermüdlich.
Sorten: 'Goldener Fleck' und 'Sternschnuppe' besitzen wie die Art goldgelbe Blüten und werden etwa 15 cm hoch.
Standortansprüche: Das Gelbe Gänseblümchen braucht eine sonnige Lage sowie durchlässiges Substrat. Außer Einheitserde eignen sich auch andere humose Substratmischungen oder spezielle Balkonpflanzenerde.
Verwendung: Als Hängepflanze setzt man das Gelbe Gänseblümchen am besten in Blumenampeln, es macht sich aber auch am Rand von Kästen und Schalen gut. Seine sonnige Blütenfarbe paßt hervorragend zu den warmen Farbtönen von Studentenblume, Begonie, Wandelröschen oder Gazanie. Es harmoniert jedoch nicht minder mit blau- und violettblühenden Nachbarn wie Männertreu oder Vanilleblume. Besonders anmutig wirken Blaues und Gelbes Gänseblümchen nebeneinander in einer Ampel oder Schale.
Pflege: Erst nach den letzten Spätfrösten pflanzt man die Gelben Gänseblümchen nach draußen. Bei einem geringen Pflanzabstand von ungefähr 20 cm entwickeln sie sich bald zu üppigen Büscheln. Sie sollten nicht zu stark gewässert werden, da sie auf Staunässe sehr empfindlich reagieren. Ihr Nährstoffbedarf ist nicht besonders hoch, es genügen schwach dosierte Düngergaben in zwei- bis vierwöchigen Abständen. Das regelmäßige Entfernen verwelkter Blumen fördert die Blütenneubildung.
Vermehrung: Gelbe Gänseblümchen können aus Samen angezogen werden. Am besten beginnt man schon zwischen Februar und April mit der Vorkultur, wobei man die Pflanzen bei etwa 20 °C in Anzuchterde keimen läßt.
Schädlinge und Krankheiten: Blattläuse; Echter Mehltau

Dyssodia tenuiloba

E

Eccremocarpus
Prachtranke

Art: *E. scaber* (Schönranke)
Familie: Bignonien- oder Trompetenbaumgewächse *(Bignoniaceae)*
Herkunft: Gebirgswälder in Chile
Blütenfarbe: gelb, dunkelrosa, orangerot, rot
Blütezeit: Juli bis Oktober
Höhe: 2–4 m

Eccremocarpus scaber

Merkmale: Die von Natur aus als Halbstrauch wachsende Schönranke wird in der Regel nur einjährig kultiviert. Am auffälligsten sind die ungewöhnlich geformten, röhrenartigen Blüten des Rankers, die immer zu mehreren in traubenartigen Blütenständen zusammengefaßt sind. Vom Aufblühen bis zum Verwelken verändern die Blüten ihre Farbschattierung von Gelborange über Dunkelrosa bis hin zu leuchtendem Orangerot. Mit Hilfe ihrer dünnen, zähen Triebe und den Laubblättern, deren Mittelrippe in eine Ranke ausläuft, kann die Kletterpflanze in kurzer Zeit an geeigneten Unterlagen in beachtliche Höhen emporklimmen und große Flächen begrünen.
Sorten: Neben der reinen Art werden Farbsorten mit gelben ('Aureus'), karminroten ('Carmineus') oder dunkelroten ('Ruber') Blüten angeboten (Höhe jeweils 2–4 m), aber auch Farbmischungen, z. B. 'Tresco-Hybriden' (großblumig, Höhe 2–3 m).
Standortansprüche: Die Schönranke gedeiht nur an warmen, sonnigen Plätzen, am wohlsten fühlt sie sich an Südwänden. Das Substrat sollte durchlässig und nährstoffreich sein, geeignet sind beispielsweise Einheitserde und vergleichbare humusreiche Substrate. Auf eine gute Dränage des Pflanzgefäßes ist zu achten.
Verwendung: Damit die Schönranke in die Höhe ranken kann, muß man ihr eine geeignete Kletterhilfe anbieten. Das kann ein Zaun oder ein Geländer sein, ein Spalier ebenso wie ein Gitter, das man an der Hauswand oder im Pflanzgefäß befestigt. Die leuchtenden Blüten zwischen dunkelgrünem Laubwerk schaffen einen hübschen Hintergrund für Balkonblumen, die in warmen Farbtönen blühen, z. B. Pantoffelblume, Studentenblume, Feuersalbei, Begonien oder Pelargonien.
Pflege: Die Schönranke darf keinen Frost abbekommen und sollte daher erst Ende Mai nach draußen gepflanzt werden. Sie ist an Trockenheit angepaßt und reagiert folglich sehr empfindlich auf Staunässe. Man sollte sie deshalb nur an heißen und trockenen Tagen wässern. Bedingt durch ihr rasches Wachstum hat die Kletterpflanze einen hohen Nährstoffbedarf und muß häufig, etwa in zweiwöchigen Abständen, mit Volldünger versorgt werden.
Überwinterung: In milden Klimaregionen kann die Schönranke auf Balkon oder Terrasse über den Winter gebracht werden. Im Spätherbst schneidet man sie dazu auf etwa 30 cm Höhe zurück und versieht sie mit einer schützenden Abdeckung aus Laub und Fichtenreisig. Auch in kälteren Gegenden kann man versuchen, sie zu überwintern. Dazu werden die Pflanzgefäße nach dem Rückschnitt an einem hellen, kühlen (5–10 °C) Ort aufgestellt. Während dieser Ruhephase braucht man Schönranken fast nicht zu wässern.
Vermehrung: Schönranken lassen sich problemlos aus Samen ziehen. Diese werden bereits ab Februar/März in Vorkultur ausgebracht.

Ensete
Zierbanane

Art: *E. ventricosum* (auch *E. edule, Musa ensete, M. ventricosa, M. arnoldiana,* Abessinische Banane)
Familie: Bananengewächse *(Musaceae)*
Herkunft: Bergregenwälder im tropischen Süd- und Ostafrika
Blütenfarbe: gelblich
Blütezeit: Mai bis Juni
Höhe: 1,5–4 m, selten auch höher
Merkmale: Abessinische Bananen, meist einfach Zierbananen genannt, zählen zu den beeindruckendsten Pflanzen, die man im Kübel ziehen kann. Obwohl sie eine beachtliche Größe erreichen, bleiben sie unverholzt. Botanisch

Ensete ventricosum

gesehen handelt es sich bei ihnen um mehrjährige Stauden, die einen hohlen Scheinstamm aus dicht übereinanderliegenden Blattscheiden bilden. Die sehr großen, ungeteilten, breitovalen Blätter sind meist olivgrün gefärbt und weisen oft eine rötliche Mittelrippe auf. Ältere Pflanzen können auch blühen. Sie treiben dann aus der Mitte ihrer Blattrosette einen eigenartigen gestreckten, langgestielten und am Ende herabhängenden Blütenstand, der von großen rötlichen Deckblättern umgeben ist. Pflanzen, die geblüht haben, sterben unweigerlich ab. Zuvor entwickeln sich, in Kübelkultur allerdings nur sehr selten, aus den Blüten noch Früchte, die wie kleine Bananen aussehen, jedoch ungenießbar sind.
Sorte: 'Maurelii' (Blätter unterseits sowie an der Mittelrippe und am Stiel purpurrotbraun gefärbt, oberseits rötlich überhaucht, Höhe 1,5–3 m)
Standortansprüche: Die Pflanzen brauchen einen voll-

Ensete ventricosum

sonnigen bis halbschattigen Platz, gedeihen auch noch im Schatten. Der Standort sollte windgeschützt sein, denn die großen Blätter reißen sehr leicht ein und knicken nicht selten ab. Als Substrat verwendet man am besten Einheitserde oder ein ähnliches nährstoff- und humusreiches Erdgemisch.

Verwendung: Zierbananen verbreiten tropisches Flair und einen Hauch von Exotik. Durch ihre imposante Erscheinung ziehen sie alle Blicke auf sich. Sie können als Solitäre wie auch in Kombination mit anderen tropischen oder subtropischen Arten eingesetzt werden, vorzugsweise solchen, die reich blühen, wie etwa Engelstrompeten, Fuchsien, Kassien oder Prinzessinenblumen. Schön wirken auch Palmen als Nachbarn.

Pflege: Die Pflanzen brauchen während der Wachstumszeit, und ganz besonders im Frühjahr, viel Wasser, müssen also häufig durchdringend gewässert werden. Auf Ballentrockenheit reagieren sie ausgesprochen empfindlich. Auch der Nährstoffbedarf ist hoch, daher werden die Pflanzen alle 1–2 Wochen gedüngt. Ältere und vertrocknete Blätter schneidet man mit einem scharfen Messer ab, beläßt dabei jedoch einen Teil des Blattansatzes.

Überwinterung: Rechtzeitig vor den ersten Frösten räumt man die Stauden in ein temperiertes bis warmes, sehr helles und trockenes Winterquartier ein. Die Überwinterung der prachtvollen Gewächse ist etwas schwierig. Bei zuviel Wärme verlieren die Blätter ihre Form und Stabilität, insbesondere an einem zu dunklen Standort. Im Idealfall sollte die Wintertemperatur bei 12–18 °C liegen, höchstens jedoch 20 °C und nicht weniger als 10 °C betragen. Je wärmer die Pflanzen stehen, desto mehr Licht benötigen sie. Gegebenenfalls kann man die Helligkeit mit einer speziellen Pflanzenleuchte erhöhen. Wichtig ist außerdem genügend Frischluft, um Fäulnis zu vermeiden. Daher sollte häufig gelüftet werden. Während der Überwinterung hält man die Pflanzen relativ trocken, doch muß gewährleistet sein, daß der Ballen keinesfalls ganz austrocknet. Nach den letzten Spätfrösten bringt man die Stauden ins Freie. Dabei dürfen sie nicht sofort in die pralle Sonne kommen, sondern sollten allmählich abgehärtet, d. h. an die Freilandbedingungen gewöhnt werden.

Vermehrung: Zierbananen können ganzjährig leicht durch Aussaat vermehrt werden. Man legt die Samen, deren Schalen man zuvor etwas aufgerauht hat, jeweils einzeln in Töpfe. Die Keimung erfolgt am raschesten bei ausreichender Wärme (20–25 °C).

Schädlinge: Spinnmilben

Tip: Die ausladenden Gewächse benötigen zur Überwinterung viel Platz, über den nicht jeder verfügt. Man kann sich behelfen, indem man den Blattschopf knapp über dem Scheinstamm einfach abschneidet. Die Pflanzen sollten dann jedoch eher kühl (bei höchstens 15 °C) überwintert werden, da sie sonst zu früh austreiben. Entblätterte Zierbananen darf man auch dunkel aufstellen.

Erica
Heide, Glockenheide, Erika

Arten: *E. carnea* (auch *E. herbacea, E. mediterranea*, Schneeheide, Winterheide), *E. cinerea* (Grauheide, Aschheide), *E. tetralix* (Glockenheide, Moorheide), *E. vagans* (Sommerheide, Cornwall-Heide), *E. gracilis*

Familie: Erika- oder Heidekrautgewächse *(Ericaceae)*

Herkunft: *E. carnea* Kiefernwälder in den Alpen und im südlichen Mitteleuropa, *E. gracilis* Südafrika, übrige Arten Heiden und Moore in West- und Nordeuropa

Blütenfarbe: weiß, rosa, *E. carnea* und *E. cinerea* auch rot, *E. gracilis* kirschrot, weiß

Blütezeit: *E. carnea* Dezember bis Mai, *E. cinerea* Juni bis August, *E. tetralix* Juni bis September, *E. vagans* Juli bis September, *E. gracilis* September bis Dezember

Höhe: *E. carnea* 15–25 cm, *E. cinerea* 15–35 cm, *E. tetralix* 30–40 cm, *E. vagans* 30–50 cm, *E. gracilis* 20–30 cm

Merkmale: Die Pflanzen, die für europäische Heidelandschaften so typisch sind, zeichnen sich durch nadelartige Blätter und kleine, glockenförmige Blüten aus. Als reich verzweigte, buschig wachsende, immergrüne Zwergsträucher können sie, ebenso wie die ihnen sehr ähnliche Besenheide, ganzjährig auf Balkon und Terrasse überdauern. Schon im Winter schmückt sich die Schneeheide mit zahlreichen Blüten und wird daher gern zusammen mit anderen Frühjahrsblühern verwendet. Die Triebe der Grauheide erscheinen, wie schon der Name vermuten läßt, grau behaart. Sie bilden damit einen reizvollen Kontrast zu den weißen, rosafarbenen oder roten Blüten. Die größten Blütenglöckchen der hier aufgeführten Arten besitzt die Glockenheide. Sie treten gehäuft in dichten Büscheln am Ende der Triebe auf und werden von silbergrauem Laub hübsch untermalt. Den anderen Arten sehr ähnlich, doch etwas kräftiger im Wuchs ist die spätblühende Sommerheide. *E. gracilis*, die bisweilen genau wie *E. tetralix*

Erica gracilis

Erica carnea

als Glockenheide bezeichnet wird, findet man ab dem Spätsommer vielfach als Topfpflanze angeboten. Sie trägt überaus füllige Rispen aus kirschroten oder weißen Glöckchenblüten, die das nadelige Laub fast vollständig verdecken. Als einzige der hier genannten Arten ist *E. gracilis* nicht frosthart und wird daher gewöhnlich nur einjährig kultiviert. Diese Art stellt durch ihre späte Blütezeit aber einen ausgesprochen wirkungsvollen Herbstschmuck dar. Selbst vom Frost schon geschädigt und braun verfärbt, sieht sie noch immer recht hübsch aus.

Sorten: Im Handel werden u. a. angeboten von *E. carnea* (jeweils 15–25 cm hoch) 'Atrorubra' (karminrot), 'Snow Queen' (weiß), 'Vivellii' (rotviolett, Laub im Winter bronzefarben), 'Winter Beauty' (tiefrosa); von *E. cinerea* 'Cevennes' (lavendelrosa, Höhe 25 cm), 'Rosea' (karminrosa, Höhe 25 cm), 'Pallas' (rotviolett, Höhe 30 cm); von *E. tetralix* 'Alba' (weiß, Höhe 30 cm); von *E. vagans* 'Diana Hornibrook' (rosarot, Höhe 30 cm), 'Lyonesse' (cremeweiß, Höhe 30 cm), 'St. Keverne' (lachsrosa, Höhe 35 cm).

Standortansprüche: Alle Arten bevorzugen einen sonnigen Platz, doch wird auch Halbschatten gut vertragen. Heiden brauchen stark humoses, saures Substrat. Am besten pflanzt man sie in Rhododendronerde, die mit etwas Sand vermischt wurde. Nur die Schneeheide ist kalkverträglich und stellt überhaupt keine speziellen Ansprüche an das Substrat.

Verwendung: Da die Pflanzen, abgesehen von *E. gracilis*, den Winter über auf Balkon oder Terrasse bleiben können, sollte man sie in frostfeste Schalen, Kästen oder Kübel pflanzen. Die Schneeheide kann gut mit frühblühenden Zwiebelpflanzen wie Tulpen, Narzissen oder Hyazinthen kombiniert werden. Die anderen Arten lassen sich mit Zwerggehölzen, Ziergräsern oder Strauchveronika, Torfmyrte und Gärtnerchrysanthemen ausgesprochen effektvoll arrangieren.

Pflege: Heidearten pflanzt man am besten mit mindestens 25–30 cm Abstand voneinander ein, da sie sich sonst bald gegenseitig Konkurrenz machen. Regelmäßiges, doch mäßiges Gießen sorgt dafür, daß das Substrat immer leicht feucht bleibt. Es sollte ausschließlich Regenwasser oder entkalktes Wasser verwendet werden. Nur einmal im Jahr, möglichst im Frühjahr oder Frühsommer, verabreicht man den Pflanzen organischen oder speziellen Rhododendrondünger. Behutsames Wässern und zurückhaltende Düngung beugen dem sog. Erikasterben vor, wie es auch bei der Besenheide auftreten kann (siehe Seite 142). Alle 2–3 Jahre schneidet man die Triebe nach der Blüte um ein Drittel zurück.

Überwinterung: Auch während des Winters darf der Wurzelballen der europäischen Heidearten nicht austrocknen. Es empfiehlt sich daher, an frostfreien Tagen schwach zu gießen. Zusätzlich muß man durch Abdecken oder Umhüllen dafür sorgen, daß die Gefäße nicht durchfrieren. Will man *E. gracilis* überwintern, sollte man während der Blütezeit nicht düngen und die Pflanzen unbedingt schon vor dem ersten Frost ins Haus holen. Verwelkte Blüten werden herausgeschnitten, die Triebe kann man insgesamt um etwa ein Drittel einkürzen. An einem hellen, sehr kühlen Ort (etwa 5 °C) überdauern sie den Winter gut. Dabei sollten sie eher sparsam gegossen und weiterhin nicht gedüngt werden. Im Frühjahr topft man sie um, stellt sie dann wieder an einen geschützten Platz ins Freie, gießt regelmäßig und düngt bis zum Blühbeginn alle 4 Wochen schwach.

Vermehrung: Die Arten und Sorten lassen sich im Sommer durch Kopfstecklinge vermehren, die man von nur halb verholzten Trieben schneidet. Auch durch Absenker kann man neue Pflanzen gewinnen.

Krankheiten: Echter Mehltau, Rost

Erigeron

Feinstrahl, Berufkraut, Feinstrahlaster

Art: *E. karvinskianus* (auch *E. mucronatus*, *Vittadinia triloba*, Spanisches Gänseblümchen)
Familie: Korbblütler *(Compositae)*
Herkunft: felsige und steinige Plätze in Mexiko bis Venezuela, eingebürgert in Süd- und Westeuropa sowie Nordwestafrika
Blütenfarbe: weiß bis rosa
Blütezeit: Mai bis Oktober
Höhe: 20–30 cm
Merkmale: Die duftigen Blütenwolken des Spanischen Gänseblümchens erfreuen den ganzen Sommer über.

Erigeron karvinskianus

Unermüdlich erscheinen die zunächst weißen, später rosa überhauchten Strahlenblüten. Sie haben große Ähnlichkeit mit dem heimischen Gänseblümchen, doch stehen sie an stark verzweigten Trieben, die wirr durcheinanderragen. Gerade dies macht den Reiz der zarten, doch ausladend buschig wachsenden Staude aus. Eher unauffällig bleiben

ihre länglichen, sehr schmalen Laubblätter. Gewöhnlich wird die Pflanze nur einjährig gezogen, kann aber auch ohne größere Schwierigkeiten überwintert werden.
Sorte: 'Blütenmeer' (weiße, später zartrosa Blüten, kompakter Wuchs, Höhe 20–30 cm)
Standortansprüche: Das Spanische Gänseblümchen braucht sonnige Lagen und ein humoses Substrat, beispielsweise Einheitserde oder eine vergleichbare Erdmischung.
Verwendung: Mit seiner farbneutralen Blütenzierde paßt das Spanische Gänseblümchen zu fast allen bunten Balkonblumen. Sein zartes Wuchsbild kann Pflanzungen in Kästen und Schalen optisch auflockern. Hinreißend wirkt es in Ampeln, wo die Triebe verspielt nach allen Seiten überhängen. Der natürliche Charme dieser Pflanze macht sie zu einer hervorragenden Ergänzung zu anderen Blumen mit Wildcharakter, etwa Lavendel, Glockenblume oder Salbei.
Pflege: Ab Mai können Jungpflanzen oder überwinterte Exemplare nach draußen gesetzt werden. Wichtig ist regelmäßiges, doch nicht zu starkes Gießen. Um für üppigen Blütenflor zu sorgen, sollte in zwei- bis vierwöchigen Abständen niedrig dosierter Dünger verabreicht sowie Abgeblühtes ständig entfernt werden.
Überwinterung: Die Pflanzen vertragen kurzzeitig leichten Frost und können deshalb relativ spät eingeräumt werden. Vor der Überwinterung schneidet man noch lange Triebe zurück, dann bringt man die Pflanzen in einen hellen, kalten (0–5 °C) Raum. Während der Winterruhe wird nur sehr sparsam gegossen.
Vermehrung: Mit der Anzucht des Spanischen Gänseblümchens aus Samen sollte man zwischen Januar und Ende März beginnen. Die Lichtkeimer dürfen nur ganz leicht mit Erde übersiebt werden.

Eriobotrya
Wollmispel

Art: *E. japonica* (Wollmispel, Japan-Mispel, Loquate, Nefle)
Familie: Rosengewächse *(Rosaceae)*
Herkunft: immergrüne Laubwälder in China und Japan
Blütenfarbe: weiß
Blütezeit: September bis November
Höhe: 2–3 m, selten auch höher
Merkmale: Im Mittelmeergebiet und in Nordafrika werden die ostasiatischen Wollmispeln häufig gepflanzt, weil man deren angenehm säuerlich schmeckende Früchte überaus schätzt. Ältere Pflanzen können auch im Kübel blühen und fruchten.
Die Wollmispel ist ein immergrüner kleiner Baum oder Strauch, dessen stark verzweigte Triebe üppig mit großen, länglichovalen, kräftig dunkelgrünen Blättern besetzt sind. Deren Unterseite weist eine auffällig hervortretende Nervatur und eine dichte weißlich-wollige Behaarung auf. Die kleinen weißen, radförmig flachen Blüten, die sich in kurzen Rispen an den Triebenden bilden, verbreiten einen angenehmen Duft. Im Spätwinter oder Frühling entwickeln sich daraus leuchtend gelborangefarbene, pflaumenförmige Früchte, die wie die Blätter filzig behaart sind.
Standortansprüche: Die Pflanzen bevorzugen einen sonnigen bis halbschattigen, regen- und windgeschützten Platz. Als Substrat empfiehlt sich Einheitserde oder eine vergleichbare nährstoff- und humusreiche Erdmischung.
Verwendung: Die Wollmispel bietet nicht nur dank ihres filzigen Laubs einen äußerst dekorativen Anblick, sondern liefert überdies schmackhafte Früchte. In Pflanzenarrangements ergibt sie einen neutralen Hintergrund für Blütenschmuckpflanzen, kann aber durchaus auch selbst in den Vordergrund gerückt werden.
Pflege: Während der Wachstumszeit brauchen Wollmispeln viel Wasser und Nährstoffe. Man wässert sie daher regelmäßig und düngt sie etwa alle 2 Wochen. Jungpflanzen sollten einige Male entspitzt werden, um die Verzweigung anzuregen; später ist ein leichter Rückschnitt im Spätsommer zu empfehlen, bis die Pflanzen ihre endgültige Form angenommen haben. Ein Umtopfen wird bei größeren Pflanzen nur sehr selten, etwa alle 4–5 Jahre, notwendig.
Überwinterung: Vor den ersten Frösten werden die Pflanzen in ein kühles (5–10 °C), helles und trockenes Winterquartier eingeräumt. Meist werfen sie dabei einige Blätter ab, was jedoch normal ist. Während der Überwinterung gießt man Wollmispeln nur selten, der Ballen darf allerdings nicht völlig austrocknen. Sind im Frühjahr keine Fröste mehr zu erwarten, werden die Pflanzen wieder ins Freie gebracht.
Vermehrung: Wollmispeln können ganzjährig gut aus Samen herangezogen werden. Damit diese besser keimen, sollte man sie vor der Aussaat etwa einen Tag lang in warmem Wasser einweichen. Neue Pflanzen erhält man aber auch durch halbreife Kopfstecklinge, die sich bei hoher Bodenwärme (20–25 °C) am besten bewurzeln. Die Stecklingsvermehrung ist jedoch nicht einfach, da die Blätter leicht schimmeln.
Krankheiten: Wollmispelschorf

Eriobotrya japonica

Eriobotrya japonica

Erythrina
Korallenstrauch

Art: *E. crista-galli*
Familie: Schmetterlingsblütler *(Leguminosae)*
Herkunft: lichte Laubwälder und Gebüsche im tropischen Südamerika
Blütenfarbe: rot
Blütezeit: Juli bis September

Höhe: 1–3 m, selten höher
Merkmale: Zur Blütezeit ist der Korallenstrauch eine äußerst attraktive Kübelpflanze, die durch ihre exotisch wirkenden, langen Blütentrauben alle Blicke auf sich lenkt. Ausgepflanzt wächst sie als kleiner Baum, wird im Kübel jedoch meist als Strauch gezogen und besitzt locker stehende, oft bedornte Triebe. Typisch ist die feine Belaubung aus langgestielten, bläulichgrünen Fiederblättern, die jeweils aus 3 elliptischen

Erythrina crista-galli

oder eiförmigen Teilblättchen bestehen. Im Hochsommer bilden sich an den Triebenden die üppigen, leicht überhängenden Blütenstände, die dicht mit großen, leuchtend roten Blumen besetzt sind. Die Einzelblüten sind recht ungewöhnlich geformt: Über ein stark vergrößertes, nach unten gerichtetes Kronblatt ragt schnabelförmig eine Blütenröhre mit Staubblättern hervor. Alle Teile des Korallenstrauchs, insbesondere aber die Samen, enthalten Giftstoffe.
Sorte: 'Compacta' (kompaktwüchsig, bereits als Jungpflanze sicher blühend, Höhe 1,5–3 m)
Standortansprüche: Die Pflanzen bevorzugen einen vollsonnigen, wind- und regengeschützten Standort. Als Substrat ist Einheitserde oder ein vergleichbares Erdgemisch empfehlenswert.
Verwendung: Korallensträucher eignen sich sowohl als Solitärpflanzen wie auch zur Kombination mit zahlreichen anderen Arten tropischer Herkunft. So passen sie gut zu Palmen oder Zierbananen, aber ebenfalls zu reichblühenden Gewächsen mit harmonierenden Blütenfarben, etwa Kassien, Engelstrompeten, Prinzessinnenblumen oder Nachtschatten.
Pflege: Während des Wachstums benötigen die Gehölze nur mäßige Wassergaben, sie dürfen jedoch niemals völlig austrocknen. Ihr Nährstoffbedarf ist ebenfalls nicht sehr hoch, gedüngt wird daher lediglich alle 3–4 Wochen. Etwa Mitte August sollte man die Düngung einstellen, damit die Triebe bis zum Winter genügend ausreifen können. Jährlich im Spätherbst, vor dem Einräumen ins Winterquartier, erfolgt ein scharfer Rückschnitt. Jungpflanzen kürzt man dabei in den ersten Jahren auf etwa 20–30 cm ein, bei älteren Exemplaren nimmt man die Triebe bis auf den stark verholzten Sproßteil zurück. Die Sträucher wachsen dadurch buschiger, und auch die Blütenbildung wird gefördert, denn die Knospen entwickeln sich an den neu austreibenden Zweigen.
Überwinterung: Korallensträucher vertragen leichten Frost und können daher relativ spät eingeräumt werden, doch sollte der Ballen zu diesem Zeitpunkt gut abgetrocknet sein. Ein kühles (etwa 5 °C), trockenes Winterquar-

Erythrina crista-galli

tier, das auch dunkel sein kann, ist ideal. Darin werden die Pflanzen ganz trocken gehalten, damit sie nicht vorzeitig austreiben.
Eine Ausnahme bilden lediglich sehr junge Exemplare. Diese sollten temperiert bei etwa 15 °C oder warm im Zimmer überwintert werden. Sie müssen dabei hell stehen und werden auch ab und zu gegossen. Im zeitigen Frühjahr beginnt man die kühl überwinterten Pflanzen nach und nach heller und wärmer zu stellen. Auch die Wassergaben werden schrittweise erhöht. Nach den letzten Spätfrösten bringt man die Kübel schließlich wieder ins Freie.
Vermehrung: Der Korallenstrauch kann relativ leicht ganzjährig durch Aussaat vermehrt werden, wobei man die harte Samenschale zunächst aufrauhen und die Samen einen Tag lang in warmem Wasser vorquellen lassen sollte. Im Frühjahr ist auch eine Vermehrung durch Kopfstecklinge möglich, jedoch nicht ganz einfach. Am besten eignen sich dafür Stecklinge des frischen Austriebs, die mit einem Ansatz des alten Holzes geschnitten und einzeln eingetopft werden.
Schädlinge: Spinnmilben

Eucalyptus
Eukalyptus

Arten: *E. gunnii*, *E. citriodora* (auch *E. maculata* var. *citriodora*), *E. globulus* (Blaugummibaum), *E. ficifolia*
Familie: Myrtengewächse *(Myrtaceae)*
Herkunft: Buschwälder in Australien
Blütenfarbe: cremeweiß, *E. ficifolia* rot
Blütezeit: *E. gunnii* Oktober bis Dezember, *E. citriodora* und *E. ficifolia* Juni bis August, *E. globulus* Juni bis November
Höhe: 2–3 m, *E. globulus* auch höher
Merkmale: Eukalyptusarten sind immergrüne, ausgesprochen raschwüchsige Gehölze mit recht unterschiedlich geformten Blättern, die vor allem als Blattschmuckpflanzen beliebt sind. Einige kommen aber in Kübelkultur durchaus auch zur Blüte.
E. gunnii wächst noch vergleichsweise langsam. Seine Belaubung zeigt eine Eigentümlichkeit, die unter den Eukalyptusarten häufig zu finden ist: Jugend- und Altersblätter sind unterschiedlich geformt. Junge Pflanzen tragen kreisrunde Blätter, die sich paarweise gegenüberste-

Eucalyptus gunnii

hen, ältere dagegen schmallanzettliche und spiralig um den Zweig angeordnete. Stets jedoch hat das Laub eine auffällig blaugrüne Färbung.
E. gunnii bringt bereits als Jungpflanze Blüten hervor. Diese scheinen fast nur aus einem dichten Büschel zahlloser langer, cremefarbener Staubblätter zu bestehen. Als Früchte bilden sich daraus verholzende Kapseln, wie sie für alle Eukalyptusarten typisch sind.
Eine weitere relativ langsamwüchsige Art ist *E. citriodora*, deren lanzettliche Blätter beim Zerreiben angenehmen Zitronenduft verbreiten.
Auch der Blaugummibaum, aus dessen kommerziellen Anbaukulturen in Südeuropa das medizinisch genutzte Eukalyptusöl stammt, wird häufig im Kübel gezogen, eignet sich allerdings nur kurzzeitig dafür, da er überaus rasch wächst. In jungen Jahren trägt er auffallend blaugrüne, breitlanzettliche Jugendblätter, die schmalen, senkrecht herabhängenden Altersblätter dagegen sind oft sichelförmig gebogen und grün gefärbt. Bei empfindlichen Personen können die in den Blättern reichlich vorhandenen ätherischen Öle dieser Pflanze zu Hautreizungen und Vergiftungserscheinungen führen.
E. ficifolia wächst ebenfalls deutlich schneller als die beiden erstgenannten Arten und trägt ovale bis breitlanzettliche, etwas fleischige, dunkelgrüne Blätter. Die leuchtend roten Staubblätter der Blüten machen diese Art besonders attraktiv.
Standortansprüche: Alle Eukalyptusarten brauchen einen vollsonnigen bis halbschattigen, regen- und windgeschützten Standort. Als Substrat wählt man Einheitserde, doch muß stets für eine wirkungsvolle Dränage gesorgt werden.
Verwendung: Dank ihres raschen Wachstums bringen die dekorativen Pflanzen schon bald viel schmückendes Grün auf die Terrasse. Sie harmonieren mit graulaubigen Gewächsen ebenso wie mit solchen, die in leuchtenden Farben blühen. Man sollte die

Eucalyptus ficifolia

Eukalyptusarten aber für sich allein im Kübel ziehen, eine Unterpflanzung ist wegen des raschen Zuwachses nicht zu empfehlen.
Pflege: Während der Wachstumszeit benötigen die Pflanzen viel Wasser und müssen regelmäßig gegossen werden. Doch ist zu beachten, daß sie gegen Staunässe ebenso empfindlich sind wie gegen Ballentrockenheit. Ihr Nährstoffbedarf ist mäßig. Die ohnehin rasch wachsenden Arten sollte man daher nur selten, höchstens alle 4 Wochen, düngen.
Möchte man starkwüchsige Arten wie den Blaugummibaum längere Zeit behalten, ist es ratsam, sie immer wieder zu entspitzen, so daß sie gedrungen und buschig bleiben. Die Pflanzen sind allgemein sehr gut schnittverträglich und können nach Bedarf in Form gebracht werden. Umtopfen sollte man sie erst, wenn das Gefäß völlig durchwurzelt ist.
Überwinterung: Eukalyptusarten vertragen leichten Frost und können deshalb relativ spät eingeräumt werden. Sie benötigen dann ein kühles (5–10 °C), sehr helles und trockenes Winterquartier. Während der Überwinterung wird kaum gegossen, der Ballen darf aber nicht völlig austrocknen. Nach den letzten Spätfrösten werden die Pflanzen wieder ins Freie gebracht.
Vermehrung: Man vermehrt die Eukalyptusarten am besten im zeitigen Frühjahr durch Aussaat. Es handelt sich um Lichtkeimer, daher dürfen die Samen nur ganz dünn mit Erde bedeckt werden. Selbst in der Wärme (15–20 °C) erfolgt die Keimung unregelmäßig und oft erst nach etwa 3 Monaten. Die Sämlinge werden sehr bald vereinzelt und dann kühler, aber hell gestellt.

Euryops
Euryops

Art: *E. tenuissimus* (auch *E. chrysanthemoides*, oft auch fälschlich als *Chrysanthemum frutescens* 'Sonnenschein' angeboten, Gelbe Strauchmargerite)
Familie: Korbblütler *(Compositae)*
Herkunft: Südafrika
Blütenfarbe: gelb mit orangegelber Mitte
Blütezeit: Mai bis Oktober, bei günstiger Überwinterung auch länger
Höhe: 30–100 cm
Merkmale: Der reichblühende Kübelstrauch stellt das gelbe Gegenstück zur gewöhnlich weißblühenden Strauchmargerite dar, wird oft sogar fälschlich als solche geführt. Das immergrüne Gehölz trägt stark zerteilte, dunkelgrüne Blätter. Wie bei der Strauchmargerite erscheinen den ganzen Sommer über große, langgestielte Korbblüten, die sich über das Blattwerk erheben. Sie bestehen aus kräftig gelben Zungenblüten, die eine orangegelbe Mitte aus Röhrenblüten umkränzen.
Standortansprüche: An einem vollsonnigen, warmen Platz gedeiht der Strauch besonders prächtig. Als Substrat eignet sich eine nährstoffreiche, lehmige, gut durchlässige Erdmischung, aber ebenso Einheitserde.
Verwendung: Die Gelbe Strauchmargerite wird entweder strauchig oder als Hochstämmchen gezogen. Ausgesprochen hübsch wirkt sie neben ihrem weißblütigen Pendant, der Strauchmargerite. Dazu passen außerdem eine Vielzahl anderer, am besten ebenfalls reichblühender Arten. Vor allem solche mit blauem oder rotem Flor,

beispielsweise Bleiwurz oder Oleander, machen sich gut als Nachbarn.
Pflege: Während der Wachstumszeit benötigen die Pflanzen relativ viel Wasser und Nährstoffe, so daß sie regelmäßig gegossen und etwa alle 2 Wochen gedüngt werden müssen. Wichtig ist, daß abgeblühte Stengel laufend bis zum Ansatz ausgeschnitten werden, sonst läßt die Blühfreudigkeit der Sträucher rasch nach. Die Pflanzen sind sehr schnittverträglich. Ein Formschnitt wird am besten im Frühjahr vorgenommen.

Euryops tenuissimus

Überwinterung: Vor den ersten Frösten räumt man die Pflanzen in ein kühles (5–10 °C), helles und trockenes Winterquartier ein. Sie werden dann nur noch mäßig gegossen, der Ballen darf jedoch nie austrocknen. Nach den letzten Spätfrösten bringt man die Sträucher ins Freie.
Vermehrung: Gelbe Strauchmargeriten können im Spätsommer oder Frühherbst leicht durch halbreife Kopfstecklinge vermehrt werden. Bis zur Bewurzelung sollte man sie schattig und mäßig warm stellen.
Schädlinge: Spinnmilben, Blattläuse, Minierfliegen

F

Felicia
Felicie

Art: *F. amelloides* (auch *Agathaea caelestis*, Kapaster, Blue Daisy)
Familie: Korbblütler *(Compositae)*
Herkunft: Grasländer in Südafrika
Blütenfarbe: blau mit gelber Mitte
Blütezeit: Mai bis Oktober
Höhe: 20–50 cm
Merkmale: Mit ihren himmel- bis lavendelblauen Strahlenblüten bringt die Kapaster ungewöhnliche Farbtöne auf Balkon und Terrasse. Ihre goldgelben Blütenmitten bilden dazu einen hübschen Kontrast. Manchmal, vor allem in englischsprachigen Ländern, bezeichnet man die Pflanze auch als Blue Daisy, als Blaues Gänseblümchen, doch hebt sich die Kapaster allein schon durch die Größe ihrer Blüten von den eigentlichen Blauen Gänseblümchen ab. Untermalt werden die den ganzen Sommer über zahlreich erscheinenden Blütensterne von dunkelgrünen, länglichovalen Laubblättern, die an stark verzweigten Trieben sitzen. Der nicht frostharte Halbstrauch wird meist nur einjährig kultiviert, doch lohnt sich eine Überwinterung dieser blühfreudigen Pflanze durchaus.
Sorte: 'Blue Daisy' (hellblau mit gelber Mitte, Höhe 25–30 cm)
Standortansprüche: An sonnigen Standorten kann die Kapaster ihre Blütenpracht am besten entfalten. Als Substrat verwendet man Einheitserde oder eine vergleichbare lehmig-humose Erdmischung.
Verwendung: Da sie ausgesprochen windverträglich sind, können die recht hoch wachsenden Kapastern ohne weiteres auch in Balkonkästen oder Schalen gepflanzt werden. Hübsch wirken sie als Hochstämmchen gezogen in größeren Kübeln. Passende Begleiter sind Pantoffelblume oder Sterntaler, die das Gelb ihrer Blütenmitte aufgreifen. Auch blaublühende Pflanzen wie Bleiwurz und Männertreu sind eine attraktive Ergänzung, ebenso Weiße Zwergmargerite oder Duftsteinrich.
Pflege: Ab Mitte Mai, nach den Eisheiligen, werden Jungpflanzen oder überwinterte Exemplare ins Freie gestellt. Als Pflanzabstand sollten 25–30 cm gewahrt bleiben, da die Kapastern sehr buschig wachsen. Sie lieben trockenen bis mäßig feuchten Boden und brauchen daher nur an heißen Tagen durchdringend gewässert zu werden. Monatliche Düngergaben sowie das regelmäßige Entspitzen verblühter Mittel- und Seitentriebe unterstützen die Blühfreudigkeit und den buschigen Wuchs.
Überwinterung: Noch vor den ersten Frösten sollten die zur Überwinterung bestimmten Pflanzen eingeräumt werden. Stellt man sie in einem hellen, temperierten Raum bei etwa 10–15 °C auf und gießt sie nur mäßig, kommen die Pflanzen gut über die Wintermonate. Zu Beginn des Neuaustriebs werden alle Triebe um etwa ein Drittel gekürzt.
Vermehrung: Kapastern werden am besten durch Kopfstecklinge vermehrt, die

Felicia amelloides

im zeitigen Frühjahr von überwinternden Mutterpflanzen geschnitten werden. Mehrmaliges Entspitzen der jungen Pflänzchen fördert die Bildung von Verzweigungen.
Krankheiten: Echter Mehltau

Ficus
Feigenbaum

Art: *F. carica* (Echter Feigenbaum)
Familie: Maulbeergewächse *(Moraceae)*
Herkunft: steinige Plätze, von Griechenland bis Vorderasien, im übrigen Mittelmeerraum eingebürgert
Blütenfarbe: unscheinbar
Blütezeit: April bis September
Höhe: 1–3 m, selten auch höher
Merkmale: Die wohlschmeckenden und nahrhaften Früchte des Echten Feigenbaums waren schon in der Antike bekannt und zählten bei den Griechen zusammen mit Weintrauben sowie Oliven zu den wichtigsten Lebensmitteln. Ausgepflanzte Feigenbäume können sich zu

mächtigen Exemplaren entwickeln; im Kübel bleiben die Gehölze zwar meist strauchförmig, wachsen aber nicht weniger üppig. Bereits von weitem erkennt man sie an ihren typischen großen, handförmigen, drei- bis fünffach gelappten, dunkelgrünen Blättern, die im Spätherbst abgeworfen werden. Höchst eigenartig und nur schwer auszumachen sind dagegen die Blüten des Feigenbaums, die dicht an dicht im Innern kleiner, krugförmiger Blütenstände sitzen. Diese können bei günstiger Witterung zwei- bis dreimal pro Jahr, vom Frühjahr bis zum Herbst, in den Blattachseln gebildet werden. Sie entwickeln sich zu den bekannten birnenförmigen, fleischigen und sehr süßen Früchten, den violett, grünlich oder braun gefärbten Feigen, die sowohl frisch als auch getrocknet verzehrt werden können. Der mit Ausnahme der Früchte in allen Teilen der Pflanze enthaltene Milchsaft kann bei gleichzeitiger Einwirkung von Sonnenlicht unangenehme Hautreizungen verursachen.

Ficus carica

Standortansprüche: Die Gehölze bevorzugen einen sonnigen bis halbschattigen, warmen, windgeschützten Platz. Als Substrat benötigen sie ein nährstoff- und humusreiches, lehmiges, durchlässiges Erdgemisch. Auch Einheitserde ist geeignet.
Verwendung: In Gefäßen gezogene Echte Feigenbäume lassen sich vielseitig verwenden. Meist kombiniert man sie mit mediterranen Kübelpflanzen, die verschiedenfarbig blühen, etwa Oleander, Hibiskus, Zitrusgewächsen, Bleiwurz oder mit Schmucklilien. Ihr üppiges Grün paßt aber auch gut zu eher tropisch anmutenden Arten wie Fuchsien, Wandelröschen oder Schönmalven. Größere Exemplare ergeben einen ruhigen und zugleich interessanten Hintergrund für ein Arrangement aus Kübelpflanzen. Und nicht zuletzt machen sich auch Gewächse mit feinem oder stark zerteiltem Laub wie Gräser oder Palmen gut in Kombination mit den flächig wirkenden, großen Blättern eines Feigenbaums.
Pflege: Während der Wachstumszeit benötigen die Pflanzen viel Wasser und reichlich Nährstoffe. Sie müssen daher regelmäßig gegossen und etwa alle 2 Wochen gedüngt werden. Man sollte sie seltener als üblich, nur etwa alle 4–5 Jahre, umtopfen. Im Herbst kann man die Sträucher gut zurückschneiden.
Überwinterung: Echte Feigenbäume vertragen etwas Frost und müssen daher erst relativ spät eingeräumt werden. Das Winterquartier sollte kühl (5–10 °C) und trocken sein. Weil die Gehölze ihr Laub im Winter abwerfen, können sie auch dunkel stehen. Während der kalten Jahreszeit werden sie nur sparsam gegossen, dürfen aber keinesfalls austrocknen. Zeitig im Frühjahr treiben sie aus und müssen dann, etwa im März, möglichst hell gestellt und stärker gegossen werden.

Ficus carica

Bis sie ihre Blätter voll entwickelt haben, dürfen sie jedoch nicht direkt in der Sonne stehen. Die Blätter würden sonst leicht unter Sonnenbrand leiden und abgestoßen werden. Da der junge Austrieb noch recht frostempfindlich ist, kommen die Feigenbäume erst nach den letzten Spätfrösten wieder ins Freie.
Vermehrung: Um neue Feigenbäume zu gewinnen, kann man versuchen, sie aus Stecklingen heranzuziehen, doch gelingt dies nicht immer. Im Spätsommer geschnittene, halbreife Kopfstecklinge bewurzeln sich am besten bei hoher Luftfeuchtigkeit und einer Bodenwärme von etwa 25 °C. Auch die Jungpflanzen müssen weiterhin luftfeucht stehen, ihre Wurzeln ständig genügend feucht gehalten werden. Zuweilen entwickeln Feigenbäume auch Ausläufer, die man nur abzutrennen und einzupflanzen braucht.
Schädlinge: Spinnmilben, Schildläuse, Wolläuse
Tip: Im Kübel gezogene Echte Feigenbäume können auch in Mitteleuropa Früchte ansetzen. Sie reifen jedoch meist nicht voll aus, da es hier nicht lange genug warm ist. Am ehesten entwickeln sich im Herbst gebildete Früchte, die bis zum folgenden Sommer an den Trieben sind, zur Genußreife. Damit sie nicht verfrüht abgestoßen werden, dürfen die Pflanzen zu keiner Zeit trockenfallen, auch nicht im Winter.

Fortunella
Kumquat

Arten: *F. margarita* (auch *Citrus margarita*, *C. inermis*, Oval-Kumquat, Nagami-Kumquat), *F. japonica* (auch *Citrus japonica*, Rund-Kumquat, Marumi-Kumquat)
Familie: Rauten- oder Weinrautengewächse *(Rutaceae)*
Herkunft: Bergwälder in Südchina
Blütenfarbe: weiß
Blütezeit: März bis August, bei guten Bedingungen auch ganzjährig
Höhe: 100–150 cm
Merkmale: Die nahe mit den Zitrusgewächsen verwandten und ihnen auch recht ähnlichen, aber robusteren Kumquats sind immergrüne Sträucher oder kleine Bäume. In Kübelkultur wird am häufigsten die Oval-Kumquat gezogen, oft einfach nur Kumquat genannt. Sie wächst zu einem kleinen Baum heran. Ihre Triebe sind bedornt und dicht mit elliptischen, ledrigen Blättern besetzt, die meist leicht nach oben zusammengefaltet sind. In den Blattachseln entwickeln sich einzelne oder in Büscheln stehende weiße Blüten, die wie bei den Zitrusgewächsen 5 Kronblätter und

Fortunella japonica

zahlreiche Staubblätter aufweisen, jedoch weniger intensiv duften. Daraus reifen etwa pflaumengroße, birnenförmige bis ovale, leuchtend orangefarbene Früchte, die man mitsamt der aromatischen Schale essen kann. Ihr Geschmack ist sehr fruchtig und erinnert an Mandarinen. Die insgesamt sehr ähnliche Rund-Kumquat unterscheidet sich von der Oval-Kumquat durch die schmaleren, helleren Blätter und vor allem durch ihre Früchte. Diese sind beinahe kugelförmig und blasser orangefarben, aber ebenfalls eßbar.
Sorten: von *F. margarita* 'Variegata' (Blätter gelb gerandet und gefleckt, Höhe 100–150 cm); von *F. japonica* 'Sun Stripe' (Blätter blaßgelb gefleckt, Früchte gelb, grünlich gestreift, Höhe 100–150 cm)
Standortansprüche, Verwendung, Pflege und Überwinterung: wie bei den Zitrusgewächsen (siehe Seite 152 f.)
Vermehrung: Kumquats können aus Samen herangezogen werden. Im Frühjahr oder Sommer lassen sich neue Pflanzen auch durch weiche oder halbreife Kopf- oder Triebstecklinge gewinnen. Da sich die Stecklinge aber nur schwer bewurzeln, empfiehlt sich eher das Abmoosen (siehe Seite 103).
Schädlinge und Krankheiten: wie bei den Zitrusgewächsen (siehe Seite 153)

Fremontodendron
Flanellstrauch

Arten: *F. californicum* (auch *Fremontia californica*), *F.*-Hybriden
Familie: Sterkulien- oder Stinkbaumgewächse *(Sterculiaceae)*
Herkunft: Trockengebiete im Südwesten der USA und Nordwesten Mexikos
Blütenfarbe: goldgelb
Blütezeit: von Mai bis zum September
Höhe: 1,5–2,5 m, selten höher
Merkmale: Die normalerweise immergrünen, im Kübel jedoch halbimmergrünen Flanellsträucher begeistern durch ihre leuchtend goldgelben, großen Blüten. Die Gehölze wachsen meist strauchförmig, selten auch als kleine Bäume, und tragen feigenbaumähnliches, ledriges Laub. Die großen, drei- bis fünflappigen Blätter sind oberseits tief dunkelgrün und unterseits dicht weißflaumig behaart. Bei *F. californicum* erscheinen an den Triebenden schalenförmige Blüten, bei denen die Kronblätter fehlen und an ihrer Statt die Kelchblätter zu auffälligen goldgelben Blütenblättern umgestaltet sind. Unter den *F.*-Hybriden fand nur eine einzige Sorte nennenswerte Verbreitung, und diese ähnelt *F. californicum* stark. Sie trägt jedoch noch größere Blüten in reicherer Fülle, ist dafür aber etwas kurzlebiger.
Sorte: von den *F.*-Hybriden 'California Glory' (auch *F. californicum* x *F. mexicanum*; goldgelb, groß- und reichblütig, raschwüchsig, Höhe 1,5–2,5 m)
Standortansprüche: Die Pflanzen benötigen einen vollsonnigen, warmen, wind- und regengeschützten Platz sowie ein nährstoffreiches, kalkhaltiges, gut durchlässiges Substrat. Auch Einheitserde läßt sich verwenden, sollte jedoch mit Sand, Splitt oder ähnlichem Material vermischt werden, um die Durchlässigkeit zu verbessern. Die Gefäße müssen außerdem in jedem Fall über eine wirksame Dränageschicht verfügen.
Verwendung: Flanellsträucher passen hervorragend zu anderen Gewächsen mit dem Charakter von Wüstenpflanzen, etwa zu Agaven, Palmlilien, Drachenbaum oder auch Kakteen, die den Sommer über im Freien stehen. Sie können aber ebenso mit vielen farblich harmonierenden Mittelmeerpflanzen kombiniert werden.
Pflege: Während der Wachstumszeit benötigen die Pflanzen nur mäßige Wasser- und Nährstoffmengen. Es genügt, wenn man sie alle 3–4 Wochen düngt. Beim regelmäßigen Gießen werden sie stets durchdringend gewässert, zwischen den Wassergaben sollte der Ballen aber jedesmal wieder abtrocknen können. Die robusten Sträucher überstehen auch ein paar Tage Trokkenheit recht gut. Sie wachsen relativ langsam und brauchen einige Zeit, bis sie ein stabiles Sproßgerüst aufgebaut haben. Jungpflanzen gibt man deshalb eine Stütze. In den ersten Jahren sollte man sie ab und zu – etwa ein- bis zweimal pro Saison – entspitzen, um eine dichtere Verzweigung anzuregen. Falls ältere Exemplare zu sparrig werden, können sie durch vorsichtiges Stutzen der Triebe in Form gebracht werden. Umzutopfen braucht man die Pflanzen nur etwa alle 4 Jahre.
Überwinterung: Flanellsträucher ertragen durchaus auch leichten Frost und können deshalb relativ spät im Jahr eingeräumt werden. Man bringt sie in ein kühles (5–10 °C), helles und trockenes Winterquartier. Dort werden sie nur selten gegossen, jedoch darf der Ballen nicht völlig austrocknen. Nach den letzten Spätfrösten kommen die Gehölze wieder ins Freie.
Vermehrung: Die Pflanzen können ganzjährig gut aus Samen oder im Sommer durch halbreife Kopfstecklinge vermehrt werden.
Tip: Besonders die jungen Triebe und die Blattunterseiten von Flanellsträuchern sind dicht mit flaumigen Haaren besetzt, die bei empfindlichen Personen starken Juckreiz auf der Haut auslösen können.

Fremontodendron californicum

Beim Umtopfen, beim Schnitt und bei anderen Maßnahmen an den Pflanzen sollte man daher vorsichtshalber langärmelige Kleidung und Handschuhe tragen.

Fuchsia
Fuchsie

Arten: *F. magellanica* (auch *F. macrostemma*, Scharlachfuchsie, Magellan-Fuchsie), *F.*-Hybriden (auch *F.* x *hybrida*, *F. speciosa*, Gartenfuchsien), *F.-Triphylla*-Hybriden (Traubenblütige Fuchsien)
Familie: Nachtkerzengewächse *(Onagraceae)*
Herkunft: *F. magellanica* stammt aus den Regen- und Nebelwäldern im südlichen Südamerika, die Hybriden sind Kreuzungen verschiedener Arten.
Blütenfarbe: *F. magellanica* rot mit purpurvioletter Krone, *F.*-Hybriden und *F.-Triphylla*-Hybriden weiß, rosa, rot, purpurfarben, violett, meist zweifarbig
Blütezeit: *F. magellanica* und *F.*-Hybriden Mai bis Oktober, *F.-Triphylla*-Hybriden Juli bis Oktober
Höhe: *F. magellanica* 100–200 cm, *F.*-Hybriden und *F.-Triphylla*-Hybriden 20–150 cm, alle bisweilen auch höher
Merkmale: Fuchsien, durchweg laubabwerfende Sträucher, begeistern vor allem durch ihre Blüten, die meist zarten, hängenden Glocken ähneln und in üppiger Fülle den ganzen Sommer über gebildet werden. Alle Formen weisen elliptische, ganzrandige, dunkelgrüne Blätter auf. Die Scharlachfuchsie ist eine der am häufigsten gezogenen Wildarten und außerdem die Stammform vieler Gartenfuchsien. Ihre in Büscheln erscheinenden Blüten bestehen aus einem leuchtend roten Kelch, der am Grund eine kurze Röhre bildet und sich an seinem Rand zu 4 flügelartigen, spitzen Zipfeln erweitert, die nach außen gebogen abstehen. Er umschließt die kürzere, aus ebenfalls 4 Blättern bestehende Krone, die leuchtend purpurviolett gefärbt ist und aus der Staubblätter und Narbe weit herausragen.
Die Blüten der Gartenfuchsien sind sehr ähnlich gestaltet, weisen durch die Sortenvielfalt jedoch ein ungleich prächtigeres Farbspiel auf, wobei sich Kelch und Krone farblich meist deutlicher voneinander abheben und dadurch gegenseitig in ihrer Wirkung verstärken. Es gibt aber auch Sorten mit einfarbigen Blüten, etwa in reinem Weiß, sowie gefüllte Formen mit mehr als 4 Kronblättern, die dann rüschenartig aus dem Kelch hervortreten.
Entsprechend ihrem Wuchsverhalten teilt man Gartenfuchsien grob in hängende, halbhängende und stehende oder aufrechte Sorten ein.
Traubenblütige Fuchsien weichen auf den ersten Blick stark vom Erscheinungsbild der übrigen ab. Sie zeigen reichblütige Büschel sehr langröhriger, schlanker Blüten, deren Kelch zwar ebenfalls absteht, dessen Zipfel aber viel kürzer sind. Sie wirken dadurch etwas weniger verspielt. Unter den vielen Sorten gibt es jedoch auch solche, die wegen ihrer Abstammung zwar zu den Traubenblütigen gerechnet werden, aber von Gartenfuchsien kaum zu unterscheiden sind.
Sorten: Durch langjährige Züchtungsarbeit entstand ein überaus reichhaltiges Sortiment von inzwischen über 10 000 registrierten Sorten, zu denen jedes Jahr neue hinzukommen. Das Angebot variiert von Anbieter zu Anbieter oft erheblich; die Auswahl der einzelnen Sorten bleibt ganz dem persönlichen Geschmack überlassen.
Standortansprüche: Für Fuchsien eignen sich sonnige bis schattige, luftige, aber geschützte Plätze. Etwas vereinfacht kann man feststellen, daß Sorten mit kräftigen Blütenfarben am besten an sonnigen bis halbschattigen Stellen gedeihen, die jedoch vor praller Sonne geschützt sein müssen, während solche mit zarten Farben halbschattige bis schattige Standorte bevorzugen, sofern diese ausreichend hell sind. Der dichte Schatten unter Gehölzen ist dagegen ungeeignet, da die Pflanzen dort kaum blühen.
Als Substrat eignet sich Einheitserde oder eine vergleichbare nährstoff- und humusreiche, durchlässige Mischung.
Verwendung: Da sich Fuchsien sowohl als Balkon- oder Ampelpflanzen wie auch als Kübelpflanzen eignen, sind sie sehr vielseitig verwendbar.

Fuchsia-Triphylla-Hybride

Fuchsia-Hybride

Fuchsia magellanica

Hängende und halbhängende Formen werden für Ampeln und Balkonkästen bevorzugt und stellen hier einige der wenigen Arten dar, die selbst für die spärlich besonnte Nord- und Ostseite des Hauses in Frage kommen. Dort können sie mit farblich abgestimmten Begonien, Fleißigen Lieschen oder Petunien, aber auch mit Blattschmuckpflanzen wie Harfenstrauch oder buntlaubigem Efeu kombiniert werden.
Im Kübel zieht man Fuchsien buschig, häufig jedoch auch als Hochstämmchen. Dazu passen andere tropisch-subtropische Pflanzen, etwa Schönmalve, Wandelröschen, Nachtschatten oder Engelstrompeten, und nicht zuletzt der außerordentlich üppige Blattschmuck von Feigenbäumen und Zierbananen.
Pflege: Während der Wachstumszeit benötigen Fuchsien ausgiebig Wasser und mäßig bis reichlich Nährstoffe. Sie sind gegen Staunässe und Ballentrockenheit sehr empfindlich. Man gießt sie daher regelmäßig, und das Substrat sollte stets leicht feucht sein; wassergefüllte Untersetzer oder Übertöpfe sind unbedingt auszuleeren. Eine gelegentliche Dusche mit der Gartenbrause tut den Pflanzen gut. Gedüngt wird alle 4 Wochen, wobei sauer wirkende Dünger zu bevorzugen sind. Den Sommer über zupft man Verblühtes und sich bildende Fruchtansätze laufend ab und putzt die Pflanzen immer wieder aus.
Um einem möglichen Grauschimmelbefall im Winterquartier vorzubeugen, sollte man im Herbst, kurz vor dem Einräumen, weiche Triebe mitsamt noch vorhandenen Blüten, Knospen oder Früchten abschneiden sowie die Pflanzen etwas auslichten. Dabei eventuell austretender Saft muß vor dem Einräumen unbedingt abgetrocknet sein.
Überwinterung: Vor den ersten Frösten stellt man die Fuchsien in ein kühles bzw. temperiertes, helles und trockenes Winterquartier. Die Temperatur darin sollte etwa 4–8 °C betragen, nur die *F.-Triphylla*-Hybriden müssen wärmer, bei etwa 10–15 °C, stehen. Während der Überwinterung gießt man sparsam, jedoch darf der Ballen nicht austrocknen.
Etwa ab Ende Februar beginnen die Pflanzen frisch auszutreiben. Da Fuchsien an einjährigen Trieben blühen, sollte jetzt ein Rückschnitt vorgenommen werden. Die stärkeren Triebe aufrechter und halbhängender Pflanzen kann man dabei bis auf jeweils 2 Augen, bei hängenden bis auf ein über dem Topfrand stehendes Auge zurückschneiden. Falls ältere Pflanzen zur Verkahlung neigen, ist auch ein starker Rückschnitt bis ins alte Holz möglich. Man stellt die Sträucher anschließend etwas heller und gießt häufiger. Wenn das Wetter später warm genug ist, können die Fuchsien zur Abhärtung tagsüber schon ins Freie kommen. Nach den letzten Spätfrösten räumt man sie dann endgültig an ihren Sommerplatz.

Fuchsia-Hybride

Vermehrung: Eine Anzucht aus Samen ist vor allem bei der reinen Art möglich. Die Pflanzen sind jedoch Schwerkeimer, und ihre Samen gehen manchmal erst nach 3 Monaten auf. Da es sich außerdem um Lichtkeimer handelt, bedeckt man sie bei der Aussaat nicht oder nur hauchdünn mit Erde. Das Substrat darf bis zur Keimung keinesfalls austrocknen. Günstig ist es, die Samen vor der Aussaat etwa 3 Tage lang in kalkfreiem Wasser einzuweichen. Insbesondere die Sorten wird man gewöhnlich durch Kopfstecklinge vermehren, entweder im Spätsommer oder im Winter bis zum Frühjahr. Im Spätsommer schneidet bzw. reißt man krautige, also weiche Kopfstecklinge mit etwa 4 Blattpaaren so ab, daß sie einen zungenartigen Rindenansatz, die sog. Platte, aufweisen, und stellt sie nach dem Stecken an einen schattigen, luftfeuchten Platz ins Freie. Während der Überwinterung, meist etwa im Februar oder März, vermehrt man Fuchsien dagegen durch reife, also bereits verholzte Stecklinge. Diese läßt man in Töpfen, die man mit einer Plastikhaube versieht und auf die Fensterbank stellt, Wurzeln ausbilden.
Schädlinge und Krankheiten: Spinnmilben, Blattläuse, Weiße Fliege; Grauschimmel, Fuchsienrost
Tip: Die Scharlachfuchsie kann man an einem geschützten Standort auch auspflanzen, da sie – außer in sehr rauhen Gegenden – relativ frosthart ist. Den Winter über sollte man sie aber mit einer Abdeckung aus Laub und Reisig versehen.

G

Gazania
Gazanie, Mittagsgold

Art: *G.*-Hybriden
Familie: Korbblütler *(Compositae)*
Herkunft: Stammformen aus Steppen und Halbwüsten in Südafrika
Blütenfarbe: weiß, gelb, orange, rosa, rot, häufig zweifarbig und mit heller oder dunkler Zeichnung der Blütenblätter
Blütezeit: von Mai bis zum September
Höhe: 15–30 cm
Merkmale: Durch Kreuzung verschiedener Wildarten sind im Lauf der Zeit zahlreiche Hybriden entstanden. Wie ihr Name Mittagsgold verrät, öffnen die Pflanzen ihre Blüten mit Vorliebe in den sonnigen Stunden des Tages. Anhaltendes Regenwetter und Schatten behagen ihnen überhaupt nicht, die Blüten bleiben dann geschlossen. Die prächtigen Strahlenblüten stehen an den Enden aufrechter Blütenstiele, die sich nur wenig über die niederliegende Blattrosette erheben. Die Blumen gibt es in vielen Farbschattierungen und Farbkombinationen, häufig zeigen sie um ihre Mitte herum wunderschöne Zeichnungen. Sehr hübsch anzusehen sind auch die schmalen, glänzend dunkelgrünen oder silbergrauen Laubblätter. Ihre Unterseite ist silbrig behaart, eine Anpassung an die heißen und trockenen Standortver-

hältnisse in ihrer Heimat. Meist werden die Stauden nur einjährig gezogen, doch ist eine Überwinterung ohne weiteres möglich.
Sorten: 'Mini-Star' (als Farbmischung oder in Einzelfarben, täglich lange geöffnete Blüten, Höhe 20 cm), 'Talent' (verschiedene Blütenfarben, täglich lange geöffnete Blüten, silbrigweißes Laub, Höhe 20 cm), 'Chansonette-Mischung' (verschiedene Farbtöne, Höhe 20 – 25 cm), 'Morgentau-Zwergmischung' (verschiedene Blütenfarben, Höhe 20 – 25 cm), 'Gartenstern' (ein- und zweifarbige Blüten, kompakter Wuchs, Höhe 25 cm)

Gazania-Hybride

Standortansprüche: Als Sonnenanbeter brauchen Gazanien einen Platz in voller Sonne. Das Substrat muß nährstoffreich und gut durchlässig sein, geeignet ist Einheitserde oder eine vergleichbare Substratmischung. Zur Verbesserung der Durchlässigkeit empfiehlt es sich, eine Dränageschicht aus Kies oder Sand in das Pflanzgefäß einzubringen.
Verwendung: Die kompakt wachsenden Pflanzen bereichern Balkonkästen, Schalen und Töpfe. Besonders schön wirkt es, wenn Farbmischungen gepflanzt werden, die einander harmonisch ergänzen. Als Begleitpflanzen sollten ausschließlich solche gewählt werden, die trockenes Substrat bei gleichzeitig hohem Nährstoffangebot lieben, z. B. Mittagsblumen, Strandstern, Kapkörbchen oder Weiße Zwergmargerite.
Pflege: Ab Mitte Mai werden Gazanien im Pflanzabstand von etwa 15 cm nach draußen gesetzt. Sie dürfen lediglich mäßig, möglichst nur an heißen Tagen, gegossen werden, auf Staunässe reagieren sie sehr empfindlich. Um den hohen Nährstoffbedarf zu decken, versorgt man sie alle 2 Wochen mit niedrig dosiertem Volldünger. Für einen fortwährenden Flor empfiehlt es sich, Abgeblühtes regelmäßig zu entfernen.
Überwinterung: Ende September werden die Pflanzen zum Überwintern in einen hellen, kühlen (5 – 10 °C) Raum gestellt und während der folgenden Monate nur wenig gegossen, doch darf der Wurzelballen niemals völlig austrocknen. Im Frühjahr schneidet man die Triebe um etwa die Hälfte zurück und bringt die Stauden ab Mitte Mai wieder ins Freie.
Vermehrung: Gazanien werden in der Regel aus Samen angezogen. Mit der Vorkultur unter Glas beginnt man bereits ab Februar. Die optimale Keimtemperatur liegt bei 18 – 20 °C. Aber auch aus Stecklingen, die im August geschnitten und in Töpfen zur Bewurzelung gebracht werden, lassen sich neue Pflanzen gewinnen. Man überwintert sie zusammen mit den Mutterpflanzen.
Schädlinge und Krankheiten: Blattläuse, gelegentlich Spinnmilben; in feuchten Sommern tritt auch Grauschimmel auf.

H

Hebe
Strauchveronika

Arten: *H.-Andersonii*-Hybriden, *H. armstrongii*, *H. pinguifolia*
Familie: Braunwurzgewächse oder Rachenblütler *(Scrophulariaceae)*
Herkunft: Gebüsche in Neuseeland
Blütenfarbe: weiß, *H.-Andersonii*-Hybriden auch karminrot oder blauviolett
Blütezeit: *H.-Andersonii*-Hybriden August bis September, *H. armstrongii* und *H. pinguifolia* Juni bis Juli
Höhe: 30 – 60 cm, *H. pinguifolia* 40 – 100 cm
Merkmale: Die immergrünen Sträucher zeichnen sich durch eine große Formenvielfalt aus. *H.-Andersonii*-Hybriden sind aus Kreuzungen verschiedener Arten hervorgegangen. Die kleinen Rachenblüten sitzen in länglichen, ährenähnlichen Blütenständen, die in den Blattachseln entspringen. Ihr Farbspektrum reicht von Weiß über Karminrot bis zu intensivem Blauviolett. Eine attraktive Begleitung der Blüten sind die länglichovalen Laubblätter mit den deutlich hervortretenden Mittelrippen. Meist glänzen sie kräftig dunkelgrün, doch gibt es auch Sorten mit hell gefleckten Blättern. *H. armstrongii* zeigt ein völlig anderes Erscheinungsbild. Ihre fächerförmig verzweigten Triebe sind dicht mit anliegenden, schuppenförmigen Laubblättern bedeckt. Im Sommer erscheinen weiße Blüten, von denen jeweils 3 – 8 in Gruppen zusammenstehen. Ebenfalls weiß sind die Blüten von *H. pinguifolia*, die sich aber in reichen Blütenständen am Ende dicht beblätterter Triebe entwickeln. Fallen die runden, derben Blätter ab, bleiben deutliche Narben an den Trieben zurück.
Sorten: Von den *H.-Andersonii*-Hybriden werden u. a. angeboten (jeweils 30 – 60 cm hoch) 'Albertine' (violettrosa), 'Autumn Glory' (purpurblau, vergleichsweise lange Blütezeit), 'Dorothy Peach' (karminrot), 'Midsummer Beauty'

Hebe-Andersonii-Hybride

Hebe pinguifolia

(blauviolett), 'Snowflake' (weiß), 'Variegata' (violett, hell gefleckte Laubblätter); von *H. pinguifolia* 'Pagei' (weiß, blaugrünes Laub, sehr frosthart, Höhe 15–30 cm).
Standortansprüche: Die Strauchveronikaarten gedeihen am besten an einem hellen, nicht zu sonnigen, geschützten Standort. Als Substrat verwendet man Einheitserde oder mit Sand vermischte Balkonblumenerde, auch saure Rhododendronerde wird gut vertragen. Auf eine wirksame Dränage der Pflanzgefäße ist zu achten.
Verwendung: Die Sträucher eignen sich für Balkonkästen ebensogut wie für größere Kübel. Mit ihren immergrünen Schuppenblättern sorgt die winterfeste Art *H. armstrongii* auf Balkon und Terrasse für ganzjähriges Grün. Die spätblühenden Hybriden lassen sich gut mit Erika und Zwerggehölzen kombinieren.
Pflege: Überwinterte Pflanzen werden im Frühjahr umgetopft und etwa Mitte Mai nach draußen gebracht. Zur gleichen Zeit kommen auch Jungpflanzen in ihre Gefäße. Wichtig ist eine gleichmäßige Wasserversorgung, es darf keine Staunässe entstehen. Während der Blütezeit sollte in zweiwöchigen Abständen niedrig dosierter Volldünger verabreicht werden.
Überwinterung: Mit Ausnahme der winterharten Art *H. armstrongii* müssen die Strauchveroniken im Oktober in ein helles sowie kühles (5–10 °C) Winterquartier geräumt werden. Auch während der Wintermonate darf der Wurzelballen nicht austrocknen und ist daher regelmäßig schwach zu gießen. Ein Rückschnitt ist nicht unbedingt erforderlich. Man nimmt im Frühjahr allenfalls einige allzu dicht stehende Triebe heraus.
Vermehrung: Nachkommen lassen sich sehr leicht aus Kopfstecklingen gewinnen, die am besten im Sommer von noch nicht verholzten Trieben geschnitten werden. Mehrmaliges Umtopfen und Entspitzen der Stecklinge fördert einen buschigen Wuchs.

Heliotropium
Heliotrop

Art: *H. arborescens* (auch *H. peruvianum*, *H. corymbosum*, Vanilleblume, Sonnenwende)
Familie: Boretsch- oder Rauhblattgewächse *(Boraginaceae)*
Herkunft: Gebirgswälder und -gebüsche in Peru
Blütenfarbe: dunkelblau, violett
Blütezeit: Mai bis September
Höhe: 30–50 cm
Merkmale: Vanilleblumen zeichnen sich durch dunkelblaue, teilweise ins Violett spielende Blüten aus, die in dichten Dolden zusammenstehen und vor allem abends einen intensiven, angenehmen Duft verströmen. Das Aroma erinnert an Vanille oder Kirschkuchen, weshalb die Pflanze im englischsprachigen Raum auch Cherry Cake Plant genannt wird. Die Blütendolden sitzen an wenig verzweigten Stielen und werden von oliv- bis dunkelgrünen, rauh behaarten Blättern begleitet, die ein wenig stechen, wenn man sie berührt. Zur Blütezeit besuchen viele Schmetterlinge und Bienen die Blüten, um Pollen und Nektar zu sammeln. Obwohl Vanilleblumen in ihrer Heimat als immergrüne Halbsträucher wachsen, kultiviert man sie meist nur einjährig, da sie schon bald sparrig und unansehnlich werden und außerdem ihre Blühfreudigkeit ab dem zweiten Jahr deutlich nachläßt. Die interessanten Pflanzen sind in allen Teilen giftig.
Sorten: 'Mini Marine' (tiefblaue Blüten, dunkles Laub, Höhe 30 cm), 'Marine' (tiefblaue, stark duftende Blüten, dunkles Laub, Höhe 50 cm)
Standortansprüche: Die Vanilleblume braucht sonnige bis halbschattige Plätze, die möglichst gegen Wind und Regen geschützt sein sollten. Ihre Ansprüche an das Substrat beschränken sich auf gute Durchlässigkeit und hohes Nährstoffangebot. Beides wird von Einheitserde oder einer vergleichbaren Substratmischung erfüllt. Eine wirksame Dränageschicht ist insbesondere für Hochstämmchen ratsam.
Verwendung: Auf Balkon oder Terrasse, in der Nähe des Sitzplatzes, kommt der angenehme Duft der Vanilleblume voll zur Geltung. Zu ihren blauvioletten Blüten passen weißblühende Begleitpflanzen wie Weiße Zwergmargerite oder Spanisches Gänseblümchen ebenso wie gelbblühende, etwa Freiland-Pantoffelblume oder Zweizahn. Nicht zu vergessen ist das leuchtende Violett von Petunien, das eine wunderschöne Ergänzung zur Vanilleblume liefert.
Pflege: Die frostempfindlichen Vanilleblumen sollten erst nach den Eisheiligen ausgepflanzt werden. Beim Kauf von Jungpflanzen ist darauf zu achten, daß die Blüten noch knospig sind. Die Erfahrung hat nämlich gezeigt, daß bereits in Blüte stehende Pflanzen nur schlecht anwachsen. Vanilleblumen reagieren auf Staunässe ebenso empfindlich wie auf ein Austrocknen ihres Wurzelballens. Sie müssen daher sehr ausgewogen gegossen werden. Ein Braunwerden der Blätter deutet auf Wassermangel hin, doch kann an ungeschützten Standorten auch zuviel Regen oder Kälte dafür verantwortlich sein. Um für fortwährende Blüte zu sorgen, sollte man die Pflanzen alle 2 Wochen düngen und Verwelktes regelmäßig abschneiden.

Heliotropium arborescens

Überwinterung: Der Versuch einer Überwinterung lohnt sich vor allem bei Hochstämmchen. Sie müssen noch vor den ersten Frösten in einen hellen, temperierten (10–15 °C) Raum gebracht werden. Während der Wintermonate gießt man sparsamer. Zu Beginn des Neuaustriebs bringt man die Krone des Stämmchens durch leichten

Rückschnitt in Form; die Triebe werden entspitzt. Erst nach den Eisheiligen dürfen die Pflanzen wieder zurück an ihren Platz im Freien.
Vermehrung: Zwischen Februar und März sät man Vanilleblumen in Kästen mit Anzuchterde aus. Da die Samen Lichtkeimer sind, werden sie nur ganz leicht mit Erde übersiebt. Von überwinterten Mutterpflanzen lassen sich im Januar auch Stecklinge zur Gewinnung neuer Pflanzen schneiden.
Schädlinge: Blattläuse, Weiße Fliege, Spinnmilben, Weichhautmilben

Hibiscus-Rosa-Sinensis-Hybride

Hibiscus
Hibiskus, Eibisch

Art: *H.-Rosa-Sinensis*-Hybriden (Chinesischer Roseneibisch, Hibiskus)
Familie: Malvengewächse *(Malvaceae)*
Herkunft: Die Ursprungsart *H. rosa-sinensis* stammt vermutlich aus dem tropischen China.
Blütenfarbe: rot, auch weiß, gelb, orange, rosa, teilweise mit kontrastierendem Auge
Blütezeit: März bis Oktober, bei günstiger Überwinterung auch ganzjährig
Höhe: 1–2,5 m, selten auch höher
Merkmale: Die überaus aparte Form der Blüten sowie deren Größe und ihre leuchtenden, kräftigen Farben ließen den Chinesischen Roseneibisch zu einem der weltweit beliebtesten Ziersträucher werden. Die glänzenden, satt dunkelgrünen, länglich eiförmigen und manchmal etwas zerteilten Laubblätter tragen das Ihre dazu bei, die Blüten prächtig zur Geltung zu bringen. Die Blumen entwickeln sich in den Blattachseln und stehen stets einzeln an langen Stielen über dem Laub. Sie bestehen aus 5 sehr großen Blütenblättern, die zusammen einen breiten Trichter formen. Aus dessen Zentrum ragt eine aus zahlreichen, in ihrem unteren Teil verwachsenen Staubblättern gebildete Säule weit heraus, deren Ende von gelben Staubgefäßen und 5 roten, flaumigen Narben geschmückt wird. Während die Blüten der Stammart intensiv dunkelrot gefärbt sind, findet man bei den Sorten ein weites Spektrum an Farben und dazu auch noch Formen mit dichtgefüllten, meist krausblättrigen Blüten.
Sorten: Das Sortiment ist unüberschaubar groß, vor allem in tropischen Ländern gibt es unzählige Sorten. Es handelt sich überwiegend um Hybriden, obwohl sie oft unter dem Namen der Stammart *H. rosa-sinensis* vertrieben werden. Im Handel sind u. a. erhältlich (Höhe jeweils 150–200 cm) 'Bridal Veil' (rein weiß, gekraust), 'Cooperi' (rosa, Laubblätter schmaler, stark weiß gefleckt

Hibiscus-Rosa-Sinensis-Hybride

mit rosa und z.T. roten Farbsprenkeln), 'Fiesta' (intensiv gelborange mit dunkelrosa Auge), 'Kissed' (leuchtend rot, Blütenblätter zurückgekrümmt), 'Sunny Delight' (leuchtend gelb mit weißem Schlund), 'The President' (zart violettrosa, großblütig), 'Vollmond' (goldgelb, gefüllt). Häufig werden einzelne Sorten auch ohne Namen nur unter ihrer Blütenfarbe angeboten.
Standortansprüche: Die Pflanzen bevorzugen einen sonnigen bis halbschattigen, gegen pralle Mittagssonne abgeschirmten, wind- und regengeschützten Platz. Als Substrat ist Einheitserde oder eine vergleichbare nährstoff- und humusreiche, lehmige Erdmischung geeignet.
Verwendung: Der Chinesische Roseneibisch wird als Strauch oder Kronenbäumchen gezogen und läßt sich sowohl mit mediterranen als auch mit tropisch-subtropischen Pflanzen sehr schön kombinieren. Durch die breite Palette seiner Blütenfarben sind den Gestaltungsmöglichkeiten kaum Grenzen gesetzt, man sollte als Begleiter allerdings Arten mit ebenso farbkräftigem oder neutralem Flor bevorzugen. Geeignet sind etwa Oleander, Brautmyrte, Kreppmyrte, Bougainvilleen, Zitrusgewächse und Bleiwurz, unter den tropischen Arten Kassien, Wandelröschen, Korallenstrauch und Prinzessinnenblume.
Pflege: Während des Wachstums benötigen die Sträucher viel Wasser und Nährstoffe. Sie werden daher regelmäßig gegossen, sollen aber weder zu naß stehen, noch darf der Ballen trockenfallen. Etwa alle 2 Wochen erhalten sie eine Düngergabe. Es empfiehlt sich, Jungpflanzen häufiger zu entspitzen, damit sie sich schön buschig entwickeln. Nimmt die Blühfreudigkeit nach einigen Jahren ab, treiben nur noch deutlich kleinere Blätter oder verkahlen die Triebe im unteren Bereich stark, kann man einen neuen Austrieb anregen, indem man die Pflanze im Frühjahr scharf zurückschneidet. Man stutzt die Triebe dabei, jeweils oberhalb einer Knospe, auf etwa die Hälfte ihrer Länge. Für einen langanhaltenden Flor müssen verwelkte Blüten laufend und unverzüglich entfernt werden.
Überwinterung: Vor den ersten Frösten räumt man die Pflanzen in ein kühles bis temperiertes (8–15 °C), helles und etwas luftfeuchtes Winterquartier ein. Sie lassen einen Großteil ihrer Blätter fallen, ein normaler Vorgang, der keinen Anlaß zur Sorge gibt. Während der Überwinterung wird sparsamer gegossen – je kälter der Raum, desto seltener. Ballentrockenheit ist

jedoch unbedingt zu vermeiden. Im Frühjahr, etwa ab März, stellt man die Pflanzen heller und wärmer, gießt sie wieder stärker und lüftet den Raum häufig. Nach den letzten Spätfrösten werden die Sträucher ins Freie gebracht. Sie dürfen jedoch nicht sofort in die pralle Sonne kommen, sondern müssen langsam an den neuen Standort gewöhnt werden. Der Chinesische Roseneibisch ist nämlich gegen krasse Wechsel der Lichtintensität und Luftfeuchtigkeit wie auch gegen Austrocknung empfindlich und reagiert mit Blatt- und Knospenfall. Werden die Pflanzen

Hibiscus-Rosa-Sinensis-Hybride

im Zimmer, bei ausreichender Wärme (etwa 17–24 °C) und Helligkeit, überwintert, blühen sie oft ganzjährig, unterbrochen nur von einigen Pausen. In diesem Fall muß man sie weitergießen wie während der Zeit im Freien.

Vermehrung: Die Sträucher lassen sich im Frühjahr oder Sommer leicht durch halbreife Kopfstecklinge vermehren, die sich am besten bei etwa 20 °C bewurzeln.

Schädlinge und Krankheiten: Spinnmilben, Blattläuse; Wurzelfäulnis bei Staunässe, Blattfleckenkrankheiten

Tip: Der Chinesische Roseneibisch ist auch als Zimmerpflanze beliebt. Da er bei Zimmerkultur schwach wachsen und auf Dauer niedrig bleiben soll, werden die Pflanzen in den Gärtnereien und Anzuchtbetrieben meist mit einem wachstumshemmenden Mittel behandelt. Solche Exemplare zeigen einen schwachen Triebzuwachs, ein bei Kübelpflanzen, die im Freien stehen, nicht unbedingt erwünschtes Merkmal. Zwar läßt die Wirkung der Hemmstoffe in der Regel innerhalb weniger Jahre stark nach, doch sollte man besser schon beim Kauf nach Pflanzen fragen, die nicht derartig behandelt sind.

Hydrangea
Hortensie

Arten: *H. macrophylla* ssp. *macrophylla* (auch *H. macrophylla* var. *normalis*, *H. macrophylla*, *H. maritima*), *H. macrophylla* ssp. *serrata* (auch *H. serrata*, *H. acuminata*), *H.*-Hybriden (Bauernhortensien, Gartenhortensien), *H. paniculata* (Rispenhortensie)

Familie: Hortensiengewächse *(Hydrangeaceae)*

Herkunft: Bergwälder in Ostasien

Blütenfarbe: weiß, rosa, purpurfarben, blau, violett, *H. paniculata* nur weiß und rosa

Blütezeit: *H. macrophylla* ssp. *macrophylla* Juni bis Juli, *H. macrophylla* ssp. *serrata* Juli bis August, *H.*-Hybriden Juni bis September, *H. paniculata* Juli bis September

Höhe: 100–200 cm

Merkmale: Große Blütenbälle in barocker Üppigkeit sind das typische Kennzeichen für die meisten Hortensien, die sich hervorragend als Kübelpflanzen eignen. Die durchweg laubabwerfenden, reich verzweigten und dicht belaubten Sträucher tragen kräftig grüne, am Rand gewöhnlich stark gesägte Blätter.

Für *H. macrophylla* ssp. *macrophylla* sind halbkugelige bis kugelige Blütenstände charakteristisch. Diese bestehen aus

Hydrangea paniculata

unzähligen Einzelblüten, von denen vor allem die stark vergrößerten, sterilen Randblüten auffallen, während die wenigen in der Mitte stehenden, fruchtbaren Blüten nur sehr klein und unscheinbar sind. Teilweise fehlen sie auch ganz. Die Laubblätter sind verkehrt eiförmig bis breitelliptisch und lediglich auf der Unterseite schwach behaart. Sorten mit flachen, schirmförmigen Blütenständen sind als Tellerhortensien bekannt. In deren Blütenständen umkränzen 1–2 Reihen großer, steriler Blüten eine Schar sehr viel kleinerer, oft dunkler gefärbter, fruchtbarer Blüten.

H. macrophylla ssp. *serrata* trägt schmalere, lanzettliche und auf beiden Seiten fein behaarte Laubblätter sowie durchweg tellerförmige Blütenstände, die denjenigen der Tellerhortensien stark ähneln, jedoch meist nur etwa halb so große Randblüten aufweisen. Bei einer Reihe von Sorten spricht man außerdem von *H.*-Hybriden, da im Lauf der langjährigen Züchtungsarbeit immer wieder Sorten beider Unterarten miteinander gekreuzt wurden bzw. die Elternarten nicht mehr eindeutig festzustellen sind.

Ganz anders als die bisher beschriebenen Hortensien wirkt die Rispenhortensie, deren Blütenstände zwar ebenfalls aus sterilen randständigen und fruchtbaren inneren Blüten bestehen, aber langgestreckt und kegelförmig sind.

Sorten: Im Handel werden u. a. geführt (Höhe jeweils 100–200 cm) von *H. macrophylla* ssp. *macrophylla* 'Blue Wave' (auch 'Mariesii Perfecta'; tiefblau bis blauviolett, tellerförmig), 'Hamburg' (tiefrosa, ballförmig, Blütenblätter am Rand gezähnt, großblütig), 'Lilacina' (tiefrosa bis blauviolett, tellerförmig), 'Niedersachsen' (blaßblau bis rosa, ballförmig), 'Veitchii' (Randblüten weiß bis rosalila, teller-

Hydrangea-Hybride

Hydrangea macrophylla ssp. *macrophylla*

förmig); von *H. macrophylla* ssp. *serrata* 'Bluebird' (auch *H.*-Hybride 'Bluebird'; Randblüten rosaviolett, mittlere Blüten blauviolett); von *H. paniculata* 'Brussels Lace' (weiß), 'Grandiflora' (weiß bis rosaviolett, fast ausschließlich große, sterile Randblüten), 'Pink Diamond' (weiß bis rosa).

Standortansprüche: Hortensien brauchen einen hellen, halbschattigen, vor Mittagssonne geschützten Platz. Das Substrat sollte sauer, nährstoff- und humusreich sein, Feuchtigkeit gut halten, aber dennoch durchlässig bleiben. Gut geeignet ist z. B. Rhododendronerde. Die Gefäße müssen über eine ausreichende Dränage verfügen.

Verwendung: Die prächtig blühenden Hortensien werden am besten als Solitäre verwendet, man kann aber auch verschiedene Sorten miteinander kombinieren. Ebenfalls reizvoll wirken farblich passende Fuchsien oder Pelargonien dazu.

Pflege: Während der Wachstumszeit benötigen Hortensien viel und gleichmäßig Wasser sowie mäßig bis reichlich Nährstoffe. Sie werden immer ein wenig feucht, keinesfalls jedoch naß gehalten. Da Hortensien nicht nur auf Kalk im Boden, sondern auch im Gießwasser empfindlich reagieren – ihre Blätter verfärben sich dann gelb –, sollte man möglichst nur mit Regenwasser oder entkalktem Wasser gießen. Gedüngt wird alle 2–3 Wochen, am besten mit einem Spezialdünger. Nach der Blüte reduziert man die Wassergaben und schneidet verblühte Blütenstände laufend ab. Jungpflanzen sollte man einige Male entspitzen bzw. stutzen, damit sie sich buschig entwickeln. Ältere Exemplare werden nur bei Bedarf zurechtgeschnitten, und zwar nach der Blüte im Spätsommer. Im Frühjahr entfernt man dagegen lediglich überalterte Triebe und lichtet zu dichte Pflanzen etwas aus.

Überwinterung: Vor den ersten Frösten werden die Pflanzen in ein kühles, helles und trockenes Winterquartier eingeräumt. Die Temperatur darin sollte etwa 5–10 °C betragen. Während der Überwinterung wird nur sparsam gegossen, der Ballen darf aber nicht austrocknen. Im Spätwinter stellt man die Hortensien allmählich heller und wärmer und gießt sie wieder stärker. Nach den letzten Spätfrösten dürfen sie zurück ins Freie.

Vermehrung: Hortensien können im Sommer durch krautige, also unverholzte Kopfstecklinge vermehrt werden, die sich jedoch nicht immer gut bewurzeln.

Schädlinge und Krankheiten: Spinnmilben, Blattläuse, Dickmaulrüßler; Hortensienmosaik, Echter Mehltau, Blattfleckenkrankheiten

Tip: Die Blütenfarbe der Hortensien ist nicht nur durch Sorteneigenschaften bestimmt, sondern wird auch stark vom Säuregrad des Substrats beeinflußt. In schwach saurem Boden (pH-Wert etwa 5,5) färben sich blaue Sorten nach Rosa um, rosa Sorten behalten ihre Farbe. In stark saurer Erde (bei einem pH-Wert von etwa 4) bleiben blaue Sorten blau, während rosa Sorten nach Blau umschlagen. Diese Farbveränderung hängt mit dem Element Aluminium zusammen, das je nach pH-Wert des Bodens für die Wurzeln unterschiedlich gut verfügbar ist. Durch Gießen mit einer Lösung von Aluminiumalaun läßt sich die Blaufärbung fördern. Man löst dazu rund 4 g Alaun in 1 l Gießwasser auf und gießt damit etwa dreimal während des Sommers.

Hymenostemma
Margerite, Wucherblume

Art: *H. paludosum* (auch *Chrysanthemum paludosum*, *Leucanthemum paludosum*, Weiße Zwergmargerite, Weiße Zwergwucherblume, Sumpfmargerite, Balkonkastenmargerite)

Familie: Korbblütler (Compositae)

Herkunft: feuchte Wiesen und Sümpfe in Südeuropa und Nordafrika

Blütenfarbe: weiß mit gelber Mitte

Blütezeit: Mai bis Oktober

Höhe: 15–30 cm

Merkmale: Die einjährige Weiße Zwergmargerite ist ideal für den Balkonkasten geeignet, bringt sie doch bis in den Herbst hinein unermüdlich ihre kleinen Blüten hervor. Wie bei der verwandten Strauchmargerite ist ein Kranz weißer Zungenblüten um eine goldgelbe Mitte ange-

Hymenostemma paludosum

ordnet. Von den sich reichlich verzweigenden Trieben werden die Blüten der Sonne entgegengehoben und dabei von frischgrünem, stark gezähntem Laub hübsch untermalt.
Sorte: 'Snowland' (rein weiß mit gelber Mitte, kompakter Wuchs, Höhe 15–20 cm)
Standortansprüche: In sonniger Lage trägt die Weiße Zwergmargerite am zuverlässigsten einen üppigen, langanhaltenden Flor. Als Substrat empfiehlt sich Einheitserde oder eine andere humose Erdmischung.
Verwendung: Mit den zierlichen Blüten in neutralem Weiß läßt sich fast jedes Pflanzenarrangement auffrischen. Aufgrund ihres niedrigen Wuchses werden Weiße Zwergmargeriten häufig in den Vordergrund von Kästen oder Schalen gesetzt. Sie können problemlos mit allen anderen Blütenfarben kombiniert werden.
Pflege: Ab Mitte Mai setzt man gekaufte oder selbst gezogene Jungpflanzen in die vorgesehenen Behälter, wobei Abstände von etwa 25 cm einzuhalten sind, damit sie sich frei entfalten können. Weiße Zwergmargeriten brauchen ein gleichmäßig feuchtes Substrat und sollten in zweiwöchigen Abständen mit niedrig dosiertem Volldünger versorgt werden. Regelmäßiges Entfernen von Verwelktem sowie ein Rückschnitt bei Nachlassen der Blühkraft im August sorgen für die Entstehung neuer Knospen.
Vermehrung: Die Pflanzen können problemlos aus Samen angezogen werden, wenn man sie ab März/April vorkultiviert.
Schädlinge und Krankheiten: Blattläuse, Weichhautmilben, Thripse; Echter und Falscher Mehltau, Grauschimmel

I

Impatiens walleriana

Impatiens
Springkraut, Balsamine

Arten: *I.*-Neu-Guinea-Hybriden (*I. hawkeri* x *I. linearifolia*, Neu-Guinea-Impatiens), *I. walleriana* (Fleißiges Lieschen)
Familie: Balsaminen- oder Springkrautgewächse *(Balsaminaceae)*
Herkunft: Stammformen der *I.*-Neu-Guinea-Hybriden aus dem Hochland Neuguineas, *I. walleriana* aus dem tropischen Ostafrika
Blütenfarbe: weiß, orange, lachsfarben, rosa, pink, rot, violett, teilweise zweifarbig
Blütezeit: April bis Oktober
Höhe: *I.*-Neu-Guinea-Hybriden 20–50 cm, *I. walleriana* 15–30 cm
Merkmale: Die Arten der Gattung Springkraut sind durch dicke, fleischige Früchte charakterisiert, die zur Reifezeit schon bei der geringsten Berührung aufspringen und ihre Samen weit von sich schleudern. Für die Balkonpflanzenkultur sind jedoch die unermüdlich erscheinenden Blüten der Pflanzen von weitaus größerer Bedeutung. Wie nur wenige andere Arten kommt Springkraut mit den unterschiedlichsten Lichtbedingungen zurecht. Neu-Guinea-Impatiens sind aus der Kreuzung zweier auf Neuguinea beheimateten Arten entstanden und wurden vor allem in der jüngeren Vergangenheit stark züchterisch bearbeitet. Ihre tellerförmigen, einfachen oder gefüllten Blüten mit dem langen Sporn sind in kräftigen Tönen wie Rot, Orange, Pink oder Violett gefärbt, aber auch weiße Sorten kommen vor. Die Besonderheit der Hybriden liegt in ihrem oftmals mehrfarbigen, vielfach auch hübsch gezeichneten Laub, das an den aufrechten, fleischig verdickten Trieben sitzt.
Großer Beliebtheit erfreuen sich die zahlreichen Sorten des Fleißigen Lieschens, das als wahrhaft fleißiger Blüher unablässig neuen Flor hervorbringt. In Form und Farbe gleichen die Blüten denen der Neu-Guinea-Impatiens, doch bleiben sie etwas zierlicher. Neben Sorten mit weiß gesternter Blütenmitte sind vor allem die rosenartig gefüllten Spielarten auffällig. Ihre dikken, fleischigen, häufig rötlich überlaufenen Stengel sind dicht mit dunkelgrünen, eiförmig zugespitzten Blättern besetzt, die einen lebhaften Kontrast zu den Blüten bilden. Sowohl die genannte Art wie die Hybriden wachsen eigentlich ausdauernd, werden jedoch überwiegend einjährig kultiviert.
Sorten: Von den *I.*-Neu-Guinea-Hybriden eignen sich für die Balkon- und Ampelbepflanzung u. a. die niedrigwüchsigeren Sorten 'Tango' (orangefarbene Blüten, dunkelgrünes Laub, samenvermehrbar, Höhe 20–30 cm), 'Aglia' (pinkfarbene Blüten, grün-gelbes Laub, Höhe 25–35 cm), 'Samoa' (weiße Blüten, grünlaubig, kompakter Wuchs, Höhe 25–35 cm), 'Antigua' (orangerote Blüten, grünlaubig, kompakter Wuchs, Höhe 35 cm), 'Barbados'

Impatiens-Neu-Guinea-Hybride

(orangefarbene Blüten, olivgrünes Laub, kompakter Wuchs, Höhe 35 cm), 'Trinidad' (purpurlila Blüten, dunkelgrünes Laub, kompakter Wuchs, Höhe 35 cm), 'Spectra' (Mischung aus 8 Farben, grünes, braunes, auch hell geflecktes Laub, samenvermehrbar, Höhe 30–40 cm), 'Isopa' (purpurrosa Blüten, dunkel olivgrünes Laub, Höhe bis 50 cm). Von *I. walleriana* werden überwiegend Serien von F_1-Hybriden angeboten, z. B. 'Chico' (Zwergsorte in verschiedenen Farben, unzählige kleine Blüten, Höhe 15 cm), 'Accent' (19 verschiedene

Farben, großblumig, Höhe 15–20 cm), 'Concorde' (9 verschiedene Farben, großblumig, Höhe 15–20 cm), 'Bellizzy' (18 verschiedene Farben, Höhe 15–25 cm).
Standortansprüche: Die Pflanzen bevorzugen einen nicht allzu sonnigen, halbschattigen Platz, doch vor allem Neu-Guinea-Impatiens gedeihen auch an schattigen Orten prächtig. Bei reichlicher Wasserversorgung können die Pflanzen sogar an sonnigen Stellen verwendet werden. Das Substrat sollte humos und locker sein, gut geeignet ist Einheitserde oder eine vergleichbare Substratmischung.
Verwendung: Die Pflanzen schmücken mit ihrer überschäumenden Blütenfülle Blumenkästen, Ampeln und sonstige Pflanzbehälter. Allein verschiedenfarbige Sorten des Fleißigen Lieschens und der Neu-Guinea-Impatiens ergeben schon abwechslungsreiche Ensembles. Ihre Begleitpflanzen wählt man am besten nach den Standortverhältnissen aus. An schattigen Plätzen empfehlen sich z. B. Fuchsien oder Knollenbegonien, in sonnigen Lagen können mit Hängeverbenen, Fächerblumen oder Männertreu auch blaue Farbakzente hinzugefügt werden.
Pflege: Beide Springkrautformen sind überaus frostempfindlich, schon Temperaturen unter 5 °C können Schäden verursachen. Die Pflanzen werden deshalb frühestens Ende Mai nach draußen gesetzt; dabei ist ein Abstand von 15–25 cm angebracht. Sie müssen gleichbleibend feucht gehalten werden, denn auf Schwankungen in der Wasserversorgung reagieren sie häufig mit vorzeitigem Blütenfall oder einer Verbräunung der Blattränder. Um ihre Blühfreudigkeit zu unterstützen, düngt man sie in zweiwöchigen Abständen mit niedrig dosiertem Volldünger und entfernt Verwelktes regelmäßig. Ein stärker verzweigter Wuchs läßt sich ganz einfach durch Stutzen langer Triebe erzielen.
Überwinterung: Nur bei noch jungen Pflanzen lohnt es sich, sie über den Winter zu bringen. Rechtzeitig vor den ersten Frösten müssen sie an einen hellen, temperierten (10–15 °C) Ort geräumt werden. Während der Wintermonate wird nur mäßig gegossen, das Substrat darf jedoch nie ganz austrocknen.
Vermehrung: Fleißige Lieschen lassen sich problemlos aus Samen ziehen, die man ab Anfang März aussät. Von den Neu-Guinea-Impatiens gibt es nur wenige Sorten (z. B. 'Spectra' oder 'Tango'), die samenvermehrbar sind. Alle genannten Formen kann man ebenso durch Stecklinge, die im Frühjahr von überwinterten oder gekauften Pflanzen geschnitten werden, nachziehen. Die Stecklinge bewurzeln sich sowohl in Anzuchterde wie auch in Wasser.
Schädlinge und Krankheiten: Spinnmilben, Blattläuse, Weiße Fliege, Thripse; Grauschimmel und Wurzelfäulnis bei Staunässe

Iochroma
Veilchenstrauch

Iochroma cyaneum

Arten: *I. cyaneum* (auch *I. tubulosum, I. lanceolatum*), *I. coccineum*
Familie: Nachtschattengewächse *(Solanaceae)*
Herkunft: tropisches Mittelamerika und nördliches Südamerika
Blütenfarbe: *I. cyaneum* blauviolett, auch rosa, purpurrot oder hellblau, *I. coccineum* scharlachrot
Blütezeit: Mai bis Oktober, bei günstiger Überwinterung auch bis in den Winter hinein
Höhe: 1,5–2,5 m, selten auch höher
Merkmale: Veilchensträucher begeistern durch die üppige Fülle ihrer kräftig gefärbten Blüten, die über einen langen Zeitraum hinweg erscheinen. Die langtriebigen, wenig verzweigten Sträucher wachsen als Spreizklimmer und benötigen daher im Kübel eine Stütze oder müssen aufgebunden werden. Beide Arten sind immergrüne Gehölze mit großen, elliptischen, kräftig grünen Blättern, die bei *I. cyaneum* einen Haarfilz tragen. Die langen Röhrenblüten dieser Art zeigen einen gewellten Saum. Sie bilden sich in sehr dichten Büscheln an den Enden und in den oberen Blattachseln der Triebe. Ihre Farbe ist meist ein dunkles Veilchenblau, aus dem Innern der Röhre blitzt es weißlich heraus. Es gibt jedoch auch Sorten mit rosafarbenen, purpurroten oder hellblauen Blüten. *I. coccineum* besitzt dagegen scharlachrote, nur etwa halb so lange und im Innern gelbliche Blüten, die denjenigen des Hammerstrauchs ähneln.
Sorten: Im Handel findet man Sorten von *I. cyaneum* meist ohne einen eigenen Sortennamen, sondern nur unter Angabe der jeweiligen Blütenfarbe angeboten. Teilweise werden sie auch als *I.*-Hybriden bezeichnet.
Standortansprüche: Die Pflanzen benötigen einen sonnigen bis halbschattigen, warmen, windgeschützten Platz. Als Substrat eignet sich Einheitserde oder eine vergleichbare nährstoffreiche, lehmig-humose und durchlässige Erdmischung.
Verwendung: Veilchensträucher werden als reichblühende Kübelpflanzen bevorzugt an einer schützenden Hauswand gezogen, an der man einem Spalier Halt geben oder die Triebe aufbinden kann. Hübsch wirken sie außerdem als Hochstämmchen. Sie lassen sich gut mit anderen tropischen und subtropischen Blütenpflanzen wie Hammersträuchern, Kassien, Fuchsien oder Engelstrompeten, aber auch mit Palmen kombinieren.
Pflege: Während der Wachstumszeit benötigen die Pflanzen reichlich Wasser und Nährstoffe. Die großen, weichen Blätter, die viel Wasser verdunsten, machen Veilchensträucher gegen Ballentrokkenheit sehr empfindlich. Sie lassen dann schnell die Blätter hängen, und man muß sie daher immer ein wenig feucht halten. Gedüngt wird etwa alle 2 Wochen. Die Triebe sollte man an einem im Topf angebrachten Spalier oder an einzelnen Stäben aufbinden, doch Vorsicht, sie brechen

leicht ab. Jungpflanzen werden einige Male entspitzt oder gestutzt, damit sie sich buschiger entwickeln. Bei Bedarf können Veilchensträucher gut zurückgeschnitten oder in Form gebracht werden. Dies geschieht am besten nach der Blüte bzw. vor dem Einräumen ins Winterquartier und ist besonders für ältere Exemplare zu empfehlen, die dazu neigen, an den unteren Triebabschnitten zu verkahlen.
Überwinterung: Vor den ersten Frösten bringt man die Sträucher in ein temperiertes (10–15 °C), helles und etwas luftfeuchtes Winterquartier. Während der Überwinterung werden sie nur ab und zu gegossen, dürfen aber nicht austrocknen. Man kann Veilchensträucher auch bei 5–10 °C kühl, lufttrocken und dunkler überwintern. Sie werfen dann die Blätter meist vollständig ab und dürfen lediglich sehr sparsam gewässert werden. Nach den letzten Spätfrösten stellt man die Pflanzen wieder ins Freie.
Vermehrung: Veilchensträucher lassen sich im Frühsommer leicht durch krautige, also weiche Kopfstecklinge oder im Spätsommer durch halbreife Kopfstecklinge vermehren.
Schädlinge: Spinnmilben, Blattläuse, Weiße Fliege
Tip: Die Blütezeit der Veilchensträucher kann durch den Schnitt und die Überwinterungsbedingungen beeinflußt werden. Blüten entwickeln sich erst, wenn die Triebe eine gewisse Länge erreicht haben. Schneidet man die Pflanzen im Herbst stark zurück, so beginnt die Blüte im Folgejahr entsprechend später als bei ungeschnittenen Exemplaren. Stellt man die Pflanzen im Herbst nicht zu kühl, läßt sich die Blütezeit oft bis in den Winter hinein ausdehnen.

Iochroma cyaneum

Ipomoea
Prunkwinde, Trichterwinde

Art: *I. tricolor* (auch *I. rubrocaerulea, I. violacea, Pharbitis rubrocaerulea*, Dreifarbige Prunkwinde)
Familie: Windengewächse *(Convolvulaceae)*
Herkunft: tropisches Amerika
Blütenfarbe: blau, rot, weiß
Blütezeit: Juli bis Oktober
Höhe: 2–3 m
Merkmale: Die Dreifarbige Prunkwinde schlingt sich mit ihren verzweigten Stengeln an Spalieren, Geländern oder anderen Klettergerüsten rasch in die Höhe. Dabei bilden ihre großen, herzförmig zugespitzten Blätter eine dichte, frischgrüne Laubwand. Im Sommer schmückt sich die in der Regel nur einjährig gezogene Staude mit vielen großen Trichterblüten, die sich nacheinander öffnen. Bemerkenswert ist deren faszinierendes Farbspiel: Intensiv blau gefärbt, tragen sie beim Aufblühen zunächst einen rötlichen Saum, der bald ein charakteristisches Himmelblau annimmt. Zum Schlund des Trichters hin geht die Farbe in Weiß und Gelb über. Häufig schließen sich die farbenprächtigen Blüten schon am Nachmittag, wenn die Lichtintensität abnimmt. Alle Pflanzenteile, insbesondere die Früchte, enthalten Giftstoffe.

Ipomoea tricolor

Sorten: (jeweils 2–3 m hoch) 'Crimson Rambler' (karminrot), 'Himmelblau' (auch als 'Heavenly Blue' geführt; himmelblau), 'Pearly Gates' (auch als 'White Magic' geführt; rein weiß), 'Praecox' (himmelblau, frühblühend), 'Scarlett O'Hara' (dunkel karminrot)
Standortansprüche: Die Dreifarbige Prunkwinde braucht einen Standort in vollsonniger, geschützter Lage, um ihre ganze Pracht entfalten zu können. Das Substrat sollte locker sein, am besten wird sie in Einheitserde oder eine vergleichbare Erdmischung gepflanzt.
Verwendung: Von größeren Kübeln oder Kästen aus erobert die Dreifarbige Prunkwinde schnell Kletterhilfen wie Drahtgitter, Spaliere, Geländer oder Zäune. Sie bildet nicht nur einen wirkungsvollen Sichtschutz, sondern sorgt auch für wohltuenden Schatten. Ist im Pflanzgefäß noch genügend Platz, kann er mit weiß- oder gelbblühenden Arten wie Duftsteinrich, Weißer Zwergmargerite oder Gelbem Gänseblümchen gefüllt werden. Sehr hübsch wirken außerdem Blaue Gänseblümchen als Begleiter, da sie die Blütenfarben der Prunkwinde aufgreifen.
Pflege: In der zweiten Maihälfte pflanzt man die Prunkwinde in das vorgesehene Pflanzgefäß, wobei man sie leicht schräg zur Kletterhilfe hin geneigt einsetzt. Regelmäßiges Gießen ist wichtig, da das Substrat nicht austrocknen darf. Die schnell wachsende Pflanze hat einen hohen Nährstoffbedarf und sollte in zweiwöchigen Abständen gedüngt werden.
Vermehrung: Die Stauden werden aus Samen herangezogen, die man im März/April ausbringt. Von Anfang an sollte den Jungpflanzen eine Kletterhilfe angeboten werden, an der sie sich nach oben winden können. Einmaliges Entspitzen fördert die Bildung von Verzweigungen.
Schädlinge: Spinnmilben

J

Jasminum mesnyi

Jasminum
Jasmin

Arten: *J. polyanthum*, *J. mesnyi* (auch *J. primulinum*, Primeljasmin, Chinesischer Jasmin)
Familie: Ölbaumgewächse *(Oleaceae)*
Herkunft: *J. polyanthum* Südwestchina, *J. mesnyi* vermutlich aus Westchina
Blütenfarbe: *J. polyanthum* weiß, *J. mesnyi* gelb
Blütezeit: *J. polyanthum* Mai bis Juli, bei warmer Überwinterung auch schon im Winter, *J. mesnyi* März bis April
Höhe: *J. polyanthum* 0,75–3 m und höher, je nach Höhe des Spaliers, *J. mesnyi* 0,5–2 m, selten höher
Merkmale: Der Name Jasmin weckt unwillkürlich die Vorstellung eines angenehmen Duftes, eine Erwartung, die besonders *J. polyanthum* erfüllt. Diese Art schlingt ihre zunächst weichen, später an der Basis verholzenden, langen Triebe um jede erreichbare Stütze. Das immergrüne bis halbimmergrüne Gehölz trägt kräftig dunkelgrüne Laubblätter, die meistens aus 7 elliptischen, lang zugespitzten Teilblättchen bestehen. In den Blattachseln erscheinen üppige Trauben betörend duftender, rein weißer Blüten, die in der Knospe und später auf der Außenseite zartrosa überhaucht sind. Ihre 5 Kronblätter bilden am Grund eine lange Röhre, die sich nach oben jedoch sternartig öffnet. Der reichblühende Primeljasmin entwickelt zwar ebenfalls lange Triebe, die aber nicht schlingen, sondern nach Art der Spreizklimmer in die Höhe ranken. Meist läßt man sie allerdings rutenartig aus dem Kübel herabhängen. Die Fiederblätter, die an den auffallend vierkantigen Zweigen stehen, setzen sich bei ihm aus jeweils 3 lanzettlichen Teilblättchen zusammen. Häufig werden sie im Herbst bzw. bei kalter Überwinterung abgeworfen. Diese Art bringt überwiegend halbgefüllte, leuchtend gelbe Blüten hervor, die jedoch weit weniger intensiv duften als diejenigen von *J. polyanthum*.
Standortansprüche: Beide Jasminarten gedeihen am besten an einem warmen, sonnigen bis halbschattigen, vor praller Mittagssonne, Regen und Wind geschützten Platz. Das Substrat muß nährstoff- und humusreich, lehmig

Jasminum polyanthum

und durchlässig sein, auch Einheitserde ist gut geeignet. Die Gefäße versieht man stets mit einer starken Dränageschicht.
Verwendung: Die schlingende Art *J. polyanthum* wird am Spalier oder Drahtgestell gezogen und entweder frei stehend oder vor einer Hauswand aufgestellt, wo man die Rankhilfe anlehnen kann. Sehr hübsch wirken andere Kletterpflanzen wie blaublühende Prunk- oder Trichterwinden dazu. Der zeitig im Jahr blühende Primeljasmin kann in Balkonkästen oder Kübeln mit frühblühenden Zwiebel- und Knollengewächsen wie Tulpen, Krokussen oder Narzissen ergänzt sowie mit anderen dann ebenfalls im Flor stehenden Kübelsträuchern, etwa dem Immergrünen Schneeball, kombiniert werden. Am besten plaziert man ihn zur Blüte an einen etwas erhöhten Standort, wo seine Triebe locker herabhängen können. Einen schönen Anblick bietet der Primeljasmin auch, wenn er an einem Spalier hochgebunden oder als Hochstämmchen gezogen wird.
Pflege: *J. polyanthum* benötigt während der Wachstumszeit reichlich Wasser und Nährstoffe. Er wird regelmäßig gegossen und etwa alle 2 Wochen gedüngt. Sowohl Staunässe als auch Ballentrockenheit sollte man unbedingt vermeiden. Die langen Triebe müssen immer wieder befestigt werden, sei es an einem Spalier aus Bambus, einem in Form gebogenen Gestell aus dickem Draht oder einer anderen Kletterhilfe. Auch der Primeljasmin wird bis zum Herbst regelmäßig gegossen, jedoch nur alle 3–4 Wochen gedüngt. Seine Triebe läßt man sich einfach ausbreiten bzw. herabhängen oder bindet sie an einem Spalier auf. Bei beiden Arten schneidet man Verblühtes laufend ab, um die Bildung neuer Blüten anzuregen. Bei Bedarf kann man die Pflanzen nach der Blütezeit beliebig stark zurückschneiden. Sehr lange, wenig beblätterte Triebe ent-

fernt man ganz. Jungpflanzen sollten einige Male entspitzt und zurückgeschnitten werden. Beim Umtopfen ist es ratsam, ein etwas größeres Gefäß als üblich zu wählen, da die Arten äußerst raschwüchsig sind und entsprechend viel Erde benötigen.
Überwinterung: *J. polyanthum* wird vor den ersten Frösten in ein kühles, helles und trockenes Winterquartier eingeräumt, in dem die Temperatur etwa 5–10 °C betragen sollte. Während der Überwinterung gießt man nur sparsam, läßt den Ballen jedoch nicht austrocknen. Wenn keine Spätfröste mehr zu erwarten sind, wird der Schlinger ins Freie zurückgebracht. Man kann ihn aber auch bei etwa 15–20 °C im Zimmer an einem etwas luftfeuchten, möglichst hellen Platz überwintern. Er wird hier regelmäßig gegossen und blüht dann bereits im Spätwinter, etwa ab Januar, und im folgenden Sommer im Freien teilweise nochmals.
Den Primeljasmin braucht man erst recht spät einzuräumen. Es schadet ihm auch nicht, wenn der Ballen bereits durchgefroren ist. Spätestens wenn die Temperaturen unter –10 °C zu sinken drohen, muß aber auch er in ein Winterquartier umziehen. Man stellt ihn sehr kalt, möglichst bei 0–5 °C, an einen dunklen Ort und gießt nur spärlich, gerade so viel, daß der Ballen nicht völlig austrocknet. Schon im Februar oder März kann man ihn wieder an seinen Platz im Freien zurückstellen.
Vermehrung: Die Pflanzen können im Sommer durch halbreife Kopf- oder Triebstecklinge vermehrt werden, die sich bei etwa 20 °C am besten bewurzeln.
Schädlinge: Spinnmilben

L

Lagerstroemia
Lagerströmie

Art: *L. indica* (Kreppmyrte, Lagerströmie, Toskanischer Flieder)
Familie: Weiderichgewächse *(Lythraceae)*
Herkunft: Ostasien
Blütenfarbe: purpurrot, auch weiß, rosa, dunkelrot oder violett
Blütezeit: Juli bis Oktober
Höhe: 1–3 m, teilweise auch höher
Merkmale: Die zur Blütezeit an Flieder erinnernde Kreppmyrte ist als robuster und reichblühender, laubabwerfender kleiner Baum sowohl im Mittelmeerraum als auch in vielen anderen warmen Ländern überaus beliebt und wird dort gern gepflanzt. Sie läßt sich aber ebenso im Kübel kultivieren, wo man sie durch Schnitt strauchförmig halten kann oder als Hochstämmchen zieht. Auch ohne Blüten wirken die Triebe überaus dekorativ, da sie sehr regelmäßig mit gegenständigen, breitelliptischen Blättern besetzt sind. An älteren Exemplaren wird die arttypische glatte, rosabraune Rinde sichtbar. Im Hochsommer zeigen sich an den Triebspitzen zahlreiche kegelförmige Blütenrispen. Sie sind sehr dicht mit intensiv gefärbten oder weißen Blüten bestückt, deren Kronblätter sich nach außen hin verbreitern und einen gekräuselten Rand aufweisen.
Sorten: Zwar gibt es von *L. indica* viele, insbesondere amerikanische Sorten in den verschiedensten Blütenfarben, doch werden in Mitteleuropa die Pflanzen nur selten unter einem Sortennamen angeboten. Meist wird lediglich die Farbe genannt. Manchmal sind im Handel erhältlich (Höhe jeweils 1–3 m) 'Catawba' (purpurrot), 'Lavender Dwarf' (lavendelfarben), 'Nivea' (weiß, frühblühend), 'Okmulgee' (tief dunkelrot), 'Rosea' (leuchtend rosafarben).
Standortansprüche: An einem vollsonnigen, möglichst warmen, regen- und windgeschützten Platz fühlen sich die Pflanzen besonders wohl. Je wärmer der Standort ist, desto reicher wird die Blüte ausfallen. Kreppmyrten benötigen ein nährstoffreiches, durchlässiges Substrat. Verwendet man Einheitserde, sollte sie mit etwas Sand gemischt werden. Die Gefäße müssen über eine wirksame Dränage verfügen.
Verwendung: Als Hochstämmchen wirken die reichblühenden Kübelpflanzen ausgesprochen attraktiv. Sie passen sehr gut zu anderen Sträuchern mit farblich auf sie abgestimmten Blüten, wie etwa Hibiskus, Wandelröschen, Oleander oder Sternjasmin. Vor einem dunkelgrünen Hintergrund aus Lorbeer, Zypressen, Aukuben oder anderen Blattschmuckpflanzen leuchten ihre Blüten besonders kräftig.
Pflege: Während der Wachstumszeit benötigen Kreppmyrten mäßige bis reichliche, vor allem aber sehr gleichmäßige Wasser- und Nährstoffgaben. Insbesondere bis zur Blüte müssen sie stets leicht feucht gehalten werden, sonst lassen sie häufig die Knospen fallen. Sowohl Ballentrockenheit als auch Staunässe vertragen sie schlecht. Gedüngt werden die Pflanzen etwa alle 3 Wochen. Da Kreppmyrten nur an einjährigen Trieben blühen, sollte man sie im Herbst oder vor dem Austrieb im Frühjahr scharf zurückschneiden. Gleichzeitig kann man die Sträucher auch etwas auslichten und dadurch den Blütenansatz fördern, denn dünne Triebe blühen nur spärlich. Umgetopft wird lediglich etwa alle 3–4 Jahre, wobei man ein eher größeres Gefäß als gewöhnlich wählt.

Lagerstroemia indica

Überwinterung: Vor den ersten Frösten räumt man die Pflanzen in ein kühles (5–10 °C) und trockenes Winterquartier ein, das auch dunkel sein kann, da die Blätter im Herbst ohnehin abgeworfen werden. Während der Überwinterung gießt man nur sparsam, der Ballen darf jedoch nicht austrocknen. Wenn die Sträucher auszutreiben beginnen, stellt man sie hell und etwas wärmer. Allmählich steigert man auch die Gießmengen. Nach den letzten Spätfrösten werden die Pflanzen dann wieder ins Freie gebracht.

Vermehrung: Kreppmyrten können im Sommer durch Aussaat oder ebenso durch halbreife Kopfstecklinge vermehrt werden.
Schädlinge und Krankheiten: Spinnmilben, Blattläuse; Echter Mehltau, Grauschimmel

Lampranthus
Mittagsblume, Feuer von Granada

Arten: *L. aurantiacus, L. conspicuus, L. haworthii, L. spectabilis*
Familie: Eiskraut- oder Mittagsblumengewächse *(Aizoaceae)*
Herkunft: trockenes Bergland in Südafrika
Blütenfarbe: rot bis purpurrot, *L. aurantiacus* orange
Blütezeit: Juni bis September
Höhe: 20–40 cm
Merkmale: Die sukkulenten, d. h. an die Trockenheit ihrer Heimat angepaßten niedrigwüchsigen Sträucher sind ausgesprochene Sonnenanbeter und blühen am richtigen Standort die ganzen Sommermonate hindurch. Ihre großen, glänzenden Strahlenblüten erscheinen in überaus reicher Zahl und sitzen dem dichten Kissen aus dünnen, zylindrischen, häufig grau bereiften Blättern auf. Die einzelnen Arten unterscheiden sich nur wenig voneinander. Einzig *L. aurantiacus* trägt orangefarbene, die übrigen hell- bis intensiv purpurrote Blüten, die sich lediglich bei Sonnenschein öffnen.
Standortansprüche: Mittagsblumen brauchen direkte Sonne und einen regengeschützten, warmen Platz. Als Substrat verwendet man Einheitserde, die zu mindestens einem Drittel mit Sand vermischt wurde. Außerdem ist eine Dränageschicht in den Gefäßen ratsam.
Verwendung: Auf vollsonnigen, heißen Balkonen oder Terrassen entfachen die Mittagsblumen gleichsam ein rotes Blütenfeuerwerk. Außer zur Bepflanzung von Blumenkästen und -schalen eignen sich die niederliegenden Arten auch für Ampeln. Als Begleitpflanzen passen zu den farbintensiven Mittagsblumen am besten Arten mit Blütenfarben von ähnlicher Leuchtkraft, etwa gelb- oder orangeblühende Gazanien, kleinblumige Studentenblumen oder Sterntaler.
Pflege: Die äußerst frostempfindlichen Mittagsblumen sollten nicht vor Ende Mai nach draußen gesetzt werden. Man braucht die Pflanzen nur mäßig zu gießen, auch eine längere Trockenheit schadet ihnen nicht. Es empfiehlt sich, sie in zwei- bis vierwöchigen Abständen mit niedrig dosiertem Volldünger zu versorgen. Zusammen mit dem regelmäßigen Entfernen verwelkter Blütenstände trägt dies zur stetigen Neubildung von Knospen bei.
Überwinterung: Rechtzeitig vor den ersten Nachtfrösten müssen die Sträucher in einen hellen, kühlen (5–10 °C) Raum gebracht werden. Den Winter über können sie nahezu trocken stehen. Spätestens zu Beginn der Balkonpflanzensaison in der zweiten Maihälfte topft man überwinterte Exemplare um. Meist haben sich Mittagsblumen nach etwa 3 Jahren erschöpft und sollten dann durch Jungpflanzen ersetzt werden.
Vermehrung: Mittagsblumen können sowohl durch Teilung als auch durch Stecklinge oder durch Samen vermehrt werden. Der beste Zeitpunkt für alle Vermehrungsmethoden ist das zeitige Frühjahr.

Lampranthus spectabilis

Lantana
Wandelröschen

Arten: *L.-Camara*-Hybriden (Wandelröschen, Lantanen), *L. montevidensis* (auch *L. sellowiana, L. delicatissima*)
Familie: Eisenkraut- oder Verbenengewächse *(Verbenaceae)*
Herkunft: *L. camara*, die Stammart der *L.-Camara*-Hybriden, stammt aus dem tropischen Amerika und ist weltweit in vielen tropischen Ländern eingebürgert. *L. montevidensis* ist in tropischen und subtropischen Gebieten Brasiliens und Uruguays heimisch.
Blütenfarbe: *L.-Camara*-Hybriden weiß, gelb, orange, rosa, rot, violett, häufig mit

Lampranthus haworthii

andersfarbigem Auge, *L. montevidensis* rosaviolett, oft mit weißlichem Auge
Blütezeit: Mai bis Oktober, bei warmer Überwinterung auch noch länger
Höhe: *L.-Camara*-Hybriden 75–150 cm, selten höher, *L. montevidensis* 30–50 cm
Merkmale: Wegen ihrer überaus reichen, langanhaltenden Blüte sind Wandelröschen beliebte und überdies sehr robuste und pflegeleichte Kübelpflanzen. Die Triebe der rasch wachsenden, immergrünen Sträucher tragen eine dichte Belaubung mit elliptischen, kräftig dunkelgrünen Blättern, die stark runzelig wirken und rauh behaart sind. Am Ende der Triebe erscheinen halbkugelige, dichte Blütenstände. Jede Einzelblüte hat eine lange Kronröhre mit einem verbreiterten Saum, und oft zeigt sich darin ein kontrastierendes Auge. Vom Öffnen bis zum Verblühen verändert sich in meist auffälliger Weise ihre Farbe – daher der Name Wandelröschen. Die äußeren Blüten, die sich stets als erste öffnen, färben sich im Lauf der Zeit immer dunkler, wobei sich häufig sogar der Farbton ändert. So leuchten

etwa die inneren, zuletzt aufgeblühten Einzelblüten noch orangefarben, während die äußeren bereits rot erscheinen. Es gibt aber auch Sorten, deren Blütenfarben sich nur in ihrer Intensität wandeln.
L. montevidensis wächst lediglich schwach in die Höhe und stärker in die Breite, beinahe kriechend. Der kleine Strauch bildet zartere Triebe mit deutlich kleineren Blättern, hat jedoch sehr ähnliche Blütenstände wie die *L.-Camara*-Hybriden. Seine hübschen Blüten sind rosaviolett gefärbt, tragen meist ein weißliches Auge und erscheinen ebenfalls in reicher Fülle.
Sämtliche Wandelröschen enthalten in allen Teilen starke Giftstoffe.

Lantana montevidensis

Sorten: Von den *L.-Camara*-Hybriden sind u. a. im Handel (Höhe jeweils 50–150 cm) 'Arlequin' (dunkelrosa mit gelbem Auge), 'Fabiola' (lachsrosa mit gelbem Auge), 'Goldsonne' (zitronengelb), 'Hybrida' (orange), 'Naide' (weiß mit gelbem Auge), 'Professor Raoux' (scharlachrot mit orangefarbenem Auge), 'Varia' (gelb, die äußeren Blüten verfärben sich purpurn, die inneren orange).
Standortansprüche: Die Pflanzen bevorzugen einen vollsonnigen, warmen, vor Wind und Regen geschützten Platz. Als Substrat eignet sich Einheitserde oder eine vergleichbare nährstoffreiche, durchlässige Mischung.
Verwendung: Wandelröschen werden häufig als Hochstämmchen im Kübel gezogen, weil dadurch ihre üppige Blütenfülle an den allseits ausgebreiteten, sowohl aufrechten als auch herabhängenden Trieben am besten zur Geltung kommt. Noch junge, buschige *L.-Camara*-Hybriden kann man überdies im Balkonkasten ziehen. *L. montevidensis* wirkt sowohl im Kübel, aufgebunden an einem Spalier, wie auch herabhängend als Ampelpflanze oder aber im Balkonkasten sehr attraktiv. Beide Arten können mit tropischen und mit mediterranen Kübelpflanzen gut kombiniert werden. Schön machen sich z. B. violette Nachtschatten und Prinzessinenblumen, blaue Bleiwurz, gelbe Kassien, gelbe oder rote Schönmalven, farblich passende Bougainvilleen oder Fächerblumen als Nachbarn, nicht weniger auch üppige Blattschmuckpflanzen. Für den Balkonkasten ist die Auswahl an harmonierenden Begleitpflanzen kaum geringer; sehr ansprechend sieht z. B. eine Kombination mit Blauen Gänseblümchen oder Männertreu aus.
Pflege: Während der Wachstumszeit benötigen Wandelröschen reichlich Wasser und Nährstoffe. Sie werden regelmäßig gegossen und etwa alle 2 Wochen gedüngt. Gegen Ballentrockenheit sind sie sehr empfindlich und lassen dann leicht die Blätter fallen. Um einen langanhaltenden Flor zu erzielen, müssen Verblühtes und eventuell gebildete Früchte laufend entfernt werden. Die Pflanzen können problemlos zurückgeschnitten und in Form gebracht werden, was am besten regelmäßig im Herbst vor dem Einräumen geschieht. Sie überwintern dann besser und treiben im Frühjahr willig wieder aus. Man kann sie aber auch erst im Spätwinter stutzen. Jungpflanzen sollte man mehrmals entspitzen, damit sie sich möglichst reich verzweigen. Als Hochstämmchen gezogen, brauchen Wandelröschen zeitlebens eine Stütze.
Überwinterung: Vor den ersten Frösten werden die Pflanzen in ein temperiertes oder kühles, helles, lufttrockenes Winterquartier eingeräumt. Die Temperatur darin sollte etwa 6–15 °C betragen. Stehen die Pflanzen wärmer, blühen sie oft noch bis in den Winter hinein. Allerdings treiben sie dann häufig schon sehr früh aus und entwickeln übermäßig lange, dünne Triebe. Während der Überwinterung werden sie ab und zu gegossen, der Ballen darf nicht austrocknen. Sobald sich die ersten neuen Triebe zeigen, werden die Pflanzen möglichst hell gestellt und etwas stärker gegossen. Nach den letzten Spätfrösten bringt man sie ins Freie, wo sie ganz allmählich an die volle Sonne gewöhnt werden, sonst leiden die Blätter leicht unter Sonnenbrand.
Vermehrung: Die Pflanzen vermehrt man am besten im Frühjahr durch krautige oder im Spätsommer durch halbreife Kopfstecklinge. Diese werden in ein sandreiches Substrat getopft, in dem sie sich bei einer Bodenwärme von etwa 20 °C gut bewurzeln. Bis zum Ausräumen im folgenden Frühjahr sollten sie an einem hellen Platz im Zimmer bleiben.
Schädlinge: Spinnmilben, Blattläuse, Weiße Fliege
Tip: Blühende Wandelröschen locken eine Vielzahl von Schmetterlingen an, die sich an ihrem Nektar gütlich tun – eine reizvolle Beobachtungsmöglichkeit auf Balkon oder Terrasse.

Lantana-Camara-Hybride

Lathyrus
Platterbse

Art: *L. odoratus* (Duftwicke, Edelwicke, Wohlriechende Wicke)
Familie: Schmetterlingsblütler *(Leguminosae)*
Herkunft: Gebüsche in Süditalien und Sizilien
Blütenfarbe: weiß, rosa, lachsfarben, apricot, rot, blau, violett
Blütezeit: Juni bis September
Höhe: 20–200 cm
Merkmale: Duftwicken bezaubern durch ihre anmutigen Blüten, die schmetterlingsähnlich an kantigen Stielen sitzen und angenehm duften. Ihre Farbpalette ist überaus reichhaltig, neben pastelligen Schattierungen wie lachsfarben, apricot oder zartrosa sind auch kräftige Rot- und Violettöne sowie strahlendes Weiß vertreten. Die einjährige Sommerblume kann sich mit Hilfe von Blattranken an Kletterhilfen in stattliche Höhen winden, es gibt aber ebenfalls niedrige, buschig wachsende Sorten. Alle Pflanzenteile der Duftwicke, vor allem jedoch ihre Früchte, enthalten Giftstoffe.

Lathyrus odoratus

Sorten: Zu den niedrigwüchsigen Sorten gehören u. a. 'Little Sweetheart' (Prachtmischung zarter Farbtöne, buschiger Wuchs, Höhe 20–25 cm), 'Super Snoop' (Farbmischung, Höhe 40 cm) sowie 'Knee Hi' (Prachtmischung, stützt sich selbst und braucht daher kein Rankgerüst, Höhe 50–60 cm); hochwüchsige Sorten (Höhe jeweils bis 200 cm) sind z. B. 'Cuthbertson Floribunda' (frühblühende Prachtmischung), 'Mammut' (als Prachtmischung und in 10 Einzelfarben), 'Royal' (als Prachtmischung und in 8 Einzelfarben).
Standortansprüche: Die Pflanzgefäße der Duftwicke sollten an einem sonnigen bis halbschattigen, windgeschützten Platz aufgestellt werden. Die kalkverträglichen Pflanzen setzt man am besten in Einheitserde oder eine andere nährstoffreiche Substratmischung.
Verwendung: Mit ihren bezaubernden Blüten und dem lockeren Wuchs verbreiten Duftwicken ländlichen Charme auf Balkon und Terrasse. An Kletterhilfen wie Drähten oder Schnüren lassen sich die langen Triebe der höher wachsenden Sorten problemlos nach oben lenken, so daß sie eintönige Wandflächen verdecken. Die nicht kletternden, sondern buschig wachsenden Sorten können ohne weiteres in Balkonkästen und Töpfe gesetzt werden. Zu den farbenfrohen Gewächsen mit Wildblumencharakter sind Spanisches Gänseblümchen, verschiedene Glockenblumen oder die Kletternde Kapuzinerkresse eine hübsche Ergänzung.
Pflege: Jungpflanzen werden ab Mai mit etwa 10 cm Abstand in die vorgesehenen Gefäße gepflanzt. Hohen Sorten muß man gleich von Beginn an eine Rankhilfe anbieten. Regelmäßiges, ausgewogenes Gießen und Düngergaben in zweiwöchigen Abständen fördern Wuchskraft und Blühfreudigkeit. Verwelktes sollte man bald abschneiden, damit die Pflanzen ihre Energie nicht in die Samenbildung stecken, sondern in die Entwicklung neuer Knospen investieren. Häufiger Schnitt unterstützt ebenfalls die Blütenneubildung.
Vermehrung: Die einfachste Methode ist, die Samen der Duftwicke ab Mitte April direkt in das gewünschte Pflanzgefäß auszubringen. Etwa 2 Wochen nach Erscheinen der Keimlinge sollte man etwas Erde um sie anhäufeln, damit die Pflänzchen mehr Standfestigkeit bekommen.
Schädlinge und Krankheiten: Blattläuse; Echter Mehltau, Grauschimmel, Wurzelfäulnis bei Staunässe, Blattfleckenkrankheiten

Laurus
Lorbeer

Art: *L. nobilis* (Lorbeerbaum, Gewürzlorbeer)
Familie: Lorbeergewächse *(Lauraceae)*
Herkunft: feuchte, küstennahe Wälder im Mittelmeerraum
Blütenfarbe: unscheinbar grünlichgelb
Blütezeit: April bis Mai
Höhe: 100–200 cm, selten auch höher
Merkmale: Als aromatisches Küchengewürz sind die elliptischen, am Rand leicht gewellten und schön glänzenden Blätter des Lorbeerbaums allbekannt, bei den Griechen

Laurus nobilis

und Römern galten sie, zum Kranz gewunden, als Sieges- und Ehrensymbol. Zur Renaissancezeit wurde der immergrüne Strauch oder kleine Baum zur beliebten Kübelpflanze, und noch heute ist ein klassischer Kübelpflanzengarten ohne ihn undenkbar. Im Frühjahr erscheinen in den Blattachseln kurze Rispen unauffälliger, kleiner Blüten, die 4 grünlichgelbe Kronblätter tragen. Sie sind eingeschlechtig und zweihäusig verteilt, d. h., es gibt Pflanzen, die nur männliche und solche, die ausschließlich weibliche Blüten hervorbringen. Letztere bilden zur Fruchtzeit große schwarzglänzende Beeren aus. Früchte und Blätter enthalten ätherische Öle, die Hautreizungen und Allergien auslösen können.
Standortansprüche: Die Pflanzen bevorzugen einen vollsonnigen, windgeschützten Platz, gedeihen aber auch noch im Schatten. Als Substrat eignet sich eine nährstoff- und humusreiche Erdmischung, die gut durchlässig sein sollte. Auch Einheitserde läßt sich verwenden.
Verwendung: Aufgrund seiner guten Schnittverträglichkeit wird der Lorbeerbaum im Kübel vielfach als streng geschnittenes Formgehölz gezogen, sei es als Hoch-

stämmchen mit kugelförmiger Krone, sei es in Säulenform oder als Pyramide. Doch auch als frei wachsender Busch ist er sehr dekorativ. Sein dezentes Grün bildet einen harmonischen Hintergrund für jegliche Blütenfarben anderer Kübelpflanzen, wobei mediterrane Arten wie Zitrusgewächse, Granatapfel, Brautmyrte oder Oleander sowie auch Kamelien besonders gut dazu passen.

Pflege: Während der Wachstumszeit benötigen Lorbeerbäume reichlich Wasser und mäßige Nährstoffgaben. Sie dürfen weder staunaß stehen, noch darf der Ballen austrocknen. Man hält sie stets leicht feucht, gedüngt wird etwa alle 3 Wochen. Sehr gut bekommt ihnen eine gelegentliche Dusche mit der Gartenbrause. Jungpflanzen, aber auch ältere Exemplare sollte man immer wieder entspitzen, um einen buschigen, dichten Wuchs anzuregen. Regelmäßig, am besten im Spätsommer oder im Spätwinter, werden die Pflanzen in Form geschnitten. Dabei sollte man sich die Mühe machen, Spitzentriebe grundsätzlich am Holz abzuschneiden. Scherte man entlang einer gedachten Linie, würde unweigerlich ein Teil der großen Blätter zerstückelt. Deren Ränder würden dann eintrocknen und braun werden. Besondere Sorgfalt beim Schnitt erfordern streng formierte Pflanzen. Bei ihnen ist auch auf die im Sommer gebildeten, sehr starkwüchsigen Wasserreiser zu achten, die man vom Ansatz weg entfernt, sowie auf verkahlende Stellen, die entsprechend auszuschneiden sind. Ein Umtopfen ist nur alle 3–4 Jahre nötig, ältere Exemplare brauchen noch seltener einen neuen Topf. Bei größeren Kronenbäumen oder Hochstämmchen empfiehlt sich eine sichere Gefäßverankerung, damit sie bei starkem Wind nicht umfallen.

Überwinterung: Lorbeerbäume vertragen leichten Frost und können daher relativ spät eingeräumt werden. Sie kommen in ein etwa 5 °C kühles, helles und lufttrockenes Winterquartier. Ab und zu sollte man dort gut lüften. Auch während der Überwinterung müssen die Pflanzen gegossen werden. Sie dürfen nicht austrocknen, aber ebenso nicht zu feucht stehen. Wenn die Gehölze frisch auszutreiben beginnen, stellt man sie heller und luftiger, um die Bildung langer, dünner Triebe zu vermeiden. Bereits ab März können sie wieder ins Freie gebracht werden, jedoch zunächst an einen halbschattigen Platz. Erst allmählich rückt man sie in die volle Sonne.

Vermehrung: Die Pflanzen lassen sich im Frühjahr oder Spätsommer durch halbreife Kopfstecklinge vermehren. Diese bewurzeln sich bei hellem, aber nicht vollsonnigem Stand und einer Temperatur von etwa 20 °C am besten. Manchmal bilden sich auch Wurzelschößlinge, die dann einfach abgetrennt und eingepflanzt werden können.

Schädlinge: Schildläuse

Laurus nobilis

Lavandula
Lavendel

Arten: *L. angustifolia* ssp. *angustifolia* (auch *L. officinalis, L. vera, L. spica*, Echter Lavendel), *L. stoechas* ssp. *stoechas* (Schopflavendel, Französischer Lavendel)

Familie: Lippenblütler *(Lamiaceae, Labiatae)*

Herkunft: Felsfluren und Magerrasen im Mittelmeerraum

Blütenfarbe: blauviolett, auch weiß oder rosa

Blütezeit: *L. angustifolia* ssp. *angustifolia* Juni bis August, *L. stoechas* ssp. *stoechas* Mai bis Juli

Höhe: 30–90 cm

Merkmale: Denkt man an Lavendel, glaubt man unwillkürlich den charakteristischen herben Duft wahrzunehmen, den der Halbstrauch verbreitet. Mit seinen meist blauvioletten Blüten und dem grauen Laub bringt er südländisches Flair auf Balkon und Terrasse. Der Echte Lavendel trägt zu kurzen Blütenähren zusammengefaßte Lippenblüten in violetten Tönen, aber auch weiße oder rosafarbene Varianten kommen vor. Seine silbergrau behaarten Blätter sitzen das ganze Jahr über an den buschig verzweigten Trieben. Der Schopflavendel bringt ebenfalls blauviolette, kompakte Blütenähren hervor. Sie erheben sich über den buschigen, dicht mit graufilzig behaarten Blättchen besetzten Halbstrauch. Als Besonderheit gelten seine häutigen, rosavioletten Deckblätter am Ende jeder Blütenähre, die auch noch nach dem Verblühen ihre Farbe behalten.

Sorten: Von *L. angustifolia* ssp. *angustifolia* werden u. a. angeboten 'Dwarf Blue' (dunkelblau, Höhe 30 cm), 'Alba' (weiß, Höhe 40 cm), 'Hidcote Blue' (tief blauviolett, kompakter Wuchs, Höhe 40 cm), 'Munstead' (tiefblau, kompakter Wuchs, Höhe 40 cm), 'Rosea' (hellrosa, Höhe 40 cm), 'Grappenhall' (blauviolett, Höhe 60–90 cm); von *L. stoechas* ssp. *stoechas* 'Alba' (rein weiß, Höhe 40–60 cm).

Lavandula angustifolia ssp. *angustifolia*

Standortansprüche: Lavendelarten bevorzugen vollsonnige Lagen und ein kalkhaltiges, gut durchlässiges Substrat. Einheitserde oder Balkonblumenerde mit einem Drittel Sand ist geeignet.

Verwendung: Die Pflanzgefäße stellt man auf Balkon oder Terrasse am besten in die Nähe von Sitzgelegenheiten, um den aromatischen Duft in vollen Zügen genießen zu können. Hochwüchsige Sorten sollten ausschließlich größeren Kübeln vorbehalten bleiben, während die niedrigeren auch in Töpfen oder Kästen ihre Wirkung nicht verfehlen. Die kühlen Farbtöne der Blüten harmonieren mit nahezu allen Balkonpflanzen,

die sonnige Standorte brauchen. Klassisch ist die Kombination von Lavendel mit Rosen (*Rosa*), z. B. als Unterpflanzung von Hochstämmen oder zwischen Zwergrosen im Balkonkasten. Auch duftende Kräuter wie Thymian *(Thymus vulgaris)*, Rosmarin *(Rosmarinus officinalis)* oder Gartensalbei sind beliebte Begleiter des Lavendels.
Pflege: Jungpflanzen setzt man am besten im Frühjahr zusammen mit anderen Balkonblumen in die vorgesehenen Pflanzbehälter. Der sonnen- und trockenheitsliebende Lavendel muß nur wenig gegossen werden, Düngergaben sollten ganz unterbleiben.
Überwinterung: Der Halbstrauch ist nur mäßig frosthart und braucht daher bei Überwinterung im Freien eine

Lavandula stoechas ssp. *stoechas*

Schutzabdeckung aus Fichtenreisig. Bei Trockenheit kann leicht gegossen werden, jedoch ausschließlich an frostfreien Tagen. Im Frühjahr entfernt man die Abdeckung und schneidet die Triebe auf ein Drittel ihrer Länge zurück. Alternativ können die Pflanzen im Herbst auch in ein helles, kühles (5–10 °C) Winterquartier geräumt werden.
Vermehrung: Am einfachsten ist eine Vermehrung durch Kopfstecklinge, die im Sommer geschnitten werden und sich in der Regel schnell bewurzeln. Die beiden Unterarten lassen sich im Frühjahr aber auch aus Samen nachziehen.
Tip: Die Blüten der ausdauernden Halbsträucher kann man trocknen und in Leinensäckchen einnähen, die im Wäscheschrank Motten fernhalten und einen angenehmen Duft verströmen.

Lobelia
Lobelie

Arten: *L. erinus* (Männertreu), *L. valida*
Familie: Glockenblumengewächse *(Campanulaceae)*
Herkunft: Grasländer in Südafrika
Blütenfarbe: *L. erinus* weiß, rosa, blau, violett, teils mit weißem Auge, *L. valida* blau mit weißem Auge
Blütezeit: Mai bis Oktober
Höhe: *L. erinus* 10–15 cm, *L. valida* 25–30 cm
Merkmale: An den hübschen Blüten der Lobelien kann man sich bei richtiger Pflege die ganze Saison über erfreuen. Oftmals besitzen ihre asymmetrischen Blütchen ein kontrastierendes weißes Auge, das sie noch auffälliger macht. Von der einjährigen Männertreu gibt es zahlreiche Sorten, die sich vor allem in ihrer Wuchsform unterscheiden. Neben aufrecht und kompakt wachsenden Formen gibt es solche, deren bis zu 100 cm lange Triebe anmutig überhängen. Gemeinsam sind allen Wuchsformen die überreich erscheinenden, zierlichen Blüten in Weiß, Rosa, Violett oder verschiedenen Blautönen. Unter der üppigen Blütenpracht verschwindet

Lobelia valida

das dunkelgrüne, lanzettliche Laub mit der Zeit fast vollständig. Die teilweise verholzende *L. valida* gehört zu den Halbsträuchern, wird allerdings wegen mangelnder Frosthärte meist nur einjährig kultiviert. Die robuste Art reckt ihre Blütenstiele bis zu 30 cm in die Höhe. In der Fülle des Flors steht sie der Männertreu nicht nach, ihre blauen Blüten mit weißem Auge verströmen einen zarten Duft. Etwas breiter und damit auffälliger sind ihre dunkelgrünen, leicht gezähnten Laubblätter.
Sorten: Von *L. erinus* werden als aufrecht und kompakt wachsende Sorten u. a. angeboten (Höhe jeweils 10 cm) 'Blaue Perle' (ultramarinblau, frühblühend), 'Cambridge Blue' (hellblau), 'Kaiser Wilhelm' (kornblumenblau, hellgrün belaubt), 'Rosamunde' (karminrosa mit weißem Auge), 'Schneeball' (rein weiß) sowie 'Pumila Splendens' (tiefblau mit weißem Auge, Höhe 15 cm). Hängenden Wuchs zeigen 'Cascade Mix' (Mischung weiß-, blau- und violettblühender Pflanzen, hängende Triebe bis 40 cm lang), 'Pendula' (als Farbmischung und in 5 Einzelfarben, hängende Triebe bis 40 cm lang), 'Saphir' (tiefblau mit weißem Auge, sehr reichblütig, hängende Triebe bis 50 cm lang) und 'Richardii' (hellblau, hängende Triebe bis 100 cm lang). Von *L. valida* sind u. a. erhältlich 'Blaustern' (enzianblau, frühblühend, Höhe 25 cm), 'True Blue' (blau, kompakter Wuchs, Höhe 25–30 cm).
Standortansprüche: Lobelien gedeihen in der Sonne und im Halbschatten. Gepflanzt wird am besten in Einheitserde oder eine andere humose Substratmischung.
Verwendung: *L. valida* sowie aufrecht wachsende Sorten der Männertreu werden bevorzugt in Balkonkästen, Schalen oder Töpfe gesetzt. Hängende Formen wirken auch in Ampeln oder als Unterpflanzung von Hochstämmchen ausgesprochen reizvoll. Zusammen mit gelbblühendem Zweizahn, orangefarbener Kapuzinerkresse oder roten Pelargonien ergeben sich farbenfrohe Arrangements. Ebenso hübsch sind Ton-in-Ton-Pflanzungen mit Leberbalsam, Duftsteinrich oder Blauen Gänseblümchen.
Pflege: Erst in der zweiten Maihälfte setzt man Jungpflanzen nach draußen. Wichtig ist, daß Lobelien stets gleichmäßig feucht gehalten werden, keinesfalls dürfen sie austrocknen. Ihr hoher Nährstoffbedarf wird durch niedrig dosierte Volldüngergaben in zweiwöchigen Abständen gedeckt. Zu beachten ist, daß der Dünger wenig Stickstoff enthält, weil sonst vorwiegend

das Blattwachstum gefördert würde, was zu Lasten der Blütenbildung geht. Damit der Flor bis in den Herbst hinein andauert, müssen die Triebe der Männertreu nach dem ersten Blütenflor um ein Drittel zurückgeschnitten werden. Bei *L. valida* ist kein Rückschnitt erforderlich, doch sollte Abgeblühtes regelmäßig entfernt werden.
Überwinterung: Eine mehrjährige Kultur lohnt sich nur bei *L. valida* oder Sorten von *L. erinus*, die man durch Stecklinge im Winter vermehren will. Rechtzeitig vor den

Lobelia erinus

ersten Frösten müssen die Pflanzen in ein helles, temperiertes (10–15 °C) Quartier gebracht werden. Während der Wintermonate wird nur mäßig gegossen. Nach den Eisheiligen räumt man die Lobelien dann wieder ins Freie.
Vermehrung: Beide Arten und die meisten ihrer Sorten werden durch Aussaat vermehrt. Es empfiehlt sich, bereits im Februar/März mit der Vorkultur zu beginnen. Weil die Arten Lichtkeimer sind, dürfen die Samen höchstens ganz dünn mit Substrat bedeckt sein. Die Sorten 'Richardii' von *L. erinus* und 'True Blue' von *L. valida* können nur durch Stecklinge nachgezogen werden. Diese werden im November von überwinternden Mutterpflanzen geschnitten.
Krankheiten: Grauschimmel

Lobularia
Steinrich

Art: *L. maritima* (auch *Alyssum maritimum*, Duftsteinrich, Strandsteinkraut)
Familie: Kreuzblütler *(Brassicaceae, Cruciferae)*
Herkunft: felsige und kiesige Strände der Azoren und Kanarischen Inseln, Südeuropas und des übrigen Mittelmeerraums
Blütenfarbe: weiß, rosa, purpurviolett
Blütezeit: Mai bis Oktober
Höhe: 5–15 cm
Merkmale: Der einjährige, polsterartig wachsende Duftsteinrich besticht durch seine reichlich erscheinenden Blüten, die einen angenehmen Honigduft verströmen. Sie sind zu dichten, traubenähnlichen Blütenständen zusammengefaßt und werden anfangs von hellgrünen, lanzettlichen Laubblättern hübsch untermalt. Schon sehr bald jedoch verschwindet das Laub nahezu vollständig unter einem üppigen Blütenteppich.
Sorten: 'Rosie O'Day' (rosa, Höhe 10 cm), 'Snow Crystals' (rein weiß, Höhe 10 cm), 'Wunderland' (kräftig rosa, Höhe 10 cm), 'Orientalische Nächte' (purpurviolett, Höhe 10–15 cm), 'Schneeteppich' (rein weiß, Höhe 15 cm)
Standortansprüche: Der Duftsteinrich gedeiht an sonnigen bis schattigen Plätzen in einem lockeren und durchlässigen Substrat. Geeignet ist Einheitserde oder auch mit etwas Sand vermischte Balkonblumenerde.

Lobularia maritima

Verwendung: Der recht anspruchslose Dauerblüher bereichert jede Art von Pflanzbehältern und macht sich auch gut als Unterpflanzung von Hochstämmchen. Setzt man ihn an den Rand des Gefäßes, hängen seine Triebe bald über. Als Begleitpflanzen bleiben Männertreu, Gelbes Gänseblümchen oder Leberbalsam auf gleicher Höhe mit ihm. Abwechslungsreicher wird ein Arrangement, wenn dem Duftsteinrich höher wachsende, farbintensive Balkonblumen wie Pelargonien, Phlox oder Petunien zur Seite gestellt bzw. in den Hintergrund gepflanzt werden.
Pflege: Die Pflanzen setzt man erst Mitte Mai nach den Eisheiligen mit etwa 15 cm Abstand nach draußen. Duftsteinrich ist recht genügsam und braucht nur mäßig gegossen zu werden. Nährstoffgaben sind nicht erforderlich.
Vermehrung: Der Duftsteinrich kann problemlos aus Samen nachgezogen werden. Für eine frühe Blüte sollte man ab März/April mit der Vorkultur beginnen.
Krankheiten: Echter und Falscher Mehltau

Lotus
Hornklee

Arten: *L. berthelotii* (auch *L. peliorhynchus*), *L. maculatus*
Familie: Schmetterlingsblütler *(Leguminosae)*
Herkunft: Kanarische und Kapverdische Inseln
Blütenfarbe: *L. berthelotii* scharlachrot, *L. maculatus* orangegelb bis kupferfarben
Blütezeit: März bis August
Höhe: 15–30 cm
Merkmale: Mit ihren ungewöhnlich geformten, über lange Zeit hinweg immer wieder neu gebildeten Blüten stellen Hornkleearten stets einen attraktiven Blickfang dar. Selbst noch ohne Blüten wirken die Halbsträucher, deren krautige Triebe an der Basis verholzen, dank ihrer zarten, silbergrauen, in schmale, nadelartige Zipfel zerteilten Blätter sehr dekorativ. Das Laub bildet den idealen Hintergrund für die leuchtend scharlachroten Schmetterlingsblüten von *L. berthelotii*, die einzeln oder in kleinen Büscheln erscheinen und sich durch ein ungewöhnlich langes, schnabelar-

Lotus berthelotii

tig nach oben gekrümmtes mittleres Blütenteil auszeichnen. Sehr ähnlich ist *L. maculatus*, doch sind seine Laubblätter sattgrün und gröber zergliedert, und die etwas größeren, kräftig orangegelben bis kupferfarbenen Blüten tragen meist einen rötlichen Rand.
Sorte: von *L. maculatus* 'Gold Flash' (orangegelb mit rötlichen Rändern und Spitzen, reichblühend, Höhe von 15 bis 30 cm)
Standortansprüche: Die Pflanzen benötigen einen vollsonnigen, warmen Platz. Als Substrat eignet sich Einheitserde oder eine vergleichbare Erdmischung. Die Gefäße müssen über eine ausreichende Dränage verfügen.
Verwendung: Hornkleearten lassen sich sehr vielfältig einsetzen. Sie machen sich gut als Unterpflanzung von größeren, als Hochstämmchen gezogenen Kübelpflanzen, beispielsweise Zitrusgewächsen, Granatäpfeln oder Strauchmargeriten. Man kann sie aber auch für sich allein in ein Gefäß pflanzen, das dann am besten an einem erhöhten Platz oder auf einer Säule aufgestellt wird, damit die Triebe locker herabhängen können. Weiterhin sind sie hervorragende Ampelpflanzen, die auch ausgezeichnet in den Balkonkasten passen. Sie lassen sich dort z. B. gut mit roten Verbenen und Hängegeranien, mit Portulakröschen oder Fächerblumen sowie mit weißblühenden Pflanzen kombinieren.
Pflege: Während der Wachstumszeit benötigen die Pflanzen reichlich Wasser und Nährstoffe. Vor allem in der Blütezeit hält man sie immer leicht feucht. Sie dürfen nicht austrocknen, da sonst rasch die Blätter abgeworfen werden, aber auch keinesfalls staunaß stehen. Düngen sollte man alle 2–3 Wochen in nur schwacher Konzentration, andernfalls werden vorwiegend reich beblätterte und sehr lange, aber kaum blühende Triebe gebildet. Ein kräftiger Rückschnitt vor dem Einräumen verhindert das frühzeitige Verkahlen der unteren Triebteile und regt den neuen Austrieb an.
Überwinterung: Vor den ersten Frösten werden die Pflanzen in ein kühles (5–10 °C), helles und lufttrockenes Winterquartier eingeräumt. Während der Überwinterung gießt man sie nur sparsam, der Ballen darf jedoch nicht austrocknen. Nach den letzten Spätfrösten bringt man die Hornkleearten wieder ins Freie.
Vermehrung: Die Pflanzen können im Frühjahr oder im Sommer durch Kopfstecklinge vermehrt werden, die sich gut bei etwa 20 °C bewurzeln.
Schädlinge: Spinnmilben, Weichhautmilben, Blattläuse

Lotus maculatus

M

Mandevilla x *amoena*

Mandevilla
Mandeville

Arten: *M. laxa* (auch *M. suaveolens*, Chilenischer Jasmin), *M.* x *amoena* (auch *M. amabilis* x *M. splendens*)
Familie: Hundsgift- oder Immergrüngewächse (*Apocynaceae*)
Herkunft: *M. laxa* Gebüsche in Argentinien und Bolivien; *M.* x *amoena* ist ein gärtnerisches Kreuzungsprodukt.
Blütenfarbe: *M. laxa* weiß, *M.* x *amoena* rosa
Blütezeit: Juni bis August
Höhe: 2–4 m und mehr, je nach Höhe des Spaliers

Merkmale: In kurzer Zeit klettern die verholzenden Schlingtriebe des Chilenischen Jasmins mehrere Meter in die Höhe und bilden einen dichten, glänzend dunkelgrünen Vorhang aus großen, breitelliptischen, gegenständigen Blättern. Dazwischen schieben sich zur Blütezeit die überaus wohlriechenden, rein weißen Trompetenblüten hervor, die zu reichblütigen Trauben zusammengefaßt sind. *M.* x *amoena* ist in Wuchsart und Belaubung dem Chilenischen Jasmin ähnlich, unterscheidet sich jedoch in den Blüten. Sie sind rosafarben, fast doppelt so groß und tragen breitere und rundlichere Kronblätter. Beide Pflanzen enthalten einen giftigen Milchsaft.
Sorte: von *M.* x *amoena* 'Alice du Pont' (kräftig rosa, teilweise auch weißlichrosa, großblütig, Höhe 2–4 m)
Standortansprüche: An einem sonnigen bis halbschattigen, hellen und warmen Platz, der vor praller Mittagssonne geschützt ist, entwikkeln sich die Pflanzen am besten. Als Substrat eignet sich vor allem Einheitserde oder aber eine vergleichbare Erdmischung.
Verwendung: Vor dem dunklen Laub der Mandevillen, die man an einem Spalier emporranken läßt, kommen Kübelpflanzen mit leuchtenden Blütenfarben, etwa Oleander, Wandelröschen, Hibiskus, Bougainvilleen oder Nachtschatten, besonders gut zur Geltung. Während mit der weißen Blütenfarbe des Chilenischen Jasmins alle anderen Blütenfarben harmonieren, passen zum Rosa von *M.* x *amoena* weiße, rosa, rote oder violette Blüten am besten.
Pflege: Während der Wachstumszeit benötigen die Pflanzen ausgiebig Wasser und

mäßige bis reichliche Nährstoffgaben. Man gießt sie regelmäßig und durchdringend, gedüngt wird etwa alle 2–3 Wochen. Zu dicht stehende Triebe werden im Frühjahr ausgedünnt. Jungpflanzen und neue Triebe älterer Pflanzen entspitzt man während der Wachstumszeit ab und zu, um die Verzweigung anzuregen. Den Sommer über müssen die Triebe immer wieder am Spalier oder an anderen Stützvorrichtungen befestigt werden.
Überwinterung: Mandevillen vertragen leichten Frost und können daher ziemlich lange im Freien bleiben. Meist verlieren sie im Herbst den Großteil ihrer Blätter. Man läßt den Ballen erst gut abtrocknen, bevor man die Pflanzen in ein kühles (5–10 °C), dunkles und lufttrockenes Winterquartier einräumt. Die Triebe können bis auf etwa 20 cm über dem Boden zurückgeschnitten werden, im Frühjahr treiben die Pflanzen dann erneut kräftig aus. Man kann aber auch die stärkeren Triebe erhalten und nur deren Seitentriebe scharf zurückschneiden. Während der Überwinterung werden die Mandevillen vollständig trocken gehalten. Nach den letzten Frösten stellt man sie wieder ins Freie.
Vermehrung: Die Pflanzen lassen sich ganzjährig durch Anzucht aus Samen oder durch halbreife Kopf- und Triebstecklinge, die man im Sommer abnimmt, vermehren.
Schädlinge: Spinnmilben, Blattläuse, Weiße Fliege
Tip: Anders als die meisten übrigen Kletterer im Kübel kann man eine Mandeville durchaus auch an einem festen Wandspalier hochziehen, da die Pflanze im Herbst ohnehin zurückgeschnitten wird.

Melampodium paludosum

Melampodium
Melampodie

Art: *M. paludosum* (Sterntaler, Gelbe Margeritenblume)
Familie: Korbblütler *(Compositae)*
Herkunft: Südamerika
Blütenfarbe: gelb
Blütezeit: vom Mai bis zum September
Höhe: 20–40 cm
Merkmale: Der in seiner Heimat ausdauernd wachsende Sterntaler wird als Balkonpflanze gewöhnlich nur einjährig kultiviert. Seine buschig verzweigten Triebe sind dicht mit großen, eiförmig zugespitzten Laubblättern besetzt. Zur Blütezeit leuchten zahllose gelbe Strahlenblüten aus dem hellgrünen Laubwerk hervor. Typisch sind die abgerundeten Enden ihrer Zungenblüten sowie die etwas dunklere bis orangefarbene Blütenmitte. Im Wuchs bleibt die Pflanze kompakt bis fast kugelig.
Sorten: 'Showstar' (tiefgelb, großblumig, Höhe 20–25 cm), 'Medaillon' (gelb, reichblühend, Höhe 20–40 cm)
Standortansprüche: Der Sterntaler benötigt einen Standort in sonniger Lage. Als Substrat empfiehlt sich Einheitserde oder eine vergleichbare Erdmischung.
Verwendung: Im Balkonkasten sind die gelben Blüten des Sterntalers eine attraktive Ergänzung zu rotblühenden Pelargonien oder Feuersalbei sowie zu orangefarbenen Studentenblumen. Zusammen mit violetten Vanilleblumen, Fächerblumen oder Petunien entstehen farbenprächtige Kombinationen.
Pflege: Die sehr frostempfindlichen Jungpflanzen werden am besten erst Ende Mai in die vorgesehenen Gefäße gesetzt. Die Erde sollte gleichmäßig feucht gehalten werden, besonders an heißen Sommertagen muß man kräftig wässern. Um den hohen Nährstoffbedarf des Sterntalers zu decken, versorgt man ihn in zweiwöchigen Abständen mit niedrig dosiertem Volldünger. Abgewelktes sollte regelmäßig entfernt werden, um die Blütenneubildung anzuregen.
Vermehrung: Der Sterntaler läßt sich gut aus Samen heranziehen, wobei man am besten ab Ende Februar mit der Vorkultur beginnt.
Schädlinge: Weiße Fliege, Spinnmilben, Blattläuse

Myosotis
Vergißmeinnicht

Arten: *M.*-Hybriden, *M. sylvatica* (auch *M. alpestris*, *M. oblongata*)
Familie: Boretsch- oder Rauhblattgewächse *(Boraginaceae)*
Herkunft: Wiesen und Wälder in Europa, Asien, Nordwestafrika
Blütenfarbe: blau, auch weiß oder rosa
Blütezeit: April bis Juni
Höhe: 15–30 cm
Merkmale: Das Vergißmeinnicht gehört zu den ersten Frühjahrsblühern auf Balkon und Terrasse. Seine winzigen Blüten stehen in dichten Büscheln am Ende der aufrechten Stiele. Einen sehr hübschen Kontrast zur vorherrschend blauen Blütenfarbe liefern die schmalen, rauh behaarten Laubblätter mit ihrer frischgrünen Färbung. Die Abstammung der *M.*-Hybriden läßt sich nicht genau zurückverfolgen, vermutlich waren verschiedene Arten an ihrer Entstehung beteiligt. Mit ihrem gedrungenen Wuchs und der frühen Blütezeit eignen sie sich hervorragend für die Topfkultur. Als häufigste Blütenfarbe findet sich ein strahlendes Blau, das in den verschiedensten Nuancen auftritt. *M. sylvatica* ist eine typische Waldpflanze, die kühle Temperaturen liebt.

Myosotis sylvatica

Die reine Art bildet ihre blaßblauen Blüten an stark verzweigten Stengeln und zeichnet sich durch buschigen Wuchs aus. Das reiche Sortenangebot dieser Art umfaßt neben blaublühenden auch weiße und rosafarbene Varianten. In freier Natur ist das Vergißmeinnicht mehrjährig, in Kultur hingegen wird es in der Regel zweijährig gezogen.
Sorten: Von den *M.*-Hybriden werden u. a. angeboten 'Anne-

marie Fischer' (tief dunkelblau, kompakter Wuchs, Höhe 15 cm), 'Liebesstern Compacta' (himmelblau, großblumig, Höhe 15 cm), 'Isolde Krotz' (himmelblau, großblumig, Höhe 20 cm). Von *M. sylvatica* sind u. a. erhältlich 'Blaue Kugel' (leuchtend blau, kugeliger Wuchs, Höhe 15 cm), 'Rosa Kugel' (hellrosa, Höhe 15 cm), 'Rosa Traum' (rosa, Höhe 15 cm), 'Weiße Kugel' (weiß, Höhe 15 cm), 'Indigo Compacta' (tiefblau, Höhe 20–25 cm), 'Blauer Korb' (tiefblau, großblumig, Höhe 25 cm), 'Blaues Wunder' (tiefblau, großblumig, Höhe 30 cm), 'Schnittwunder' (tiefblau, robust, Höhe 30 cm).
Standortansprüche: Vergißmeinnicht blühen am schönsten an einem halbschattigen, kühlen Platz, doch wird auch Sonne vertragen. Das Substrat sollte humos bis lehmig beschaffen sein, Ansprüche, die z. B. Einheitserde oder Balkonblumenerde erfüllen.
Verwendung: Pflanzungen zusammen mit anderen Frühjahrsblühern wie Goldlack, Tausendschön oder Stiefmütterchen oder mit Zwiebelpflanzen wie Tulpen und Narzissen zaubern frühlingshaften Charme in Balkonkästen, Schalen und Töpfe.
Pflege: Gewöhnlich setzt man selbst vermehrte oder gekaufte Jungpflanzen im März in die vorgesehenen Pflanzbehälter. Während der Vegetationszeit müssen die Vergißmeinnicht gleichmäßig feucht gehalten werden, dabei sollte aber keine Staunässe entstehen. Düngemaßnahmen sind nicht erforderlich. In sehr kalten Frühjahrsnächten empfiehlt sich zur Vorsicht eine Abdeckung mit Vlies oder Fichtenreisig.
Überwinterung: In milden Lagen können Jungpflanzen bereits im Oktober nach draußen gepflanzt werden, müssen dann allerdings über die Wintermonate eine Abdeckung aus Fichtenreisig erhalten. Außerdem empfiehlt es sich, die Gefäße durch eine geeignete Umhüllung frostsicher zu verpacken. In rauheren Gegenden sollte man Jungpflanzen auf jeden Fall in einem hellen, kühlen (5–10 °C) Raum überwintern.
Vermehrung: Zwischen Juli und August werden die Vergißmeinnicht vorkultiviert. Da es sich um Dunkelkeimer handelt, muß man den Samen gut mit Erde abdecken, zusätzlich können die Anzuchtschalen mit Vlies oder speziellem Schattiergewebe verdunkelt werden.
Schädlinge und Krankheiten: Blattläuse; Echter Mehltau, Grauschimmel

Myrtus
Myrte

Arten: *M. communis* (Brautmyrte, Gewöhnliche Myrte), *M. communis* var. *tarentina* (Brautmyrte)
Familie: Myrtengewächse *(Myrtaceae)*
Herkunft: immergrüne Gebüsche und Wälder im Mittelmeerraum
Blütenfarbe: weiß
Blütezeit: Juni bis Oktober
Höhe: 50–200 cm, *M. communis* var. *tarentina* 50–150 cm
Merkmale: Die Zweige der immergrünen Brautmyrte, die bei den Griechen als Symbol für Schönheit und Jugend, aber auch für den Frieden galten, werden traditionell als Hochzeitsschmuck verwendet. Die Pflanzen können sehr alt werden. An ihren reich verzweigten Trieben tragen sie ledrige, lanzettliche, scharf zugespitzte Blättchen, deren tiefes Dunkelgrün in der vollen Sonne oftmals fast schwarz wirkt. In den Blattachseln entwickeln sich einzelne, rein weiße Blüten, deren 5 Kronblätter ein dichtes Büschel von Staubblättern sternförmig umkränzen. Sowohl die Blüten als auch die Blätter duften überaus aromatisch. Als Früchte bilden sich runde, schwarzblaue Beeren. Die ebenfalls gern als Kübelpflanze gezogene Varietät *M. communis* var. *tarentina* wird ebenfalls als Brautmyrte bezeichnet. Sie unterscheidet sich von der reinen Art durch deutlich kleinere Blätter und einen gedrungeneren Wuchs. Ihre in üppigerer Fülle gebildeten weißen Blüten sind außen rötlich überhaucht, was bereits an den Knospen zu erkennen ist. Die Beeren, die sich aus den Blüten entwikkeln, sind bei dieser Varietät weiß. Das Laub der Myrten enthält Giftstoffe.
Sorten: von *M. communis* (Höhe jeweils 50–200 cm) 'Flore Pleno' (weiß, gefüllt), 'Variegata' (Blätter weiß gerandet und gestreift)
Standortansprüche: Die Pflanzen gedeihen am besten, wenn sie einen sonnigen, wind- und regengeschützten Platz erhalten. Das Substrat muß nährstoff- und humusreich, durchlässig und möglichst kalkarm, also schwach sauer sein. Geeignet ist z. B. Einheitserde, die mit einem Drittel Sand vermischt wurde, oder spezielles Rhododendronsubstrat.
Verwendung: Man kann Brautmyrten im Kübel sowohl frei buschförmig wachsen lassen als auch in Form schneiden oder als Hochstämmchen ziehen. Sie passen zu vielen mediterranen Kübelpflanzen, und ihre weiße Blütenfarbe läßt sich wunderbar mit allen anderen Farben kombinieren. Für ein Arrangement zu empfehlen sind etwa Oleander, Strauchmargerite, Granatapfelbaum, Zistrosen, Hibiskus, Zylinderputzer oder Krepp-

Myrtus communis

myrte sowie Blattschmuckpflanzen wie der Lorbeerbaum.
Pflege: Während der Wachstumszeit haben Brautmyrten zwar keinen sehr hohen Wasser- und Nährstoffbedarf, müssen aber regelmäßig gegossen und stets leicht feucht gehalten werden. Sowohl Ballentrockenheit als auch Staunässe muß man unbedingt vermeiden – beides hat starken Blattfall zur Folge, und häufig sterben die Pflanzen sogar ganz ab. Man sollte möglichst mit kalkarmem Wasser, z. B. mit Regenwasser, gießen. Gedüngt wird etwa alle 3 Wochen, wobei am besten Rhododendrondünger oder ein schwach dosierter Volldünger verwendet wird. Die Sträucher lassen sich sehr gut in Form schneiden, eine Maßnahme, die man vorzugsweise im Herbst vornimmt. Jungpflanzen sollte man einige Male entspitzen, um einen schönen, buschigen Wuchs zu erreichen. Ältere Exemplare braucht man nur etwa alle 4 Jahre umzutopfen.
Überwinterung: Vor den ersten Frösten werden die Pflanzen in ein kühles, helles und lufttrockenes Winterquartier eingeräumt. Die Temperatur darin sollte etwa 5–10 °C betragen. Während der Überwinterung werden sie ab und zu gegossen, der Ballen darf auch in dieser Zeit keinesfalls austrocknen. Nach den letzten Spätfrösten bringt man Brautmyrten wieder ins Freie, doch dürfen sie erst allmählich in die volle Sonne kommen, damit die Blätter nicht verbrennen.
Vermehrung: Die Pflanzen können im Spätwinter oder Spätsommer durch halbreife Kopfstecklinge vermehrt werden.
Schädlinge: Schildläuse, Wolläuse, Weiße Fliege

N

Nemesia-Hybriden

Nemesia
Elfenspiegel, Venusspiegel, Nemesie

Art: *N.*-Hybriden
Familie: Braunwurzgewächse oder Rachenblütler *(Scrophulariaceae)*
Herkunft: Stammformen aus Südafrika
Blütenfarbe: weiß, gelb, orange, rot, blau
Blütezeit: von Juni bis zum September
Höhe: 20–30 cm
Merkmale: Die aus unterschiedlich großen Blütenblättern geformten Blumen des Elfenspiegels mit ihrem tiefen Schlund und der hübschen Zeichnung in der Mitte brauchen den Vergleich mit Orchideenblüten nicht zu scheuen. Und die intensiven Blütenfarben in leuchtendem Gelb, Orange, Scharlach- oder Karminrot sowie Blau und Weiß, die für auffällige Farbtupfer auf Balkon und Terrasse sorgen, erhöhen ihre Attraktivität noch. Von den einjährigen Hybriden eignen sich besonders zwergwüchsige Sorten mit ihren reich verzweigten Trieben und dem buschigen Wuchs zur Bepflanzung von Gefäßen. Ihre länglichen Laubblätter verschwinden fast unter dem Blütenflor.
Sorten: 'Triumph' (Farbmischung überwiegend zweifarbiger Blüten, großblumig, kompakter Wuchs, Höhe 20 cm), 'Karneval' (Mischung reiner Farben, sehr großblumig, Höhe 25 cm), 'Tetra Märchenzauber' (Farbmischung, sehr großblumig, Höhe 25–30 cm)
Standortansprüche: Der Elfenspiegel braucht sonnige bis halbschattige Plätze in windgeschützter Lage. Als Substrat eignet sich leichte, nährstoffarme Aussaaterde oder mit etwas Sand vermengte Einheitserde.
Verwendung: Die farbenprächtigen Sommerblumen wirken am schönsten, wenn sie in größeren Gruppen unter sich bleiben. Blau- oder violettblühende Begleitpflanzen, z. B. Becherblume oder dunkelblaue Männertreu, vermögen jedoch die Farbwirkung des Elfenspiegels noch zu heben.
Pflege: Die frostempfindlichen Jungpflanzen werden erst in der zweiten Maihälfte nach draußen gesetzt. Wichtig ist eine gleichmäßige Wasserversorgung, da der Elfenspiegel auf Staunässe ebenso empfindlich reagiert wie auf ein Austrocknen des Wurzelballens. Um Krankheiten vorzubeugen und die Bildung neuer Knospen zu fördern, sollte man Verwelktes regelmäßig entfernen. Schneidet man die Blütentriebe nach dem ersten Flor zurück, wird eine Nachblüte angeregt. Unterstützend wirkt dabei eine einmalige Volldüngergabe, eine weitere Nährstoffzufuhr ist dann während des Sommers überflüssig.
Vermehrung: Elfenspiegel können aus Samen gezogen werden. Neben einer Vorkultur ab März/April ist auch eine Direktaussaat ab Mitte Mai erfolgreich. Durch einmaliges Entspitzen der Jungpflanzen verzweigen sich die Triebe besser.

Nerium
Oleander

Art: *N. oleander* (auch *N. indicum*, *N. odorum*, Oleander, Lorbeerrose, Rosenlorbeer)
Familie: Hundsgift- oder Immergrüngewächse *(Apocynaceae)*
Herkunft: Flußufer und trokkene Bachbetten im ganzen Mittelmeerraum bis Vorderasien, in subtropischen und tropischen Regionen vielfach eingebürgert und verwildert

Blütenfarbe: rosa, auch weiß, gelb, gelborange, lachsfarben und rot
Blütezeit: von Juni bis zum September
Höhe: 1–2,5 m, selten auch höher
Merkmale: Mit seinen zarten, in üppiger Fülle erscheinenden Blüten gilt der Oleander, in Mitteleuropa eine der ältesten und beliebtesten Kübelpflanzen, als Inbegriff südländischer Blütenträume. Der immergrüne, kräftig wachsende Strauch trägt lange, schmale, ledrige Blätter, die mit ihrer dunkelgrünen Farbe einen schönen Hintergrund für die Blüten bilden. Die in Quirlen stehenden Blätter sind überwiegend an den oberen Triebabschnitten zu finden, während die unteren Bereiche kahl bleiben. Die Blüten entwickeln sich in doldenartigen Trauben am Ende der Triebe. Ihre 5 großen, am Grund röhrig verwachsenen, tellerartig ausgebreiteten Kronblätter erscheinen wie aus Seide gewirkt. Bei der Wildart sind sie kräftig rosa gefärbt, im Blüteninnern tragen sie zahlreiche haarartige, meist dunklere Anhängsel. Die vielen Sorten dagegen weisen ein breites Farbspektrum auf. Bei einigen duftet der Flor auch intensiv, allerdings immer erst am Abend. Aus den Blüten entwickeln sich lange, schotenartige Früchte, die zahllose kleine, mit einem Haarschopf versehene Samen entlassen. Die Pflanzen enthalten in allen Teilen ein hochgiftiges Herzglykosid; bereits das Kauen eines Zweigs oder Blatts kann, vor allem bei Kindern, zum Tod führen.
Sorten: Das Sortiment ist sehr reichhaltig. Im Handel sind u. a. erhältlich (Höhe jeweils 1–2,5 m) 'Album Grandiflorum' (weiß, zartrosa überhaucht), 'Album Plenum' (weiß, gefüllt), 'Emma Schneider' (gelborange), 'Louis Pouget' (zartrosa, gefüllt, großblütig), 'Maria Gambetta' (rein gelb, gefüllt), 'Petite Salmon' (lachsfarben), 'Pierre Rondier' (karminrot, gefüllt), 'Rose du Ventoux' (leuchtend rot, gefüllt), 'Solfatare' (schwefelgelb). Häufig werden Sorten jedoch nur unter Angabe der Blütenfarbe und -füllung angeboten, z. B. Oleander rosa, gefüllt.
Standortansprüche: Die Pflanzen gedeihen an einem vollsonnigen, wind- und regengeschützten Platz am besten. Sie benötigen ein nährstoff- und humusreiches, lehmiges, kalkhaltiges Substrat. Auch Einheitserde ist geeignet. Die Gefäße müssen über eine wirksame Dränage verfügen.
Verwendung: Eine mediterrane Pflanzengruppe ist ohne Oleander eigentlich undenkbar. Die Sträucher lassen sich mit vielerlei Arten kombinieren. Sehr gut passen z. B. Zitrusgewächse, Bleiwurz, Kreppmyrten, Bougainvilleen und Hibiskus dazu, aber auch Palmen, Zypressen, Buchsbaum oder Feigenbäume.
Pflege: Oleander benötigen während der Wachstumszeit reichlich Wasser und Nährstoffe. Man muß die Sträucher also regelmäßig durchdringend wässern, wobei kurzzeitige Ballentrockenheit jedoch nicht schadet. Gedüngt wird etwa alle 2 Wochen. Durch Schnitt, den man am besten im Spätherbst vor dem Einräumen ausführt, können die Pflanzen bei Bedarf wieder in Form gebracht werden. Stark verkahlte Triebe entfernt man am Ansatz, überlange kürzt man bis fast auf den Boden herab ein, dann treiben sie im nächsten Frühjahr wieder kräftig aus. Damit von den stets bereits im Herbst angelegten Blütenknospen nicht allzu viele verlorengehen, sollte man sich allerdings auf den Schnitt einzelner Triebe beschränken, anstatt jährlich alle Zweige einzukürzen.
Überwinterung: Vor den ersten Frösten werden die Pflanzen in ein etwa 5 °C kühles, helles oder dunkles, grundsätzlich aber lufttrockenes Winterquartier eingeräumt. Man gießt sie dort nur sehr sparsam, so daß der Ballen gerade eben nicht austrocknet. Auch temperiert, bei etwa 10–15 °C, läßt sich Oleander überwintern; unter diesen Bedingungen sind jedoch ein möglichst heller Stand und häufigeres Gießen erforderlich. Allerdings treiben die Sträucher dann im folgenden Jahr früher aus und blühen weniger reich. In jedem Fall sollte der Überwinterungsraum ab und zu gut gelüftet werden, um einem Befall mit der Ascochyta-Krankheit und Grauschimmel vorzubeugen. Zeigen die Pflanzen die ersten frischen Triebe, stellt man sie heller und gießt stärker. Nach den letzten Spätfrösten werden sie wieder ins Freie gebracht.
Vermehrung: Oleander kann man ganzjährig, am besten jedoch im Sommer, durch halbreife Kopf- oder auch Triebstecklinge vermehren. Die Stecklinge werden entweder wie üblich in ein sandreiches Substrat gesteckt, bewurzeln sich aber ebenso, wenn man sie einfach in ein Glas Wasser stellt. Auf diese Art gewonnene Jungpflänzchen werden erst eingetopft, nachdem sie bereits zahlreiche Wurzeln gebildet haben.
Schädlinge und Krankheiten: Schildläuse, Wollläuse; Oleanderkrebs, Ascochyta-Krankheit, Grauschimmel
Tip: Bei Regen oder anhaltend hoher Luftfeuchtigkeit werden Oleanderblüten leicht von *Ascochyta*, einem Pilz, befallen. Er breitet sich mit den Wassertropfen rasch aus, die Blüten verkleben und färben sich braun. Gefülltblühende Sorten sind dafür anfälliger als ungefüllte. Blühende Exemplare sollte man vorbeugend an einen vor Regen geschützten Platz stellen oder aber bei Niederschlägen „beschirmen".

Nerium oleander

Nerium oleander

Nicotiana
Tabak, Ziertabak

Nicotiana x *sanderae*

Art: *N.* x *sanderae* (auch *N. alata* x *N. forgetiana*, Gartenziertabak)
Familie: Nachtschattengewächse *(Solanaceae)*
Herkunft: Stammformen aus Südamerika
Blütenfarbe: weiß, cremefarben, gelbgrün, rosa, rot, violett
Blütezeit: Juni bis Oktober
Höhe: 25–40 cm
Merkmale: Der einjährige Gartenziertabak bezaubert mit großblumigem, stark duftendem Blütenschmuck. An seinen reich verzweigten Trieben mit den großen, spatelförmigen bis lanzettlichen Laubblättern stehen die Blüten in lockeren Trauben. Ihre fünfzipfelige, flach ausgebreitete Krone verengt sich nach unten röhrenförmig. Die Farbpalette reicht von reinem Weiß über creme- und rosafarben bis hin zu kräftigem Rot oder Violett. Von den zahlreichen Sorten eignen sich für die Balkonpflanzenkultur vor allem die niedrigen, kompakt wachsenden. Es wird vermutet, daß die Pflanzen Giftstoffe enthalten.
Sorten: Alle genannten Sorten werden, falls nicht anders angegeben, als Farbmischung angeboten. Es sind u. a. erhältlich 'Gnom' (kompakter Wuchs, Höhe 25 cm), 'Nico' (dunkelrot und weiß, frühblühend, Höhe 30 cm), 'Starship' (kompakter Wuchs, Höhe 30 cm), 'Domino' (kompakter Wuchs, Höhe 30–35 cm), 'Nicky' (kompakter Wuchs, Höhe 30–40 cm).
Standortansprüche: Der Gartenziertabak bevorzugt sonnige, windgeschützte Standorte sowie ein humoses Substrat. Gut geeignet ist Einheitserde, Balkonblumenerde oder eine vergleichbare Substratmischung.
Verwendung: In Schalen, Balkonkästen oder Töpfe gepflanzt, erfreut der Gartenziertabak mit einem bis weit in den Herbst hinein anhaltenden Blütenreichtum. Sehr hübsch wirkt die Kombination verschiedenfarbiger Sorten, doch finden sich in dem reichen Sommerblumenangebot auch andere Begleitpflanzen. In intensivem Rosa, Rot oder Violett blühende Sorten des Gartenziertabaks gesellt man am besten zu Weißer Zwergmargerite, gelbblühendem Sterntaler oder kleinblumigen Studentenblumen. Die farbschwächeren weiß, cremefarben oder gelbgrün blühenden Sorten kann man mit nahezu jeder anderen Blütenfarbe auffrischen. Wirkungsvolle Ergänzungen sind kräftig gefärbte Hängepelargonien oder Petunien.
Pflege: Ab Mitte Mai können Jungpflanzen ins Freie. Der Gartenziertabak muß kräftig gewässert und alle 2 Wochen mit schwach dosiertem Volldünger versorgt werden. Neben regelmäßigem Entfernen von Verwelktem fördert ein Rückschnitt nach der Hauptblüte gegen Ende Juli den Neuaustrieb und damit einen erneuten Knospenansatz.
Vermehrung: Bereits ab März wird mit der Vorkultur der Samen begonnen. Als Lichtkeimer dürfen sie höchstens ganz dünn mit Substrat abgedeckt werden. Sie brauchen zur Keimung viel Wärme (etwa 20 °C).
Schädlinge: Blattläuse

Nierembergia
Nierembergie, Weißbecher

Art: *N. hippomanica* var. *violacea* (auch *N. caerulea*, Becherblume, Weißbecher)
Familie: Nachtschattengewächse *(Solanaceae)*
Herkunft: Argentinien
Blütenfarbe: weiß, rosa, rot, violett
Blütezeit: Juni bis September
Höhe: 15–20 cm
Merkmale: Die in ihrer Heimat ausdauernd wachsende Staude wird gewöhnlich nur einjährig kultiviert, doch lohnt sich bei schönen Exemplaren der Versuch einer Überwinterung. Unermüdlich erscheinen die zartblättrigen, schalenförmigen Blüten der Becherblume, die vom frischgrünen, duftig wirkenden Laubwerk hübsch untermalt werden. Zunächst wächst die Pflanze polsterartig, doch hängen ihre länger werdenden Triebe bald anmutig über den Gefäßrand. Am häufigsten sind violette Blüten, aus deren Mitte der hellgelbe Blütenboden hervorleuchtet, doch gibt es auch weiße, rosafarbene oder rote Varianten. Wie alle anderen Nachtschattengewächse enthält wahrscheinlich auch die Becherblume Giftstoffe.
Sorten: 'Königsmantel' (auch als 'Purple Robe' geführt; purpurrot, Höhe 15–20 cm), 'White Robe' (weiß, Höhe 15–20 cm)
Standortansprüche: Die Becherblume bevorzugt sonnige bis halbschattige Plätze. Gepflanzt wird in gut durchlässiges Substrat wie Einheitserde oder spezielle Balkonblumenerde.
Verwendung: Mit der üppig blühenden Pflanze lassen sich Balkonkästen und Töpfe ebenso wirkungsvoll begrünen wie Ampeln, aus denen die dünnen Triebe nach allen Seiten herabhängen können. Auch als Unterpflanzung von Hochstämmchen eignet sich die Becherblume vorzüglich. Romantisch muten Ensembles mit weiß-, blau- oder violettblü-

Nierembergia hippomanica var. *violacea*

henden Pflanzen wie Weißer Zwergmargerite, Vanilleblume oder Männertreu an. Einen kontrastreicheren und damit lebhafteren Eindruck hinterlassen Kombinationen mit gelbblühendem Zweizahn oder Pantoffelblume.
Pflege: In der zweiten Maihälfte setzt man die gekauften oder selbst angezogenen Jungpflanzen mit etwa 20 cm Abstand in die vorgesehenen Pflanzbehälter. Die zarten Blüten der Becherblume leiden bei Trockenheit, daher ist regelmäßiges Gießen unerläßlich. Ebenso wichtig sind niedrig dosierte Volldüngergaben in zweiwöchigen Abständen, um den hohen Nährstoffbedarf der wuchskräftigen Staude zu decken. Für ständige Nachblüte ist gesorgt, wenn Abgewelktes bald entfernt wird.
Überwinterung: Rechtzeitig vor den ersten Spätfrösten müssen die zur Überwinterung bestimmten Exemplare an einen hellen, kühlen (5–10 °C) und gut belüfteten Ort geräumt werden. Dort gießt man sie nur sparsam. Erst nach den Eisheiligen dürfen sie wieder zurück ins Freie.
Vermehrung: Nicht immer gelingt die Vermehrung aus Samen, die man ab März vorkultivieren sollte. Mehr Erfolg versprechen Kopfstecklinge, die im August geschnitten und getopft und dann wie die Mutterpflanzen überwintert werden.
Schädlinge: Blattläuse

Nolana
Glockenwinde, Blautöpfchen

Arten: *N. napiformis, N. paradoxa* (auch *N. atriplicifolia, N. grandiflora*)
Familie: Glockenwindengewächse *(Nolanaceae)*
Herkunft: Strände und salzhaltige Stellen, Chile bis Peru
Blütenfarbe: weiß, blau, lila, violett mit weiß-gelbem Schlund
Blütezeit: Juni bis September
Höhe: 10–20 cm
Merkmale: Die beiden Glokkenwindenarten unterscheiden sich kaum voneinander. Als ausgesprochene Schönwetterpflanzen öffnen sie ihre großen, glockenförmigen Blüten nur bei Sonnenschein. Um so hinreißender wirken dann die meist blauen oder lilafarbenen Blumen, deren hellgelbe, weiß umrandete Blütenmitte die Blicke auf sich zieht. Sehr hübsch ist auch der zart gewellte Saum der Glocken, die einzeln in den Blattachseln sitzen. Die etwas fleischigen und bis zu 50 cm langen Triebe der einjährigen Pflanzen kriechen dicht über den Boden, in Pflanzgefäßen hängen sie bald über den Rand nach unten. Üppiges Laubwerk bildet einen frischgrünen Hintergrund für die in warmen Sommern reichlich erscheinenden Blüten.
Sorte: von *N. napiformis* 'Blauer Vogel' (auch als 'Blue Bird' geführt; blau, Höhe 15–20 cm, einzelne Triebe bis 50 cm lang)

Nolana napiformis

Standortansprüche: Glokkenwinden brauchen einen vollsonnigen Standort. Als Substrat verwendet man am besten Einheitserde oder Balkonblumenerde.
Verwendung: Die Hängepflanzen eignen sich für Balkonkästen, Schalen, größere Töpfe und Ampeln. Vorzugsweise gesellt man sie zu Pflanzen, die ebenso sonnenhungrig sind, beispielsweise Kapkörbchen, Kapaster oder Gazanie. Für Hochstämmchen sind sie eine ideale Unterpflanzung, da ihre kriechenden Triebe rasch den Boden bedecken.
Pflege: Ab Mitte Mai werden Jungpflanzen nach draußen gesetzt. Als Pflanzabstand sollten dabei etwa 20 cm gewahrt bleiben. Das Erdreich der Glockenwinden hält man gleichmäßig feucht, dabei ist Staunässe zu vermeiden. Monatliche Düngergaben sorgen für reiche Blüte über den ganzen Sommer.
Vermehrung: Die Glockenwinde kann durch Aussaat vermehrt werden. Bewährt hat sich eine Vorkultur ab März bei etwa 20 °C; einfacher ist eine Direktaussaat in die vorgesehenen Pflanzgefäße ab Mitte April.
Schädlinge: Blattläuse

O

Olea
Ölbaum, Olivenbaum

Art: *O. europaea*
Familie: Ölbaumgewächse *(Oleaceae)*
Herkunft: immergrüne Gebüsche und trockene, steinige Standorte im Mittelmeerraum
Blütenfarbe: gelblichweiß
Blütezeit: Juli bis August
Höhe: 2–3 m, selten auch höher
Merkmale: Ölbäume trifft man in den Mittelmeerländern überaus häufig an, oft als uralte, knorrige Gestalten. Ihre Früchte, die Oliven, gehören neben Weintrauben und Zitrusfrüchten zu den wichtigsten agrarischen Erzeugnissen dieser Gebiete. Es gibt zahllose Sorten davon, die sich in Aussehen, Farbe und Geschmack erheblich voneinander unterscheiden können. Ölbäume wachsen zwar zunächst rasch in die Höhe, aber ausgesprochen langsam in die Breite, so daß es einige Jahre dauert, bis sie einen ansehnlichen Stamm bilden. Sie werden wohl selten wegen ihrer recht unscheinbaren, vierblättrigen, gelblichweißen Blüten im Kübel gehalten, obgleich diese sehr angenehm duften. Oliven wird man in Kübelkultur kaum erhalten, da die Blüten überwiegend selbstunfruchtbar sind und zum Fruchtansatz Pflanzen einer anderen Sorte als Bestäuber benötigen. Vielmehr sind es

Olea europaea

das schöne, oberseits dunkelgrüne, unterseits silbrigweiß behaarte, immergrüne Laub und vor allem ihre mediterrane Ausstrahlung, die Ölbäume als Kübelpflanzen so beliebt machen, zumal sie auch noch sehr einfach zu pflegen sind.

Standortansprüche: Die Pflanzen bevorzugen einen vollsonnigen bis halbschattigen, warmen, wind- und regengeschützten Platz. Sie benötigen ein nährstoffreiches, lehmiges, kalkhaltiges und gut durchlässiges Substrat. Einheitserde ist durchaus verwendbar, sie sollte jedoch mit etwas Sand, Perlit oder vergleichbaren Stoffen vermengt sein. Die Gefäße müssen über eine wirksame Dränage verfügen.

Olea europaea

Verwendung: Ein älterer Ölbaum, als Solitär aufgestellt, schafft in Ensembles eine Art Ruhepol. Kombinieren lassen sich Ölbäume mit typischen mediterranen Blütenpflanzen wie Zistrosen, Brautmyrten, Oleander, Strauchmargeriten, Zitrusgewächsen, Granatapfelbäumen und anderen.

Pflege: Während der Wachstumszeit benötigen Ölbäume nur mäßige Wasser- und Nährstoffgaben. Man gießt regelmäßig oder auch in größeren Abständen, dann aber reichlich; allerdings muß sowohl Staunässe als auch Ballentrockenheit vermieden werden. Düngen sollte man etwa alle 3 Wochen. Um einen buschigen Wuchs zu fördern, entspitzt man junge Exemplare einige Male. Auch ältere Pflanzen sind sehr schnittverträglich und können bei Bedarf beliebig in Form gebracht werden.

Überwinterung: Die Pflanzen brauchen erst relativ spät eingeräumt zu werden. Sie kommen in ein etwa 5 °C kühles, möglichst helles, lufttrockenes Winterquartier. Ab und zu ist Gießen erforderlich, die Erde darf nicht völlig austrocknen. Man kann Ölbäume auch dunkel überwintern, dann müssen sie aber kalt stehen, etwa bei 0 °C oder knapp darunter. In diesem Fall werden sie fast ganz trocken gehalten. Bereits im März können sie ins Freie kommen, da sie leichten Frost durchaus vertragen.

Vermehrung: Die Pflanzen lassen sich durch Aussaat oder im Frühjahr durch krautige, also weiche Kopfstecklinge vermehren. Diese bewurzeln sich bei etwa 20 °C am besten und müssen anfangs stets gut feucht gehalten werden.

Schädlinge: Schildläuse

P

Pelargonium

Pelargonie,
volkstümlich Geranie

Arten: *P.-Grandiflorum*-Hybriden (auch *P.* x *domesticum*, *P. grandiflorum*, Edelpelargonien, „Englische Geranien"), *P.-Peltatum*-Hybriden (Hängepelargonien, Efeupelargonien, „Hängegeranien"), *P.-Zonale*-Hybriden (auch *P.* x *hortorum*, Aufrechte Pelargonien, Zonalpelargonien, „Stehende Geranien"), *P. crispum*, *P.* x *fragrans* (auch *P. exstipulatum* x *P. odoratissimum*), *P. graveolens* (Rosenpelargonie, „Rosengeranie"), *P. odoratissimum* (Zitronenpelargonie), *P. tomentosum* (Pfefferminzpelargonie)

Familie: Storchschnabelgewächse *(Geraniaceae)*

Herkunft: Trockengebiete in Südafrika

Blütenfarbe: weiß, rosa, lachsfarben, rot, lila, auch zweifarbig

Blütezeit: *P.-Grandiflorum*-Hybriden und *P. crispum* April bis Juni, *P.-Peltatum*- und *P.-Zonale*-Hybriden Mai bis Oktober, die übrigen Arten Mai bis August

Höhe: *P.-Peltatum*- und *P.-Zonale*-Hybriden 25–35 cm, übrige Arten zuweilen bis 100 cm, Triebe der *P.-Peltatum*-Hybriden bis 150 cm

Merkmale: Wohl kaum eine andere Pflanze verkörpert die ideale Balkonblume so beeindruckend wie die Pelargonie, für viele immer noch unter ihrem ursprünglichen Namen Geranie geläufiger. Die ausdauernden Stauden oder teilweise verholzenden Halbsträucher bis Sträucher können in der Regel gut überwintert werden. Edelpelargonien schmücken sich an den buschig verzweigten Trieben mit besonders großen, in Dolden zusammengefaßten weißen, rosafarbenen oder roten Blüten. Häufig überraschen diese mit kontrastierenden Farbzeichnungen. Unter günstigen Bedingungen erreichen die Pflanzen eine Wuchshöhe von 90 cm und werden deshalb bevorzugt als Kübelpflanzen verwendet.

Pelargonium-Zonale-Hybride

Sehr großer Beliebtheit erfreuen sich die robusten Hängepelargonien, die Wind und Wetter trotzen. Charakteristisch sind ihre bis zu 150 cm langen, reich verzweigten Triebe, die weit über den Rand der Pflanzgefäße hängen und einen grünen Vorhang bilden können. Für kräftige Farbtupfer im Grün ihrer gelappten Laubblätter sorgen unzählige einfache oder gefüllte Blüten. Deren breites Farbspektrum umfaßt

neben einfarbigen Tönen wie Weiß, Rosa, Lachs, Rot und Lila auch verschiedene zweifarbige Spielarten.
Eine vergleichbar große Farb- und Formenauswahl bieten die Aufrechten Pelargonien. Wegen einer meist gut sichtbaren, dunklen Ringzone auf ihren rundlichen, leicht gelappten Laubblättern werden sie auch als Zonalpelargonien bezeichnet. Überwiegend dichtgepackte Blütendolden erheben sich an den aufrechten, gleich den Blättern flaumig behaarten Stengeln etwa 30 cm in die Höhe.
Neben diesen weithin bekannten Hybridgruppen werden wieder verstärkt Duft- und Blattschmuckpelargonien im Handel angeboten, die lange in Vergessenheit geraten waren. Der herrliche Duft ihrer Laubblätter, der sich vor allem bei Berührung entfaltet, entschädigt für die weniger auffälligen Blüten und die kürzere Blütezeit dieser Wildarten oder Hybriden.
P. crispum wächst gedrungen und verholzt leicht. Zwischen ihren auffallend stark gekräuselten Laubblättern blitzen wenigblütige Dolden rosa- bis lilafarbener Blumen hervor. Typisch ist das frische Zitronen- oder Limonenaroma des Laubs.
Nach Kiefern und Muskat hingegen riechen die gekerbten, samtig behaarten Blätter von *P.* x *fragrans*. Die zierlichen Blüten dieser Hybride stehen ebenfalls zu wenigen in Dolden zusammen.
Für die handförmigen, tief gelappten Blätter der Rosenpelargonie ist, wie schon der Name verrät, ein deutlicher Rosenduft kennzeichnend. Der bis zu 100 cm hohe Strauch schmückt sich mit rosafarbenen Blüten.
Von den sehr kleinen Laubblättern der Zitronenpelargonie geht ein intensiver Wohlgeruch nach Zitrone und Äpfeln aus. Auch die weißen bis rosafarbenen Blüten dieser Art verströmen einen angenehmen Duft. Ihre leicht rankenden Triebe hängen aus Ampeln elegant über.
Efeublättern ähnelt das dunkelgrüne Laub der Pfefferminzpelargonie, deren reich verzweigte Triebe strauchartig wachsen.
Sorten: Von den Edelpelargonien werden u. a. angeboten (jeweils 50–90 cm hoch) 'Frühlingsgruß' (zartrosa, teilweise mit purpurroter Zeichnung, stark gezähntes Laub), 'Göttweig' (lachsrosa, stellenweise dunkelrote Zeichnung), 'Jasmin' (rein weiß mit feiner purpurfarbener Zeichnung, herzförmiges Laub), 'Jupiter' (fliederfarben mit Zeichnung in dunklem Lila), 'Muttertag' (orangerot mit dunkelroter und weißer Zeichnung), 'Valentin' (pinkfarben mit dunkelvioletter Zeichnung).
Von den Hängepelargonien gibt es ein fast unüberschaubares Angebot. Bewährt haben sich u. a. die Sorten der 'Cascade'-Gruppe, deren ungefüllte Blüten sehr reich erscheinen und selbstreinigend sind, z. B. 'Acapulco' (kräftig rosafarben mit weißer Mitte, 100 cm lange Triebe), 'Feuer-Cascade' (rot, 150 cm lange Triebe), 'Leucht-Cascade' (rot, 80 cm lange Triebe), 'Lila-Compact-Cascade' (lila, 150 cm lange Triebe), 'Rote-Mini-Cascade' (rot, 50 cm lange Triebe), 'Ville de Paris' (Urform aller 'Cascade'-Sorten; hellrot mit dunkler Zeichnung, 150 cm lange Triebe).
Weiter empfehlen sich 'Lachskönigin' (lachsfarben, einfach, 80 cm lange Triebe), 'Mexikanerin' (weiß, roter Rand, gefüllt, 100 cm lange Triebe), 'Schöne von Grenchen' (leuchtendes Rot, halbgefüllt, halbhängend, bis 50 cm lange Triebe), 'Sugar Baby' (hellrosa, gefüllt, kleinblumig, 50 cm lange Triebe), 'Tavira' (leuchtend rot, gefüllt, 100 cm lange Triebe). 'Summer Showers' ist die erste samenvermehrbare Farbmischung der Hängepelargonien mit kräftigen Blütenfarben und bis zu 100 cm langen Trieben.
Von Aufrechten Pelargonien werden u. a. Farbserien verschiedener F_1-Hybriden angeboten, z. B. 'Multibloom' (sehr früh blühend, kompakter Wuchs, samenvermehrbar, Höhe 25–30 cm), 'Hallo' (frühblühend, große Blütendolden, samenvermehrbar, Höhe 30–35 cm) oder 'Orbit' (großblumig, samenvermehrbar, Höhe 30–35 cm), außerdem Einzelsorten wie 'Alba' (weiß, halbgefüllt, Höhe 25 cm), 'Bolero' (leuchtend rot, gefüllt, Höhe 25 cm), 'Rio' (hellrosa mit dunkelroter Zeichnung, einfach, Höhe 25 cm), 'Cabaret' (lachs- bis orangerot, gefüllt, Höhe 30 cm), 'Champagner' (hellrosa mit weißer Mitte, einfach, Höhe 30 cm), 'Fidelio' (lachsfarben, halbgefüllt, Höhe 30 cm), 'Wienerblut' (orangerot, einfach, Höhe 30 cm), 'Casino' (dunkel lachsfarben, gefüllt, Höhe 35 cm), 'Kardinal' (leuchtend rot, einfach, Höhe 35 cm).
Auch bei den Duft- und Blattschmuckpelargonien gibt es einige Sorten, die sich in Duft oder Blattfärbung von den reinen Arten unterscheiden, z. B. von *P. crispum* (Höhe jeweils 30–100 cm) 'Minor' (Zitronenduft), 'Queen of Lemons' (starkwüchsig, Limonenduft), 'Variegatum' (weißbunte Blätter); von *P.* x *fragrans* 'Lilian Pottinger' (leicht überhängender Wuchs, Ananasduft, Höhe 30–100 cm); von *P. graveolens* 'Grey Lady Plymouth' (kleinwüchsiger als die Art, weißrandige Blätter mit herbem Rosenduft, Höhe 30–60 cm).

Pelargonium graveolens

Pelargonium-Grandiflorum-Hybride

Standortansprüche: In vollsonniger Lage entwickeln Pelargonien ihre üppigste Blüte, doch gedeihen alle Sorten auch im Halbschatten.
Die Substratmischung sollte locker und humos beschaffen sein. Gut geeignet ist Einheitserde oder spezielle Balkonblumenerde.
Verwendung: Aufgrund ihres ausladenden Wuchses sowie ihrer imponierenden Blütenfülle werden Pelargonien vorwiegend als dominierende Elemente in Balkonkästen, Schalen und Töpfe gepflanzt. Hängepelargonien sehen außerdem bezaubernd in Ampeln aus, höherwüchsige Edelpelargonien, Aufrechte Pelargonien oder Duftpelargonien sind auch hübsch als Kübelpflanzen. Allein mit dem vielgestaltigen Arten- und Sortenangebot der Pelargonien eröffnen sich abwechslungsreiche Gestaltungsmöglichkeiten. Blattschmuckpflanzen wie Harfenstrauch oder Cinerarie sind neutrale Begleiter; farbenfroh wirken Kombinationen mit Petunien, Studentenblumen, Verbenen, Männertreu und vielen anderen Sommerblumen.

Pelargonium tomentosum

Pflege: Nach den Eisheiligen setzt man die Pelargonien mit etwa 20 cm Pflanzabstand nach draußen. Bei den breitwüchsigeren Duftpelargonien allerdings können ohne weiteres 30–35 cm Abstand angebracht sein. Gleichmäßige Wasserversorgung und konstantes Nährstoffangebot, das durch Volldüngergaben in zweiwöchigen Abständen aufrechterhalten werden sollte, sorgen für eine üppige Blüte. Für die weniger stark zehrenden Duftpelargonien sind monatliche Düngergaben ausreichend. Um Infektionen durch Krankheitserreger vorzubeugen, wird Abgeblühtes ebenso wie verwelkte Laubblätter regelmäßig entfernt. Dabei bricht man die Blätter und Blüten entgegen der Wuchsrichtung am Stielansatz aus. Diese Pflegemaßnahme entfällt bei selbstreinigenden Sortengruppen, z. B. der 'Cascade'-Sortengruppe der Hängepelargonien.
Überwinterung: Spätestens Ende Oktober werden die Pflanzen, mit nur mäßig feuchtem Wurzelballen, in ihr Winterquartier gebracht. Wichtig ist, abgestorbene Pflanzenteile zu entfernen und lange Triebe auf etwa die Hälfte einzukürzen. Der Überwinterungsort sollte hell und kühl (etwa 5 °C) sein. Im Februar schneidet man die Triebe auf 3–4 Augen zurück, topft die Pflanzen in neue Erde um und stellt sie an einen temperierten (15–20 °C) Platz. Von den langtriebigen 'Cascade'-Sorten werden am besten nur bewurzelte Stecklinge überwintert. Duft- und Blattschmuckpelargonien kann man im Herbst in Töpfe umpflanzen und als Zimmerpflanzen in einem temperierten Raum aufstellen. In der zweiten Maihälfte erhalten die überwinterten Exemplare wieder einen Sonnenplatz auf Balkon oder Terrasse.
Vermehrung: Üblich ist eine Anzucht aus Kopfstecklingen, die man von Februar bis März oder im August schneidet. Letztere müssen wie die Mutterpflanzen überwintert werden. Edel- sowie Duft- und Blattschmuckpelargonien lassen sich ganzjährig durch Kopfstecklinge vermehren, sie bewurzeln sich auch in Wasser. Von Hängepelargonien gibt es wenige, von Aufrechten Pelargonien dagegen mehrere samenvermehrbare Sorten. Das Saatgut bringt man bereits im Januar aus und stellt die Anzuchtschalen warm (20–22 °C) auf.
Schädlinge und Krankheiten: Blattläuse, Spinn- und Weichhautmilben, Weiße Fliege, Thripse; Pelargonienrost, Bakterienwelke, Blattflecken- oder Ölfleckenkrankheit, Grauschimmel
Tip: Von den Duft- und Blattschmuckpelargonien gibt es eine Fülle weiterer Arten und Sorten, die vor allem von Spezialgärtnereien angeboten werden und sich durch unterschiedliche Duftnoten sowie teilweise interessant geformtes und gefärbtes Laub auszeichnen. Alle sind ähnlich problemlos zu kultivieren wie die hier genannten.

Petunia
Petunie

Art: *P.*-Hybriden (*P.* x *hybrida*, *P.* x *atkinsiana*, Gartenpetunie)
Familie: Nachtschattengewächse *(Solanaceae)*
Herkunft: Stammformen aus Argentinien, Brasilien und Uruguay
Blütenfarbe: weiß, gelb, rosa, lachsfarben, rot, purpurn, blau, violett, auch zweifarbig
Blütezeit: Mai bis Oktober

Petunia-Hybride 'Surfinia'

Höhe: 20–30 cm, einzelne Sorten mit bis zu 150 cm langen Trieben
Merkmale: Die im Lauf der Jahre durch intensive Züchtung entstandene Farben- und Formenvielfalt der einjährig kultivierten Petunien ist verblüffend und fast unüberschaubar. Die in den Blattachseln sitzenden, trichterförmigen Blüten können einfach bis stark gefüllt, ihre Ränder gekräuselt oder gefranst sein. Die Farbpalette umfaßt nahezu alle Töne des Regenbogens. Manche Sorten sind zudem zweifarbig, ihre Blütentrichter haben einen andersfarbigen Schlund, weisen filigrane Äderungen auf oder zeigen eine stark kontrastierende Streifung. Einige Petunien verströmen abends einen herrlichen Duft. Ein gemeinsames Merkmal aller Sorten sind die behaarten, klebrigen Laubblätter, die unter der Blütenfülle jedoch fast verschwinden. Sie sitzen an aufrechten oder überhängend wachsenden Trieben. Im Jahr 1992 wurde das Angebot durch die in Japan gezüchteten 'Surfinia'-Petunien revolutioniert. Diese bilden bis zu 150 cm

lange Triebe aus, die mit Blüten übersät sind und ähnlich den Hängepelargonien üppig aus Pflanzbehältern hervorquellen. Zudem zeichnen sie sich durch außerordentliche Wetterfestigkeit und raschen Wuchs aus. Wie alle Nachtschattengewächse enthalten die Petunien verschiedene Alkaloide und sind daher wahrscheinlich für den Menschen giftig.
Sorten: Der besseren Übersichtlichkeit halber werden Petunien in verschiedene Sortengruppen eingeteilt. Zu den Grandiflora-F_1-Hybriden, die sich durch großblumige, früh erscheinende Blüten auszeichnen, gehören u. a. 'Allgefüllter Zwerg' (in vielen Farben, gefüllt, Höhe 25 cm), 'Circus' (rot-weiße Blüten, gefüllt, Höhe 25 cm), 'Frost' (blaue oder rote Blüten mit weißem Rand, Höhe 25 cm), 'Glorious' (Farbmischung, gefüllt, Höhe 25 cm), 'Daddy' (in Einzelfarben und als Farbmischung, Blüten mit dunkler Äderung, Höhe 30 cm), 'Magic' (in 4 Farben, Höhe 30 cm). Die Gruppe der klein-, aber vielblumigen Multiflora-F_1-Hybriden besitzt eine bessere Regenfestigkeit als die zuvor genannte Gruppe. Zu ihnen gehören u. a. die Sorten 'Primetime' (in 10 Einzelfarben und als Farbmischung, teilweise weiß gesternt oder dunkel geädert, Höhe 20 cm), 'Carpet' (in 9 Einzelfarben und als Farbmischung, teilweise dunkel geädert, Höhe 25 cm), 'Resisto' (in 5 Einzelfarben, Höhe 20–30 cm), 'Bonanza' (Farbmischung, gefüllt, Höhe 25–30 cm). Die früher häufig angebotenen Sorten der Nana-Gruppe, der Pendula- sowie der Superbissima-Gruppe sind inzwischen weitgehend durch prächtigere und robustere 'Surfinia'-Petunien verdrängt worden. Von ihnen werden Sorten mit 100 bis 150 cm langen Trieben angeboten, z. B. 'Blue Vein' (weiß mit violetter Äderung), 'Pink Mini' (leuchtend pinkfarben), 'Pink Vein' (lilarosa mit violetter Zeichnung), 'Revolution' (dunkelpurpurn, frühblühend), 'Shihi Brilliant' (rosalila), 'Shihi Purple' (purpurn), 'Shihi Weiß' (weiß).

Petunia-Hybride 'Surfinia'

Standortansprüche: Petunien bevorzugen sonnige Plätze, die für gefülltblühende Sorten sowie für die Grandiflora-F_1-Hybriden außerdem möglichst wind- und regengeschützt sein sollten. Wichtig ist gut durchlässiges Substrat wie Einheitserde oder eine vergleichbare Erdmischung. 'Surfinia'-Petunien allerdings gedeihen in einem leicht sauren Substrat am besten.
Verwendung: Petunien setzen mit ihren kräftigen Blütenfarben auffällige Akzente auf Balkon und Terrasse. Die niedrig und buschig wachsenden Sorten werden bevorzugt in Balkonkästen, Schalen und Töpfe gepflanzt. Langtriebige Sorten wie die 'Surfinia'-Hybriden sind zudem attraktive Ampelpflanzen. Sehr effektvoll wirkt in einem solchen Gefäß die Kombination einer purpurfarbenen 'Surfinia'-Petunie mit gelbblühendem Zweizahn. Überdies lassen sich zusammen mit typischen Balkonblumen wie Pelargonien, Studentenblumen oder Männertreu fröhlich aussehende Arrangements schaffen.

Petunia-Hybride

Pflege: In der zweiten Maihälfte werden die Jungpflanzen nach draußen gesetzt. Petunien müssen reichlich gewässert werden, besonders an heißen und trockenen Tagen darf ihr Substrat nicht austrocknen. 'Surfinia'-Petunien gießt man am besten nur mit weichem, d. h. kalkfreiem Wasser. Da ein übermäßiges Nährstoffangebot das Triebwachstum zu Lasten der Blütenbildung fördert, sollte man nicht öfter als einmal im Monat düngen. Um den Ansatz neuer Knospen zu unterstützen, wird Verblühtes regelmäßig abgeknipst. Bei nachlassendem Flor Ende Juli/Anfang August empfiehlt es sich, die Triebe um etwa die Hälfte zurückzuschneiden. Die Pflanzen werden es mit Neuaustrieb und üppiger Nachblüte danken. Nicht nötig ist dieser Rückschnitt aber bei 'Surfinia'-Petunien, die auch so ohne Unterbrechung bis in den Herbst hinein blühen.
Überwinterung: 'Surfinia'-Petunien lassen sich gut über den Winter bringen. Sie müssen dazu rechtzeitig vor den ersten Frösten an einen kühlen (5–10 °C), hellen Ort geräumt werden. Ihre langen Triebe schneidet man auf etwa 20 cm zurück und säubert die Pflanzen gründlich von allem Verwelktem, um Krankheiten vorzubeugen. Während der Wintermonate wird nur mäßig gegossen. Nach den Eisheiligen können sie dann wieder ins Freie.
Vermehrung: Petunien werden gewöhnlich aus Samen nachgezogen, wobei sich eine Vorkultur ab Februar bei etwa 20 °C bewährt hat. Da es sich um Lichtkeimer handelt, darf das Saatgut nicht oder nur ganz dünn mit Substrat bedeckt sein. 'Surfinia'-Petunien werden über Kopfstecklinge vermehrt, die man im zeitigen Frühjahr von überwinterten Exemplaren schneidet.
Schädlinge und Krankheiten: Blattläuse, Weiße Fliege; Wurzel- und Stengelgrundfäule, Virosen

Pharbitis
Trichterwinde, Prunkwinde

Arten: *P. nil* (auch *Convolvulus nil*, *Ipomoea nil*, Kaiserwinde), *P. purpurea* (auch *P. hispida*, *Ipomoea purpurea*)
Familie: Windengewächse (*Convolvulaceae*)
Herkunft: *P. nil* tropisches Afrika und Asien, *P. purpurea* tropisches Amerika
Blütenfarbe: weiß, rosa, rot, blau, violett, auch zweifarbig
Blütezeit: von Juli bis zum September

Höhe: *P. nil* 1,5–2 m, *P. purpurea* 2–3 m
Merkmale: Was die Benennung der Windengewächse anbelangt, herrscht einige Verwirrung. So wurden die nun zur Gattung *Pharbitis* gestellten Trichterwinden bis vor kurzem zu den Prunkwinden *(Ipomoea)*, teilweise auch zu den eigentlichen Winden *(Convolvulus)* gezählt, und man findet sie auch heute noch oft unter ihren alten Namen im Handel. Sie zeigen die gemeinsamen Merkmale aller Windengewächse: trichterförmige Blüten und dünntriebige, meist windende Stengel. Die in ihrer Heimat als ausdauernde Staude wachsende Kaiserwinde wird wegen ihrer Frostempfindlichkeit nur einjährig kultiviert. Bei der reinen Art sind die farbintensiven Blüten im Aufblühen blau gefärbt, um dann ein kräftiges Rot anzunehmen. Daneben gibt es andersfarbige Sorten. Hübsch untermalt werden die Blüten von dunkelgrünen, dreilappigen Laubblättern. Die einjährige *P. purpurea* zeigt sich in allen Teilen und auch im Wuchs deutlich kräftiger. Sie trägt große, feurig purpurrote Blüten mit heller Mitte zur Schau, dazu große, herzförmige Blätter. Ihre starken Triebe winden sich an Kletterhilfen in kurzer Zeit nach oben.
Sorten: Von *P. nil* wird die Sorte 'Japanische Kaiserwinde' mit hellblauen und weißen Blüten angeboten, *P. purpurea* gibt es meist nur als Farbmischung.
Standortansprüche: Alle Trichterwinden bevorzugen sonnige, warme Standorte. Die etwas empfindliche Kaiserwinde wird besser ausschließlich an wind- und regengeschützte Stellen gepflanzt. Das Substrat sollte locker und durchlässig sein, geeignet ist Einheitserde oder eine vergleichbare Erdmischung.
Verwendung: Von Kästen, größeren Töpfen oder Kübeln aus vermögen die Pflanzen in kurzer Zeit Kletterhilfen wie Spaliere, Geländer oder Pergolen zu begrünen. Ihr dichtes Laub bildet dabei einen wirkungsvollen Sichtschutz. Als ebenfalls rankende Nachbarn können den Trichterwinden Maurandien oder Ballonwein zur Seite gesetzt werden, als niedrige Begleiter eignen sich z. B. Duftsteinrich, Männertreu oder Weiße Zwergmargerite.
Pflege: Ab Mitte Mai kann man die junge Trichterwinde nach draußen pflanzen. Damit ihre windenden Triebe Halt finden, ist von Anfang an eine Kletterhilfe bereitzustellen. Die schnellwüchsigen Pflanzen müssen bei Trockenheit gut gewässert und alle 2 Wochen mit niedrig dosiertem Volldünger versorgt werden.
Vermehrung: Üblich ist eine Anzucht aus Samen, die man Ende März bei etwa 20 °C in Saatschalen ausbringt. Später pikiert man die Sämlinge in Töpfe, die mit Holzstäben als Kletterhilfe ausgestattet werden. Damit die Pflanzen reichlich Verzweigungen ausbilden, empfiehlt es sich, sie nach einigen Wochen zu entspitzen.
Schädlinge: Spinnmilben

Pharbitis purpurea

Phlox
Phlox, Flammenblume

Art: *P. drummondii* (Sommerphlox, Einjahresphlox)
Familie: Sperrkrautgewächse *(Polemoniaceae)*
Herkunft: lichte Wälder und Gebüsche in Texas und angrenzenden Gebieten
Blütenfarbe: weiß, gelb, lachsfarben, rosa, rot, violett, auch mehrfarbig
Blütezeit: Juli bis September
Höhe: 10–30 cm
Merkmale: Der einjährige Sommerphlox legt einen unermüdlichen Blühwillen an den Tag. Seine in dichten Trugdolden zusammenstehenden Blüten erscheinen im Hochsommer und zeichnen sich durch kräftige Farben aus. An den locker verzweigten Trieben sitzen stengelumfassende, behaarte Laubblätter, deren mattes Grün die Leuchtkraft der Blüten noch verstärkt. Bei manchen Sorten besitzen die Blumen eine hellere Mitte, andere überraschen durch sternförmig eingeschnittene Ränder, und fast alle verströmen einen leichten, angenehmen Duft.
Sorten: Für die Gefäßkultur kommen vor allem die niedrigeren Sorten in Frage, z. B. 'Petticoat' (Farbmischung, gesternte Blüten, Höhe 15 cm) sowie (Höhe jeweils 20 cm) 'Beauty' (als Farbmischung oder in Einzelfarben, großblumig), 'Cäcilien-Mischung' (Farbmischung mit weißem Auge), 'Sternenzauber' (Farbmischung, gesternte Blüten), 'Wagners Fantasiemischung' (Farbmischung reiner Farben).

Phlox drummondii

Standortansprüche: Der Sommerphlox benötigt sonnige, geschützte Standorte sowie durchlässiges Substrat, z. B. Einheitserde oder ähnliche Erdmischungen.
Verwendung: Jeder Balkonkasten, jede Schale, jeder größere Topf wird durch die farbenprächtigen Blüten des Sommerphloxes auf aparte Weise bereichert. Sehr hübsch wirken Sorten in unterschiedlichen Tönen zusammen, doch kann man Sommerphloxpflanzungen auch mit anderen Balkonblumen auflockern. So harmonieren z. B. Weiße Zwergmargeriten, Duftsteinrich oder Hängepflanzen wie

Fächerblume oder Spanisches Gänseblümchen dazu.
Pflege: Jungpflanzen werden nach den Eisheiligen in die vorgesehenen Pflanzbehälter im Freien gesetzt. Der Sommerphlox benötigt gleichmäßig feuchte Erde, doch reagiert er auf Staunässe äußerst empfindlich, weshalb ausgewogenes Gießen sehr wichtig ist. Um die Blühfreudigkeit zu unterstützen, sollte man die Pflanzen in zweiwöchigen Abständen mit schwach dosiertem Volldünger versorgen und Verwelktes regelmäßig entfernen. Nach Beendigung des ersten Flors empfiehlt es sich, die Triebe auf 10–15 cm zurückzuschneiden, damit es zu einer Nachblüte kommt.
Vermehrung: Bewährt hat sich eine Vorkultur aus Samen zwischen März und Mai. Damit sich die Pflänzchen besser verzweigen, werden sie bei etwa 8 cm Wuchshöhe entspitzt. In ihre endgültigen Pflanzgefäße sollte man sie erst setzen, wenn sie das Erdreich gut durchwurzelt haben, da sie sonst nur schlecht anwachsen.
Krankheiten: Echter Mehltau

Phoenix
Dattelpalme

Arten: *P. canariensis* (Kanarische Dattelpalme), *P. dactylifera* (Echte Dattelpalme), *P. roebelenii* (Zwergdattelpalme, Zierliche Dattelpalme)
Familie: Palmen (*Arecaceae, Palmae*)
Herkunft: felsig-sandige Standorte, *P. canariensis* Kanarische Inseln, *P. dactylifera* vermutlich Nordafrika und Westasien, *P. roebelenii* Flußregenwälder in Laos
Blütenfarbe: *P. canariensis* gelb, *P. dactylifera* weißlich, *P. roebelenii* gelbbraun
Blütezeit: März bis Juni
Höhe: 1–3 m, *P. roebelenii* 1–2 m, alle bisweilen auch höher
Merkmale: Das Erscheinungsbild von Dattelpalmen entspricht ganz den Vorstellungen, die man sich gemeinhin von Palmen macht: Es sind typische Fiederpalmen, d. h., ihre Wedel, die bei manchen Arten in Kübelkultur bis zu 3 m lang werden können, sind fiederartig und sehr regelmäßig in zahlreiche lanzettliche Abschnitte unterteilt. Alle Arten besitzen einen kräftigen Stamm, der mit den Narben alter Blattstiele dicht bedeckt ist. Bei der besonders beliebten Kanarischen Dattelpalme ist er dick und wirkt etwas plump. Er trägt einen Schopf aus sehr langen Blättern mit V-förmig nach unten gefalteten Fiedern. Die Echte Dattelpalme besitzt einen schlankeren Stamm, ihre Blätter sind mehr nach unten gebogen, die Fiedern etwas stärker gefaltet. Die grazil wirkenden Blattwedel der Zwergdattelpalme werden etwa meterlang. Ihre Blattfiedern sind flach und hängen leicht über, was ihnen ein besonders anmutiges Aussehen verleiht. Alle Arten tragen langgestielte, rispige Blütenstände mit kleinen, eingeschlechtigen Blüten, die zweihäusig verteilt sind: Es gibt also entweder rein männliche oder rein weibliche Pflanzen. In Kübelkultur entwickeln sich die Blüten jedoch nur selten, so daß man auch keine Früchte erwarten kann, weder die schmackhaften Datteln der Echten Dattelpalme noch die ungenießbaren Früchte der anderen Arten.
Standortansprüche: Die Pflanzen bevorzugen einen sonnigen bis halbschattigen, regengeschützten, warmen Platz. Als Substrat benötigen

Phoenix canariensis

sie eine nährstoffreiche, durchlässige Erdmischung. Wird Einheitserde verwendet, sollte man sie durch Beimischung von Sand, Perlit oder ähnlichem Material durchlässiger machen. Die Gefäße müssen über eine gute Dränage verfügen.
Verwendung: Dattelpalmen eignen sich nicht nur dazu, südländische Stimmung zu verbreiten, sondern schaffen zugleich wunderbare Kontraste zu Pflanzen mit großen, unzerteilten Blättern, z. B. Zierbananen. Das angenehme Grün ihrer Wedel paßt zu allen Blütenfarben; sowohl mediterrane als auch tropische Arten lassen sich hervorragend mit ihnen kombinieren.
Pflege: Während der Wachstumszeit benötigen die Pflanzen reichlich Wasser und mäßige bis hohe Nährstoffgaben. Man gießt sie regelmäßig durchdringend. Gegen Ballentrockenheit erweisen sich die Palmen sehr empfindlich, dies ruft rasch braune Blattspitzen hervor. Andererseits darf jedoch ebensowenig Staunässe auftreten, da die Wurzeln dann absterben, die Blätter sich gelb färben und junge Blätter nicht weiterwachsen. Gedüngt wird ungefähr alle 2–3 Wochen. Sehr günstig wirkt sich eine gelegentliche Dusche mit der Gartenbrause aus. Ältere, vertrocknete Blätter werden regelmäßig am Ansatz entfernt. Beim Umtopfen wählt man ein Gefäß, daß bei gleichem Durchmesser höher als üblich ist, am besten einen speziellen Palmentopf, in dem sich die langen Wurzeln genügend ausbreiten können.
Überwinterung: Vor den ersten Frösten werden die Kanarische und die Echte Dattelpalme in ein kühles oder temperiertes Winterquartier mit 5–15 °C, die Zwergdattelpalme an einen warmen Winterplatz, an dem die Temperatur nicht unter 15 °C fällt, eingeräumt. Alle Arten sollten am besten hell und ziemlich trocken stehen; die beiden erstgenannten können jedoch notfalls auch dunkel überwintert werden, dann aber unbedingt in trockener Luft. Für die Zwergdattelpalme ist eine etwas höhere Luftfeuchtigkeit nötig. Der Überwinterungsraum muß ab und zu gelüftet

Phoenix roebelenii

werden, da bei zu feuchter Luft Grauschimmel auftreten kann. Während der Überwinterung werden die Palmen sparsam gegossen, ohne daß jedoch der Ballen austrocknet. Dabei hält man die Zwergdattelpalme wiederum etwas feuchter.
Falls ausreichend Platz vorhanden ist, stellt man die Pflanzen schon im März so hell wie möglich, da sie sonst unnötig lange, weniger gleichmäßig gefiederte Blätter bilden. Sie werden nun auch häufiger gegossen, da sie bereits auszutreiben beginnen. Nach den letzten Spätfrösten bringt man sie ins Freie, jedoch erst allmählich in die volle Sonne. Beim Aus- wie beim Einräumen muß auf die spitzen Blattfiedern geachtet werden, weil man sich daran vor allem an den Augen leicht verletzen kann.
Vermehrung: Dattelpalmen kann man gut durch Aussaat vermehren. Jeweils ein möglichst frischer Samen kommt in ein Töpfchen mit sandreichem Substrat, das bis zur Keimung – sie erfolgt bei viel Wärme (etwa 25 °C) nach 2–3 Monaten – stets feucht gehalten wird. Günstig ist es, die Samen vor der Aussaat 24 Stunden in lauwarmem Wasser einzuweichen.
Schädlinge und Krankheiten: Spinnmilben, Schildläuse; Grauschimmel

Phormium
Flachslilie

Art: *P. tenax* (Neuseeländer Flachs, Flachslilie, Lilienflachs)
Familie: Agavengewächse *(Agavaceae)*
Herkunft: Sümpfe und Gewässerränder in Neuseeland und auf den Norfolk-Inseln
Blütenfarbe: rot

Phormium tenax

Blütezeit: Juni bis August
Höhe: 0,5–3 m (ohne Blütenstand)
Merkmale: Als üppige, äußerst robuste und leicht zu ziehende Blattschmuckpflanze ist der Neuseeländer Flachs weit verbreitet. Die ausdauernde, immergrüne Staude trägt sehr lange, schwertförmige Blätter, die scharf zugespitzt und hell- bis dunkelgrün gefärbt sind. Mittelrippe wie Blattränder zeigen oft eine kontrastierende gelbliche oder rötliche Färbung. Bei älteren Exemplaren entwickeln sich bisweilen langgestielte Blütenrispen, die die Blätter weit überragen. Sie tragen zahlreiche dunkel- bis braunrote, trichterförmige Blüten mit zurückgebogenen Spitzen.
Sorten: Im Handel sind u. a. erhältlich 'Bronze Baby' (Blätter dunkel weinrot, Höhe 50–100 cm) sowie (Höhe jeweils 1–3 m) 'Atropurpureum' (Blätter braunrot), 'Purpureum' (Blätter dunkel braunrot bis purpurfarben), 'Variegatum' (Blätter cremeweiß und gelb gestreift), 'Veitchii' (Blätter mit cremeweißen Mittelstreifen).
Standortansprüche: Die Pflanzen gedeihen an einem vollsonnigen bis halbschattigen, windgeschützten Platz am besten, vertragen aber auch Schatten. Als Substrat eignet sich Einheitserde. Die Gefäße müssen über eine ausreichende Dränage verfügen.
Verwendung: Der Neuseeländer Flachs bietet, ganz ähnlich wie der Drachenbaum, bereits für sich genommen einen höchst attraktiven Anblick. Man kann ihn aber auch gut mit Pflanzen kombinieren, die an Wüstengebiete erinnern, etwa Agaven, Flanellsträuchern oder Mittagsblumen. Sehr schön wirken Sorten mit farbigen Blättern zu grünen Blattschmuckpflanzen, beispielsweise zu Palmen.
Pflege: Während der Wachstumszeit benötigen die Pflanzen ziemlich viel Wasser und mäßige bis reichliche Nährstoffgaben. Sie werden regelmäßig gegossen, dürfen jedoch nicht staunaß stehen. Kurzzeitige Trockenheit schadet dagegen weit weniger. Man düngt alle 2–3 Wochen. Alte, vertrocknete Blätter schneidet oder reißt man an der Basis ab. Etwa alle 4 Jahre wird umgetopft.
Überwinterung: Da die Stauden leichten Frost ohne weiteres vertragen, kann man sie relativ spät einräumen. Sie kommen in ein kühles, helles oder dunkles, auf jeden Fall trockenes Winterquartier, in dem die Temperatur etwa 5–10 °C betragen sollte. Während der Überwinterung werden sie sparsam gegossen, der Ballen darf jedoch nicht austrocknen. Ab und zu sollte man den Raum lüften. Nach den letzten Spätfrösten können die Pflanzen dann wieder ins Freie.
Vermehrung: Im Frühjahr, wenn die Pflanzen neu auszutreiben beginnen, kann man den Neuseeländer Flachs durch Teilung vermehren oder ihn aus Samen anziehen. Bis zur Keimung vergehen allerdings mehrere Monate, da es sich um einen sog. Schwerkeimer handelt.
Schädlinge: Schildläuse

Pittosporum
Klebsame

Arten: *P. tobira*, *P. tenuifolium*, *P. undulatum*
Familie: Klebsamengewächse *(Pittosporaceae)*
Herkunft: *P. tobira* subtropische Gebiete in Ostasien, *P. tenuifolium* Neuseeland, *P. undulatum* Ostaustralien
Blütenfarbe: cremeweiß, *P. tenuifolium* rot
Blütezeit: *P. tobira* März bis Mai, *P. tenuifolium* April bis Mai, *P. undulatum* Mai bis Juli
Höhe: 0,5–3 m

Pittosporum tobira

Merkmale: Neben den duftenden Blüten macht vor allem das lackähnlich glänzende, stets sauber und gepflegt wirkende Laub die immergrünen Klebsamen zu begehrten und überdies recht unempfindlichen Kübelpflanzen. Weitaus am häufigsten wird *P. tobira* gezogen. Seine Blätter sind verkehrt eiförmig

und sitzen quirlartig an den Trieben. Er wächst strauchartig, kann aber auch einen kleinen Baum bilden. Im Frühjahr ist er dicht mit cremeweißen, sternförmigen Blüten überzogen. Sie verbreiten einen sehr angenehmen, süßlichen Duft, der an Orangenblüten erinnert. *P. tenuifolium* trägt kleineres, deutlich schmaleres und am Rand gewelltes Laub, seine Blüten sind kräftig dunkelrot und duften ebenfalls herrlich. Selten anzutreffen, jedoch nicht minder schön ist *P. undulatum* mit seinen lorbeerähnlichen Blättern. Auch diese Art bildet cremeweiße Blüten aus und wächst baumförmig.
Sorten: Im Handel gibt es (Höhe jeweils 0,5–3 m) von *P. tobira* 'Variegatum' (Blätter mit unregelmäßigem, weißem Rand); von *P. tenuifolium* 'Purpureum' (Blätter bräunlich purpurfarben), 'Variegatum' (Blätter weiß gerandet), 'Warnham Yellow' (Blätter zunächst gelbgrün, später goldgelb).
Standortansprüche: Die Pflanzen fühlen sich an einem sonnigen, windgeschützten Platz ganz besonders wohl, gedeihen aber auch noch im Schatten. Als Substrat eignet sich Einheitserde oder eine vergleichbare nährstoff- und humusreiche, lehmige, gut durchlässige Erdmischung.
Verwendung: Zur Blütezeit bieten die Klebsamen einen attraktiven Anblick, sind jedoch auch danach mit ihrem meist dunkelgrünen, dichten Laub überaus hübsch. Man kann sie mit mediterranen Arten wie Zitrusgewächsen, Hibiskus, Granatapfel, Bougainvilleen, Orangenblume und vielen anderen kombinieren. Sehr schön wirken sie als Hochstämmchen, wofür sich alle Arten eignen, sowie als streng geschnittene Pyramiden, Kugelbäume oder Säulen, zu denen vor allem *P. tenuifolium* erzogen wird. Dazu passen andere ebenfalls formierte Blattschmuckpflanzen, etwa Buchsbaum oder Lorbeer, besonders gut.
Pflege: Während der Wachstumszeit benötigen Klebsamen mäßige bis reichliche Wasser- und Nährstoffgaben. Man gießt sie regelmäßig durchdringend, sie überstehen jedoch auch zeitweilige Ballentrockenheit. Gedüngt wird etwa alle 3 Wochen. Klebsamen sind allgemein sehr schnittverträglich und lassen sich bei Bedarf gut in Form bringen. Insbesondere *P. tenuifolium* kann man fast beliebig schneiden und zu dekorativen Figuren heranziehen. Jungpflanzen sollte man einige Male entspitzen, so daß sie sich besser verzweigen.
Überwinterung: Vor den ersten Frösten werden die Pflanzen in ein kühles, helles und trockenes Winterquartier eingeräumt, in dem die Temperatur etwa 5–10 °C betragen sollte. Während der Überwinterung werden sie ab und zu gegossen, der Ballen darf nicht austrocknen. Gelegentlich ist der Raum zu lüften. Nach den letzten Spätfrösten bringt man die Klebsamen wieder zurück ins Freie.
Vermehrung: Die Pflanzen können im Frühjahr durch Aussaat sowie im Sommer durch halbreife Kopfstecklinge vermehrt werden.

Plectranthus
Harfenstrauch

Arten: *P. coleoides* (nur als Sorte 'Marginatus', Weihrauchpflanze, Elfengold, Elfenblume), *P. fruticosus* (Mottenkönig)
Familie: Lippenblütler *(Lamiaceae, Labiatae)*

Plectranthus coleoides

Herkunft: *P. coleoides* Südostindien, *P. fruticosus* Subtropen in Südafrika
Blütenfarbe: *P. coleoides* weiß, *P. fruticosus* blaßblau
Blütezeit: *P. coleoides* August bis September, *P. fruticosus* Februar bis Mai
Höhe: 15–30 cm, einzelne Triebe bis 150 cm lang
Merkmale: Die winzigen, unscheinbaren Lippenblüten der Harfensträucher fallen kaum auf, die Stauden oder Halbsträucher werden vielmehr ihrer schön geformten Laubblätter wegen kultiviert, die unterschiedliche, für die jeweilige Art charakteristische Duftnoten verbreiten. Von *P. coleoides* wird nur die Sorte 'Marginatus' angeboten und meist unter dem Namen Weihrauchpflanze gehandelt, da ihre hellgrünen, weiß gerandeten Laubblätter beim Zerreiben einen typischen Weihrauchduft verströmen. Die ausdauernd wachsende, immergrüne Pflanze bildet bis zu 150 cm lange, überhängende Triebe. Im Wuchs sehr ähnlich ist der Mottenkönig, der zu den Halbsträuchern gezählt wird, da seine fleischigen Triebe teilweise verholzen. Seine frischgrünen, rundlichen und leicht gezähnten Blätter riechen deutlich nach Kampfer, wodurch Motten vertrieben werden sollen. Locker mit gegenständigen Laubblättern besetzt, hängen seine Triebe ebenfalls weit über.
Sorte: von *P. coleoides* 'Marginatus' (weiß gerandete Laubblätter, Höhe 15–30 cm, bis 150 cm lange Triebe)
Standortansprüche: Die anspruchslosen Harfensträucher gedeihen in Sonne und Halbschatten gleichermaßen, vertragen auch Schatten. Als Substrat empfiehlt sich Einheitserde oder eine andere humose Erdmischung.
Verwendung: Beide Formen sind typische Blattschmuckpflanzen, die als sog. Strukturpflanzen eingesetzt werden. Zwischen den vielen bunten Sommerblumen auf Balkon und Terrasse schafft vor allem der schlichte Mottenkönig Ruhepole für das Auge. Die Weihrauchpflanze mit ihrem zweifarbigen Laub ist zwar etwas auffälliger, doch dient auch sie als Auflockerung oder Verbindungsglied zwischen verschiedenen blühenden Balkonpflanzen. Beide Arten eignen sich sowohl zur Bepflanzung von Balkonkästen, Schalen und Töpfen als auch für Ampeln, in denen ihr überhängender Wuchs besonders schön wirkt.
Pflege: Die frostempfindlichen Jungpflanzen oder überwinterte Exemplare werden erst in der zweiten Maihälfte mit 20–30 cm Abstand nach draußen gepflanzt. Neben regelmäßigem Gießen beschränken sich die Pflegemaßnahmen auf niedrig dosierte Düngergaben in zwei- bis vierwöchigen Abständen.
Überwinterung: Beide Arten lassen sich ohne weiteres überwintern. Dazu werden sie im Herbst, rechtzeitig vor den ersten Frösten, an einen hellen, temperierten (10–15 °C) Ort geräumt. Lange Triebe sollte man vorher kürzen. Während des Winters schränkt man die Wasser-

gaben stark ein. Nach den Eisheiligen dürfen die Pflanzen dann wieder ins Freie umziehen.
Vermehrung: Kopfstecklinge schneidet man im Frühjahr oder Sommer. Um Verzweigung anzuregen, empfiehlt es sich, die bewurzelten Jungpflanzen ein- bis zweimal zu entspitzen. Sie können wie die Mutterpflanzen über den Winter gebracht werden.

Plumbago auriculata

Plumbago
Bleiwurz

Art: *P. auriculata* (auch *P. capensis*)
Familie: Bleiwurz- oder Strandnelkengewächse *(Plumbaginaceae)*
Herkunft: Südafrika
Blütenfarbe: hellblau, auch weiß oder zartviolett
Blütezeit: Mai bis Oktober
Höhe: 50–200 cm, selten auch höher
Merkmale: Die Bleiwurz besticht durch ihren üppigen, hellblau leuchtenden Blütenflor. Sie wächst als halbimmergrüner Strauch mit langen, zunächst aufrechten, später überhängenden Trieben, die dicht mit dunkelgrünen, elliptischen Blättern besetzt sind. An den Triebenden erscheinen halbkugelige, doldenartige Blütenstände, die den ganzen Sommer über immer wieder nachgebildet werden. Die Kronblätter der Einzelblüten sind zu einer langen, dünnen Röhre verwachsen, deren Ende sich zu einem flachen, fünfstrahligen Stern erweitert. Der sie umfassende Kelch ist dicht mit auffälligen, langgestielten Drüsen überzogen. Die Blütenfarbe variiert von einem klaren, reinen Hellblau bis zu weißlich überhauchten Blautönen oder zartem Violett.
Sorten: (Höhe jeweils 50–200 cm) 'Alba' (weiß), 'Caerulea' (hellblau)
Standortansprüche: Die Pflanzen bevorzugen einen vollsonnigen, wind- und regengeschützten Platz. Als Substrat eignet sich Einheitserde oder eine vergleichbare Mischung.
Verwendung: Die Bleiwurz wird gern als Hochstämmchen im Kübel gezogen, seltener auch als Pyramide formiert oder an einem Spalier aufgebunden. Oft läßt man sie auch einfach als locker ausgebreiteten Busch wachsen und stellt den Kübel an einen erhöhten Platz, etwa auf eine Säule oder Mauerkrone, wo die Triebe frei herabhängen können. Sie eignet sich, einjährig gezogen, aber ebenfalls sehr gut zur Bepflanzung einer Ampel oder für den Balkonkasten. Am besten läßt sich die Bleiwurz mit mediterranen Arten kombinieren. Ihre herrliche Blütenfarbe paßt hervorragend zu rot- oder weißblühenden Pflanzen wie etwa Granatapfelbaum, Hibiskus, Oleander, Rosen (*Rosa*), Strauchmargeriten oder Orangenblumen.
Pflege: Während der Wachstumszeit benötigt die Bleiwurz reichlich Wasser und Nährstoffe. Man gießt sie regelmäßig und ausgiebig. Sowohl Staunässe als auch Ballentrockenheit sollten unbedingt vermieden werden. Eine Düngung nimmt man etwa alle 2 Wochen vor. Den Sommer über müssen verwelkte Blüten laufend entfernt werden, da sie nicht von selbst abfallen, sondern mit den klebrigen Drüsen ihrer Kelche im Gezweig hängenbleiben. Bei Bedarf kann man die Sträucher im Herbst zurückschneiden. Im Frühjahr ist nur ein leichtes Ausputzen zu empfehlen, denn ein Rückschnitt zu diesem Zeitpunkt würde den Beginn der Blüte verzögern.
Überwinterung: Vor den ersten Frösten werden die Pflanzen in ein helles oder dunkles, trockenes und kühles bis temperiertes Winterquartier eingeräumt. Die Temperatur darin sollte etwa 4–12 °C betragen. Je wärmer der Raum ist, desto heller sollte er sein. Man gießt die Sträucher nur sparsam, um so seltener, je kühler sie stehen, der Ballen darf aber nicht austrocknen. Wurde die Bleiwurz dunkel überwintert, stellt man sie im März heller und wärmer und beginnt stärker zu gießen, damit sich neue Triebe bilden. Die alten Blätter werden entfernt. Nach den letzten Spätfrösten kommen die Pflanzen wieder ins Freie.
Vermehrung: Die Sträucher können im Spätsommer durch halbreife Kopfstecklinge vermehrt werden.
Schädlinge: Wolläuse, Blattläuse, Weiße Fliege

Poncirus trifoliata

Poncirus
Bitterorange

Art: *P. trifoliata* (auch *Citrus trifoliata*, Dreiblättrige Bitterorange)
Familie: Rauten- oder Weinrautengewächse *(Rutaceae)*
Herkunft: China
Blütenfarbe: weiß
Blütezeit: April bis Mai
Höhe: 100–200 cm, selten höher
Merkmale: Die Bitterorange ist eine Verwandte der Zitrusgewächse, was an ihren weißen Blütensternen unschwer zu erkennen ist. Im Gegensatz zu den Arten der Gattung *Citrus* handelt es sich bei ihr jedoch um ein laubabwerfendes Gehölz. Ihre Triebe sind dicht mit starken, grünen Dornen besetzt. Im Frühjahr treiben die kleinen, etwas ledrigen, dunkelgrün glänzenden Blätter aus, die aus 3 ovalen Teilblättchen zusammengesetzt sind. Gleichzeitig oder schon etwas früher als das Laub erscheinen auch die großen, einzelnstehenden, wachsweißen Blüten, die einen angenehmen Duft verströmen. Aus ihnen entwik-

keln sich relativ kleine, birnen- bis kugelförmige Früchte, die grün bis blaßgelb gefärbt sind und in der Reife aromatisch duften. Sie schmecken sehr sauer und sind daher ungenießbar.
Standortansprüche, Verwendung und Pflege: wie bei den Zitrusgewächsen (siehe Seite 152 f.)
Überwinterung: Bitterorangen sind deutlich robuster als Zitrusgewächse und vertragen auch leichten Frost. An sehr geschützten Stellen können sie daher mit einer entsprechenden Winterabdeckung sogar im Freien überwintern. Sicherer ist es jedoch, sie ins Haus zu holen, wo sie wie Zitrusgewächse kühl bei etwa 4–8 °C, hell und lufttrocken stehen sollten. Ab Ende April können sie wieder ins Freie.
Vermehrung: Neue Pflanzen können sowohl durch Aussaat, am besten im Frühjahr, als auch im Frühjahr oder Sommer durch weiche oder halbreife Kopf- oder Triebstecklinge herangezogen werden. Auch durch Abmoosen (siehe Seite 103) lassen sie sich vermehren.

Portulaca
Portulak

Art: *P. grandiflora* (Portulakröschen, Großblütiger Portulak)
Familie: Portulakgewächse *(Portulacaceae)*
Herkunft: Südamerika, in Mittel- und Südosteuropa stellenweise eingebürgert
Blütenfarbe: weiß, gelb, orange, lachsfarben, rosa, rot
Blütezeit: von Mai bis zum September
Höhe: 10–15 cm
Merkmale: Nur bei Sonnenschein öffnen sich die großen Blüten des einjährig wachsenden Portulakröschens. Umgeben von zarten, schalenförmig ausgebreiteten, seidig schimmernden Blütenblättern, werden dichtgepackte, goldgelbe Staubgefäße sichtbar. Neben einfachen Blüten gibt es auch gefüllte Formen. Sie erscheinen als kräftige Farbtupfer an flach niederliegenden Trieben, die sich rasch ausbreiten. Einen reizvollen Kontrast zu den leuchtenden Blütenfarben bilden die nadelförmig zugespitzten, fleischig verdickten Laubblätter.
Sorten: (Höhe jeweils 10–15 cm) 'Calypso-Mischung' (Mischung strahlender Farben), 'Cupido' (weiß, gelb oder rosa), 'Einfache Prachtmischung' (Farbmischung ungefüllter Blüten), 'Gefüllte Prachtmischung' (Farbmischung, Anteil gefüllter Blüten etwa 60 %), 'Sunshine' (frühblühende Farbmischung halbgefüllter Blüten) sowie 'Sundance' (Farbmischung halbgefüllter, lange geöffneter Blüten, Höhe 15 cm)
Standortansprüche: Das Portulakröschen braucht einen Platz in sonniger, regengeschützter Lage, um seine volle Blütenpracht zeigen zu können. Das Substrat muß locker und durchlässig sein. Am besten vermischt man Einheitserde mit etwa einem Drittel Sand. Das Einbringen einer Dränageschicht ins Pflanzgefäß ist ratsam.
Verwendung: Die genügsamen Pflanzen begrünen Töpfe, Kästen und Schalen in Südlagen in kürzester Zeit. Auch für Ampeln sind sie gut geeignet, da ihre Triebe bald überhängen. Sehr passende Begleitpflanzen sind Gazanie oder Mittagsblumen, die nicht nur farblich harmonieren, sondern auch starke Sonne und Hitze vertragen.
Pflege: Frühestens Ende Mai setzt man die frostempfindlichen Jungpflanzen mit etwa 15 cm Abstand nach draußen. Beim Gießen sollte man zurückhaltend sein, da die an Trockenheit angepaßten Pflanzen Staunässe nicht vertragen. Sehr anspruchslos sind Portulakröschen, was die Nährstoffversorgung betrifft: Monatliche schwach dosierte Düngergaben sind völlig ausreichend.
Vermehrung: Portulakröschen werden gewöhnlich aus Samen angezogen. Neben einer Vorkultur ab März ist auch eine Direktaussaat in die gewünschten Pflanzgefäße ab Ende Mai erfolgreich.
Schädlinge: Blattläuse, Thripse

Portulaca grandiflora

Primula
Primel

Arten: *P.-Elatior*-Hybriden (auch *P.* x *polyantha*, *P.-Polyantha*-Hybriden, Gartenhimmelsschlüssel), *P. vulgaris* ssp. *vulgaris* (Kissenprimel)
Familie: Primelgewächse *(Primulaceae)*
Herkunft: Stammformen der *P.-Elatior*-Hybriden Europa und Asien, *P. vulgaris* ssp. *vulgaris* Wälder, schattige Felshänge und Bergwiesen in Europa, Kleinasien und Nordafrika
Blütenfarbe: weiß, gelb, rosa, rot, *P.-Elatior*-Hybriden auch braun und blau
Blütezeit: *P.-Elatior*-Hybriden April bis Mai, *P. vulgaris* ssp. *vulgaris* Februar bis April
Höhe: *P.-Elatior*-Hybriden 15–30 cm, *P. vulgaris* ssp. *vulgaris* 5–15 cm
Merkmale: Mit den zeitig im Jahr erblühenden Primeln hält der Frühling auf Balkon und Terrasse Einzug. Allen Primelarten gemeinsam sind die sich zu einer Röhre verengenden, teller- bis trichterförmigen Blüten sowie spatel- bis zungenförmige Laubblätter, die häufig stark gerunzelt sind.
Die Gartenhimmelsschlüssel sind aus Kreuzungen verschiedener Arten entstanden und umfassen die im Handel als Colossea-, Gigantea-, Grandiflora-, Pacific-Riesen- und Vierländer-Primeln angebotenen Sortengruppen. Mit ihrer grundständigen Blattrosette aus länglich zungenförmigen Blättern und den auf langen Stielen in vielblütigen Dolden sitzenden Blütenbechern ähneln sie der heimischen Waldschlüsselblume *(P. elatior)*. Ihre oftmals gefüllten Blüten sind jedoch größer und in dichteren Dolden zusammengefaßt, zudem ist die breite Farbpalette der Hybriden beeindruckend.
Die Kissenprimeln tragen ihre farbkräftigen, leicht duftenden Blüten dicht über der üppigen Blattrosette. Oftmals weisen die Blumen einen kontrastie-

Primula vulgaris ssp. *vulgaris*

renden, gelb oder orange gefärbten Schlund auf. Die hier vorgestellten Primeln wachsen im Garten ausdauernd, auf Balkon und Terrasse finden sie aber überwiegend als saisonale Einjahresblumen Verwendung. Die Inhaltsstoffe der schmucken Pflanzen können bei empfindlichen Menschen Hautreizungen und Allergien auslösen.
Sorten: Von den *P.-Elatior*-Hybriden werden u. a. angeboten (Höhe jeweils 20 cm) 'Curiosity' (gelbbraun, gefüllt), 'Olga Menden' (rot, gefüllt), 'Schön Rotraut' (dunkelrot, gefüllt), 'Vierländer Gold' (goldgelb). Von *P. vulgaris* ssp. *vulgaris* sind z. B. im Handel (jeweils etwa 10 cm hoch) 'Alba' (rein weiß), 'Alba Plena' (rein weiß, gefüllt), 'Atrorubens' (dunkelrot), 'Atrosanguinea' (samtrot), 'Cloth of Gold' (auch 'Lutea Plena'; zitronengelb, gefüllt), 'Rosea Plena' (rosa, gefüllt); viele weitere Sorten werden häufig nur unter Angabe ihrer Blütenfarbe angeboten, z. B. 'Rote Auslese'.
Standortansprüche: Primeln gedeihen am besten in halbschattiger Lage, für Kissenprimeln sind auch sonnige Standorte geeignet. Als Substrat verwendet man bevorzugt Einheitserde oder eine lehmig-humose Substratmischung.
Verwendung: Zusammen mit anderen Frühlingsboten wie Tulpen, Narzissen, Tausendschön oder Gartenstiefmütterchen lassen sich farbenfrohe Pflanzungen in Balkonkästen, Schalen und Töpfen gestalten. Sehr reizvoll wirkt auch die Kombination verschiedenfarbiger Primeln.
Pflege: Meist werden Kissenprimeln schon ab Januar im Handel angeboten, die Gartenhimmelsschlüssel etwas später. Gleich nach dem Kauf können die Jungpflanzen, ebenso wie selbst angezogene Exemplare, in die vorgesehenen Gefäße nach draußen gepflanzt werden. Als Abstand genügen dabei 15–20 cm. Regelmäßiges Gießen ist für alle Primeln wichtig, da ihr Substrat nicht austrocknen darf. Düngergaben sind dagegen nicht erforderlich. Nach dem Verblühen sollte man die nun unansehnlich werdenden Pflanzen aus dem Kasten oder Topf entfernen und den frei gewordenen Platz für Sommerblüher nutzen.
Vermehrung: Die Arten und viele der Sorten lassen sich aus ihren Samen anziehen. Man sät diese bereits in den Wintermonaten in Anzuchtschalen aus.
Schädlinge und Krankheiten: Blattläuse; Grauschimmel, Falscher Mehltau
Tip: Gartenbesitzer können die Primeln nach dem Abblühen auf Rabatten oder an den Gehölzrand verpflanzen, wo sie jedes Jahr erneut ihren hübschen Blütenschmuck zeigen werden.

Primula-Elatior-Hybriden

Punica
Granatapfel

Art: *P. granatum* (Granatapfelbaum, Granatbaum, Punischer Apfel)
Familie: Granatapfelgewächse *(Punicaceae)*
Herkunft: Hecken und Gebüsche in Vorderasien, im übrigen Mittelmeerraum eingebürgert
Blütenfarbe: leuchtend hellrot, auch weiß und orangegelb
Blütezeit: Mai bis September
Höhe: 0,5–3 m
Merkmale: Der Granatapfelbaum ist eine uralte Kulturpflanze, die nicht nur ihrer schmackhaften, saftigen Früchte wegen kultiviert wird, sondern auch für medizinische Zwecke sowie in der Färberei und Gerberei Verwendung findet. Die Art bildet einen laubabwerfenden Strauch oder kleinen Baum mit schmalelliptischen, ledrigen, hellgrünen Blättern, die sich im Herbst rötlich färben. Wildpflanzen sind oft dornig, die als Kübelpflanzen gezogenen Formen jedoch überwiegend dornenlos. Die auffälligen Blüten sitzen einzeln oder zu wenigen zusammen und haben einen stark vergrößerten, kräftig roten Kelch, der nach unten zu den Fruchtknoten krugförmig umhüllt. An seiner Spitze stehen 5–8 zerknittert aussehende Blütenblätter. Die kugeligen Früchte tragen die krönchenartigen Reste des Kelchs. Sie haben eine gelbbraune bis rötliche, ledrige Schale, im Innern umgibt saftreiches rotes Fruchtfleisch die zahlreichen Samen. Allerdings reifen die Früchte nur in warmem Klima genügend aus.
Sorten: Im Handel sind u. a. erhältlich 'Nana' (auch *P. granatum* var. *nana*, Zwerggranatapfelbaum; rot, reichblühend, stark verzweigt, kleinere, schmalere Blätter und kleine Früchte, Höhe 50–100 cm), 'Nana Plena' (wie 'Nana', aber gefüllt), 'Nana Racemosa' (wie 'Nana', aber pyramidenförmiger Wuchs, Höhe 70–150 cm) sowie (Höhe jeweils 1–3 m) 'Albescens' (weiß), 'Alboplenо' (auch 'Multiplex'; weiß, gefüllt), 'Flavescens' (orangegelb), 'Flore Pleno' (auch 'Rubro Pleno', 'Flore Rubro'; rot, gefüllt), 'Legrellei' (auch 'Legrelliana'; blaßrot mit Weiß, dichtgefüllt).
Standortansprüche: Die Pflanzen benötigen einen vollsonnigen, warmen, geschützten Platz. Das Substrat sollte nährstoffreich, lehmig und gut durchlässig sein. Einheitserde vermischt man mit etwas Sand, Splitt oder ähnlichem Material. Die Gefäße müssen über eine wirksame Dränage verfügen, um jegliche Staunässe zu vermeiden.

Punica granatum

Verwendung: Granatapfelbäume passen hervorragend zu anderen mediterranen Kübelpflanzen. Man kann sie z. B. mit Palmen, Zypressen, Lorbeer, Oleander, Zitrusgewächsen, Bleiwurz, Brautmyrte und vielen anderen kombinieren. Sie werden auch gern als Hochstämmchen gezogen.
Pflege: Während der Wachstumszeit benötigen die kleinen Gehölze keine sehr hohen Wasser- und Nährstoffgaben. Man gießt sie regelmäßig, vom Frühjahr bis zur Sommermitte reichlich, später weniger. Staunässe und Ballentrockenheit vertragen sie schlecht, die Folge ist meist der Abwurf einiger Blätter. Alle 2–3 Wochen düngt man die Pflanzen, ab Mitte des Sommers jedoch nicht mehr, damit die Triebe ausreifen können. Da die Blüten nur am einjährigen Holz gebildet werden, kann man die diesjährigen Triebe im Herbst beliebig stutzen und die Pflanzen dadurch auch formieren. Allgemein ist vor dem Einräumen ins Winterquartier ein Auslichten und gegebenenfalls auch ein leichter Rückschnitt zu empfehlen. Dabei werden überlange Triebe eingekürzt und dünne, wenig beblätterte am Ansatz ganz entfernt.
Überwinterung: Da Granatapfelbäume leichten Frost vertragen, räumt man sie erst spät ein. Noch an den Zweigen verbliebene Blätter streift man vorher am besten ab. Die Pflanzen kommen in ein kühles, möglichst gerade eben frostfreies (1–5 °C), helles oder dunkles, lufttrockenes Winterquartier. Während der Überwinterung werden sie sehr sparsam gegossen, der Ballen darf jedoch nicht ganz austrocknen. Stehen sie wärmer oder gießt man stärker, treiben die Pflanzen zu früh aus und blühen anschließend weniger reich. Ab und zu sollte der Überwinterungsraum gelüftet werden, um Grauschimmelbefall vorzubeugen. Wenn sich im Frühjahr die ersten neuen Triebe zeigen, werden die Granatapfelbäume heller gestellt und häufiger gegossen. Bereits ab März, spätestens aber nach den letzten Spätfrösten kann man sie wieder ins Freie bringen.
Vermehrung: Im Sommer lassen sich Granatapfelbäume durch halbreife Kopfstecklinge vermehren. Diese werden in ein sandreiches Substrat gesteckt, wo sie sich bei etwa 20 °C am besten bewurzeln. Man kann die Pflanzen auch im Frühjahr oder Herbst aus Samen ziehen, doch setzen solche Exemplare erst ein paar Jahre später als Stecklingspflanzen die ersten Blüten an.
Schädlinge und Krankheiten: Schildläuse, Wollläuse, Blattläuse; Grauschimmel

R

Ranunculus
Hahnenfuß

Art: *R.-Asiaticus*-Hybriden (auch *R. asiaticus*, *R. hortensis*, Ranunkeln)
Familie: Hahnenfußgewächse *(Ranunculaceae)*
Herkunft: Stammformen von Wiesen und aus Wäldern im Mittelmeerraum, insbesondere in Vorderasien und auf Kreta
Blütenfarbe: weiß, gelb, orange, rosa, rot
Blütezeit: April bis Juni
Höhe: 20–40 cm
Merkmale: Aus der eigentlichen Art *R. asiaticus* mit einfachen Schalenblüten sind durch jahrhundertelange Züchtungsarbeit unzählige Hybriden hervorgegangen. Sie werden je nach ihrer Herkunft in verschiedene Sortengruppen eingeteilt. Türkische oder Turbanranunkeln sind seit dem 16. Jh. in Europa bekannt. Sie öffnen ihre dichtgefüllten Blütenköpfe besonders früh und sind in zahlreichen Farben erhältlich. Persische Ranunkeln kamen zu Beginn des 18. Jh. nach Europa. Sie bilden große einfache oder halbgefüllte Blüten in vielen Farben. In Frankreich entstanden gegen Ende des 18. Jh. die Französischen Ranunkeln mit ihren locker gefüllten, großblumigen Blüten. Ein paar Jahrzehnte später, 1820, wurden in Italien die sog. Päonienblütigen Ranunkeln gezüchtet, deren dichtgefüllte Blumen sich durch eine besonders lange Blütezeit auszeichnen. Allen Gruppen gemeinsam ist eine klauenartige Wurzelknolle, die gut überwintert werden kann. Die aufrechten Blütenstiele tragen neben den endständigen Blütenköpfchen dreizählige, gekerbte Laubblätter.
Sorten: Ranunkeln werden selten unter speziellen Sortennamen angeboten, statt dessen unter dem Namen der jeweiligen Sortengruppe mit Farbangabe, z. B. Rote Französische Ranunkeln, oder aber als Farbmischung.
Standortansprüche: Die Pflanzen gedeihen am besten an einem geschützten Platz in voller Sonne. Das Substrat sollte genügend durchlässig sein. Gut geeignet ist Einheitserde oder auch mit Sand vermischte Gartenerde.

Ranunculus-Asiaticus-Hybriden

Verwendung: Die üppigen, farbenprächtigen Blüten der Ranunkeln bereichern Frühlingskästen und -schalen oder Töpfe. Auch ohne Begleitung von anderen Pflanzenarten bezaubern sie durch nostalgisches Flair. Gut zu kombinieren sind die Frühjahrs- bzw. Frühsommerblüher aber ebenso mit blaublühendem Vergißmeinnicht und mit Tausendschön.
Pflege: Gekaufte oder überwinterte Wurzelknollen setzt man zwischen Februar und April mit den „Klauen" nach unten direkt in die Pflanzgefäße, läßt sie aber noch im Haus. Es ist ratsam, sie vor der Pflanzung 3–4 Stunden zu wässern. Die Knollen dürfen höchstens 5 cm mit Erde bedeckt sein und sollten etwa 20 cm Abstand voneinander haben. Vorgezogene Pflanzen werden ab April nach draußen gepflanzt. Ranunkeln müssen gleichmäßig feucht gehalten werden. Sie blühen besonders üppig, wenn sie wöchentlich mit niedrig dosiertem Volldünger versorgt werden.
Überwinterung: Sollen die Wurzelknollen der Ranunkeln überwintert werden, darf man sie erst aus den Pflanzgefäßen nehmen, wenn die Laubblätter bereits vergilbt sind. Zuvor helfen die Blätter der Pflanze, wichtige Reservestoffe zur Überwinterung anzureichern. Die ausgegrabenen Knollen legt man zunächst zum Trocknen an einen schattigen Ort, entfernt dann das verbliebene Laub und lagert sie bis zum erneuten Auspflanzen in einem kühlen (5–10 °C) und trockenen Raum.
Vermehrung: Bevor man zur Überwinterung aufgenommene Knollen trocknet, können sie geteilt werden. An jedem Teilstück muß jedoch mindestens eine Triebknospe erhalten bleiben. Außerdem lassen sich Brutknöllchen, die sich an der Oberseite der Mutterknollen gebildet haben, abtrennen. Teilstücke und Brutknöllchen lagert man den Winter über zusammen mit den übrigen Knollen und pflanzt sie im darauffolgenden Frühjahr aus. Päonienblütige Ranunkeln kann man auch aus ihren Samen nachziehen, wenn sie ab März in Vorkultur gebracht werden.
Krankheiten: Echter Mehltau, Gelbfärbung der Blätter bei Staunässe
Tip: Um die vergleichsweise kurze Blütezeit der Ranunkeln zu verlängern, sollte man jeweils mehrere Pflänzchen zeitlich versetzt anziehen.

Rhodochiton
Rosenkelch, Rosenkleid, Purpurglockenwein

Art: *R. atrosanguineus* (auch *R. volubilis, Lophospermum atrosanguineum*)
Familie: Braunwurzgewächse oder Rachenblütler *(Scrophulariaceae)*
Herkunft: Mexiko
Blütenfarbe: rosa, rot, violett
Blütezeit: August bis Oktober
Höhe: 2–3 m
Merkmale: Der in seiner Heimat teilweise verholzende Halbstrauch wird in Kultur gewöhnlich nur einjährig gezogen, kann aber gut über den Winter gebracht werden. Mit Hilfe rankender Blatt- und Blütenstiele erklimmt der Rosenkelch schon bald luftige Höhen. In den Blattachseln der auffälligen, herzförmigen Laubblätter erscheinen im Spätsommer dann die prächtig gefärbten Blüten. An der Basis der dunkelroten bis violetten Röhrenblüten sitzen kräftig rosafarbene Tragblätter, die den Trieben auch nach dem Abfallen der Blüten noch lange Zeit Farbe verleihen.
Sorte: 'Purple Bells' (dunkelviolette Blüten mit purpurrosa Tragblättern, Höhe bis 3 m)
Standortansprüche: An sonnigen und geschützten Standorten gedeiht der Rosenkelch am schönsten. Wichtig ist ein nährstoffreiches Substrat, z. B. Einheitserde oder eine vergleichbare Erdmischung. Auf eine gute Dränage des Pflanzgefäßes ist zu achten.

Rhodochiton atrosanguineus

Verwendung: Das großblättrige Laubwerk und der dichte Blütenflor können, flächig aufgeleitet, einen wirkungsvollen Sichtschutz bieten. Man setzt den Rosenkelch dazu am besten in größere Balkonkästen und bringt die entsprechenden Kletterhilfen an. Pflanzt man den Klimmer in Ampeln, so hängen seine Triebe bezaubernd in langen Kaskaden über. Sofern in der Ampel noch Platz ist, kann dieser mit Hängepflanzen wie Fuchsien, Hängepelargonien oder Fächerblumen attraktiv gefüllt werden. Als kletternde Nachbarn bieten sich Prunkwinde oder Glockenrebe an.
Pflege: Ende Mai werden die Pflanzen in die vorgesehenen Gefäße gesetzt, wobei ihnen von Beginn an eine Kletterhilfe angeboten werden muß. Während der Wachstumszeit muß man sie regelmäßig gießen, doch darf dabei keine Staunässe entstehen. Die schnellwüchsige Pflanze hat einen hohen Nährstoffbedarf, der durch Volldüngergaben in zweiwöchigen Abständen gedeckt werden sollte.
Überwinterung: Rechtzeitig vor den ersten Frösten muß der Rosenkelch an einen kühlen (5–10 °C) und hellen Ort geräumt werden. Seine langen Triebe schneidet man kräftig zurück. Während der Wintermonate wird nur so viel gegossen, daß der Wurzelballen nicht austrocknet.
Vermehrung: Es erfordert einige Geduld, den Rosenkelch aus Samen anzuziehen, da diese recht unregelmäßig keimen. Außerdem bilden sich erst etwa 5 Monate nach dem Aussaattermin Blüten. Einfacher ist die Vermehrung durch Stecklinge, die im Sommer geschnitten und zur Bewurzelung gebracht werden. Man überwintert sie wie die Mutterpflanzen.
Schädlinge: Weiße Fliege, Spinnmilben

Ricinus
Wunderbaum, Rizinus, Palma Christi

Art: *R. communis*
Familie: Wolfsmilchgewächse *(Euphorbiaceae)*
Herkunft: vermutlich aus dem tropischen Afrika, in allen tropischen und subtropischen Gebieten eingebürgert
Blütenfarbe: männliche Blüten gelbgrün, weibliche rotbraun
Blütezeit: August bis Oktober

Höhe: 1,5–3 m
Merkmale: Der enorm raschwüchsige Wunderbaum wird in der Regel als einjährige Pflanze gezogen und ist wegen seiner Dimensionen und der leuchtend farbigen Blütenstände, die er in nur wenigen Wochen entwickelt, eine beeindruckende Kübelpflanze. Dennoch bringt er es in Gefäßkultur bei weitem nicht auf die Ausmaße, die er in den Tropen erreicht. Seine riesigen, meist braunrot gefärbten Blätter sind handförmig geteilt. Eigenartig wirken die rispigen Blütenstände an den Triebenden: Sie bestehen aus winzigen, eingeschlechtigen Blüten, wobei im unteren Teil der Rispe die gelbgrünen männlichen Blüten, im oberen Teil die rotbraunen weiblichen Blüten mit den leuchtend roten, fedrigen Narben sitzen. Letztere werden zu stacheligen Früchten, deren Samen das als Abführmittel verwendete Rizinusöl liefern. Die bohnengroßen Samen enthalten aber überdies hochwirksame Giftstoffe, die u. a. als Rattengift eingesetzt werden. Sind Kinder im Haus, sollte man den Samenansatz daher frühzeitig ausbrechen.
Sorten: Im Handel sind u. a. erhältlich (Höhe jeweils 1,5–3 m) 'Carmencita' (leuchtend rot, Blätter dunkelbraun), 'Impala' (gelb, Blätter dunkelgrün bis bronzefarben), 'Sanguineus' (Blätter grün, rot geädert und überhaucht).
Standortansprüche: Die Pflanzen benötigen einen vollsonnigen, windgeschützten Platz. Als Substrat eignet sich Einheitserde oder ein vergleichbares Erdgemisch.
Verwendung: Der Wunderbaum stellt eine imposante Blattschmuckpflanze dar. Selbst mit nur einjährigen Pflanzen lassen sich unschöne Winkel und kahle Wände gut verdecken. Wenn man ihn mit anderen großblättrigen Arten wie Zierbananen oder Palmen kombiniert, erreicht man schnell den Eindruck exotischer Üppigkeit. Dazu paßt bunter, ebenfalls tropischer Blütenschmuck von Bougainvilleen, Kassien, Engelstrompeten, Nachtschatten oder Hibiskus.
Pflege: Die Pflanzen brauchen während der Wachstumszeit vor allem sehr viel Wasser, aber auch reichlich Nährstoffe. Man muß sie regelmäßig und durchdringend gießen, gedüngt wird alle 1–2 Wochen.
Überwinterung: Möchte man den Wunderbaum über den Winter bringen, räumt man ihn vor den ersten Frösten in ein temperiertes, möglichst helles, etwas luftfeuchtes Winterquartier ein. Die Temperatur darin sollte etwa 10–15 °C betragen. Während der Überwinterung wird er ab und zu gegossen und stets leicht feucht gehalten. Nach den letzten Spätfrösten werden die Pflanzen wieder ins Freie gebracht.
Vermehrung: Man vermehrt Wunderbäume am einfachsten durch Samen. Diese werden einen Tag lang in warmem Wasser eingeweicht, einzeln in Töpfe gesteckt und bei etwa 20 °C aufgestellt.

Ricinus communis

S

Salpiglossis sinuata

Salpiglossis
Trompetenzunge, Brokatblume

Art: *S. sinuata* (auch *S. variabilis*)
Familie: Nachtschattengewächse *(Solanaceae)*
Herkunft: Chile
Blütenfarbe: weiß, gelb, rosa, rot, purpurn, violett, häufig mehrfarbig
Blütezeit: Juni bis September
Höhe: 50–100 cm
Merkmale: Die Trompetenzunge ist zwar keine klassische Balkonblume, doch lohnen ihre wunderschön gezeichneten Blüten die Kultur auch im Balkonkasten oder Kübel. An aufrechten, dünnen Stielen, die mit länglichen Blättern besetzt sind, finden sich endständig die trompetenförmigen, weit geöffneten Blüten. Sie sind wie die ganze Pflanze samtig weich behaart und zeigen warme, kräftige Farbtöne, die häufig in schmuckvollen Mustern zusammenlaufen und durch farblich hervorgehobene Adern strukturiert werden. Die einjährige Sommerblume blüht den ganzen Hochsommer über, leidet aber unter länger anhaltenden Regenperioden. Als Nachtschattengewächs enthält wahrscheinlich auch die Trompetenzunge in allen Teilen Stoffe, die giftig sind.
Sorte: 'Casino Mix' (F_1-Hybride, Mischung leuchtender Farben, kompakter, standfester Wuchs, Höhe 50–60 cm)
Standortansprüche: Trompetenzungen benötigen sonnige und geschützte Standorte. Als Substrat ist Einheitserde oder eine vergleichbare humusreiche Erdmischung geeignet.
Verwendung: Der ideale Platz für die hochwüchsigen Blumen sind Haus- oder Balkonwände in Südlagen. Ihre Pflanzbehälter, etwa Kästen oder größere Töpfe, sollten auf dem Balkon besser nicht erhöht angebracht, sondern auf den Boden gestellt werden, um die Gefahr des Umknickens durch Wind zu

verringern. Die langen Blütenstiele können durch eine Vorpflanzung niedriger Sommerblumen, z. B. farblich abgestimmter Gazanien, Petunien oder Hängeverbenen, verdeckt werden.
Pflege: In der zweiten Maihälfte setzt man die Pflanzen mit 20–30 cm Abstand nach draußen. Besonders wichtig ist eine ausgewogene Wasserversorgung, denn Trompetenzungen reagieren auf Staunässe ebenso empfindlich wie auf ein Austrocknen des Wurzelballens. Alle 2 Wochen sollte den Starkzehrern Volldünger in niedriger Dosierung verabreicht werden. Um die Neubildung von Knospen zu fördern, empfiehlt es sich, Verblühtes regelmäßig zu entfernen.
Vermehrung: Die Art und die Sorte können aus Samen vermehrt werden. Dabei hat sich eine Vorkultur ab März bei etwa 20 °C bewährt.
Krankheiten: Wurzelfäulnis bei Staunässe

Salvia
Salbei

Arten: *S. coccinea* (Scharlachroter Salbei), *S. farinacea* (Mehliger Salbei), *S. involucrata* (Purpursalbei), *S. officinalis* (Gartensalbei), *S. splendens* (Feuersalbei, Prachtsalbei), *S. viridis* (auch *S. horminum*, Buntschopfsalbei)
Familie: Lippenblütler *(Lamiaceae, Labiatae)*
Herkunft: *S. coccinea* Süden der USA, Mittelamerika, tropisches Südamerika, *S. farinacea* Süden der USA, *S. involucrata* Mittelamerika, *S. officinalis* und *S. viridis* Mittelmeerraum, von Südeuropa bis Vorderasien, *S. splendens* Brasilien
Blütenfarbe: *S. coccinea* rot, *S. farinacea* blau, violett, auch weiß, *S. involucrata* rosa bis rot, *S. officinalis* violett, weiß, *S. splendens* rot, Sorten auch cremefarben, lachs und violett, *S. viridis* unscheinbare Blüten, Hochblätter weiß, rosa, violett
Blütezeit: *S. coccinea* und *S. farinacea* Mai bis Oktober, *S. involucrata* Juli bis September, *S. officinalis* Juni bis Juli, *S. splendens* Mai bis September, *S. viridis* Juni bis September
Höhe: *S. coccinea* und *S. officinalis* 30–60 cm, *S. farinacea* 60–80 cm, *S. involucrata* 60–100 cm, *S. splendens* 20–30 cm, *S. viridis* 50–60 cm
Merkmale: Die Gattung *Salvia* umfaßt zahlreiche Arten, die sich in Wuchs und Blütenfarbe vielfach deutlich voneinander unterscheiden. Alle besitzen jedoch typische Lippenblüten, die zu quirligen Blütenständen zusammengefaßt sind. Der Scharlachrote Salbei bringt, wie schon sein Name besagt, Blüten in leuchtendem Scharlachrot hervor. Sie sind in lockeren Quirlen angeordnet und werden durch das dunkle Grün der großen eiförmigen Laubblätter kontrastreich untermalt. Dank zahlreicher Verzweigungen der aufrecht wachsenden Triebe erscheint die ganze Pflanze dichtbuschig.

Salvia farinacea

Auch der Mehlige Salbei verrät schon durch den Namen etwas von seinem Aussehen. Seine reich verzweigten Stengel sind mit grauweißem Flaum überzogen und wirken wie bemehlt. Aus dem grasgrünen Laubwerk lanzettlicher Blätter erheben sich aufrechte Blütenstiele, an deren Ende dichte Blütenquirle sitzen. Neben blau- und violettblühenden Formen gibt es auch eine weißblühende Variante.
Ebenfalls buschig, am Grund sogar verholzend, wächst der Purpursalbei. Er ziert sich mit rosafarbenen bis karminroten Blüten.
Der Gartensalbei ist schon seit langem als Heil- und Gewürzpflanze bekannt. Seine ausladenden, manchmal leicht überhängenden Triebe sind mit breitlanzettlichen, graugrünen Laubblättern besetzt und tragen violette, manchmal auch weiße Blüten.
Der Feuersalbei zieht mit seinen leuchtend scharlachroten Blüten alle Blicke auf sich. Die im Handel erhältlichen Sorten bleiben niedrig und wachsen kompakt, und ihre großen Blüten sitzen in dichten Blütenständen beieinander. Einen reizvollen Kontrast bildet auch beim Feuersalbei das großblättrige, in diesem Fall etwas ledrige Laubwerk.

Recht unscheinbar sind die Blüten des Buntschopfsalbeis, dessen eigentliche Zierde prächtig gefärbte Hochblätter darstellen, die ihre Farbe sehr lange behalten. Sie entwickeln

Salvia splendens

sich an straff aufrechten Stielen, die im unteren Abschnitt frischgrün belaubt sind. Obwohl mit Ausnahme des zweijährig wachsenden Buntschopfsalbeis alle genannten Arten ausdauernde Stauden oder Halbsträucher sind, werden sie meist nur einjährig kultiviert.
Sorten: Im Handel sind u. a. erhältlich von *S. coccinea* 'Lady in Red' (scharlachrot, zwergwüchsig, Höhe 30 cm); von *S. farinacea* 'Silber' (silbrig weiß, Höhe 60 cm), 'Viktoria' (tiefblau, Höhe 60 cm), 'Unschuld' (silbrig weiß, Höhe 70 cm); von *S. involucrata* 'Bethellii' (rosa bis kirschrot, Höhe 80–100 cm); von *S. officinalis* 'Tricolor' (weiß gerandete und rot überhauchte Laubblätter, Höhe 30–40 cm); von *S. splendens* 'Carabiniere' (scharlachrot, dunkelgrünes Laub, Höhe 20–25 cm), 'Johannisfeuer' (scharlachrot, Höhe 25 cm),

'Laser Purple' (dunkelviolett, frühblühend, Höhe 25 cm), 'Melba' (lachsrosa, Höhe 25 cm); von *S. viridis* 'White Swan' (überwiegend cremeweiße Hochblätter neben einigen rosafarbenen oder violetten, Höhe 50 cm), 'Oxford Blue' (blauviolette Hochblätter, Höhe 60 cm), 'Pink Sunday' (rosafarbene Hochblätter, Höhe 60 cm).
Standortansprüche: Alle genannten Salbeiarten gedeihen am besten in sonniger, warmer Lage. Besonders die hochwüchsigen Arten brauchen eine windgeschützte Ecke auf Balkon oder Terrasse. Das Substrat sollte durchlässig und nährstoffreich sein, gut geeignet ist z. B. Einheitserde oder eine vergleichbare Erdmischung. Auf eine wirksame Dränage des Pflanzgefäßes ist zu achten.
Verwendung: Die hohen Arten und Sorten werden vorwiegend in größere Kübel gepflanzt, in denen sie sich schön entfalten können. Die anderen verwendet man eher zum Begrünen von Balkonkästen, Schalen und Töpfen. Mit den rotblühenden Salbeiformen lassen sich vor allem Weiße Zwergmargeriten sowie gelbblühende Sterntaler hübsch kombinieren. Blau- oder violettblühender Mehliger Salbei sowie Gartensalbei harmonieren mit Blumen in nahezu jeder Blütenfarbe. Gesellt man zum duftenden Gartensalbei weitere Gewürzkräuter, so kann man Balkon oder Terasse in einen Kräutergarten verwandeln. Der Feuersalbei mit seiner hohen Leuchtkraft nimmt Nachbarpflanzen viel von ihrer Wirkung. Daher sollten ihm entweder Begleiter mit kräftigen Blütenfarben oder solche in neutralem Weiß zur Seite gestellt werden. Sehr farbintensiv sind Arrangements mit gelbblühender Pantoffelblume oder violetter Vanilleblume. Der Buntschopfsalbei paßt gut zu blau- oder violettblühendem Salbei und zu vielen anderen Sommerblumen.
Pflege: Erst nach den Eisheiligen werden die frostempfindlichen Salbeiarten und -sorten in die vorgesehenen Behälter gesetzt. Wichtig ist, die Pflanzen gleichmäßig mit Wasser zu versorgen, ohne daß dabei Staunässe entsteht. Regelmäßige Düngergaben in zweiwöchigen Abständen fördern einen reichen Flor. Werden die Blütenstände des Feuersalbeis nach dem Verwelken abgeschnitten, so bilden sich ein zweites Mal Knospen.
Überwinterung: Eine Weiterkultivierung über den Sommer hinaus lohnt sich nur beim Purpur- und beim Gartensalbei. Die beiden ziemlich frostharten Halbsträucher können den Winter entweder mit einer Abdeckung aus Fichtenreisig im Freien überdauern, oder man bringt sie im Herbst an einen hellen, temperierten (10–15 °C) Ort und gießt während der Wintermonate nur sparsam. Wenn die Pflanzen neu auszutreiben beginnen, kürzt man alle Triebe um etwa ein Drittel ein.
Vermehrung: In der Regel werden die Salbeiarten und -sorten durch Aussaat vermehrt. Bereits ab März kann mit der Vorkultur begonnen werden, die Keimtemperatur sollte bei etwa 20 °C liegen. Damit der Feuersalbei später schön buschig wächst, empfiehlt sich bei ihm ein Entspitzen bei etwa 8 cm Wuchshöhe.
Schädlinge und Krankheiten: Spinnmilben, Blattläuse, Weiße Fliege; Echter Mehltau

Salvia viridis

Sanvitalia
Sanvitalie

Art: *S. procumbens* (Husarenknopf, Mexikanisches Goldrandblümchen, Miniatursonnenblume)
Familie: Korbblütler *(Compositae)*
Herkunft: Mexiko, Guatemala
Blütenfarbe: gelb mit braunschwarzer Mitte
Blütezeit: Juni bis Oktober
Höhe: 10–25 cm
Merkmale: Der einjährige Husarenknopf schmückt sich mit goldgelben Strahlenblüten, die um eine fast schwarze Blütenmitte angeordnet sind. Sie wirken wie winzige Sonnenblumen und bringen viele Wochen lang ein fröhliches Flair auf Balkon und Terrasse. Die stark verästelten, biegsamen Triebe der robusten Sommerblume

Sanvitalia procumbens

breiten sich schnell aus und hängen aus Pflanzgefäßen bald anmutig über. Ihr frischgrünes, dichtes Laubwerk besteht aus ovallanzettlichen Blättern, die wunderschön mit dem Gelb der Blüten harmonieren.
Sorten: 'Plena' (gelb mit dunkler Mitte, dichtgefüllt, Höhe 15 cm), 'Goldteppich' (goldgelb mit dunkler Mitte, frühblühend, Höhe 20 cm), 'Mandarin-Orange' (orangefarben mit dunkler Mitte, Höhe 25 cm)
Standortansprüche: Der Husarenknopf sollte einen sonnigen Platz erhalten. Als Substrat nimmt man am besten Einheitserde oder Gartenerde, die man mit einem Drittel Sand vermischt hat, um die Durchlässigkeit zu erhöhen.
Verwendung: Besonders hübsch wirkt die Pflanze, wenn ihre Triebe über das Gefäß hinausgewachsen sind. Um dies bald zu erreichen, pflanzt man den Husarenknopf ganz an den Rand von Blumenkästen, Schalen oder Ampeln. Gut geeignet ist er auch als Unterpflanzung von Hochstämmchen. Das sonnige Gelb seiner Blüten paßt zu kühlen Farbtönen ebenso wie zu Rot oder Orange. Attraktive Begleitpflanzen sind violette Fächerblumen, Männertreu, rot- oder violett-

blühende Petunien, Feuersalbei oder Studentenblumen.
Pflege: In der zweiten Maihälfte setzt man Jungpflanzen mit etwa 15 cm Abstand nach draußen. Der genügsame Husarenknopf braucht nur mäßig gegossen und monatlich in niedriger Dosierung gedüngt zu werden. Sein Flor hält bis in den Herbst hinein an, wenn Abgeblühtes regelmäßig weggeschnitten wird.
Vermehrung: Da die Pflanzen erst etwa 10 Wochen nach der Aussaat zu blühen beginnen, empfiehlt sich eine Vorkultur, die man ab März bei etwa 15–18 °C durchführt.
Schädlinge: Blattläuse

Scaevola
Fächerblume, Scaevole

Art: *S. saligna* (auch *S. aemula*, Blaue Fächerblume)
Familie: Goodeniengewächse *(Goodeniaceae)*
Herkunft: Insel Neukaledonien im Pazifik
Blütenfarbe: blauviolett
Blütezeit: Mai bis Oktober
Höhe: 20–30 cm, einzelne Triebe bis 100 cm lang
Merkmale: Die Blaue Fächerblume erfreut sich immer größerer Beliebtheit, da sie die ganze Saison über unermüdlich blüht und dabei äußerst pflegeleicht ist. Ihre buschig verzweigten Triebe werden bis zu 100 cm lang und hängen zunächst halb, später dann stärker über. Sie sind üppig mit graugrünem Laub besetzt und bilden an ihren Enden zahlreiche blauviolette Blüten aus. Diese bestehen aus einer schmalen Röhre und Blütenblättern, die sich fächerförmig in einem Halbkreis ausbreiten. Die eigentlich ausdauernd wachsenden und teilweise verholzenden Pflanzen werden in der Regel nur einjährig kultiviert.
Sorte: 'Blue Wonder' (blauviolett, starkwüchsig mit bis zu 100 cm langen Trieben)
Standortansprüche: Die Blaue Fächerblume gedeiht an sonnigen Plätzen ebenso wie im Halbschatten. Wichtig ist gut durchlässiges Substrat, z. B. Einheitserde oder eine vergleichbare Mischung. Eine Dränageschicht ist ratsam.

Scaevola saligna

Verwendung: Allein in eine Ampel gepflanzt, kann die Blaue Fächerblume ohne weiteres 100 cm im Durchmesser erreichen. Ihre blauvioletten Blüten laden jedoch dazu ein, sie mit anderen Blütenfarben zu kombinieren. Sehr farbenfroh wirken Arrangements mit roten Hängepelargonien, gelbblühenden Begleitpflanzen wie Husarenknopf oder Pantoffelblume sowie kräftig getönten Verbenen. Zurückhaltender, doch ungemein reizvoll sind Kombinationen mit Weißen Zwergmargeriten und Blattschmuckpflanzen wie beispielsweise beiden Harfenstraucharten.
Pflege: Gekaufte Jungpflanzen werden ab Mitte Mai in Kästen, Ampeln oder sonstige Pflanzgefäße gesetzt. Man sollte den ausladend wachsenden Stauden jeweils etwa 30 cm Abstand zueinander einräumen. Zum regelmäßigen Gießen empfiehlt es sich, ausschließlich Regenwasser oder enthärtetes Wasser zu verwenden, da die Blaue Fächerblume keinen Kalk verträgt. Staunässe ist unbedingt zu vermeiden, ein kurzzeitiges Austrocknen der Erde wird hingegen toleriert. Niedrig dosierte Volldüngergaben in zweiwöchigen Abständen unterstützen die Neubildung von Knospen. Verblühtes zu entfernen ist nicht nötig, es fällt von selbst ab.
Überwinterung: Da die Vermehrung von Fächerblumen schwierig ist, lohnt es sich, schöne Exemplare zu überwintern. Die Pflanzen werden dazu im Herbst in einen hellen, temperierten (10–15 °C) Raum gebracht. Während der Wintermonate wird nur mäßig gegossen, und im Frühjahr sollte ein kräftiger Rückschnitt erfolgen. Allerdings kann es trotz optimaler Überwinterungsbedingungen vorkommen, daß sich die Blaue Fächerblume im darauffolgenden Sommer nicht mehr so schön entwickelt wie im ersten Jahr.
Vermehrung: Die aufwendige Stecklingsvermehrung von Fächerblumen sollte man Fachbetrieben überlassen.
Schädlinge: Weiße Fliege, Minierfliegen

Senecio
Kreuzkraut

Arten: *S. bicolor* (auch *S. maritimus*, *S. cineraria*, *Cineraria bicolor*, *C. maritima*, Cinerarie, Aschenblume, Greiskraut, Silberblatt), *S.-Cruentus*-Hybriden (auch

Senecio bicolor

S. x *hybridus*, *Cineraria hybrida*, Gartencinerarie, Läuseblümchen)
Familie: Korbblütler *(Compositae)*
Herkunft: *S. bicolor* Mittelmeerraum, Stammformen der *S.-Cruentus*-Hybriden Kanarische Inseln
Blütenfarbe: *S. bicolor* gelb, *S.-Cruentus*-Hybriden weiß, rosa, rot, blau, violett, auch zweifarbig
Blütezeit: *S. bicolor* Juli bis September, *S.-Cruentus*-Hybriden Mai bis September
Höhe: *S. bicolor* 15–40 cm, *S.-Cruentus*-Hybriden 30–40 cm
Merkmale: Die verschiedenen deutschen Namen wie Silberblatt oder Aschenblume beschreiben die ausdauernde Cinerarie sehr gut, ist doch die silbergraue Belaubung das Auffälligste an ihr. Weil die im Mittelmeerraum als ausdauernder Halbstrauch wachsende Pflanze in der Regel nur einjährig kultiviert wird, bekommt man ihre Blüten, die sich erst im zweiten Jahr bilden, kaum jemals zu Gesicht. So tut sich die buschig verzweigte Cinerarie allein durch ihre filzig behaarten und tief gelappten, geschlitzten, gebuchteten oder auch ungeteilten Laubblätter hervor. Ein völlig anderes Bild bietet

die häufig auch als Zimmerpflanze kultivierte Gartencinerarie. Ihre reich verästelten, aufrechten Triebe schmücken sich mit zahlreichen Strahlenblüten in kräftigen Farben. Das Spektrum umfaßt die verschiedensten Rosa-, Rot-, Purpur- und Violettöne, oft ist die Blütenmitte hell oder dunkel hervorgehoben. Im Unterschied zur graulaubigen Cinerarie, der Aschenblume, bildet die einjährig kultivierte Gartencinerarie große, leicht gezähnte Laubblätter von sattgrüner Farbe aus. Beide Arten und ihre Sorten enthalten giftige Alkaloide.
Sorten: Von *S. bicolor* werden u. a. angeboten 'Silberzwerg' (silberweißes, tief eingeschnittenes Laub, Höhe 15–20 cm), 'New Look' (bläuliches, wollig weiß behaartes Laub mit tiefen Ausbuchtungen, Höhe 30 cm), 'Rauhreif' (silberweißes Laub, fein gefiedert, Höhe 30 cm), 'Diamant' (grünsilbriges Laub, wenig gegliedert, Höhe 40 cm); von den *S.-Cruentus*-Hybriden finden sich vor allem Farbmischungen im Angebot, z. B. 'Starlet' (Höhe 15 cm), 'Erfurter Zwerg' (kompakter Wuchs, Höhe 20 cm), 'Gmünder Zwerg' (Höhe 20 cm), 'Erfurter Palette' (sehr große Blüten, Höhe 25 cm).
Standortansprüche: Während die Cinerarie sonnige, regengeschützte Standorte benötigt, gedeihen Gartencinerarien besser im Halbschatten. Beide Arten sollten in Einheitserde oder vergleichbare Substratmischungen gepflanzt werden.
Verwendung: Das graue Laub der Cinerarie paßt zu allen sonnenhungrigen Balkonpflanzen und kann gut als Trennfarbe in bunten Kästen oder Schalen eingesetzt werden. Sehr hübsch wirken leuchtend rot blühende Begleitpflanzen wie Pelargonien, Feuersalbei oder Scharlachroter Salbei, aber auch blaue Blüten wie diejenigen von Männertreu oder Kapaster werden durch das Grau besonders hervorgehoben. Die farbenprächtigen Gartencinerarien lassen sich zu vielen Sommerblumen gesellen, wobei fein abgestimmte Ton-in-Ton-Pflanzungen ebenso ansprechend aussehen wie buntgemischte Arrangements.
Pflege: Erst wenn keine Spätfrostgefahr mehr besteht, pflanzt man Cinerarien in die vorgesehenen Gefäße im Freien ein. Regelmäßiges Gießen ist sehr wichtig, da bei beiden Arten das Substrat nicht austrocknen darf. Auch in den Nährstoffansprüchen gleichen sie einander: Alle 2 Wochen sollte niedrig dosierter Volldünger verabreicht werden. Den Flor der Gartencinerarien kann man durch Entfernen von Verblühtem verlängern.
Vermehrung: Beide Arten kann man aus Samen anziehen. Es empfiehlt sich, ab Februar/März mit der Vorkultur zu beginnen. Die Jungpflänzchen der Cinerarie dürfen nicht zu feucht gehalten werden, da ihr Laub sonst vergrünt.
Schädlinge und Krankheiten: Blattläuse, Minierfliegen; Echter und Falscher Mehltau, Rost

Senecio-Cruentus-Hybride

Solanum
Nachtschatten

Arten: *S. rantonnetii* (auch *Lycianthes rantonnei*), *S. laciniatum* (Geschlitztblättriger Nachtschatten, Känguruhapfel), *S. jasminoides* (Sternnachtschatten, Jasminartiger Nachtschatten), *S. wendlandii* (Costa-Rica-Nachtschatten), *S. muricatum* (Melonenstrauch, Pepino, Birnenmelone, Kachuma)
Familie: Nachtschattengewächse *(Solanaceae)*
Herkunft: tropische und subtropische Gebiete, *S. rantonnetii* Argentinien und Paraguay, *S. laciniatum* Australien und Neuseeland, *S. jasminoides* Brasilien, *S. wendlandii* Costa Rica, *S. muricatum* nur in Kultur bekannt
Blütenfarbe: *S. rantonnetii* dunkel blauviolett, *S. laciniatum* blauviolett, *S. jasminoides* weiß bis blaßviolett, *S. wendlandii* purpurviolett bis weiß, *S. muricatum* purpurviolett bis weiß mit purpurner Fleckung
Blütezeit: Mai bis Oktober
Höhe: *S. rantonnetii* und *S. laciniatum* 2–3 m, *S. jasminoides* und *S. wendlandii* 2–5 m, je nach Höhe des Spaliers, *S. muricatum* 0,5–1 m, alle bisweilen auch höher
Merkmale: Unter den Nachtschatten finden sich sowohl Sträucher als auch Kletterpflanzen, die sich sehr gut im Kübel ziehen lassen. Allen gemeinsam sind ein ungemein üppiger Wuchs, ein großer Blütenreichtum und eine lange Blütezeit.
S. rantonnetii war bis vor wenigen Jahren kaum bekannt, erwarb sich jedoch wegen seiner überaus reichen Blütenpracht und seiner Robustheit ganz schnell die Gunst der Gärtner und stellt heute die am weitesten verbreitete Art

Solanum wendlandii

unter den strauchigen Formen dar. Er trägt breitovale Blätter und tief blauviolette, schirmförmige Blüten, die im Zentrum einen kleinen gelben Fleck und kurze, orangegelbe Staubblätter aufweisen.
Der Geschlitztblättrige Nachtschatten wächst ebenfalls strauchig. Seine Blätter sind meist breitoval und tief fiederartig zerteilt, teilweise aber auch ganzrandig und lanzettlich. Die großen blauvioletten Blüten erheben sich in lockeren, doldenartigen Blütenständen über das Laub. Häufig zeigen sich kleine, eiförmige, in der Reife orangefarbene Früchte.
Unter den kletternden Arten ist zweifellos der Sternnachtschatten eine der schönsten. Er ist überaus raschwüchsig und kann im Nu große Höhen erreichen. Dabei klettert er als Spreizklimmer mit langen, biegsamen Trieben, die im unteren Bereich mit drei- bis fünfteiligen, spitzenwärts jedoch mit einfachen, breitlanzettlichen Blättern besetzt sind. Unvergleichlich ist sein üppiger Blütenschmuck. Die ein wenig an Jasmin erinnernden, rein weißen bis blaßvioletten Sternblüten stehen in reichblütigen, doldenartigen Büscheln beieinander und zieren die Triebe in ihrer ganzen Länge.

Mit hakenartigen Stacheln verankert sich der Costa-Rica-Nachtschatten an der Unterlage. Seine großen, ovalen Blätter sind recht variabel, von tief fiedrig zerteilt bis gänzlich unzergliedert, und die schirmförmigen Blüten stehen gedrängt in oft herabhängenden Blütenständen. Ihre Farbe spielt von fast reinem Weiß über zartes Purpurviolett bis hin zu tiefem Violett.
Der Melonenstrauch wird vor allem wegen seiner attraktiven Früchte gezogen. Er bildet dicht mit lanzettlichen Blättern besetzte Büsche. An seinen langen, teilweise kriechenden Trieben öffnen sich purpurviolette bis weiße, purpurn gefleckte Blüten, aus denen sich ab dem Spätsommer etwa tennisballgroße, runde, leuchtend orangegelbe und meist violett überhauchte

Solanum jasminoides

Früchte entwickeln. Vollreif sind sie sehr saftig, und sie schmecken ähnlich wie Honigmelonen. Man kann sie dann frisch oder auch als Salat essen. Das gilt allerdings ausschließlich für die Früchte des Melonenstrauchs. Seine übrigen Pflanzenteile enthalten

Solanum rantonnetii

wie sämtliche Teile aller anderen Nachtschattenarten Giftstoffe.
Standortansprüche: An einem sonnigen bis halbschattigen, warmen, windgeschützten Platz fühlen sich Nachtschatten besonders wohl. Als Substrat eignet sich Einheitserde oder eine vergleichbare Erdmischung.
Verwendung: Die üppig blühenden Kübelsträucher werden je nach Wuchsform entweder als Strauch oder an einem in den Kübel gesteckten Spalier gezogen. Doch auch die an und für sich strauchigen Arten kann man spalierartig wachsen lassen. Der hübsche Melonenstrauch eignet sich als einzige der genannten Arten ebenso als Ampelpflanze. Nachtschatten, die durch ihren üppigen Wuchs und ihr dichtes Blattwerk ein exotisches Flair ausstrahlen, passen am besten zu tropischen oder subtropischen Arten. Sie können, je nach Blütenfarbe, z. B. gut mit Engelstrompeten, Wandelröschen oder Prinzessinnenblumen sowie mit Zierbananen und Palmen kombiniert werden.
Pflege: Während der Wachstumszeit benötigen die Pflanzen reichlich Wasser sowie Nährstoffe. Sie werden regelmäßig durchdringend gewässert und alle 1–2 Wochen gedüngt. Im Herbst empfiehlt sich ein stärkerer Rückschnitt, bei dem die Triebe auf etwa die Hälfte ihrer Länge eingekürzt werden, da die Pflanzen sonst bald zu groß und zu breit werden. Im nächsten Frühjahr treiben sie wieder kräftig durch. Jungpflanzen sollte man einige Male stutzen, damit sie schön buschig wachsen.
Überwinterung: Vor den ersten Frösten räumt man die Pflanzen in ein kühles, helles oder dunkles, in jedem Fall aber lufttrockenes Winterquartier ein. Die Temperatur darin sollte etwa 5–10 °C betragen. Das Laub wird dann größtenteils abgeworfen, und man braucht die Pflanzen daher kaum zu gießen. Der Ballen sollte allerdings nicht ganz austrocknen. Alternativ kann man die Nachtschattenarten auch hell und temperiert (bei 10–14 °C) überwintern. Unter diesen Bedingungen behalten sie den größten Teil ihrer Blätter und müssen deshalb mehr gegossen werden. Diese Methode empfiehlt sich vor allem für den Melonenstrauch, da bei kühler Überwinterung die Früchte nicht ausreifen. Nach den letzten Spätfrösten bringt man die Gewächse wieder ins Freie.
Vermehrung: Die Pflanzen können im Sommer leicht durch halbreife Kopfstecklinge vermehrt werden. Man schneidet sie am besten so ab, daß noch eine Rindenzunge an den Stecklingen verbleibt, und steckt sie zur Bewurzelung in ein sandreiches Substrat.
Schädlinge und Krankheiten: Spinnmilben, Blattläuse, Weiße Fliege; Virosen

T

Tagetes-Patula-Hybride

Tagetes
Studentenblume, Samtblume, Tagetes

Arten: *T.-Patula*-Hybriden, *T. tenuifolia* (auch *T. signata*)
Familie: Korbblütler *(Compositae)*
Herkunft: Trockengebiete in Mexiko und im übrigen Mittelamerika
Blütenfarbe: gelb, orange, rotbraun, auch mehrfarbig
Blütezeit: Mai bis Oktober
Höhe: *T.-Patula*-Hybriden 15–30 cm, *T. tenuifolia* 20–30 cm
Merkmale: Studentenblumen zählen zu den bekanntesten und beliebtesten Balkonpflanzen, da sie die ganze Saison über unermüdlich blühen. Von den *T.-Patula*-Hybriden eignen sich

vor allem die zwergwüchsigen Formen für den Balkonkasten. Die buschig wachsenden, einjährigen Pflanzen schmücken sich mit fein gefiederten Laubblättern und zahlreichen Blüten in warmen Farbtönen. Neben sonnigem Gelb sind orangefarbene und rotbraune Töne sowie alle dazwischenliegenden Schattierungen vertreten. Ähnlich variantenreich ist die Form ihrer einfachen, halb- oder stark gefüllten Blütenköpfchen. Nur einfache Blüten, doch diese in überschäumender Fülle, bildet *T. tenuifolia* aus. Mit ihrem noch zarter gefiederten Laub und den kleinen Blumen verbreitet sie einen natürlichen Charme. Die Farbpalette ihrer Blüten steht der der Hybriden in nichts nach. Die Triebe dieser Art breiten sich polsterartig aus und sind den ganzen Sommer lang mit Blüten geradezu übersät. Studentenblumen verströmen einen herben Duft, der nicht von jedermann als angenehm empfunden wird. Außerdem enthalten sie sog. Phototoxine, das sind Substanzen, die bei Lichteinwirkung Hautreizungen hervorrufen können.

Sorten: Von den *T.-Patula*-Hybriden werden u. a. angeboten 'Boy'-Serie (5 Farbvarianten sowie als Farbmischung, großblumig, gefüllt, Höhe 20 cm), 'Aurora'-Serie (3 Farbvarianten in Gelb und Orange sowie als Farbmischung, nelkenartig gefüllt, Höhe 20–25 cm), 'Espana Mix' (Farbmischung, teils mehrfarbig, einfach, großblumig, Höhe 20–25 cm), 'Goldfink' (hellgelb, dichtgefüllt, Höhe 20–25 cm), 'Honeycomb' (bräunlich, dichtgefüllt, Höhe 20–25 cm), 'Bonita'-Serie (6 Farbvarianten sowie als Farbmischung, nelkenartig gefüllt, meist mehrfarbig, Höhe 25 cm), 'Disco Goldgelb' (gelb, großblumig, einfach, Höhe 25–30 cm), 'Disco Orange' (orange, großblumig, einfach, Höhe 25–30 cm). Von *T. tenuifolia* sind u. a. erhältlich 'Ornament' (rotbraun, Höhe 20–25 cm), 'Carina' (orangefarben, Höhe 25 cm), 'Gnom' (tieforange, Höhe 25–30 cm), 'Lulu' (hellgelb, Höhe 25 bis 30 cm), 'Paprika' (leuchtend rotbraun, Höhe 30 cm).

Standortansprüche: Studentenblumen vertragen Wind und Regen ausgezeichnet, doch sollte ihr Standort in der Sonne oder allenfalls im Halbschatten liegen. Als Substrat ist Einheitserde oder spezielle Balkonblumenerde sehr gut geeignet.

Verwendung: Nicht nur in Balkonkästen, sondern auch in Schalen, größeren Töpfen und Ampeln schaffen Studentenblumen selbst an Regentagen eine sonnige Atmosphäre. Ihre warmen Farbtöne passen ganz hervorragend zu Gewächsen mit gelben, orangefarbenen und roten Blüten, beispielsweise zu gelbblühendem Zweizahn, Gazanie und roten Pelargonien. Kontrastreicher wird die Pflanzung, wenn blau- oder auch violettblühende Begleitpflanzen wie Vanilleblume, Männertreu oder Leberbalsam hinzukommen.

Pflege: Jungpflanzen werden ab Mitte Mai mit etwa 20 cm Pflanzabstand nach draußen gesetzt. Hält man Studentenblumen gleichmäßig feucht und versorgt sie alle 2 Wochen mit niedrig dosiertem Volldünger, gedeihen sie prächtig. Um die Blütenneubildung zu unterstützen, sollte man Abgewelktes so bald wie möglich entfernen.

Vermehrung: Studentenblumen können problemlos aus Samen angezogen werden. Alternativ zu einer Vorkultur im Warmen kann man sie zwischen Mitte April und Mitte Mai auch direkt in die vorgesehenen Pflanzgefäße aussäen.

Tagetes tenuifolia

Schädlinge und Krankheiten: Blattläuse, Spinnmilben; Grauschimmel

Tip: Ungewöhnliche Kübelpflanzen sind die großen Verwandten der hier genannten Studentenblumenarten, die *T.-Erecta*-Hybriden. Man kann besonders hochwüchsige Sorten frühzeitig im Jahr anziehen. In nährstoffreicher Erde entwickeln sie sich zu stattlichen, oft mehr als meterhohen Exemplaren.

Tanacetum
Rainfarn, Margerite

Art: *T. parthenium* (auch *Matricaria parthenium, M. parthenioides, M. capensis, M. eximia, Chrysanthemum parthenium, Leucanthemum parthenium, Pyrethrum parthenium*, Mutterkraut, Goldkamille, Gefüllte Kamille, Edelkamille, Zierkamille, Topfmatricarie)

Familie: Korbblütler *(Compositae)*

Herkunft: Balkan, Kleinasien, Kaukasus, in vielen Ländern Europas eingebürgert

Blütenfarbe: weiß, gelb

Blütezeit: Juni bis September

Höhe: 25–60 cm

Merkmale: Die Fülle von wissenschaftlichen Artnamen für das Mutterkraut spiegelt die unablässigen Versuche der Botaniker wider, Ordnung in die große Familie der Korbblütler zu bringen. Als vorerst letzter Stand der Wissenschaft wird das Mutterkraut nunmehr zur Gattung *Tanacetum* gestellt. Während die eigentliche Art als ausdauernde Staude wächst, werden ihre vielfältigen Kultursorten in der Regel nur einjährig gezogen. In der ursprünglichen Form der Blüte ist ein äußerer Kranz weißer Zungenblüten um eine gelbe oder weißliche, von zahlreichen Röhrenblüten gebildete Blütenmitte angeordnet. Bei den gefüllten Sorten sind entweder die Zungenblüten zu mehreren Kränzen vervielfältigt, oder aber der Anteil an Röhrenblüten nimmt stark zu. Dies kann so weit führen, daß die Zungenblüten vollkommen fehlen. Die aufrechten, breitbuschig wachsenden Triebe tragen neben den häufig aromatisch duftenden Blüten breit gefiederte Laubblätter von stumpfgrüner Farbe. Die Pflanzen enthalten Stoffe, die bei empfindlichen Personen Hautreizungen verursachen können.

Sorten: Niedrigwüchsige Sorten sind u. a. 'Weißer

Tanacetum parthenium

Stern' (weiß, gefüllt, Höhe 20 cm), 'Goldball' (goldgelb, gefüllt, kompakter Wuchs, Höhe 25 cm), 'Prinzeß Daisy' (weiß, einfach, Höhe 25 cm), 'Santana' (cremeweiß, pomponartig gefüllt, Höhe 25 cm), 'Schneeball' (weiß, gefüllt, Höhe 30–35 cm), zu den höherwüchsigen Sorten (Höhe jeweils 50 cm) gehören u. a. 'Fortuna' (weiß mit gelber Mitte, gefüllt), 'Schneekrone' (weiß), 'Tetraweiß' (weiß, großblumig, gefüllt).
Standortansprüche: Das Mutterkraut steht am besten an sonnigen Plätzen, gedeiht aber auch im Halbschatten gut. Das Substrat sollte keinen Torf enthalten, da die Pflanzen alkalischen Boden bevorzugen. Man kann sie z. B. in Einheitserde oder in eine vergleichbare Substratmischung setzen.
Verwendung: Die niedrigen Sorten sind gut zur Bepflanzung von Balkonkästen, Schalen oder anderen Gefäßen geeignet. Während gelbblühende Formen in Kombination mit Studentenblumen und blaublühenden Begleitpflanzen wie Vanilleblume oder Mehligem Salbei besonders schön wirken, harmonieren weißblühende Exemplare mit fast allen Sommerblumen. Höherwüchsige Sorten pflanzt man besser in Kübel oder in Bodenkästen, damit sie Wind und Regen standhalten können.
Pflege: Nach den Eisheiligen werden Jungpflanzen ins Freie gesetzt. Das Mutterkraut ist auf gleichmäßige Wasserversorgung und ein ausreichendes Nährstoffangebot angewiesen. Volldüngergaben in zweiwöchigen Abständen und regelmäßiges Entfernen von Verblühtem sorgen für fortdauernden Flor bis Ende September.
Vermehrung: Nicht später als März oder April wird mit der Vorkultur der Samen begonnen, damit die Blüte bereits im Juni beginnt.
Schädlinge und Krankheiten: Blattläuse, Spinnmilben, Weichhautmilben, Thripse; Echter und Falscher Mehltau, Grauschimmel

Thunbergia
Thunbergie

Arten: *T. alata* (Schwarzäugige Susanne), *T. grandiflora* (Himmelsblume)
Familie: Akanthusgewächse *(Acanthaceae)*
Herkunft: Gebüsche und Grasland, *T. alata* Südostafrika, *T. grandiflora* Nordosten Indiens
Blütenfarbe: *T. alata* orange bis gelb mit schwarzem Auge, auch weiß, *T. grandiflora* blau mit gelblichweißem Auge
Blütezeit: *T. alata* Mai bis Oktober, *T. grandiflora* Juli bis Oktober
Höhe: *T. alata* 1–1,5 m, *T. grandiflora* 2–4 m
Merkmale: Wie gemalt wirken die bestechend klar geformten und gefärbten Blüten der Schwarzäugigen Susanne vor dem dunkelgrünen Laubwerk. Die gewöhnlich nur einjährig kultivierte Kletterpflanze schlingt sich langsam, aber stetig an Kletterhilfen jeder Art hoch. Ihre Triebe sind dicht mit großen, pfeilförmigen Laubblättern besetzt. In den Blattachseln bilden sich den ganzen Sommer über ständig neue Blüten. Diese bestehen aus jeweils 5 leicht eingeschnittenen, orangefarbenen bis gelben Blütenblättern, die um eine schwarze, sich trichterförmig verengende Blütenmitte angeordnet sind. Ebenfalls kletternd ist die starkwüchsige Himmelsblume, die ihren Namen nach den aparten blauen Blütenkelchen erhielt, die sie zur Schau trägt. Ihre leicht gewellten, zart ozean- bis intensiv azurblauen Blütenblätter laufen in der Mitte zu einem gelblichweißen Auge zusammen. Ihren Flor zeigt diese Art erst im Hochsommer, doch blüht auch sie dann unermüdlich bis in den Herbst hinein. Obwohl in ihrer Heimat als immergrüner Strauch wachsend, wird sie aufgrund ihrer Frostempfindlichkeit ebenfalls nur einjährig gezogen.
Sorten: Von *T. alata* werden u. a. angeboten (jeweils 1 bis 1,5 m hoch) 'Susi Gelb mit Auge' (gelbe Blüten mit dunklem Auge), 'Susi Orange mit Auge' (kräftig orangefarbene Blüten mit dunklem Auge), 'Susi Weiß mit Auge' (weiße Blüten mit dunklem Auge).

Thunbergia alata

Thunbergia grandiflora

Standortansprüche: Beide Arten benötigen warme, geschützte Plätze in vollsonniger Lage. Das Substrat muß ausreichend durchlässig sein, gut geeignet ist Einheitserde oder eine andere humose Erdmischung. Auf eine wirksame Dränage des Pflanzgefäßes ist zu achten.
Verwendung: Die Schwarzäugige Susanne eröffnet vielerlei Gestaltungsmöglichkeiten. An Kletterhilfen wie Spalieren, Pergolen oder einfachen Holzstäben kann sie sich frei entfalten. Wird ihr in Balkonkästen oder anderen Pflanzgefäßen keine Gelegenheit zum Klettern gegeben, so läßt sie ihre Triebe nach unten hängen. Dies macht sie auch zur hübschen Hängepflanze für Blumenampeln. Zu den auffälligen Blüten lassen sich gut blaublühende Pflanzen

wie Mehliger Salbei oder Vanilleblume sowie die warmen Farbtöne von Husarenknopf und Studentenblume gesellen. Die starkwüchsige Himmelsblume wird bevorzugt in größere Töpfe oder Kübel gepflanzt und an Kletterhilfen aufgeleitet. Als attraktive Vorpflanzung eignen sich hier zierliche Blaue oder Spanische Gänseblümchen.
Pflege: Beim Auspflanzen, das in der zweiten Maihälfte erfolgen sollte, räumt man den Jungpflanzen mindestens 30 cm Pflanzabstand ein. Während der Wachstumsperiode ist ausgewogenes Gießen wichtig; die Pflanzen brauchen sehr viel Wasser, sie dürfen aber keinesfalls in Staunässe stehen. Um den hohen Nährstoffbedarf zu decken, sind niedrig dosierte Volldüngergaben in zweiwöchigen Abständen angebracht.
Überwinterung: Bei schönen, kräftigen Exemplaren lohnt sich der Versuch einer Überwinterung. Die Pflanzen müssen dazu rechtzeitig vor dem ersten Frost in ein sehr helles Winterquartier geräumt werden, das für die Schwarzäugige Susanne recht kühl (5–10 °C), für die Himmelsblume jedoch temperiert (10–15 °C) sein sollte. Während der Wintermonate braucht nur sparsam gewässert zu werden. Im Frühjahr, vor dem Auspflanzen bzw. Ausräumen, schneidet man die Triebe dann kräftig zurück. Nach den Eisheiligen schließlich dürfen die Kletterer wieder ins Freie. Doch selbst bei optimal verlaufener Überwinterung kann es vorkommen, daß sich die Pflanzen in der neuen Saison nicht mehr so schön entwickeln wie im ersten Jahr.
Vermehrung: Bereits Mitte Februar sollte mit der Anzucht der Samen begonnen werden, damit daraus bis zum Auspflanztermin ausreichend kräftige Jungpflanzen heranwachsen. Ein einmaliges Entspitzen fördert die Bildung von Verzweigungen.
Schädlinge: Blattläuse, Spinnmilben, Weiße Fliege

Tibouchina
Tibouchine

Art: *T. urvilleana* (auch *T. semidecandra*, Prinzessinnenblume, Veilchenbaum, Tropischer Veilchenstrauch)
Familie: Schwarzmundgewächse *(Melastomataceae)*
Herkunft: feuchte Bergregenwälder im tropischen Brasilien
Blütenfarbe: tiefviolett
Blütezeit: Juli bis Oktober, bei günstiger Überwinterung auch länger
Höhe: 100–200 cm, selten auch höher
Merkmale: Die Blüten der Prinzessinnenblume erinnern an riesige Veilchen, weshalb die Art häufig auch als Veilchenbaum bezeichnet wird. Die großen, jeweils aus 5 Kronblättern bestehenden Blüten des immergrünen Strauchs tragen in ihrer Mitte merkwürdig geformte, mit langen, gebogenen Anhängseln versehene Staubblätter. Die Blüten entwickeln sich meist einzeln oder zu wenigen an den Triebenden. Nicht nur sie, auch die großen, breitovalen, samtig behaarten Blätter sind sehr attraktiv. Die Sträucher wachsen breit und etwas sparrig, mit wenigen, recht langen Trieben. Finden sie eine geeignete Stütze, verhaken sich die Triebe wie bei Spreizklimmern daran. Im Kübel werden die Prinzessinnenblumen durch Schnitt jedoch in der Regel strauchig und ziemlich kompakt gehalten.

Tibouchina urvilleana

Standortansprüche: Die Pflanzen bevorzugen einen sonnigen bis halbschattigen, hellen, vor praller Mittagssonne geschützten Platz. Als Substrat eignet sich eine nährstoff- und humusreiche, möglichst kalkfreie Erdmischung. Einheitserde sollte mit Rindensubstrat oder Torf sowie etwas Sand angereichert werden. Die Gefäße müssen über eine wirksame Dränage verfügen.
Verwendung: Die exklusive Blütenform und die außergewöhnliche Farbe machen die Prinzessinnenblume zu einem überaus attraktiven Blickfang. Man kann sie gut mit anderen tropischen Arten wie etwa Kassien, Fuchsien, Nachtschatten oder Engelstrompeten kombinieren. Auch Palmen passen hervorragend zu ihnen.
Pflege: Während der Wachstumszeit brauchen die Pflanzen reichlich Wasser und mäßige Nährstoffmengen. Sie werden regelmäßig gegossen, so daß der Ballen immer leicht feucht bleibt. Staunässe ist unbedingt zu vermeiden, ebenso Ballentrockenheit. Am besten nimmt man zum Gießen weiches, d. h. kalkfreies Wasser, z. B. Regenwasser. Eine Düngung wird etwa alle 3 Wochen erforderlich. In jedem Frühjahr sollte man die einjährigen Triebe ein wenig zurückschneiden oder bis zum Sommer immer wieder entspitzen, damit die Sträucher sich gut verzweigen und dauerhaft buschig bleiben. Dies gilt insbesondere für Jungpflanzen.
Überwinterung: Vor den ersten Frösten werden die Prinzessinnenblumen in ein kühles (5–10 °C), helles und lufttrockenes Winterquartier eingeräumt. Während der Überwinterung gießt man sparsam, der Ballen darf jedoch auf keinen Fall austrocknen. Nach den letzten Spätfrösten stellt man die Sträucher wieder ins Freie.
Vermehrung: Die Pflanzen können im Frühjahr durch weiche oder im Sommer durch halbreife Kopfstecklinge vermehrt werden. Diese bewurzeln sich bei etwa 20 °C und ausreichender Luftfeuchtigkeit am besten.

Trachelospermum
Sternjasmin

Art: *T. jasminoides* (auch *Rhynchospermum jasminoides*, Sternjasmin)
Familie: Hundsgift- oder Immergrüngewächse *(Apocynaceae)*
Herkunft: tropische und subtropische Gebiete in Ostasien
Blütenfarbe: weiß
Blütezeit: April bis September, bei wärmerer Überwinterung auch schon früher
Höhe: 2–4 m, selten auch höher
Merkmale: Auf den ersten Blick sieht der Sternjasmin dem Echten Jasmin zum Verwechseln ähnlich. Wie dieser trägt auch er überaus wohlriechende Blüten, die jedoch etwas süßlicher duften. Sie

Trachelospermum jasminoides

entfalten sich zu rein weißen Sternen und stehen stets in Büscheln an den verholzenden Trieben, mit denen die immergrüne Schlingpflanze rasch an einer Stützvorrichtung emporwächst. Einen hübschen Kontrast zu den strahlenden Blüten bildet das glänzend dunkelgrüne Laub, das aus ledrigen, breitlanzettlichen und unterseits flaumig behaarten Blättern besteht.
Standortansprüche: Am besten gedeihen die Pflanzen an einem sonnigen bis halbschattigen, vor praller Mittagssonne geschützten Platz. Sie wachsen gut in Einheitserde oder einem gleichwertigen Erdgemisch. Die Gefäße müssen über eine wirksame Dränage verfügen.
Verwendung: Der Sternjasmin eignet sich hervorragend zur Verkleidung eines mobilen Spaliers. Vor einer dunklen Wand oder vor kräftig grünen Blattschmuckpflanzen kommt er optimal zur Geltung. Mit seiner weißen Blütenfarbe läßt sich der Kletterstrauch schön mit vielerlei anders getönten, reichblühenden Arten kombinieren, beispielsweise mit Hibiskus, Bougainvilleen, Schmucklilien oder Rosen (*Rosa*).
Pflege: Während der Wachstumszeit braucht der Sternjasmin reichlich Wasser und mäßige Nährstoffmengen. Man gießt ihn regelmäßig und hält ihn stets leicht feucht, gedüngt wird etwa alle 3 Wochen. Bei Bedarf kann man verkahlte Triebe zurückschneiden, sie treiben willig wieder aus.
Überwinterung: Vor den ersten Frösten werden die Pflanzen in ein kühles, helles und lufttrockenes Winterquartier eingeräumt, in dem die Temperatur etwa 5–10 °C betragen sollte. Während der Überwinterung gießt man sie nur sparsam, der Ballen darf jedoch nicht austrocknen. Man kann den Sternjasmin auch temperiert bei etwa 15 °C überwintern, muß dann allerdings häufiger gießen. In diesem Fall bilden die Pflanzen früher, bereits etwa ab Februar, die ersten Blüten. Nach den letzten Spätfrösten werden sie wieder ins Freie gebracht.
Vermehrung: Die Kettersträucher können im Frühjahr durch Aussaat sowie im Sommer durch halbreife Kopf- oder Triebstecklinge vermehrt werden.
Schädlinge: Schildläuse, Blattläuse

Trachycarpus
Hanfpalme

Art: *T. fortunei* (auch *T. excelsus*, *Chamaerops excelsa*, *C. fortunei*)
Familie: Palmen (*Arecaceae*, *Palmae*)
Herkunft: Gebirgswälder in Ostasien
Blütenfarbe: cremefarben bis gelb
Blütezeit: Juni bis Juli
Höhe: 1–3 m
Merkmale: Mit ihren großen, rundlichen, tief in feine, spitze Abschnitte zerteilten Blättern gehört die immergrüne Hanfpalme zu den Fächerpalmen. Bekannt und als Kübelpflanze weit verbreitet ist sie nicht nur aufgrund ihrer leichten Kultivierbarkeit, sondern auch, weil sie zu den wenigen relativ frostharten Palmenarten zählt, die in milden Gebieten Mitteleuropas im Freien überwintern können. Bejahrte Exemplare bilden einen unverzweigten, schlanken Stamm, der dicht mit den faserigen Resten alter Blattscheiden bedeckt ist. Dieses sehr zähe Fasergewebe, auf das der Name Hanfpalme zurückgeht, dient in der ostasiatischen Heimat der Pflanze als Ausgangsmaterial zur Herstellung von Matten, Seilen und anderen Gegenständen. Zwischen den bedornten Blattstielen erscheinen als lange, reich verzweigte, überhängende Rispen die meist eingeschlechtigen Blütenstände, die auf rein weibliche und rein männliche Pflanzen verteilt sind. Sie tragen unzählige kleine, duftende, cremefarbene bis gelbe Blüten. Aus befruchteten weiblichen Blüten entwickeln sich bläuliche, bohnenförmige Früchte.
Standortansprüche: Hanfpalmen bevorzugen einen sonnigen bis halbschattigen, regen- und windgeschützten Platz. Als Substrat eignet sich eine nährstoffreiche, lehmige, durchlässige Erdmischung. Auch Einheitserde kann verwendet werden. Die Gefäße müssen über eine gute Dränage verfügen.
Verwendung: Ähnlich den Dattelpalmen stellen auch Hanfpalmen einen überaus attraktiven Blattschmuck dar, der einen schönen, exotisch wirkenden Hintergrund für Blütenschmuck in kräftigen Farben liefert. So passen tropisch-subtropische wie mediterrane Arten gleichermaßen dazu, beispielsweise Bougainvilleen, Chinesischer Roseneibisch, Kassien, Wandelröschen, Engelstrompeten oder Nachtschatten.
Pflege: Während der Wachstumszeit benötigen die Pflanzen mäßige bis reichliche Wasser- und Nährstoffgaben. Man gießt sie regelmäßig, muß aber sowohl Ballentrockenheit als auch Staunässe unbedingt vermeiden. Dünger verabreicht man alle 2–3 Wochen. Wegen ihres großen Blattschopfes kippen Hanfpalmen wie alle Palmen bei stärkerem Wind leicht um, weshalb man sie entsprechend verankern oder festbinden sollte.

Trachycarpus fortunei

Überwinterung: Im Herbst kann man ältere Pflanzen spät einräumen, jüngere sollten jedoch schon vor den ersten Frösten im Haus sein. Sie kommen in ein kühles, helles, notfalls auch dunkles, auf jeden Fall trockenes Winterquartier, in dem die Temperatur etwa 5–10 °C beträgt. Während der Überwinterung werden sie nur sparsam gegossen, der Ballen darf aber nicht austrocknen. Wichtig ist,

daß der Überwinterungsraum häufig gelüftet wird, da zu hohe Luftfeuchtigkeit Schimmelbefall und damit oft das Absterben der ganzen Pflanze zur Folge haben kann. Da Hanfpalmen, vor allem ausgewachsene Exemplare, recht frosthart sind, kann man sie bereits zeitig im Frühjahr wieder ins Freie bringen.
In milden Gegenden überstehen die Palmen den Winter an einem geschützten Platz und mit einer guten Winterschutzabdeckung auch im Freien. Als Immergrüne, deren Blätter weiterhin Wasser verdunsten, müssen sie dort insbesondere an sonnigen Tagen unbedingt gegossen werden, damit sie nicht vertrocknen.
Vermehrung: Hanfpalmen können ganzjährig durch Aussaat vermehrt werden. Die Samen keimen nur bei Temperaturen von etwa 22–25 °C, allerdings kann es bis zu 3 Monate dauern, da es sich um Schwerkeimer handelt. Es empfiehlt sich, lediglich einen Samen pro Topf auszusäen oder die Sämlinge schon beim ersten Pikieren jeweils einzeln in ein Gefäß zu versetzen. Die Jungpflanzen sollten in den ersten beiden Jahren ausreichend luftfeucht und hell, aber vor praller Sonne geschützt stehen.
Schädlinge: Spinnmilben, Schildläuse

Tropaeolum
Kapuzinerkresse

Arten: *T. majus* (Große Kapuzinerkresse, Salatblume), *T. peregrinum* (auch *T. aduncum*, *T. canariense*, Kletternde Kapuzinerkresse, Kanarienkresse)
Familie: Kapuzinerkressengewächse *(Tropaeolaceae)*
Herkunft: *T. majus* Kolumbien bis Peru, *T. peregrinum* Peru, vermutlich ebenfalls Ecuador
Blütenfarbe: *T. majus* cremeweiß, gelb, orange, rot, *T. peregrinum* gelb
Blütezeit: Juli bis Oktober
Höhe: *T. majus* niedrige Sorten 25–30 cm, rankende Sorten 2–3 m, *T. peregrinum* 1–3 m, je nach Kletterhilfe
Merkmale: In ihrer Heimat wächst die Große Kapuzinerkresse als ausdauernde buschige Staude. Dank eifriger Züchtungsarbeit gibt es in Kultur inzwischen aber auch mit fleischigen Stengeln kriechende oder kletternde Sorten, die allesamt gewöhnlich einjährig gezogen werden. Charakteristisch sind die schildförmigen, fast runden Laubblätter, die sich an langen Stielen dem Sonnenlicht entgegenstrecken. Im Hochsommer öffnen sich große, häufig gespornte Trichterblüten und leuchten in kräftigen Farben aus dem frischgrünen Laubwerk hervor. Auch gefüllte Formen kommen vor. Ausgesprochen bizarr wirken die zitronengelben, stark zerfransten und hakenförmig gespornten Blüten der Kletternden Kapuzinerkresse. Wie Schmetterlinge sitzen sie zwischen den handförmig gelappten, frischgrünen Laubblättern. Mit Hilfe ihrer langen Blattstiele rankt sich die einjährige Kletterpflanze rasch an Spalieren, Drähten oder Ähnlichem in die Höhe.
Sorten: Von *T. majus* werden niedrigwüchsige sog. 'Majus-Nanum'-Sorten angeboten, z. B. 'Whirlybird Mischung' (Farbmischung, kleine Blätter, Höhe 25 cm), 'Goldkugel' (goldgelb, halbgefüllt, Höhe 30 cm), 'Juwelmischung' (Prachtmischung, halbgefüllt, Höhe 30 cm), sowie rankende Sorten (Höhe jeweils 3 m), z. B. 'Doppelte Glanz-Hybriden' (Prachtmischung, halbgefüllt, stark rankend), 'Goldglanz' (goldgelb, halbgefüllt), 'Scharlachglanz' (orangescharlach, halbgefüllt).

Tropaeolum peregrinum

Standortansprüche: Damit sich zahlreiche Blüten ausbilden, sollte man die beiden Arten bevorzugt an sonnige und geschützte Plätze setzen, doch wird auch Halbschatten vertragen. Als Substrat verwendet man am besten Einheitserde oder ein vergleichbares Gemisch.
Verwendung: Mit den niedrigen Sorten der Großen Kapuzinerkresse lassen sich Balkonkästen, Schalen und Ampeln anmutig begrünen. Hängender Zweizahn, Petunien, Pelargonien und Männertreu geben farbenfrohe Blühpartner ab. Der Kletternden Kapuzinerkresse sowie den rankenden Sorten der Großen Kapuzinerkresse müssen Kletterhilfen wie Balkongeländer, Spaliere, Drähte oder Pergolen angeboten werden, damit sie daran in die Höhe wachsen können. Als blütenbestückte grüne Wände bilden sie einen attraktiven Hintergrund für nahezu alle anderen Balkonblumen.
Pflege: Die Pflanzen werden nach den Eisheiligen mit mindestens 25 cm Abstand ins Freie gesetzt. Man sollte sie gleichmäßig feucht halten, vor allem an heißen und trockenen Tagen muß kräftig gewässert werden. Übermäßig hohe Nährstoffgaben sind zu vermeiden, da sonst die Blattentwicklung zu Lasten der Blüte gefördert wird. Eine monatliche Versorgung mit niedrig dosiertem, stickstoffarmem Dünger ist für die kletternden Sorten völlig ausreichend; niedrige Sorten brauchen noch weniger Nährstoffe.
Vermehrung: Am einfachsten ist eine Direktaussaat in die gewünschten Pflanzbehälter, die man ab April vornehmen kann. Die Keimlinge sollten später auf etwa 25 cm Abstand vereinzelt werden. Alternativ ist eine Vorkultur der Samen ab März auf der Fensterbank möglich.
Schädlinge: Blattläuse, Spinnmilben
Tip: Mit den Blättern und Blüten der Großen Kapuzinerkresse lassen sich schmackhafte Salate und Quarkspeisen zubereiten. Die Blüten ergeben überdies eine eßbare Dekoration für vielerlei Gerichte.

Tropaeolum majus

V

Verbena-Hybride

Verbena
Verbene, Eisenkraut

Arten: *V. canadensis* (auch *V. aubletia*), *V.*-Hybriden (auch *V.* x *hybrida*, Gartenverbene), *V. rigida* (auch *V. venosa*), *V. tenera*
Familie: Eisenkraut- oder Verbenengewächse *(Verbenaceae)*
Herkunft: trockene Grasländer und Schuttplätze, *V. canadensis* USA und Mexiko, Stammformen der *V.*-Hybriden Südamerika, *V. rigida* Südbrasilien und Argentinien, *V. tenera* Südbrasilien
Blütenfarbe: *V. canadensis* purpurn, weiß, *V.*-Hybriden weiß, rosa, lachsfarben, rot, blau, violett, häufig mit hellem Auge, *V. rigida* violett, *V. tenera* rosa, rot, blau
Blütezeit: Juni bis Oktober
Höhe: *V. canadensis* 20–40 cm, *V.*-Hybriden 20–35 cm, *V. rigida* 25–30 cm, *V. tenera* 15–20 cm
Merkmale: Verbenen gehören zu den Dauerblühern unter den Balkonpflanzen. Die reinen Arten wachsen an ihren Heimatstandorten als ausdauernde Stauden, werden wegen mangelnder Frosthärte jedoch wie die Hybriden nur einjährig kultiviert.
V. canadensis bildet an ihren buschig verzweigten Trieben purpurfarbene, selten auch weiße Blüten aus. Sie sind zu dichten, doldenähnlichen Blütenständen zusammengefaßt. Einen hübschen Kontrast zur kräftigen Blütenfarbe stellen die tief gelappten, frischgrünen Laubblätter dar.
Die aus Kreuzungen verschiedener Arten hervorgegangenen Gartenverbenen liefern eine reiche Auswahl verschiedener Blütenfarben und unterschiedlicher Wuchsformen. Ihre aufrechten oder leicht überhängenden Triebe tragen endständig fast kugelige Trugdolden, die aus dichtgepackten Einzelblüten bestehen. Diese öffnen sich jeweils von der Außenseite des Blütenstands nach innen zu und geben dabei weiß oder gelb hervorblitzende Blütenmitten frei. Die grob gezähnten, länglichen bis eiförmigen, rauh behaarten Laubblätter dieser Hybriden bilden ein dichtes Laubwerk.
V. rigida zeichnet sich durch gute Wetterfestigkeit aus. Ihr augenfälliger Schmuck sind fliederfarbene bis violette Blüten in endständigen Köpfchen; daneben trägt sie steife, unregelmäßig gekerbte Laubblätter. Mit ihren sparrig verzweigten Trieben wächst sie zu buschigen Horsten heran. Aus der kompakt wachsenden *V. tenera* sind durch umfangreiche Züchtungsarbeit die sog. Hängeverbenen hervorgegangen, die ihre Triebe locker überhängen lassen. Ihre Laubblätter sind tief eingeschnitten, die Blüten leuchten in verschiedenen Rosa-, Rot- und Blautönen.
Sorten: Von *V. canadensis* wird z. B. 'Perfecta' (rotviolett, Höhe 20 cm) angeboten. Von den *V.*-Hybriden findet man im Handel ein reichhaltiges Sortiment, darunter z. B. 'Gartenparty' (rubinrot, scharlachrot oder als Farbmischung, samenvermehrbar, Höhe 20 cm), 'Novalis' (in vielen Einzelfarben und als Mischung, samenvermehrbar, Höhe 20 cm), 'Derby' (in 4 Einzelfarben und als Farbmischung, samenvermehrbar, Höhe 25 cm), 'Weißer Zwerg' (weiß, überhängend, Höhe 25 cm), 'Amore' (in 5 Einzelfarben und als Farbmischung, samenvermehrbar, Höhe 25–30 cm), 'Imagination' (purpurviolett, samenvermehrbar, überhängend, Höhe 30 cm), 'Blaze' (rot, überhängend, Höhe 30–35 cm). Von *V. rigida* gibt es u. a. 'Polaris' (lavendelblau, Höhe 30 cm); von *V. tenera* 'Kleopatra' (altrosa, Höhe 15 cm), 'Ophelia' (dunkelblau, Höhe 15–20 cm), 'Balkonzauber' (kornblumenblau, Höhe 20 cm).
Standortansprüche: Mit Ausnahme von *V. rigida*, die sehr gut im Halbschatten gedeiht, brauchen Verbenen sonnige Standorte, um ihre ganze Blütenpracht entfalten zu können. Wichtig ist durchlässiges Substrat, z. B. Einheitserde oder ein vergleichbares Erdgemisch.
Verwendung: Die dichten Blütenwolken der Verbenen bringen Farbe in Balkonkästen, Schalen oder Töpfe. Hängende Formen sind ideale Ampelpflanzen, aber sie schmücken natürlich auch jedes andere Gefäß. Der Wildpflanzencharakter von *V. rigida* kommt besonders gut zum Ausdruck mit Begleitpflanzen wie Lavendel, Mehligem Salbei, weißblühender Männertreu, Duftsteinrich oder weißen Pelargonien. Alle übrigen Verbenenarten und -sorten sind eine hübsche Ergänzung zu typischen Balkonpflanzen wie Pelargonien, Petunien, Männertreu oder auch zu Blattschmuckpflanzen. Dabei können fein abgestimmte Ton-in-Ton-Arrangements oder fröhlich-bunte Kombinationen geschaffen werden.
Pflege: Nach den letzten Spätfrösten pflanzt man Verbenen nach draußen. Ausgewogenes Gießen ist sehr wichtig, da sie einen hohen Wasserbedarf haben, zugleich aber auf Staunässe äußerst empfindlich reagieren. Niedrig dosierte Volldüngergaben in zweiwöchigen Abständen sowie regelmäßiges Abknipsen verwelkter Blütenstände sorgen für langanhaltenden Flor bis in den Herbst hinein.
Vermehrung: Nicht alle Sorten der Verbenen können aus

Verbena tenera

Samen nachgezogen werden, und auch bei den übrigen ist die Aussaat nicht immer sehr erfolgreich. Um die Keimungsrate zu erhöhen, sollte man die Samen vor dem Aussaattermin einige Tage lang dem Frost aussetzen oder in vorgequollenem Zustand in den Kühlschrank legen. Da es sich zudem um Dunkelkeimer handelt, empfiehlt es sich, die Anzuchtschalen mit schwarzer Folie abzudecken.
Schädlinge und Krankheiten: Blattläuse, Spinnmilben, Thripse, Weiße Fliege; Echter Mehltau

Viburnum
Schneeball

Art: *V. tinus* (Immergrüner Schneeball, Laurustinus, Lorbeerschneeball, Steinlorbeer, Mittelmeer-Schneeball)
Familie: Geißblattgewächse *(Caprifoliaceae)*
Herkunft: immergrüne Laubwälder und Gebüsche im Mittelmeerraum
Blütenfarbe: weiß, auch rosa
Blütezeit: März bis April, zuweilen auch November bis Februar
Höhe: 1,5–2,5 m, selten auch höher
Merkmale: Seinen merkwürdigen Namen Laurustinus erhielt der Immergrüne Schneeball bereits vom altrömischen Schriftsteller Plinius, der ihn als „Lorbeer mit blauen Beeren", lateinisch *laurus tinus*, beschrieb. Zusammen mit den Zitrusgewächsen und dem Lorbeerbaum war er eine der ersten und wichtigsten Pflanzen in den Kübelpflanzengärten der Renaissancezeit. Zwischenzeitlich geriet er ein wenig in Vergessenheit, obwohl er einfach zu pflegen ist und im Frühjahr schöne, zart duftende Blüten treibt. Der reich verzweigte Strauch trägt ein dichtes Kleid aus ledrigen, glänzend dunkelgrünen, breitelliptischen Blättern. An den Triebenden entfalten sich aus kräftig rosa gefärbten Knospen schneeweiße, außen rosa überhauchte kleine Blüten, die zu schirmartigen Trugdolden zusammengefaßt sind. Aus ihnen entwickeln sich später kugelige, tiefblau gefärbte Früchte.
Sorten: (Höhe jeweils 1,5 bis 2,5 m) 'Gwenllian' (blaßrosa), 'Pink Prelude' (weiße Blüten, die sich später tiefrosa färben), 'Variegatum' (rosa, Blätter blaßgelb gefleckt)
Standortansprüche: Die Pflanzen gedeihen an einem sonnigen, warmen, geschützten Platz am besten. Als Substrat eignet sich Einheitserde oder eine vergleichbare Erdmischung. Die Gefäße müssen über eine gute Dränage verfügen.
Verwendung: Man kann den Immergrünen Schneeball im Kübel sowohl als frei wachsenden Busch wie auch als Formgehölz ziehen, z. B. als Kugel, Pyramide, Säule oder sogar Hochstämmchen. Allerdings blühen stark geschnittene Pflanzen sehr viel weniger, unter Umständen gar nicht, und dienen daher vorwiegend als Blattschmuck, der ähnlich wie der Lorbeerbaum am besten mit anderen mediterranen Pflanzen kombiniert wird. Blühende Exemplare bilden im Frühjahr eine schöne Ergänzung zum ebenfalls um diese Zeit im Flor stehenden Primeljasmin.
Pflege: Während der Wachstumszeit benötigen die Pflanzen reichlich Wasser und mäßige Nährstoffmengen. Man wässert sie regelmäßig, dabei ist sowohl Staunässe als auch Ballentrockenheit unbedingt zu vermeiden. Gedüngt wird etwa alle 3 Wochen, aber nur bis Ende Juli, da sonst die Triebe bis zum Herbst nicht genügend ausreifen können und die Sträucher im nächsten Jahr weniger reich blühen. Mit Ausnahme der Formgehölze brauchen Immergrüne Schneebälle nur bei Bedarf geschnitten zu werden, etwa wenn sich zu lange Triebe bilden oder die Pflanzen zu groß werden. Am besten nimmt man den Schnitt gleich nach der Blüte vor.
Überwinterung: Man räumt den Immergrünen Schneeball, der leichten Frost verträgt, relativ spät in ein möglichst kühles (5 °C), helles und lufttrockenes Winterquartier ein. Während der Überwinterung wird er ab und zu gegossen. Der Ballen darf keinesfalls austrocknen, sonst wirft der Strauch die Blätter ab. Die Pflanzen können bereits im März wieder ins Freie kommen. Man stellt sie zunächst an einen geschützten Platz, wo sie sich allmählich an die volle Sonne gewöhnen können. Je kühler sie in dieser Phase stehen, desto länger hält die Blütezeit an.

Viburnum tinus

Vermehrung: Die Pflanzen werden ganzjährig, am besten jedoch im Spätsommer durch halbreife Kopfstecklinge vermehrt. Diese bewurzeln sich bei etwa 20 °C am schnellsten, doch selbst dann kann es bis zu 2 Monate dauern.
Schädlinge: Schildläuse, Wolläuse

Viola
Veilchen

Arten: *V.-Cornuta*-Hybriden (Hornveilchen), *V. tricolor* (Stiefmütterchen), *V.-Wittrockiana*-Hybriden (auch *V.* x *wittrockiana*, *V. tricolor* var. *maxima*, *V. hortensis*, Gartenstiefmütterchen)
Familie: Veilchengewächse *(Violaceae)*
Herkunft: Die Stammform der *V.-Cornuta*-Hybriden wächst auf Wiesen und Felshängen in den Pyrenäen, *V. tricolor* und die Stammformen der *V.-Wittrockiana*-Hybriden sind in den gemäßigten Klimazonen der Erde weit verbreitet.
Blütenfarbe: alle Farben, meist mehrfarbig
Blütezeit: *V.-Cornuta*-Hybriden und *V. tricolor* Mai bis November, *V.-Wittrockiana*-Hybriden Oktober bis November und März bis Mai
Höhe: 15–30 cm
Merkmale: Kaum eine andere Balkonpflanze zeigt sich in ihren Blütenfarben und -zeichnungen so vielfältig wie die Veilchen. Aus der violettblühenden Stammform des Hornveilchens sind durch langwährende Züchtung Kulturformen mit Blüten in den unterschiedlichsten Farben und Farbkombinationen hervorgegangen. Viele weisen um die Blütenmitte herum hübsche Zeichnungen auf. Das leicht glänzende, dunkelgrüne Laub der Kleinstauden ver-

schwindet zur Blütezeit fast vollständig unter der üppigen Blütenpracht. Das in der Regel einjährig kultivierte Stiefmütterchen dagegen bringt an dünnen, leicht gebogenen Stielen zierliche Blüten hervor. Charakteristisch sind deren drei ineinanderfließende Farben Violett, Cremeweiß und Gelb. Kreuzungen

Viola-Cornuta-Hybride

verschiedener Arten ließen die beliebten Gartenstiefmütterchen entstehen. Sie besitzen große Blüten, deren kontrastierende Zeichnung oftmals an ein kleines Gesicht erinnert. Wie die Hornveilchen weisen auch sie eine schier unerschöpfliche Farbpalette auf. Die zweijährigen Pflanzen blühen bei entsprechender Kultur im Herbst und im Frühjahr.

Sorten: Von den allesamt 15–25 cm hohen *V.-Cornuta*-Hybriden werden u. a. angeboten 'Admiration' (dunkelblau, samenvermehrbar), 'Altona' (cremegelb), 'Angerland' (lilablau), 'Blaue Schönheit' (mittelblau, samenvermehrbar), 'Bouillon' (zitronengelb), 'Famös' (weinrot), 'Gustav Wermig' (blauviolett, samenvermehrbar), 'Hansa' (dunkelblau), 'Jesse East' (rotviolett mit Gelb, samenvermehrbar), 'Jesse Jump Up' (gelb-lila), 'John Wallmark' (hellviolett), 'White Superior' (rein weiß) sowie extrem kleinblumige und daher überaus anmutige Sortengruppen wie etwa 'Princess' (in verschiedenen Einzelfarben, lange Blütezeit, Höhe 10 cm). Bei den *V.-Wittrockiana*-Hybriden ist das Sortenangebot unüberschaubar groß und wird jährlich durch Neuzüchtungen ergänzt. Es empfiehlt sich, aus dem umfangreichen Sortiment in Gärtnereien und Samenhandlungen zusagende Farben und Farbkombinationen auszuwählen.

Standortansprüche: Die Pflanzen brauchen sonnige bis halbschattige Lagen. Das Substrat muß humusreich sein, geeignet ist Einheitserde oder eine vergleichbare Erdmischung. Die Gefäße sollten über eine gute Dränage verfügen.

Verwendung: Veilchen wirken am schönsten, wenn man sie in größeren Gruppen in Schalen oder Kästen zusammensetzt. Kleinblütige Stiefmütterchen oder Hornveilchen sind eine hübsche Unterpflanzung für Hochstämmchen oder andere, hochwüchsige Kübelpflanzen. Da Hornveilchen den ganzen Sommer über blühen, können sie bunte Kästen als niedrige Begleiter ideal ergänzen. Aufgrund ihres reichen Farbspektrums finden sich immer farblich passende Sorten. Gartenstiefmütterchen lassen sich im Frühjahr gut mit Zwiebelblumen wie Tulpen oder Narzissen sowie mit frühblühendem Vergißmeinnicht, Goldlack oder mit Tausendschön kombinieren. Im Herbst werden sie gern als Farbtupfer zwischen Zwerggehölze oder Gräser gesetzt.

Pflege: In der Regel pflanzt man Veilchen im Mai, zu Beginn der Balkonpflanzensaison, in die Gefäße. Bei Gartenstiefmütterchen kann das aber auch im Herbst geschehen. Alle Arten müssen gleichmäßig mit Wasser versorgt werden, sie vertragen weder Staunässe noch ein Austrocknen des Wurzelballens. Den Gartenstiefmütterchen verabreicht man während ihrer Wachstumsperiode alle 2 Wochen eine niedrig dosierte Volldüngergabe, die anderen Arten und Sorten brauchen keine zusätzliche Nährstoffzufuhr. Um die Blütezeit der Gartenstiefmütterchen zu verlängern, empfiehlt es sich, Abgewelktes regelmäßig zu entfernen. Hornveilchen entwickeln bis in den Herbst hinein neue Knospen, wenn ihre Triebe nach der Hauptblüte im Juni zurückgeschnitten werden. Nach kurzer Blühpause bildet sich dann ein zweiter Flor.

Überwinterung: In geschützten Lagen vermögen Veilchen den Winter im Freien zu überdauern. Als Frostschutz empfiehlt sich eine Abdeckung mit Fichtenzweigen. Wichtig ist, daß an frostfreien Tagen leicht gegossen wird, denn die Pflanzen dürfen auch während der Wintermonate nicht austrocknen. Alternativ können die Pflanzbehälter an einem hellen, kühlen Ort (5–10 °C) überwintert werden.

Vermehrung: Nicht ganz einfach ist es, Veilchen aus Samen zu vermehren. Da es sich um Dunkelkeimer handelt, sollte man die Anzuchtschalen bis zum Erscheinen der Keimlinge mit schwarzer Folie abdecken. Ausgesät wird im zeitigen Frühjahr, bei Gartenstiefmütterchen jedoch erst im Juni oder Juli. Nicht samenvermehrbare Hornveilchensorten lassen sich im Frühsommer oder Herbst teilen oder aus grundständigen Stecklingen nachziehen.

Schädlinge und Krankheiten: Blattläuse, Spinnmilben; Echter und Falscher Mehltau, bei Staunässe Wurzelfäulnis

Viola-Wittrockiana-Hybride

Y

Yucca
Palmlilie, Yucca

Arten: *Y. aloifolia* (Spanisches Bajonett), *Y. gloriosa* (Spanischer Dolch), *Y. brevifolia* (auch *Y. arborescens*, Joshua Tree, Josuabaum), *Y. elephantipes* (auch *Y. gigantea*, *Y. guatemalensis*, Riesenpalmlilie)
Familie: Agavengewächse *(Agavaceae)*
Herkunft: felsige bis sandige Standorte, *Y. aloifolia* Südosten der USA und Karibik, *Y. gloriosa* Südosten der USA, *Y. brevifolia* Südwesten der USA, *Y. elephantipes* Mexiko und Guatemala
Blütenfarbe: cremeweiß, *Y. brevifolia* grünlichweiß, *Y. elephantipes* weißlich
Blütezeit: Juli bis September
Höhe: 100–200 cm (ohne den Blütenstand)
Merkmale: Allen Palmlilien sind die steifen, schwertförmigen, immergrünen Blätter gemeinsam, die als endständiger Schopf einem verholzten Stamm aufsitzen. Ungeachtet ihres deutschen Namens sind Palmlilien weder mit den Palmen noch mit den Lilien verwandt, sondern gehören vielmehr zusammen mit Agaven und Drachenbaum zu den Agavengewächsen. An Lilienblüten erinnern dagegen ihre schalenförmigen, aus 6 Blütenblättern bestehenden, abwärts gerichteten Blüten. Sie verbreiten meist einen angenehm süßlichen Duft – allerdings nur in den Abendstunden und nachts. Das Spanische Bajonett verdankt seinen kriegerisch klingenden Namen den scharf zugespitzten, starren Blättern mit dorniger Spitze. Der schlanke Stamm kann sich auch verzweigen, wird bei Kübelkultur jedoch längst nicht so hoch wie am Naturstandort, wo er bis zu 8 m Höhe erreicht. Die großen cremeweißen Blüten sind oft purpurrot überhaucht oder am Grund grünlich gestreift. Sie stehen in einer sehr hohen, langgestielten, reichblütigen Rispe über dem Blattschopf. Sehr ähnlich ist das Erscheinungsbild des Spanischen Dolchs, dessen Stamm sich aber nur ganz selten verzweigt. Der üppige Blütenstand dieser Art ist schmal kegelförmig. Beim Joshua Tree wiederum verzweigt sich der Stamm im Alter häufig, er trägt eine sich auffallend in Platten ablösende Borke. Der Blütenstand schiebt sich etwa 50 cm weit über die Blattbüschel an den Enden der Triebe; er besteht aus zahlreichen grünlichen, gelb bis weiß überhauchten Blüten, die ein wenig unangenehm nach Pilzen riechen. Besonders stark verzweigt sind ältere Exemplare der Riesenpalmlilie, deren Stamm am Grund stets knollig angeschwollen ist – deshalb der Zusatz *elephantipes* im botanischen Namen, was übersetzt Elefantenfuß bedeutet. Ihre rahmweißen Blüten stehen in außergewöhnlich dichten Blütenrispen.

Yucca brevifolia

Sorten: Im Handel sind u. a. erhältlich von *Y. aloifolia* (Höhe jeweils 100–200 cm) 'Marginata' (Blätter gelb gerandet), 'Quadricolor' (Blätter weiß und gelb gestreift); von *Y. gloriosa* (Höhe ebenfalls jeweils 100–200 cm) 'Nobilis' (cremefarben, rötlich überhaucht, Blätter graugrün), 'Variegata' (Blätter cremegelb gestreift).
Standortansprüche: Die Pflanzen bevorzugen einen sonnigen, wind- und regengeschützten Platz. Als Substrat eignet sich Einheitserde, die zur Verbesserung des Wasserabzugs mit etwas Sand, Splitt oder Perlit vermischt werden sollte. Die Gefäße müssen über eine gute Dränage verfügen.
Verwendung: Palmlilien vereinen in sich auf perfekte Weise Blatt- und Blütenschmuck sowie ausgesprochene Pflegeleichtigkeit. Im Kübel passen sie bestens in ein wüstenartiges Arrangement, etwa zusammen mit Agaven, Oleander, Drachenbaum, Flanellstrauch und Granatapfelbaum. Aufgrund ihrer neutralen weißlichen Blüten kann man sie hervorragend mit Kübelpflanzen kombinieren, die in leuchtenden Farben blühen, etwa Bougainvilleen oder Hibiskus. Ihre bizarren Blätter machen größere Exemplare auch als Solitäre zu einem schönen Blickfang.
Pflege: Während der Wachstumszeit benötigen Palmlilien nur mäßige Wasser- und Nährstoffmengen. Man sollte sie nicht täglich wässern, besser gießt man sie jeweils mit einigem Zeitabstand, dann aber reichlich und durchdringend. Vorübergehende Ballentrokkenheit überstehen sie ohne Schaden, Staunässe dagegen vertragen sie ausgesprochen schlecht. Eine Düngung ist nur alle 3–4 Wochen erforderlich. Abgestorbene, welke Blätter werden laufend entfernt.

Yucca aloifolia

Beim Umtopfen muß man die Pflanzen gut festdrücken, da sie im Alter recht kopflastig werden. Es empfiehlt sich, ein entsprechend standfestes Gefäß zu wählen und es notfalls zusätzlich im Boden zu verankern, damit die Pflanzen bei Wind nicht umkippen. Beim Hantieren mit Palmlilien, vor allem beim Umräumen, muß man auf die scharfen Blattspitzen achten, um sich nicht zu verletzen.
Überwinterung: Das Einräumen kann recht spät erfolgen, da Palmlilien leichten Frost gut vertragen. Man bringt sie in ein etwa 5 °C kühles, möglichst helles und

lufttrockenes Winterquartier. Während der Überwinterung werden sie sehr sparsam gegossen, der Ballen darf jedoch nicht ganz austrocknen. Man kann die Pflanzen auch temperiert, bei bis zu 15 °C, überwintern. Dann sollten sie allerdings sehr hell stehen und etwas stärker gegossen werden. Ab März können sie bereits wieder ins Freie. Man darf die Palmlilien aber nicht gleich in die volle Sonne stellen, da sonst Sonnenbrand droht, sondern bringt sie zunächst an einen halbschattigen Platz und räumt sie erst nach einiger Zeit an den endgültigen Standort.
Vermehrung: Palmlilien können im späten Frühjahr durch Aussaat möglichst frischer Samen angezogen werden. Man gibt diese am besten einzeln in die Erde und bedeckt sie nur dünn mit Substrat. Neue Pflanzen lassen sich auch durch sog. Stammstecklinge gewinnen. Dazu werden die Stämme in etwa 30 bis 40 cm lange Stücke zersägt und die Teilstücke dann so tief in ein sandreiches Substrat gesteckt, daß mehrere Augen unter der Substratoberfläche zu liegen kommen. Bei 10 bis 15 °C bewurzeln sich die Stecklinge im allgemeinen rasch. Manchmal bilden die Pflanzen auch Wurzelausläufer, die man nur abzutrennen und einzupflanzen braucht.
Schädlinge: Schildläuse
Tip: Von zu groß gewordenen Exemplaren kann man den Blattschopf mit einem Stück des Stamms abtrennen und ähnlich wie einen Steckling einpflanzen. Bei der Riesenpalmlilie treiben nach Kappung des Blattschopfs auch aus dem verbleibenden Stamm neue Seitentriebe, wenn die Pflanze entsprechend weitergegossen wird.

Z

Zinnia elegans

Zinnia
Zinnie

Arten: *Z. angustifolia* (auch *Z. linearis*, *Z. haageana*), *Z. elegans*
Familie: Korbblütler *(Compositae)*
Herkunft: Grasflächen und Halbwüsten in Mexiko und im übrigen Mittelamerika
Blütenfarbe: *Z. angustifolia* weiß, gelb, orange, braunrot, auch zweifarbig, *Z. elegans* weiß, gelb, orange, rot, rosa, violett
Blütezeit: Juli bis Oktober
Höhe: 20–40 cm
Merkmale: Die Blüten der einjährigen Zinnien bezaubern mit warmen, teils aber auch grellen Farbtönen und vielgestaltigen Blütenformen. Sie erheben sich an aufrechten und gut verzweigten Stielen über das frischgrüne Laubwerk. *Z. angustifolia* schmückt sich mit schmalen, lanzettlichen Blättern und einfachen oder gefüllten Blüten. Einige Sorten weisen wunderschöne zweifarbige Schattierungen auf. Das Farbspektrum wird von *Z. elegans* noch durch Rosa und Violett erweitert. Auch diese Art zeigt sich in der Form ihrer Blüten sehr variabel, von einfach über halb gefüllt bis stark gefüllt sind alle Spielarten vertreten. Ihre Laubblätter sind breiter als diejenigen von *Z. angustifolia* und eiförmig zugespitzt. Für die Balkonkastenkultur eignen sich besonders die niedrigwüchsigen Sorten beider Arten.
Sorten: Von *Z. angustifolia* werden u. a. angeboten 'Classic' (goldorange, einfachblühend, Höhe 25 cm), 'Old Mexiko' (orangerot mit goldgelben Spitzen, gefüllt, Höhe 40 cm), 'Perserteppich' (Farbmischung, meist zweifarbig, gefüllt, Höhe 40 cm); von *Z. elegans* 'Thumbelina' (Farbmischung, einfach bis halbgefüllt, Höhe 15 cm), 'Dreamland'-Serie (großblumig, cremeweiß, goldgelb, lachsfarben, rosa, hellrot oder als Mischung, gefüllt, Höhe 20–25 cm), 'Button Box' (Farbmischung, kleine Pompon-Blüten, mehltauresistent, Höhe 25–30 cm), 'Peter-Pan'-Serie (weiß, goldgelb, orangefarben, lachsrosa, karmin- und scharlachrot oder als Mischung, gefüllt, Höhe 30 cm), 'Dasher'-Serie (scharlachrot, kirschrot, orange, rosa, weiß und gelb sowie als Mischung, gefüllt, großblumig, wetterfest, Höhe 30–40 cm).
Standortansprüche: Die wärmeliebenden Zinnien brauchen sonnige und windgeschützte Standorte. Als Substrat eignet sich am besten Einheitserde oder spezielle Balkonblumenerde.
Verwendung: Im Hochsommer bereichern die prächtigen Blütenköpfe der Zinnien jeden Balkonkasten, aber auch Schalen oder größere Töpfe. Die farbkräftigen Blumen sollten mit anderen sonnenhungrigen Pflanzen, z. B. blau- oder violettblühendem Salbei, Lavendel oder der Vanilleblume, kombiniert werden. Auch das Spanische Gänseblümchen oder die Weiße Zwergmargerite geben hübsche Nachbarn ab.
Pflege: Erst gegen Ende Mai pflanzt man die frostempfindlichen Jungpflanzen nach draußen. Zinnien müssen die ganze Saison über gleichmäßig feucht, doch keinesfalls naß gehalten werden. Zur Nährstoffversorgung empfiehlt sich niedrig dosierter, stickstoffarmer Volldünger, den man alle 2 Wochen verabreicht. Die Blühfreudigkeit der Pflanzen kann gesteigert werden, wenn Verwelktes regelmäßig abgeschnitten wird.
Vermehrung: Beide Arten und ihre Sorten lassen sich aus Samen anziehen. Bewährt hat sich eine Vorkultur bei etwa 20 °C ab Februar.
Schädlinge und Krankheiten: Blattläuse, Spinnmilben; Viruskrankheiten, Sklerotinia-Welke

Zinnia angustifolia

Register

Halbfette Seitenzahlen bedeuten, daß es sich um einen ausführlichen Eintrag handelt. *Kursive* Seitenzahlen weisen auf eine Abbildung hin.

A

B

D

E

F

G

H

I

J

K

L

M

N

O

S

Bildnachweis

Archiv für Kunst und Geschichte, Berlin: 10 r., 11 o., 11 u.
F. Becherer, Seeshaupt: 17, 21 o., 37 r., 85 l., 127 r., 144 r., 159 u., 166 u., 171 l., 212 o., 228 r.
U. Borstell, Essen: 16 u., 26 l.o., 27 u., 28 r., 29, 34, 35 u., 37 l., 44 o., 44 u., 57 r., 65 u., 67 o., 73 r., 78 l., 85 r., 151 r., 165 r., 175 u., 178 r., 191 r., 203 o., 204 o.
Bildarchiv de Cuveland, Norderstedt: 8, 224 u.
Die Grüne Fotoagentur, Bonn:
–/Henseler 112 r.u., 117 l., 118 r., 119 r., 144 o.
S. Eigstler, CH-Thun: 68 r., 90 r., 210
H. Eisenbeiss, Egling: 13 r., 14 r., 68 l., 124 l., 125 r., 137 l., 146 u., 221 u.
T. Hagen, Dachau: 15 l., 36 o., 48 l.u., 109, 140, 144 u., 159 r., 171 r., 186 r., 228 u.
Bildarchiv Hansmann, München: 11 r.
F. Hecker, Kiel: 50 l.o., 107, 118 l.
P. Himmelhuber, Regensburg: 19 o., 32 u., 46 u., 55 l.o., 58 l.u., 63 l.o., 76, 128, 132 r., 139 l., 201 o., 208
Institut für botanisch-ökologische Beratung, München: 32 l., 50 r.o., 90 l., 132 u., 138 u., 145, 173 l., 179 r., 185 l., 196, 217 r., 219 r., 221 o.
Landesanstalt für Pflanzenschutz, Stuttgart: 114 o.
E. Pforr, Langenpreising: 166 o.
M. Pforr, Langenpreising: 23 r., 49 r.u., 59 M.o., 73 l., 84 o., 108 r.u., 110 u., 132 o., 135 r., 143 r., 155 u., 176 u., 185 r., 193 l., 211 u., 214 o., 229 o.
W. Redeleit, Bienenbüttel: 22 l., 54 u., 56 r., 65 o., 80 r., 96 l., 100
Reinhard-Tierfoto, Heiligkreuzsteinach-Elterbach: 16 o., 19 r.u., 22 r., 30 u., 32 o., 32 M.o., 32 M.u., 35 o., 36 u., 46 l.o., 48 l.o., 48 M.l., 49 l.o., 49 r.o., 49 M.r., 52, 55 M.o., 59 u., 64, 79, 83, 88 u., 89, 92/93, 97 r.o., 129 r., 129 u., 148 u., 156 u., 158, 160 o., 161 l., 163 u., 164 o., 165 l., 167 l., 172 u., 176 o., 181 l., 182 o., 183 l., 192 r., 193 o., 195 o., 195 r., 199 u., 200, 209 l., 212 u., 219 l., 219 M., 220, 223 o., 226, 227 l., 227 r., 229 u.
K. Reithmeier, Freising: 112 l.o., 112 l.u., 114 u., 115
Bildarchiv M. Ruckszio, Taunusstein: 18, 50 r.u., 88 o., 94 l.o., 99, 142, 150 r., 153 r., 154 u., 198 o.
Bildarchiv Sammer, Neuenkirchen: 30 o., 50 l.u., 62 r., 154 o.
F. Sauer, Karlsfeld: 120 r., 121 l.o., 121 r.o.
B. Schaefer, Berlin: 108 l., 108 r.o., 110 l., 111 l.o., 111 r., 113, 116 l., 116 r., 120 l., 121 u.
M. Schneiders, Lindau: 8/9, 26 u., 56 o.
T. Schneiders, Lindau: 24/25, 60 r., 78 r.
S. Seidl, Altdorf-Eugenbach: 23 l., 48 r.u., 67 u., 101 u., 104, 111 l.u., 117 r., 119 l., 126, 129 o., 131, 135 l., 147 l., 147 r., 151 u., 164 u., 169 r., 181 r.u., 187, 189 r., 197, 201 u., 202 u., 204 u., 213, 218 u.
Silvestris-Fotoservice, Kastl:
–/Brockhaus 92
–/Bühler 130 r.
–/de Cuveland 141 u.
–/Galan 157 r.
–/Hecker 174 r.
–/Heine 14 l., 70/71
–/Hilpert 134 u.
–/Jacobi 59 o.
–/Kottal 80 M.o.
–/NHPA 205 l.
–/Riedmiller 24, 52/53, 55 u., 94 l.u., 184, 189 l., 209 r.
–/Scholz 26 r.o.
–/Stadler 66
–/Struck 104/105
–/Voß 19 l.u.
–/Wisniewski 151 o.
–/Wörle 59 M.u.
SOA, London:
–/Chrichton 15 r., 61, 63 l.u., 124 r., 134 o., 137 r., 141 o., 143 l., 143 u., 157 o., 179 l., 181 M., 183 r., 190 o., 190 u., 192 l., 216 u., 218 o., 225 l.
–/Glover 28 l., 63 r., 148 o., 156 o., 186 l., 201 r., 211 o., 221 r., 224 o.
–/Lawson 31, 72 l., 96 r., 122, 136, 188 o., 194 o., 194 u., 198 u.
G. u. S. Stein, Vastorf: 58 o., 58 r.u., 62 l., 91, 95, 97 u., 102 u., 133, 150 l., 161 r.u., 167 r., 174 l., 180 l., 191 u., 206 o., 207 o.
G. Steinbach, Oberreute: 122/123, 139 r., 169 l., 215 r.
F. Strauß, Au/Hallertau: 1, 10 l., 21 u., 27 o., 33, 38 l., 38 r., 45, 46 r.o., 47 l., 47 r., 54 o., 55 r.o., 57 l.o., 57 l.u., 60 l., 70, 72 u., 82 l., 82 r., 84 u., 87, 94 r., 97 l.o., 98, 101 o., 102 M., 106, 125 l., 127 l., 130 l., 134 l., 138 o., 146 l.o., 146 r.o., 149 l., 149 r., 152 l., 152 r., 153 l., 155 o., 160 u., 161 r.o., 162, 163 o., 163 r., 168 o., 168 u., 170 o., 170 u., 172 o., 173 r., 175 o., 176 r., 177, 178 l., 180 r., 182 u., 188 u., 193 u., 199 o., 202 o., 203 u., 205 r., 206 u., 207 r., 214 u., 215 u., 216 o., 217 l., 222, 223 r., 225 r.
The Bridgeman Art Library, London: 12, 13 l.

Abbildungen im Inhaltsverzeichnis: aus dem Inhalt